Walter Ameling

Digitalrechner – Grundlagen und Anwendungen

Technische Informatik 1

Walter Ameling

Digitalrechner

Grundlagen und Anwendungen

Technische Informatik 1

Friedr. Vieweg & Sohn   Braunschweig/Wiesbaden

Der Verlag Vieweg ist ein Unternehmen der Verlagsgruppe Bertelsmann International.

ISBN-13: 978-3-528-06372-6   e-ISBN-13: 978-3-322-83105-7
DOI: 10.1007/ 978-3-322-83105-7

Vorwort

Mit der Entwicklung sehr leistungsfähiger und immer kostengünstigerer Digitalrechner in Form der sogenannten Personal-Computer steigt die Verbreitung und die Erschließung neuer Anwendungsgebiete ständig. Ausgelöst wurde diese Entwicklung durch den Bau elektromechanischer Digitalrechner vor etwa fünfzig Jahren. Die sehr bescheidenen Anfänge und Erfahrungen mit den ersten digitalen Rechenautomaten auf dem Gebiet der Ingenieurwissenschaft waren nur der Anstoß einer Entwicklung, die niemand vorhersagen konnte. Ein Grund für den beschleunigt zunehmenden Einzug des "Computers" in fast alle Lebens- und Wirkungsbereiche des Menschen war sicherlich der gleichzeitg erzielte Fortschritt in der Bausteintechnologie mit Leistungssteigerungen um den Faktor zehn etwa alle fünf Jahre. Ein anderer Grund aber war die Zunahme der Erkenntnis, daß die heute allgemein mit Datenverarbeitungsanlagen bezeichneten Rechner zur Problemlösung in Gebieten eingesetzt werden können, die weit über die Durchführung von rein rechnerischen Verknüpfungen hinausgehen. Damit stellen Computer der heutigen Fertigungsgeneration sowohl im Bereich der Kleinstrechner und Personal-Computer als auch im Höchstleistungsrechenbereich für den Menschen Werkzeuge dar, ohne die Qualitätsarbeit auf den unterschiedlichsten Gebieten nicht mehr möglich ist.

Bei allen Leistungssteigerungen und spektakulären Einsätzen in immer neuen Gebieten war primär über lange Zeit die Technologie dominierend, und hier vor allem die Halbleitertechnologie, die durch immer größere Integrationsdichten, höhere Arbeitsgeschwindigkeiten, geringere Leistungsaufnahme je Bauelement, gesteigerte Betriebssicherheit bei trotzdem insgesamt sinkenden Kosten verantwortlich für die Erschließung neuer Arbeitsfelder und damit neuer Anwender war. Sekundär spielten aber zumindest in den letzten zehn Jahren die Erkenntnisse auf dem Gebiet der Softwaretechnik hinsichtlich Modularisierung, Strukturierung, Anpassungsfähigkeit und Erweiterbarkeit eine ebenso wichtige Rolle.

So faszinierend auch die Entwicklung des Computers bis auf den heutigen Leistungsstand sein mag, der sinnvolle Einsatz des Digitalrechners setzt beim Anwender und noch mehr beim Entwickler Kenntnisse auf dem Gebiet der "Technischen Informatik" voraus, die auch als Grundlagenkenntnisse bezüglich der Wechselwirkung zwischen Hard- und Software in Zukunft erwartet werden.

Durch die Einführung des Computers in die Arbeitswelt des Menschen wurde der Mensch-Maschine-Dialog auf eine neue Ebene gehoben, der mit dem gleichzeitigen Auf- und Ausbau digitaler Datennetze nicht nur höhere Leistungen und neuartige Dienste ermöglicht, sondern insgesamt von einer ganz anderen Qualität sein wird. Die Zunahme der Digitalisierung auf unterschiedlichsten Gebieten ist ein Beweis für die Anpassungsfähigkeit des Rechners. So reichen heute die Anwendungsbereiche z.B. vom Einsatz bei bisher nicht bearbeitbaren mathematischen Problemen, über die Informations- und Textverarbeitungssysteme bis zu Überwachungssystemen im Straßenverkehr, in der Luft- und Raumfahrt oder im Medizinbereich.

Anliegen dieses Buches ist es, dem ingenieur- oder naturwissenschaftlich Interessierten für sein Tätigkeitsgebiet von "Morgen" Einfühlungsvermögen und Grundlagen dieser digitalen Technik zu vermitteln. Aus diesem Grunde ist die Kenntnis der Prinzipien eines Digitalrechners für jeden auf dem Gebiet der Datenverarbeitungssysteme arbeitenden Ingenieur und Informatiker von allergrößter Bedeutung.

Es war die Absicht, weitgehend frei von technologischen Problemen der Schaltkreistechnik einen größeren Leserkreis an die Prinzipien digitaler Datenverarbeitung und des Digitalrechners heranzuführen. Hierzu dienten die gewählte Stoffauswahl, die Darstellung der Rechnerstruktur und auch die Behandlung der Softwareaspekte in Rechnersystemen. Das Buch ist gedacht als Einführung in das Gebiet der Operationsprinzipien, der Rechnerkomponenten und Bausteine, die in Kombination, Wechselwirkung, Zeitverhalten und Auslegung erst ein Datenverarbeitungssystem ausmachen, dessen Architektur und Realisierung dann optimal und ausgewogen den geforderten Bedingungen angepaßt sein sollte.

Studierende der Ingenieurwissenschaften, insbesondere Elektrotechniker, Informatiker und der Informatik Nahestehende, aber auch Studierende anderer Fachrichtungen werden dieses Buch mit Gewinn lesen und genügend Anregungen zum weiteren Studium dieses wichtigen Gebietes erhalten.

Beigetragen zur Stoffsammlung und Darstellung des Inhalts haben über Jahre hinaus meine früheren- und jetzigen wissenschaftlichen Mitarbeiter, denen ich hiermit sehr herzlich danken möchte.

Besonders zu Dank verpflichtet bin ich Herrn Dr. Kempken und Herrn Dr. Karavas, die mit mir im letzten Jahr die sehr zeitaufwendige Aufbereitung, Schreibarbeit und Korrektur auf dem Textverarbeitungssystem durchführten und damit zur klaren Darstellung und zum Gelingen beigetragen haben.

Besonderer Dank gilt auch Herrn E. Schmitt vom Vieweg-Verlag für die stets freundliche Unterstützung. Möge unser gemeinsames Bemühen allen Lesern des Buches zugute kommen.

Aachen, im November 1989   *Walter Ameling*

Inhaltsverzeichnis

1 Einleitung

Dieses Buch befaßt sich mit den Prinzipien digitaler elektronischer Rechenanlagen, im folgenden kurz Digitalrechner genannt. Der Digitalrechner hat eine stürmische Entwicklung in den letzten zwanzig Jahren hinter sich gebracht und ist seit seiner Erscheinung in Form des Personal-Computers (PC) und Mikrocomputers dabei, in allen Bereichen der Technik, Wirtschaft, Wissenschaft und des Privatlebens zunehmend Einfluß zu gewinnen. Da heute viele Menschen, insbesondere junge Menschen, den Zugang zu Datenverarbeitungssystemen fast ausschließlich über den PC finden, werden zu Beginn des Buches eine dort vorherrschende makroskopische Betrachtungsweise der Digitalrechner und deren Haupteinsatzbereiche wie Textverarbeitung, Informationssysteme, Bildung, Unterhaltung, Spiele, rechnergestützter Entwurf, Prozeßsteuerungen und Kommunikation kurz dargestellt.

Anschließend folgt eine Klassifizierung von Rechnern mit Erläuterung der Vor- und Nachteile dieser Rechnersysteme. Jeder Rechnertyp weist spezifische Eigenschaften auf, die seine Einsatzmöglichkeiten weitgehend bestimmen.

In den weiteren Kapiteln werden der Informationsbegriff, die Frage der Codierung und der Zahlenwertsysteme soweit behandelt, wie diese zum Verständnis und zum Vergleich unterschiedlicher Systeme erforderlich sind.

Ganz besonderer Wert wurde auf eine anschauliche Behandlung der Booleschen Algebra und auf die Minimierung von Schaltnetzen gelegt, da diese wichtigen Fragen der Rechnertechnik völlig losgelöst von jeder technischen Realisierung betrachtet werden können. Auch heute, im Zeitalter der "Höchstintegrierten"-Halbleitertechnik, sind Minimierungen, d.h. Einsparung von Bauelementen und vor allem eine Reduzierung der Signaldurchlaufzeiten bei mehrstufigen Schaltnetzen, nach wie vor von erheblicher Bedeutung, da nur so gleichzeitig die Taktfrequenzen der Rechner erhöht und die Rechenleistungen gesteigert werden können.

Der Aufbau und die Wirkungsweise eines Digitalrechners werden anhand der Beschreibung seiner verschiedenen Komponenten wie Steuerwerk, Rechenwerk, Speicher und Busse betrachtet. Hierbei werden sowohl die in allen Rechnern vorhandene Speicherhierarchie als auch der Befehlssatz und einige wichtige Adressierungsarten behandelt.

Da heute Mikroprozessoren vielfach als Komponenten in technischen Systemen eingesetzt werden, konnte auf die Ein-/Ausgabeverarbeitung in den Grundformen nicht verzichtet werden. Außerdem werden die Schnittstellen, wie sie in PC-Systemen vorkommen, mit ihren charakteristischen Merkmalen vorgestellt.

Der Trend in der Hardware-Entwicklung ist sehr schwer voraussagbar. Aber die bereits heute verfügbaren Hilfsmittel zum Entwurf und zur Entwicklung logischer Schaltkreise, das Angebot der Hersteller an anwenderprogrammierbaren Bausteinen und die Entwicklung anwenderspezifischer Bausteine müssen inzwischen zum Erfahrungsbestand eines jeden Ingenieurs gehören.

Die Leistungen der Hardware werden vielfach über Betriebssysteme dem Benutzer vermittelt. Zur Abrundung des Verständnisses der Arbeitsweise von Digitalrechnern werden abschließend Grundaufgaben und Funktionen eines Betriebssystems dargestellt.

Das Buch schließt mit einigen wichtigen internationalen Codes, die immer wieder bei der Behandlung der Datenübertragung oder Datenfernübertragung eine große Rolle spielen.

Der Stoff des Buches ist so dargestellt, daß hierauf aufbauend der Zugang zu den heutigen Technologien der Halbleitertechnik und zur Entwicklung von Schaltwerken ermöglicht wird. Damit dient der Inhalt dieses Buches als Grundlage für die weitere Behandlung von Schaltwerken und Rechnerarchitekturen im weitesten Sinne.

2 Historischer Überblick

Der Digitalrechner (Computer) ist im Begriff, die Technik und auch die soziale Struktur in einem Maße zu beeinflussen und zu ändern, wie keine andere Erfindung unseres industriellen Zeitalters zuvor. Dies ist umso erstaunlicher, als es noch nicht 40 Jahre her ist, daß die erste leistungsfähige elektronische Rechenanlage fertiggestellt worden ist. In dieser kurzen Zeitspanne sind Veränderungen und Verbesserungen hinsichtlich Technologie, Arbeitsgeschwindigkeit, Genauigkeit und Zuverlässigkeit erreicht worden, wie dies selbst von auf dem Fachgebiet arbeitenden Spezialisten nicht vorausgesagt werden konnte.

Noch faszinierender ist jedoch die Erscheinung, daß die Datenverarbeitungsanlagen heute in fast alle Zweige unseres wirtschaftlichen und wissenschaftlichen Lebens Eingang gefunden haben und jetzt auch den Arbeits- und Lebensbereich jedes Einzelnen immer stärker durchdringen.

In diesem Überblick wollen wir uns die folgenden Fragen stellen, die dann im weiteren beantwortet werden sollen:

- Was ist das Charakteristikum der Computer-Technik?
  (Was ist das wirklich besondere an dieser neuen Technik?)
- Warum ist diese Technik so erfolgreich?
  (Wodurch konnte dieses unaufhaltsame Eindringen in alle Lebensbereiche ermöglicht werden?)
- Wie wird es in der näheren Zukunft weitergehen?

Ausgangspunkt der heutigen rasanten Entwicklung war sicher das Auftreten und die Verbreitung der Digitaltechnik, die seit den sechziger Jahren stets an Bedeutung zugenommen hat und dies nicht nur auf dem Gebiet der Rechner (z.B. digitale Uhren, digitale Datenübertragung, digitales Fernsehen, digitale Steuerung und Regelung, digitale Bildverarbeitung usw.). Es gilt, sorgfältig und verantwortungsbewußt die Einflüsse der elektronischen Rechner auf unser Leben zu beobachten, da die weitere Entwicklung leider nur für kurze Zeit vorhersagbar ist.

Jahrhundertelang hat sich die Menschheit mit rein handwerklicher Technik und schlecht entwickelten Werkzeugen begnügt. Menschliche und tierische Kraft wurden im wesentlichen eingesetzt und selbst Windes- und Wasserkraft nur spärlich genutzt. Mit der Entwicklung der Dampfmaschine begann der Anbruch des industriellen Zeitalters. Die neuen Maschinen bescherten beachtliche wirtschaftliche Erfolge und große körperliche Erleichterung. Mit der Dampfmaschine ("1. Industrielle Revolution") und später auch mit der Dampfturbine erfüllte sich ein lang gehegter Traum: Die Kraftleistung von Mensch und Tier übernimmt die Maschine. Die Energie der Brennstoffe wird nutzbar gemacht.

In den letzten drei Jahrzehnten hat sich nun eine weitere Wandlung vollzogen, die dem Menschen auch noch einen Teil seiner geistigen Tätigkeit abnimmt und ihn damit für, wie wir hoffen, höherwertige geistige Arbeit freimacht. Durch die Automation, die sogenannte "2. Industrielle Revolution", ergeben sich umwälzende Änderungen in Technik, Wissenschaft, Verwaltung und dem gesamten Lebensbereich des Menschen. Die wissenschaftlichen Erkenntnisse der Informationstechnik, der Steuer- und Regelungstechnik finden immer mehr auch ihre Anwendung im gesellschaftlichen Bereich (nach Norbert Wiener als "Kybernetik" im weitesten Sinne bezeichnet).

Heute ist festzustellen, daß die überschnelle Entwicklung der letzten 2 Jahrzehnte bis zu den neuzeitlichen Datenverarbeitungssystemen im wesentlichen durch die vier Faktoren

- Technologie (Art und Einsatz unterschiedlicher physikalischer Phänomene),
- Hardware (logische und technische Realisierung und Miniaturisierung der Bauelemente und ihre Verschaltung),
- Software (algorithmische Problembeschreibung, problemabhängige und anwendungsspezifische Sprachen und Programmierung),
- Benutzer (Art der Mensch-Maschine-Schnittstelle)

beeinflußt wurde, die auch nicht losgelöst voneinander betrachtet werden dürfen.

Daten- oder informationsverarbeitende Maschinen wandeln Informationen um und sind heute wesentlicher Bestandteil von Systemen (Bild 2.1). Informationen in unterschiedlichster Form haben als Text, Sprache und Bild in allen Lebensbereichen eine entscheidende Bedeutung. Sie liegen in Formen verschiedener physikalischer Größen vor (wie z.B. Temperatur, Druck, Lichtstärke, Lautstärke, Geschwindigkeit, Beschleunigung usw.). Eine Maschine mit allgemein informationswandelnden Möglichkeiten und entsprechenden vor- bzw. nachgeschalteten Größenwandlungen bei der Ein- und Ausgabe, wie es beim Datenverarbeitungssystem (DV-System) geschieht, läßt sich deshalb so vortrefflich für die Be- und Verarbeitung von Informationen in den unterschiedlichsten Gebieten erfolgreich einsetzen.

Die technische Informationsverarbeitung verwirklicht diese Vorgänge maschinell und kann sie damit praktisch jedem Zweck verfügbar machen. Das entscheidend Neue des vielseitig einsetzbaren Computers gegenüber allen Sonderlösungen für einzelne Spezialaufgaben ist somit die schnelle maschinelle Verarbeitung der Information einschließlich ihrer Wandlung bei der Ein- und Ausgabe in eine von dem elektronischen Rechner leicht verarbeitbare Form.

Hier liegt der wahre Grund für die fast unbegrenzten Einsatzmöglichkeiten in praktisch allen nur denkbaren Gebieten; denn es läßt sich heute fast jede nichtelektrische Größe nach den Verfahren der "Meßtechnik nichtelektrischer Größen" in hochgenaue elektrische Größen wandeln und auch umgekehrt. Ohne diese relativ leicht und schnell auszuführenden Zwischenschritte der Informationswandlung wäre sicherlich nicht der Erfolg der elektronischen Rechenanlagen möglich gewesen; denn eine programmgesteuerte Datenverarbeitungsanlage führt erst nach der Informationswandlung genau das aus, was ihr von Menschen in Form eines "Programms" vorgegeben wird. Hierbei wollen wir unter einem Programm im Augenblick nur eine Aufeinanderfolge von einzelnen Befehlen verstehen. Sind alle möglichen Varianten der Parameter einmal festgelegt, so wird das Programm von der Datenverarbeitungsanlage mit früher nicht gekannter Schnelligkeit, Genauigkeit und Zuverlässigkeit ausgeführt.

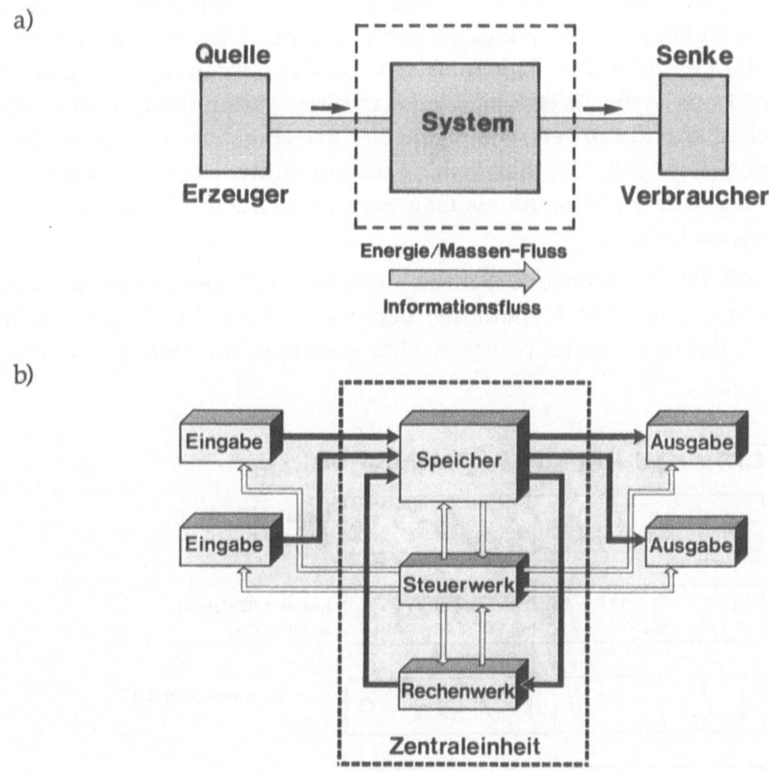

Bild 2.1:   Darstellung von Systemen
- a) Systemstruktur
- b) Speicherung und Verarbeitung von Informationen
  in einem Datenverarbeitungssystem

Diese Eigenschaften sind neben dem Preis (bei immer besser werdendem Preis-Leistungsverhältnis), der stets stark technologieabhängig war, die wichtigsten Ursachen dafür, daß die Datenverarbeitungsanlagen (DV-Anlagen) heute in allen Zweigen unseres wirtschaftlichen, industriellen und wissenschaftlichen Geschehens Eingang gefunden haben und weiterhin Eingang finden werden.

Thematisch ist die Entwicklung der DV-Systeme mit folgenden Begriffen der Informationstechnik verknüpft:

- Codierung durch Zeichen,
- Mechanisierung der Operationen mit Zeichen,
- programmierbare Ablaufsteuerung von Operationen.

2.1 Die Codierung durch Zeichen

Wir bekommen heute vielfach Wissen in kürzester Zeit vermittelt, zu dessen Erlangung die Menschheit oft Jahrhunderte gebraucht hat. Dies trifft in gleichem Maße auch auf die Disziplin der "Elektronischen Datenverarbeitung" zu. Die Gedanken und Ideen aus vielen Wissensgebieten mußten zusammengetragen werden, ehe die Geburtsstunde unserer heutigen Elektronenrechner schlagen konnte. Sprache, Schrift, Logik, Mathematik, Automatentheorie und Nachrichtentechnik sind Bereiche einer heute als Ganzes zu sehenden Wissenschaft, der Informationswissenschaft.

Über die Herkunft der Sprache und Schrift verfügen wir über keinerlei Zeugnisse, hier müssen wir uns mit Hypothesen begnügen. Auch die Ursprünge der Zahlzeichen und Zahlensysteme verlieren sich ebenfalls im Dunkel der Vorgeschichte.

Entwicklung der Zahlzeichen

Bild 2.2: Stammtafel unserer Zahlzeichen
(Aus Menninger, Karl: "Zahlwort und Ziffer")

Sprachkundliche Untersuchungen lassen erkennen, daß der "frühe" Mensch die Zahl als Eigenschaft empfunden haben muß. Die Zahl wurde in das Wort für das Ding, das gezählt wurde, hineingezogen. So ist beispielsweise der Dual eine Form der indogermanischen Sprache, der die Zweizahl zum Ausdruck bringt.

Nach und nach hat der Mensch dann begrifflich und sprachlich die Zahl von den Dingen, die gezählt wurden, getrennt. In einem langen Abstraktionsprozeß entstanden die Zahlwörter unserer heutigen Zählreihe.

Dem Wunsch, gesprochenen Zahlen Dauer zu verleihen, entsprachen die Bemühungen, nach geeigneten Zahldarstellungen zu suchen. Unsere heutige Ziffernschrift ist indischen Ursprungs.

Über die arabische Welt begann sie um 1500 n. Chr. von Italien her vorzudringen. Die Stammtafel unserer Zahlzeichen (Bild 2.2) zeigt, wie aus der indischen Brahmi-Zahlschrift unsere Ziffern hervorgegangen sind.

Die Darstellung großer Zahlen war ein Problem, das bei der Entwicklung von Zahlensystemen gelöst werden mußte (Bild 2.3).

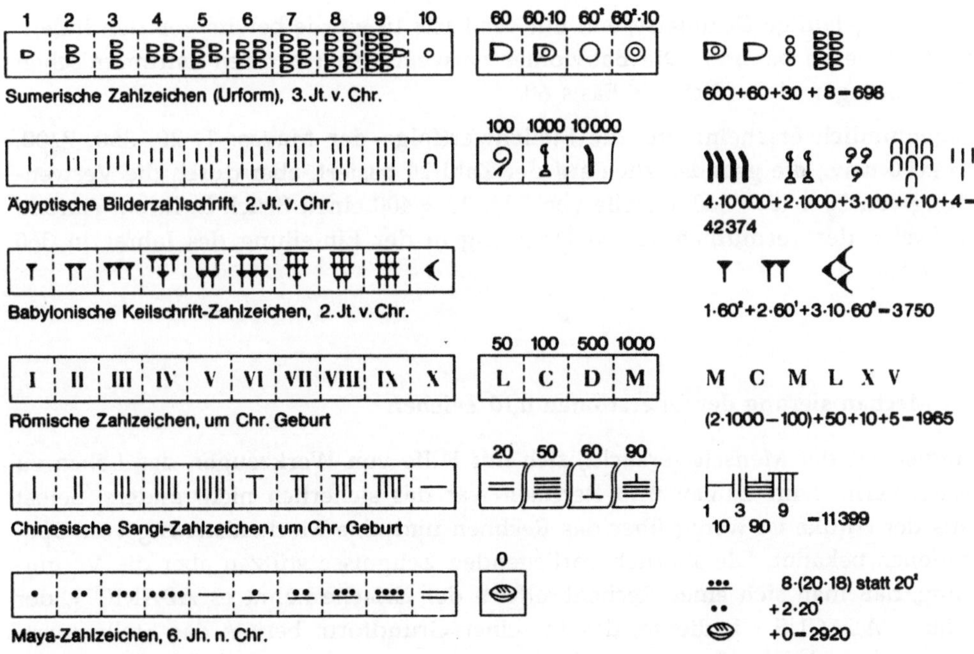

Bild 2.3: Zahlensysteme verschiedener Kulturkreise
(Aus Ganzhorn, Walter: "Die geschichtliche Entwicklung
der Datenverarbeitung")

Da der Mensch seine Finger als Körperteile in größerer Anzahl "an der Hand" hat, wundert es nicht, daß die Menschheit an den Fingern zählen lernte und daß durch die fünf Finger einer Hand oder die zehn Finger beider Hände der Zählreihe eine natürliche Einteilung gegeben wurde. Die Fünferstufung verwendeten Römer, Chinesen und Mayas, die Zehnerstufung Sumerer, Ägypter und Babylonier.

Die Zahlschrift der Ägypter enthält unterschiedliche Bilder für die Zehnerpotenzen, die gemäß dem Wert der darzustellenden Zahl entsprechend oft wiederholt wurden.

Die Römer verwendeten ebenfalls das Wiederholungsprinzip, wenn auch in abgewandelter Form: So durften die Zeichen V, L, D für 5, 50 und 500 jeweils nur einmal, die Zeichen I, X, C für 1, 10 und 100 bis zu dreimal in einer Zahl vorkommen, das Zeichen M für 1000 konnte beliebig oft wiederholt werden.

Einen wesentlich anderen Aufbau zeigten die Stellenwertsysteme der Babylonier, Mayas, Inder und Chinesen. Hier wird der Wert eines Zahlzeichens nicht allein durch die Ziffer, sondern auch durch die Stelle, an der sie innerhalb der Zahl auftritt, bestimmt.

Das uns geläufige Dezimalsystem mit der Basis 10 wurde bereits von den Indern und Chinesen benutzt. Die Babylonier verwendeten bei ihren astronomischen Berechnungen einheitlich die Basis 60.

Eigentümlich erscheint uns die Stellenwertfolge der Mayas: 1, 20, 360, 7200, 144.000 usw., die grundsätzlich auf der Zahl 20 basiert, aber durch die Verwendung von 20 x 18 = 360 anstelle von 20 x 20 = 400 einen Bruch in ihrem Aufbau aufweist, der vermutlich seinen Ursprung in der Einteilung des Jahres in 360 Tage hat.

2.2 Mechanisierung der Operationen und Zeichen

Immer hat der Mensch versucht, sich mit Hilfe von Werkzeugen das Leben zu erleichtern. Beim Zählen und Rechnen war das sicherlich nicht anders. Selbst aus der Antike ist wenig über das Rechnen und eine Mechanisierung von Operationen bekannt. Die spärlich vorliegenden Zeugnisse stützen aber die Vermutung, daß man sich eines Rechenbrettes - der Grieche nennt es ABAKION, der Römer ABACUS - bediente, das in seiner Grundform bereits das Stellenwertprinzip berücksichtigte.

In frühester Zeit waren es wahrscheinlich einfache Furchen im Sand, die spaltenweise angeordnet wurden; in diese wurden der Aufgabenstellung entsprechend Steine hineingelegt oder daraus entnommen. So stammt unser Wort Kalkulation von dem lateinischen calculus, zu deutsch Kieselstein, ab.

Das einzige erhaltene Rechenbrett der griechischen Kulturwelt ist die "Salaminische Rechentafel", eine weiße Marmorplatte, in die Linien eingemeißelt sind, zwischen die die Rechensteine gelegt wurden.

In anspruchsvollerer Form begegnet uns der römische Handabakus. Eine kleine Bronzetafel ist von Schlitzen durchbrochen, in denen "Nägelchen" verschoben werden können. Bemerkenswert ist die biquinäre Form der Zahlendarstellung, die Nägelchen in den kurzen Schlitzen haben den Wert 5, die in den langen Schlitzen den Wert 1 (Bild 2.4).

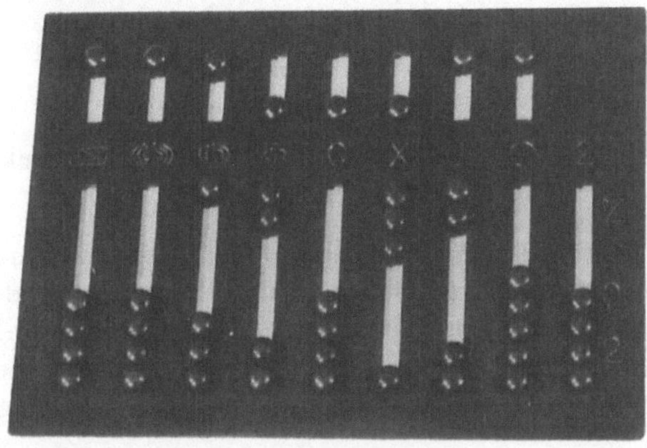

Bild 2.4:　Nachbildung eines römischen Handabakus

Die chinesische Variante des Abakus, der Suan Pan, läßt sich in seinen Ursprüngen bis in die Chou-Dynastie (11. bis 3. Jh. v. Chr.) zurückverfolgen. Die Vorläufer waren digitale Rechenstäbchen aus Bambus, die das Rechnen in den vier Grundrechenarten erleichterten. Im 6. bis 3. Jh. v. Chr., gegen Ende der Chou-Dynastie, wurden bereits schachbrettförmige Tafeln verwendet, in deren Felder Holzperlen gelegt wurden. Die Einteilung in 10 Reihen und eine nicht fixierte Anzahl von Spalten weist auf die Verwendung des Dezimalsystems hin.

Mit der Halbierung der Tafeln - was gleichzeitig die Einführung von Perlen unterschiedlicher Wertigkeit erforderlich machte - wurde die Entwicklung zur heute noch verwendeten Form des Suan Pan (Bild 2.5) eingeleitet. Seine endgültige Gestalt hat der Suan Pan im 10. Jh. n. Chr. erreicht: In einem Rahmen sind auf dünnen Stäbchen jeweils 7 verschiebbare Holzperlen aufgereiht, deren Wert oberhalb des Querbalkens 5, unterhalb desselben 1 beträgt.

Diese antiken Formen der Rechenbretter berücksichtigen bereits das Stellenwertprinzip und vereinfachen das Addieren, Subtrahieren und Multiplizieren.

Im Gegensatz zum Abendland hat sich der Abakus in Ost- und Südasien als Rechengerät durchgesetzt. Bei Chinesen, Koreanern, Japanern, Indochinesen, Indern und auch bei den Russen ist er heute noch in täglichem Gebrauch.

Bild 2.5: Der Suan Pan, die frühe chinesische Variante des Abakus

Das Abendland hat den Abakus jedoch nicht übernommen. Hier wurde vielmehr bis ins späte Mittelalter hinein das "Rechnen auf den Linien" eines Rechenbrettes kultiviert; Zeugnisse hiervon liefern die Rechenbücher von Adam Riese sowie die zeitgenössische Abbildung (Bild 2.6) eines Rechentisches, auf dem gerade von einem Rechenmeister Rechenpfennige gelegt werden.

Bild 2.6: Zeitgenössischer Stich eines Rechentisches

Wesentliche Beiträge zur weiteren Mechanisierung des Rechnens wurden von John Napier (1550 - 1617), Laird of Merchiston, erbracht. 1614 publizierte Napier seine Erfindung der Logarithmen in seinem Hauptwerk "Logarithmorum Canonis Descriptio". Sie sollten der Erleichterung des für Astronomie und See-fahrt wichtigen trigonometrischen Rechnens dienen und enthalten darum die Logarithmen der trigonometrischen Funktionen Sinus und Cosinus in Schritten von je einer Minute.

John Napier verwendete 20 Jahre seines Lebens darauf, die 2700 Werte dieser Tafeln zu berechnen. Heutige Computer brauchen nur Sekunden für die Berechnung dieser Logarithmentafeln mit gleicher oder höherer Genauigkeit.

Mit den Logarithmen war gleichzeitig die Voraussetzung für die Erfindung des noch bis vor wenigen Jahren von allen Ingenieuren benutzten Rechenschiebers durch den Engländer Edmund Gunter im Jahre 1624 geschaffen.

Im Todesjahr Napiers erschien seine "Rabdologia", eine Abhandlung über Vereinfachungsmethoden des Rechnens mit Hilfe von quaderförmigen Stäbchen aus Holz, unter dem Namen "Napiers bones" bekannt.

Fast gleichzeitig entwickelte Wilhelm Schickard (1592 - 1635), Professor für biblische Sprachen an der Universität Tübingen, seine "Rechenuhr". Die Schickardsche Rechenuhr ist die erste urkundlich nachweisbare Rechenmaschine der Welt (Bild 2.7).

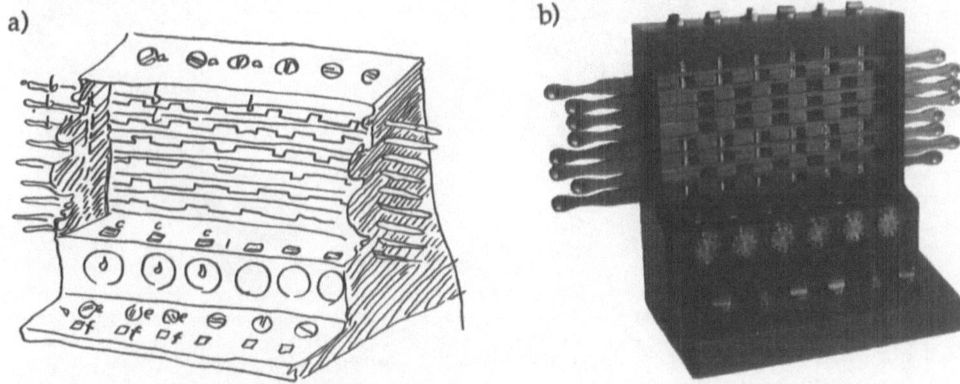

Bild 2.7:   Die Schickardsche Rechenuhr
a) Skizze Schickards von seiner Rechenuhr
b) Nachbau (vom Rogowski-Institut der RWTH-Aachen)

Im Jahre 1623 gebaut, war sie bereits eine 4-Spezies-Maschine, die die Durchführung aller vier Grundrechenarten gestattete. Hier wurde zum ersten Mal im Rechenwerk das dekadische Zählrad, das Standardbauteil aller später folgenden mechanischen Rechenmaschinen, verwendet.

Im oberen Teil der Schickardschen Rechenmaschine wird nach dem Verfahren der Rechenstäbe (jedoch in Form drehbarer Zylinder) die Multiplikation und Division durchgeführt. Im unteren Teil konnten mit 6 dekadischen Zählrädern mit "Übertragszahn" die Addition und Subtraktion durchgeführt werden.

Bis zur Entdeckung der "Schickardschen Rechenuhr" im Jahre 1957 in einem bisher nicht beachteten Schriftwechsel zwischen Schickard und Kepler galt Blaise Pascal (1623 - 1662) als Erfinder der ersten mechanischen Rechenmaschine. Pascal entwarf im Jahre 1641 seine "Additionsmaschine", die zur Erleichterung der täglichen Arbeit seines Vaters, der Steuerintendant war, dienen sollte. 1645 ist die Maschine fertiggestellt.

Als nächster in dieser Reihe der sehr frühen Rechenmaschinen muß Gottfried Wilhelm Leibniz (1646 - 1716) erwähnt werden. Er konstruierte 1672 die erste Rechenmaschine mit der sogenannten Staffelwalze. Seine Rechenmaschine (Bild 2.8) ist sicherlich die erste, die den Namen Vierspeziesmaschine voll verdient.

a)   b)

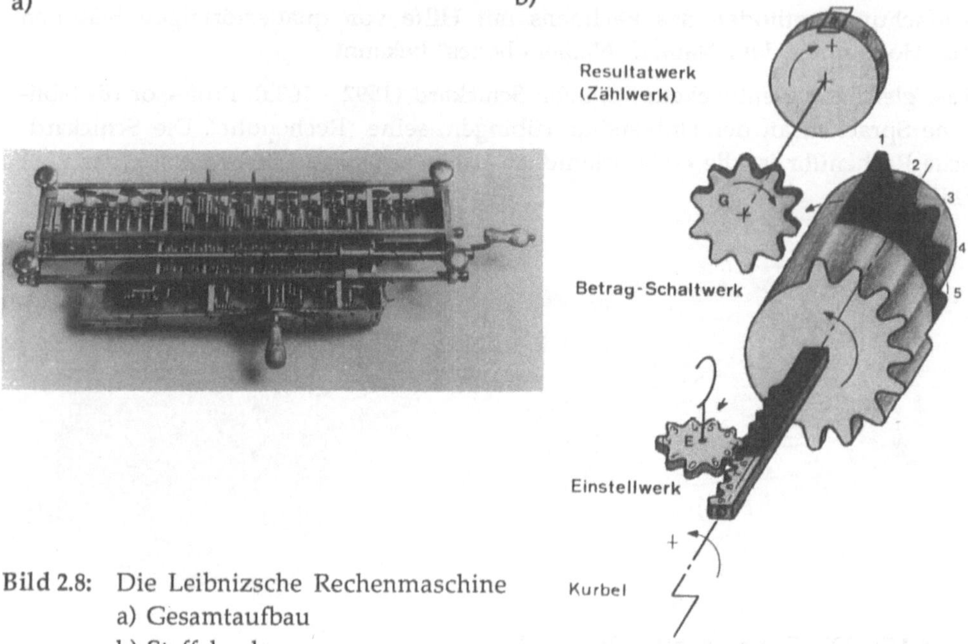

Bild 2.8:   Die Leibnizsche Rechenmaschine
            a) Gesamtaufbau
            b) Staffelwalze

Da die Multiplikation auf wiederholte Additionen und die Division auf wiederholte Subtraktionen zurückgeführt werden kann, mechanisierte Leibniz die Addition und Subtraktion derart, daß sie in kurzer Zeit entsprechend oft wiederholbar waren. Er erreichte das, indem er den Arbeitsgang des Einstellens einer Zahl vom Arbeitsgang des Rechnens trennte.

Um eine eingestellte Zahl in das Resultatwerk zu übertragen, erfand Leibniz die "Staffelwalze", einen verschiebbaren Zylinder, der auf einem Teil seines Umfangs neun in der Länge gestaffelte Zahnrippen trägt. Hierdurch läßt sich die Anzahl der eingreifenden Zähne zwischen 0 und 9 variieren.

Noch in einer anderen Hinsicht muß Leibniz als Wegbereiter genannt werden: Er schlug das Dualsystem vor, auf dessen Eignung für das menschliche Rechnen er bereits im Jahre 1679 hinwies. Das Bild 2.9 zeigt ein von ihm entworfenes Medaillon, auf dem er das von ihm entwickelte Dualsystem dazu benutzt, auch die Erschaffung und Ordnung der Welt zu begründen.

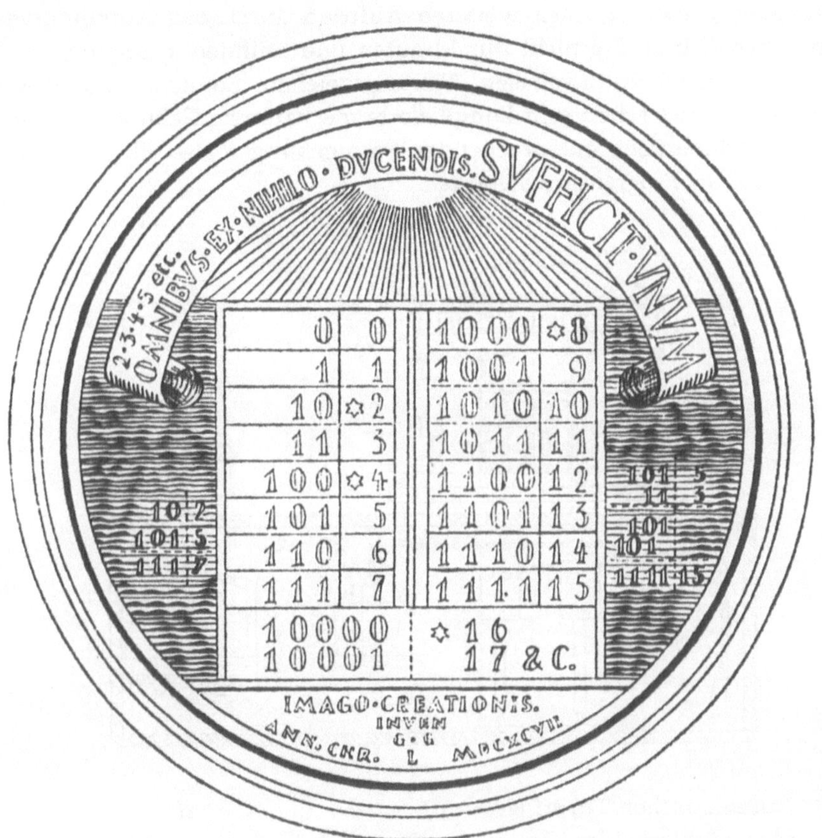

Bild 2.9: Das von Leibniz entworfene Medaillon IMAGO CREATIONIS mit
dem von ihm entwickelten Dualsystem

2.3 Programmierbare Ablaufsteuerung von Operationen

Die Mechanisierung von Operationen mit Zeichen allein wäre nicht zwangsläu-
fig in die Entwicklung programmgesteuerter Rechenmaschinen eingemündet.
Diese sind nämlich ohne den Begriff der automatischen Steuerung nicht denk-
bar. Automaten verschiedenster Art für unterschiedlichste Zwecke besitzen aber
ebenfalls eine bis ins Altertum reichende Entwicklungsgeschichte.

Wenn auch heute im allgemeinen der Zweck von Automaten auf die Erleichterung menschlicher Tätigkeiten ausgerichtet ist, so war z.B. der antike automatische Öffner von Tempelpforten (Bild 2.10) wohl mehr dazu gedacht, die Gläu-
bigen zu beeindrucken. Heron von Alexandria (1. Jh. n. Chr.) hat diesen Türöffner konstruiert.

Die Automaten erhielten einen weiteren Auftrieb durch das Aufkommen der astronomischen Uhren, die nicht nur Minuten und Stunden anzeigten, sondern auch noch zusätzlich Mondphasen, Tierkreiszeichen, Sonnen- und Mondfinsternisse. Es sind dies schon sehr komplizierte mechanische Gebilde, die den Ablauf über Maschinenteile entsprechender Formgebung - also über ein mechanisch gespeichertes Programm - steuerten.

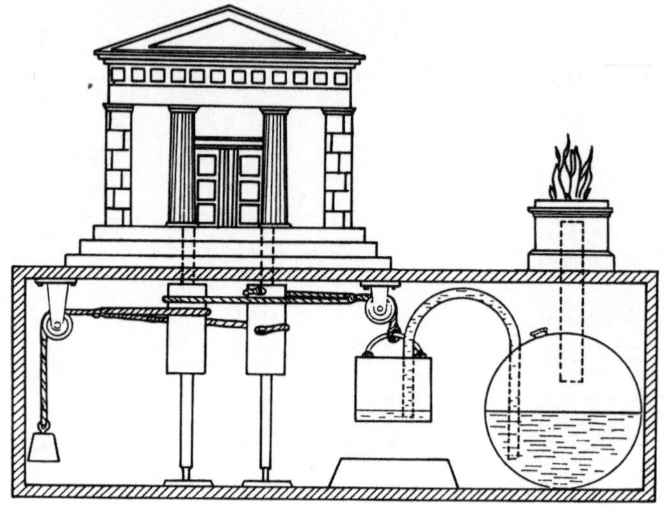

Bild 2.10: Automatischer Türöffner
(Aus Goldscheider/Zemanek: "Computer")

Varianten dieser Automaten, die jedoch allein der Befriedigung des menschlichen Spieltriebes dienten, stellen die schreibenden, zeichnenden oder klavierspielenden Puppen, die sogenannten Androiden, dar.

Einen an dieser Stelle entscheidenden Schritt vorwärts in Richtung einer programmierbaren Ablaufsteuerung bringt die Einführung der Lochkartentechnik. Hier ist es das Gebiet der Weberei, die uns die Urform der Lochkarte beschert hat! Die Idee der automatischen Steuerung hat leider zunächst nur in diesem Seitenzweig der Technik, der Weberei, Fuß gefaßt, ohne in ihrer Bedeutung von anderen Zweigen der Technik erkannt zu werden. Die Webstuhlsteuerung des Franzosen Falcon (1728) beruht auf maschinell lesbaren gelochten Holzbrettchen, deren Lochkombinationen vorbestimmten Steuerfunktionen entsprechen. Damit ist die Lochkarte in ihrer Urform aus Holz bereits 1728 bekannt und im technischen Einsatz. Unterschiedliche Webmuster konnten durch das Auswechseln unterschiedlich gelochter Holzbrettchen erreicht werden. Diese Idee fand in dem Webstuhl von Jacquard ab 1805 (Bild 2.11) in technisch ansprechender Form und zuverlässiger Ausführung weite Verbreitung.

Bild 2.11: Webstuhl von Jacquard mit Lochbandsteuerung

Damit war die "Lochplatte" in der Weberei ein Vorläufer des heute sehr stark eingesetzten "Nur-Lese-Speichers", oder wie man in Kurzform des technischen Sprachgebrauchs sagt, des "ROM" (Read only memory).

2.4 Anfänge der Rechenautomaten

Es war Charles Babbage, Professor für Mathematik an der Universität Cambridge, der im Jahre 1833 den ersten digitalen Rechenautomaten, seine "Analytical-Engine" (Bild 2.12), konzipierte. Aufbauend auf seiner "Difference-Engine", die nach dem Differenzprinzip arbeitete und zur Überprüfung von Tabellen diente, befaßte er sich mit der Konstruktion eines digitalen Rechenautomaten. Ihm verdanken wir die Idee des automatischen Ablaufs einer ganzen Serie von Rechenoperationen. Dieses Konzept konnte zu seiner Zeit jedoch nicht erfolgreich realisiert werden, denn die Technik war nicht in der Lage, für die mechanischen Teile der rein mechanisch arbeitenden Maschine die hierfür erforderliche Genauigkeit, Reproduzierbarkeit und damit Austauschbarkeit einzuhalten.

Bild 2.12: Teilstück der "Analytical Engine" von Charles Babbage

Babbage hatte sehr ehrgeizige Pläne, denn seine Rechenmaschine sollte bereits
aus folgenden Komponenten bestehen:

- Speicher für 1000 Dezimalzahlen zu 50 Stellen,
- Rechenwerk, von Babbage "the Mill" genannt, welches die arithmetischen
  Operationen ausführen sollte,
- Leitwerk, das die sukzessiven Schritte des Rechenalgorithmus steuern sollte,
- Ein- und Ausgabewerk.

Als Rechenwerk sollte die Differenzmaschine und als Programmspeicher das
Jacquardsche Lochkartenprinzip eingesetzt werden, so daß mit einem Lochkar-
tenband Programmschleifen durchlaufen werden konnten.

Dies ist aber genau die strukturelle und modulare Beschreibung einer modernen
Rechenanlage, wie wir sie bereits in Bild 2.1 dargestellt haben. Darüber hinaus
hatte Babbage erkannt, daß der Rechenablauf von nicht vorhersehbaren Zwischenresultaten abhängen kann. Demzufolge entwarf er das Leitwerk so, daß es
Instruktionsfolgen in Abhängigkeit von Zwischenresultaten ändern konnte.
Seine "problemlösende" Rechenmaschine enthält somit bereits alle Funktionsgruppen, die auch in modernen Rechenautomaten anzutreffen sind:

- eine arithmetische Recheneinheit,
- einen Zahlenspeicher,

- eine Steuereinheit zur Steuerung des gesamten Programmablaufs und
- Geräte für die Ein- und Ausgabe von Daten.

Wir halten fest: Geistiger Vater aller späteren Rechenautomaten ist somit *Charles Babbage*, selbst wenn die Verwirklichungen seiner genialen Ideen im mechanischen Bereich von ihm nicht erfolgreich vollendet wurden.

Viele Umwege wurden im Verlauf der nächsten 100 Jahre beschritten, da entweder die mathematischen Voraussetzungen nicht hinreichend bekannt waren oder die technischen Möglichkeiten jeden ernsthaften Realisierungswunsch zum Scheitern verurteilten. Hollerith (der Erfinder der Lochkarte) konnte bei der 11. Volkszählung in den USA im Jahre 1890 die Brauchbarkeit der Lochkarte als Datenträger für statistische und kaufmännische Auswertungen unter Beweis stellen. Die elektromechanischen Zählwerke, Relais, Summierer und vor allem die Boolesche Algebra für zweiwertige Logiken waren längst bekannt und soweit entwickelt, daß ein elektromechanisch arbeitender Rechner hätte konzipiert und gebaut werden können. Trotz allem war die Leistung und der Fortschritt durch die Hollerithschen-Tabelliermaschinen (Bild 2.13) ein Markstein der weiteren Entwicklung.

Bild 2.13: Hollerith-Maschine

Aus der von Hollerith gegründeten Firma ging später die IBM hervor, denn der Markt, der jetzt von vielen Firmen (die später auch als Rechnerfirmen einen Namen bekamen) erkannt wurde, war der Bereich der kaufmännischen Datenverarbeitung und der Verwaltung.

Lochkarten-Buchungsautomaten, Statistikmaschinen, das maschinelle Berichtswesen, Lochkarten- und Lochstreifenperipherie (wie Tabellier- und Sortiermaschinen) erfüllten voll die Aufgaben einer Verwaltung, so daß an einer Weiterentwicklung der "Rechner" fast nicht gearbeitet wurde und nach Erscheinen der frühen programmgesteuerten Digitalrechner selbst Firmen wie IBM nicht an eine nennenswerte Anwendung im Büro und Wissenschaftsbereich denken und glauben wollten.

Etwa gleichzeitig und völlig unabhängig plante 1937 Zuse einen Rechner aus mechanischen Bauelementen (funktionstüchtig 1939) und Aiken einen elektromechanischen Rechner, der 1939 in Angriff genommen wurde, 1944 abgeschlossen und in der Folgezeit weiter ausgebaut und verbessert wurde.

Parallel liefen durchaus einzelne frühe Versuche, z.B. in Deutschland bei Professor Walther in Darmstadt (am Institut für Praktische Mathematik), wo aus vorhandenen Buchungsautomaten durch Erweiterung um ein Programmsteuerwerk eine einfache Form der Automatisierung schon um 1942/43 erzielt wurde.

Die hohen Anforderungen an die Elektromechanik sowohl in der Telegraphen- als auch Fernschreib- und Fernsprechtechnik hatten das Relais in unterschiedlichsten Formen, z.B. in Zähl- und Schrittschaltwerken, in einem Zeitraum von Jahrzehnten zu einem sicheren Baustein werden lassen, der lange Zeit unübertroffen blieb und allein durch leichtes Auswechseln der Kontaktsätze unterschiedliche Funktionen ausführen konnte.

Bereits 1933 plante Wegandt einen dezimalen Rechenautomaten zur Berechnung von Determinanten und fertigte auch einen arbeitsfähigen Prototyp. Der Rechenmaschinen-Konstrukteur Hamann baute 1934 Vierspeziesrechenmaschinen mit Relais und untersuchte Multiplikationsverfahren in logarithmischer Arbeitsweise mit Lochbandsteuerung und -speicherung zum Lösen linearer Gleichungssysteme.

So waren auch die nach einem vorgegebenen Schema ablaufenden statischen Berechnungen bestimmend für den Entwurf und Bau des ersten arbeitsfähigen programmgesteuerten Rechenautomaten durch Konrad Zuse (diplomierter Bauingenieur!) in Berlin.

In der Rückschau kann man sagen: Die Ideen von Charles Babbage gingen verloren und erst ein Jahrhundert später wurde die Idee einer automatischen Rechenanlage wieder neu geboren, und zwar unabhängig voneinander in Deutschland und in den USA.

2.5 Wandel in der Philosophie der Rechner

Allerdings trat ein genereller Wandel in der Philosophie der Rechner ein, denn die Wirkungsweise der jetzt gebauten Datenverarbeitungsanlagen beruht nicht mehr auf dem Prinzip des "Zählens", sondern es werden sämtliche Rechen- und Steueroperationen durch die logischen Grundverknüpfungen UND, ODER und Negation der Booleschen Algebra ausgeführt. In der sogenannten Schaltalgebra wurde die Boolesche Algebra neu erfunden!

Insgesamt spielt daher die Logik, so wie sie von Aristoteles begründet und von Leibniz und Boole formalisiert wurde, eine grundlegende Rolle für die gegenwärtige Computertechnik. Das Leibnizsche Werk "De Arte Combinatoria" gilt auch heute noch als historische Quelle der symbolischen Logik.

So wie in der Mathematik mit Symbolen unabhängig von deren inhaltlicher Bedeutung operiert wird, strebte Leibniz einen Logikkalkül an, bei dem das logische Schließen unabhängig von der inhaltlichen Bedeutung der Sätze, die in den Schluß eingehen, durchgeführt wird. Seine neue Konzeption der Logik schaffte die Möglichkeit, für jeden logischen Schluß die Richtigkeit oder Unrichtigkeit kalkülmäßig - und mithin durch Maschinen - zu errechnen.

Im Prinzip lagen damit gegen Ende des 19. Jahrhunderts alle Erkenntnisse vor, die für die Entwicklung von programmierbaren Rechenautomaten heutiger Konzeption vorauszusetzen sind. Da erstaunt es im Nachhinein sehr, daß es noch über ein halbes Jahrhundert gedauert hat, bis die Geburtsstunde der ersten voll funktionstüchtigen programmgesteuerten Rechenanlage der Welt, der Zuse Z1 (Bild 2.14), schlug.

Die von Konrad Zuse konstruierte Anlage Z1 entsprach in ihrer Grundstruktur der Analytical Engine, ohne daß Zuse jedoch Kenntnis von den über 100 Jahre zurückliegenden Plänen des Charles Babbage hatte. Darüber hinaus enthielt jedoch die Rechenmaschine von Zuse jetzt grundsätzlich neue Konzepte.

Die grundlegenden Ideen seines Entwurfes waren:

1. die rein duale Darstellung von Zahlen und Operationsbefehlen,

2. die halblogarithmische Zahlendarstellung, heute "Gleitkommadarstellung" genannt,

3. das Rechnen mit Hilfe des Aussagenkalküls, also der logischen Grundoperationen der Konjunktion, Disjunktion und Negation, der Grundverknüpfungen der Booleschen Algebra.

Es gelang Zuse 1937, einen aus mechanischen Bauelementen aufgearbeiteten Rechner mit vollständigem Rechenwerk und Speicher für 64 Zahlen aufzubauen. Der Nachfolgetyp, die Z2, war eine Kombination der Z1 mit einem neuen Relais-Rechenwerk. Diese war 1939 funktionstüchtig. Die Z1 ging im 2. Weltkrieg verloren, wurde aber in einem aufwendigen Nachbau von Herrn Zuse persönlich in den letzten Jahren wieder entworfen, konstruiert, gebaut und lauffähig gemacht. Mitte 1989 wurde der Rechner dem Konrad Zuse Zentrum in Berlin zur Verfügung gestellt.

Bild 2.14: Die Z1, erster Rechner mit vollständigem Rechenwerk
und Speicher (mechanische Bauelemente)

Als universelles Rechengerät wurde von Zuse der Folgerechner, die Z3, für die "Deutsche Versuchsanstalt für Luftfahrt" in Relaistechnik geplant, Speicher und Rechenwerk wurden in Relaistechnik ausgeführt.

Die Z3 ist durch folgende Leistungsdaten gekennzeichnet: Operationsgeschwindigkeit 15-20 Additionen je Sekunde und 1 Multiplikation in 4 Sekunden. 600 Fernmelde-Relais waren für die Logik erforderlich, 2000 Relais für den Speicher von 64 Zahlen zu 22 bit Dual- bzw. 7 Dezimalstellen. Hiermit war 1941 die erste arbeitsfähige und industriell nutzbare "programmgesteuerte Rechenanlage" der Welt geschaffen, die sowohl die 4 Gundrechenoperationen als auch das Radizieren erlaubte. Der Lochstreifen diente als Programmträger, die Befehle erhielten Operations- und Adreßteil.

Vollkommen unabhängig von Zuse entwickelte Howard Aiken, Professor für angewandte Mathematik an der Harvard-Universität, den ersten amerikanischen Rechenautomaten ASCC (Automatic Sequence Controlled Calculator) oder Mark I, der in elektromechanischer Bauweise ausgeführt wurde. Die Arbeiten wurden 1939 begonnen und die Fertigstellung war 1944. Die Steuerung erfolgte über Stecktafeln. Eine Addition dauerte weniger als 1 Sekunde (0,3 s), eine Multiplikation ca. 6 s und eine Division 11 s.

Der Aiken-Rechner arbeitete mit Standardbauteilen von Lochkartenmaschinen. Die Daten konnten durch Lochstreifen oder Lochkarten eingegeben werden, als Ausgabe diente ein Lochstreifenstanzer oder eine elektrische Schreibmaschine. Programme wurden vom Lochstreifenleser eingelesen und die Ein-/Ausgabe bereits automatisch vom Rechner gesteuert.

Die technischen Daten und Abmessungen dieser Anlage waren imponierend: eine Frontfläche von 15 m Länge und 2,5 m Höhe, ca. 700.000 Einzelteile, 80 km Leitungsdraht, 3,5 t Gewicht. Eine zweite, verbesserte Rechenanlage, die Mark II, ebenfalls in Relaistechnik, wurde 1947 fertiggestellt.

Das Zeitalter der elektronischen Datenverarbeitung wurde eingeläutet, als man begann, die Elektronenröhre als Bauelement zu verwenden. Auch hier wieder eine große Leistung aus der Arbeitsgruppe Zuse: H. Meyer, ein Mitarbeiter Zuses, hatte bereits vor 1940 Versuche mit Röhrenbausteinen unternommen und dies mit den erzielten Ergebnissen in seiner Promotionsarbeit belegt. 1940 wurde bereits ein Prototyp realisiert! Der Rechner wurde dann jedoch nicht weiterverfolgt, da die zur Finanzierung erwünschten Mittel von den Regierungsstellen nicht zur Verfügung gestellt wurden. Die Förderung eines derartigen Rechners mit 1800 Röhren (!) und einem Rechentakt von 1 ms wurde abgelehnt. Dieser Röhrenrechner wäre ansonsten sehr viel früher fertig und auch schneller gewesen als der erste amerikanische Rechner in Röhrenbauweise. So ist die ENIAC, "Electrical Numerical Integrator and Computer", der "erste Rechenautomat in Röhrentechnik" (1946).

Dieser mit 10kHz taktgesteuerte Rechner mit über 18 000 Röhren (!), 1500 Relais, einer Leistungsaufnahme von mehr als 150 kW und einem Gewicht von mehr als 20 Tonnen wurde von J. W. Mauchly und J. P. Eckert, Mitarbeitern der Moore School of Electrical Engineering der Pennsylvania Universität, in den Jahren 1943-1946 für ballistische Berechnungen gebaut. Strukturell wies die ENIAC jedoch keine Besonderheiten auf. Die Additionszeit betrug 0,2 ms und für die Multiplikation zweier zehnstelliger Dezimalzahlen waren 2,8 ms erforderlich. Lochkartenleser und -stanzer dienten als Datenein- und Datenausgabegeräte.

Das erste in Deutschland mit Röhren in Betrieb genommene Rechenwerk wurde 1949 von Dr. Sprick aus Flensburg gebaut. Es war ein Zusatz-Multiplizierwerk zu einer Tabelliermaschine.

Inzwischen wurden in Europa auch die amerikanischen Entwicklungen bekannt und man entwarf und baute unterschiedlichste Digitalrechner. So förderte die "Deutsche Forschungsgemeinschaft" Rechnerprojekte mit unterschiedlichem Rechenmodus unter Biermann und Billing in Göttingen, sowie Walther in Darmstadt, Piloty in München und Haack in Berlin.

Als erster industriell hergestellter Rechner für die wissenschaftliche Datenverarbeitung kam der von der Firma Zuse gebaute Röhrenrechner Z22 im Jahre 1956 an die RWTH Aachen. Von diesem Rechnertyp wurden ca. 50 Stück ausgeliefert.

Die Leistungsdaten konnten sich wahrlich sehen lassen: Die Taktfrequenz betrug 140 kHz, die Wortlänge 38 Bits , der Trommelspeicher konnte 8192 Worte und der Ferritringkernspeicher 25 Worte speichern. Die Additionszeit betrug 0,6 ms und die Multiplikationszeit 10 ms. Insgesamt erforderte die Z22 etwa 500 Röhren und für die Logik 2400 Dioden. Als E/A-Einheit diente ein handelsüblicher Fernschreiber.

Den vorläufigen Schlußstein in der logischen Konzeption von programmgesteuerten Rechenanlagen setzte John von Neumann (1903-1957). Auf ihn und sein Team geht die fraglos bedeutendste und weitreichendste Idee der ganzen Entwicklung der Datenverarbeitung zurück, nämlich die des als Information gespeicherten Programms.

1. Das Programm, eine Folge von Befehlen, wird in gleicher Weise wie die zu verarbeitende Information kodiert und gespeichert.

2. Das als Folge von Befehlen gespeicherte Programm enthält bedingte Befehle, die Verzweigungen im Programm bewirken. Der Rechenautomat ist damit in der Lage, abhängig von Zwischenergebnissen selbsttätig logische Entscheidungen über Programmänderungen zu treffen.

Dieses "von Neumannsche Konzept" bildet bis heute die Grundlage für die Struktur fast aller Datenverarbeitungsanlagen, wir sprechen deshalb von Rechnern des "von Neumann-Typs".

2.6 Datenverarbeitungsanlagen im technologischen Wandel

Ab 1950 ist die Entwicklung der Elektronischen Datenverarbeitung im wesentlichen durch die Fortschritte, die auf dem Sektor der Halbleitertechnologie erzielt wurden, gekennzeichnet. Jetzt trat ein unaufhaltsamer Siegeszug der Technik ein, wie das am Beispiel der Additionsgeschwindigkeit für die verschiedenen Technologien (Bild 2.15) zu erkennen ist. Einhergehend mit der Verwendung entsprechender elektronischer Bauelemente hat man die Computer in Generationen eingeteilt.

Zur "ersten Generation" der Computer zählen Rechenanlagen, die mit Elektronenröhren bestückt waren (1950 - 1958). Mit der Verwendung des diskreten Halbleiter-Transistors als Schaltelement beginnt die sogenannte "zweite Computergeneration" in der Geschichte der elektronischen Datenverarbeitungsanlagen (1958 - 1965).

Die Eigenschaften des Transistors, geringe Abmessung, hohe Schaltgeschwindigkeit, niedrige Betriebsspannung, geringe Störanfälligkeit und fast unbegrenzte Lebensdauer, machten ihn zum idealen Schaltelement.

Jetzt ließen sich leistungsfähige Computer bauen, die bisher wegen ihres Platz- und Kostenaufwandes nicht realisiert werden konnten. Die industrielle Fertigung von Rechenanlagen auf breiter Basis setzte ein. Dazu gehörten auch die

Entwicklungen von Magnet-, Magnettrommel- und Magnetplattenspeichern. Als Arbeitsspeicher im Computer wurden zu diesem Zeitpunkt fast ausschließlich Magnetringkernspeicher verwendet.

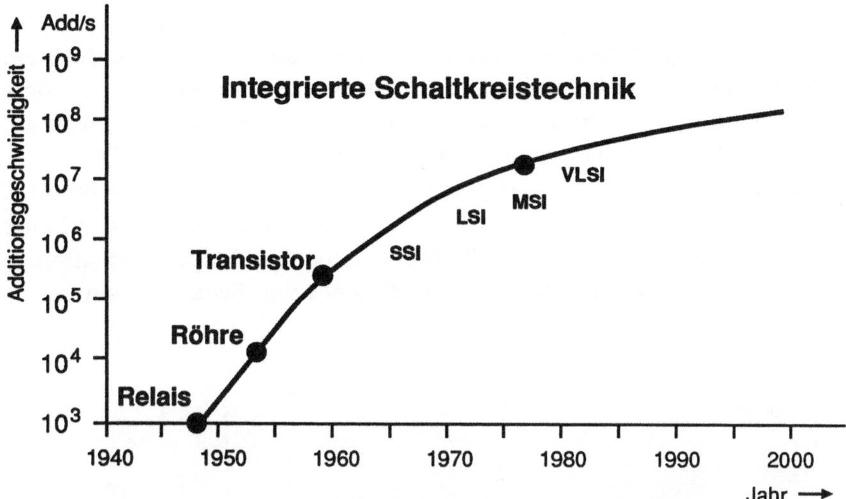

Bild 2.15: Darstellung der Addtionsgeschwindigkeit als Funktion der Zeit

Frühe Rechner mit Transistoren waren in Deutschland der Siemens-Rechner SI 2002 ab 1957 (der erste Siemens-Rechner aus der Produktion wurde zum Rechenzentrum der RWTH-Aachen geliefert), Standard Elektrik Lorenz-Rechner ER 56 (1959), IBM-Rechner RAMAC 305 (gebaut in Sindelfingen) und IBM 1401 (in Europa wurden insgesamt 1250 Rechner aufgestellt), Telefunken TR4 und Univac AC 490.

In der Schaltkreistechnik wurden verschiedene diskrete Bauelemente zusammengefaßt. Eine "Schaltgruppe", ein sogenanntes Modul, vereinigte Transistoren, Dioden, Widerstände und Kondensatoren auf einer Platine, später auf einem Keramiksubstrat. Mehrere Schaltgruppen bildeten eine Schaltkarte. Mehrere Schaltkarten wurden wiederum zu größeren logischen Einheiten zusammengefaßt. Die Modulbauweise erlaubt leichtere Fehlereingrenzung, einfache Austauschbarkeit und kostengünstigere Fertigung.

Durch den Einsatz wesentlich kleinerer, schnellerer monolithischer Schaltkreise konnte bei der Weiterentwicklung die interne Arbeitsgeschwindigkeit der Computer stetig gesteigert werden. Rechner dieser "integrierten Schaltkreistechnik" zählen zur "dritten Computergeneration" (1965 - 1975).

Eine sehr große weitere Reduktion der Schaltzeit des Transistors ist jedoch nur dann sinnvoll, wenn es gelingt, die Signallaufzeiten auf den Verbindungswegen entsprechend zu reduzieren. Dies zwingt somit zu einer Miniaturisierung, die zum Beispiel in der sogenannten "integrierten monolithischen Halbleitertechnologie" am weitesten fortgeschritten ist. Beispielsweise können auf einer Fläche von nur 1 mm^2 eine Vielzahl von Gattern bzw. elektronischen Komponenten untergebracht werden (Bild 2.16).

Zu Beginn der Halbleitertechnik war Germanium das beherrschende Element. Heute bilden Siliziumkristalle das Grundmaterial der Monolithtechnologie. In einem vielschichtigen Verfahren, bestehend aus komplizierten Aufdampf-, Druck-, Ätz- und Diffusionsvorgängen, können auf einer großen Siliziumscheibe (5 bis 15 cm Durchmesser), dem sogenannten "Wafer", sehr viele, meist gleichartige Funktionseinheiten in Form quadratischer oder rechteckförmiger Plättchen heute untergebracht werden. Diese Plättchen, genannt "Chips", enthalten selbst wieder - je nach Technologie - eine sehr große Zahl von Schaltelementen.

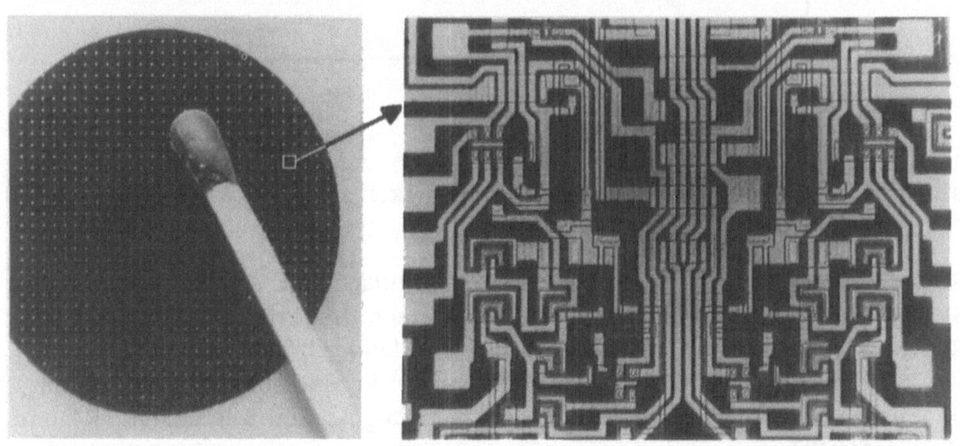

Bild 2.16: Schaltung in integrierter Bauweise (Aufbau und Größenvergleich)

Ganze Systemkomponenten, z.B. Prozessoren oder Halbleiterspeicher werden so auf kleinstem Raum zusammengefaßt. In 3,5 Kubikmillimeter - das ist die Größe eines Stecknadelkopfes - lassen sich viele tausend Informationseinheiten oder eine große Zahl von Schreibmaschinenseiten Klartext speichern. (1989 wurden bereits Speicherchips mit 4MBit auf dem Markt angeboten; Speicher mit noch größerer Speicherkapazität sind bereits in der Entwicklung).

Die technologische Entwicklung der neueren Zeit betrifft vor allem die Steigerung der Integrationsdichte (Very-Large-Scale-Integration, kurz VLSI-Technik genannt) sowie eine Steigerung der Schaltgeschwindigkeit und auch der Wafer-Größe.

Die verschiedenen Entwicklungsstufen werden wie folgt bezeichnet:

SSI = Small scale Integration (weniger als 10^2 Transistoren)

MSI = Medium scale Integration (weniger als 10^3 Transistoren)

LSI = Large scale Integration (weniger als 10^4 Transistoren)

VLSI = Very large scale Integration (mehr als 10^4 Transistoren).

Als Produkt der VLSI-Technik sind in neuerer Zeit ganze Rechnereinheiten und Steuerwerke bzw. vollständige Rechner (jedoch mit relativ kleinem Speicher) als einzelne Chips auf den Markt gekommen. Diese sogenannten Mikroprozessoren (Rechenwerk und Steuerwerk) bzw. Microcomputer (Rechenwerk, Steuerwerk und Speicher) werden in Verbindung mit Speicherbausteinen großer Kapazität und auch Sonderbausteinen in sagenhaft hohen Produktionszahlen preisgünstig hergestellt.

Rechner in VLSI-Technik, d. h. ab 1975, zählen zu den Rechnern der "vierten Generation".

Erfinder der integrierten Schaltung war Jack St. Clair Kilby von der amerikanischen Firma Texas Instruments, der im Jahre 1959 vorschlug, anstelle der Montage von winzigen Keramikmodulen mit elektronischen Bauelementen, in dem gleichen Stück Material nicht nur verschiedene Transistoren, sondern auch Widerstände und Kondensatoren zu integrieren und durch Verbindung dieser Elemente die vollständige elektrische Schaltung zu realisieren. Dies war der Startpunkt der sogenannten "integrierten Schaltung".

Diese befruchtende Idee wurde als erste integrierte Schaltung - abgekürzt "IC" (integrated circuit) - in einer dünnen Germaniumscheibe realisiert. Die Isolation der einzelnen Komponenten geschah im wesentlichen noch durch den relativ großen räumlichen Abstand der Bauelemente. Die Schaltung funktionierte und 1959 trat Texas Instruments damit an die Öffentlichkeit. Zur Demonstration wurde ein Rechner mit 582 Schaltungen bei einem Volumen von nur 40 cm^3 für die Air Force gebaut. Das Volumen war auf etwa ein 200stel des Vorgängers reduziert. Als es in der Siliziumtechnik gelang, dünne Schichten Siliziumdioxyd (hoch isolierend) zur Isolierung der einzelnen Bauelemente, ganz gezielt auf der Siliziumoberfläche zu erzeugen, wurde durch dieses Planarverfahren (wegen der flachen Transistor-Bauweise) von Robert Noyce bei Fairchild die erste wirklich höher integrierte Schaltung entwickelt. Da alle Gatter- (Tor-) Schaltungen aus den gleichen Grundbausteinen (Transistoren) bestehen, war die Anzahl der Bauelemente auf einem Silizium-Plättchen von der Präzision der Isolierung und der auf dem Plättchen durchgeführten Verdrahtung abhängig. Zur Verdrahtung wurden nicht mehr einzelne Drähte, sondern aufgedampfte Metallbahnen verwendet. Auf diese Weise gelang es, sehr sichere Bauelemente zu bauen, die bald den Namen "Chips" erhielten.

1964 enthielt ein Chip von 1/2 cm^2 Fläche 10 Transistoren und einige zusätzliche Bauelemente.

1970 enthielt ein Chip gleicher Größe bereits 100 Transistoren und zusätzliche Bauelemente, ohne daß sich die Fertigungskosten (!) wesentlich erhöht hatten.

Die Entwicklung setzte sich etwa wie folgt fort:

1975	1.000 Transistoren
1980	50.000 Transistoren
1985	1.000.000 Transistoren
1990	10.000.000 Transistoren.

Damit startete ein Rennen sowohl zu immer größerer Bauelementezahl auf einem Quadratmillimeter Chipfläche als auch gleichzeitig zur Vergrößerung der Chipoberfläche und Waferfläche.

Ende der 60er Jahre kamen dann die ersten Chips der Firma Intel (Integrated Electronics) auf den Markt, die einen vollständigen Prozessor, den Intel 4004, auf einem Chip untergebracht hatten (Kostenpunkt ca. 1500DM!). Firmengründer waren der bereits erwähnte Robert Noyce und zwei weitere Mitarbeiter von Fairchild (Es ist interessant zu wissen, daß Intel nur eine von über 50 Firmen war, die von ehemaligen Fairchild-Mitarbeitern gegründet wurden). Intel ließ sich 1968 im kalifornischen Palo Alto nieder und brachte 2 Jahre später auch den ersten Speicherchip mit 1024 Binärzellen auf den Markt.

Die Entwicklung führte dann sehr schnell zum Intel 8080 (etwa 1976), einem 8-bit-Prozessor der Firma Intel, der praktisch zum ersten Industriestandard wurde.

Die Struktur der Mikroprozessoren weisen viele charakteristische Züge der bisher in diskreter und integrierter Technik aufgebauten, wesentlich teureren Minirechner auf. Hiermit war jetzt endgültig ein Stand der Technik erreicht, der mit der Preisgünstigkeit (einige Dollar je Prozessor) und der zusammengehörigen Bausteinfamilie fast täglich neue Anwendungsgebiete erschloß. Immer mehr konkurrierende Firmen im Silicon-Valley (um Palo Alto) produzierten Bausteine und generierten Ideen über Ideen.

Nach den 8-bit-Prozessoren folgten sehr schnell (1980) 16-bit-Mikroprozessoren. Schon kurz darauf (1986) folgte der Sprung zum 32-bit-Mikroprozessor (z.B. Motorola 680x0, Intel 80x86). Mit zugehörigen Hochleistungsbausteinen für sehr schnelle Arithmetik gelang dann der fast unaufhaltsame Einsatz der uns allen vertrauten Personal-Computer auf den unterschiedlichsten Gebieten.

Dieser Rechner hat jetzt in der allgemeinen und flexiblen Ausbaufähigkeit, Rechengeschwindigkeit und Einsatzmöglichkeit bereits einen Stand erreicht, der durch eine riesige Anzahl von Programmpaketen praktisch jedermann zum

Anwender und Nutzer werden läßt und nicht mehr allein dem Ingenieur und Informatiker als Werkzeug vorbehalten bleibt. Damit ist auch der Weg offen, immer weitere Anwendungen zu erschließen.

Parallel zu dieser technologischen Entwicklung vollzog sich eine Verbesserung und Fortentwicklung der Programmierverfahren. Algorithmen, Begriffe und Befehle in Maschinensprache zu übertragen, war und ist das Wesen des Programmierens. Der Computer reagiert nur auf einen eng begrenzten, starren Zahlencode, dem Maschinenbefehlsvorrat. Für die ersten Computer mußten die Programmierer alle Instruktionen in mühevoller Arbeit in Maschinensprache schreiben.

Die Entwicklung der "höheren" Programmiersprachen begann mit dem Entstehen der "Gedächtnishilfen-Technik" (Mnemotechnischen Abkürzungen) und den Makroinstruktionen. Auf dieser mit ASSEMBLER-Sprachen geschaffenen Grundlage entstanden dann weitere höhere Programmiersprachen wie FORTRAN (**FOR**mula **TRAN**slation) und COBOL (**CO**mmon **B**usiness **O**riented **L**anguage). Heute sind eine Vielzahl von Programmiersprachen für Spezialanforderungen im Gebrauch und der Trend zu für den Benutzer immer komfortableren anwendungsorientierten Programmiersprachen hält an.

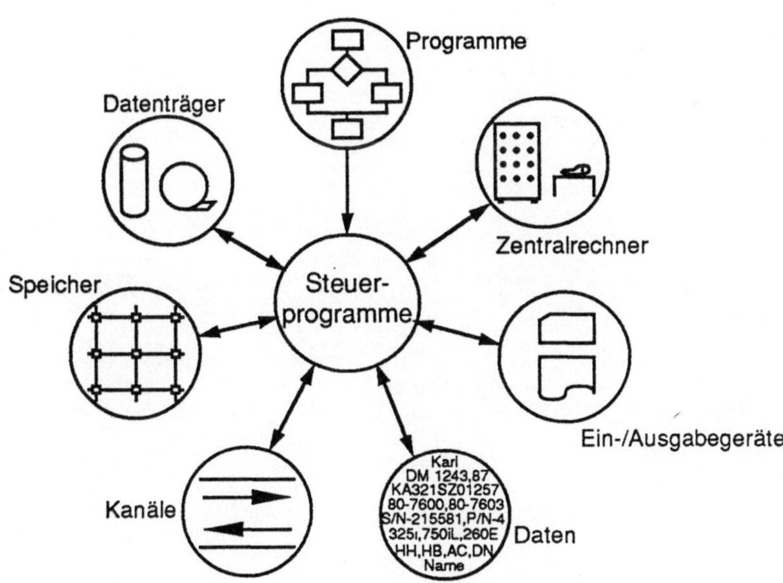

Bild 2.17: Betriebssystem: Steuerprogramme zur Verwaltung der Betriebsmittel einer Datenverarbeitungsanlage

Inzwischen waren die Computer so schnell und leistungsfähig geworden, daß ihr volles Leistungsvermögen nicht mehr (optimal) genutzt werden konnte. Aus diesem Grunde schuf man sehr bald (inzwischen sehr aufwendige und sehr umfangreiche) Betriebssysteme. Diese bestehen aus Steuerprogrammen, die durch die automatische Verwaltung der Betriebsmittel einer Datenverarbeitungsanlage für deren bestmöglichen Einsatz sorgen (Bild 2.17) und auch die volle Rechenleistung stets zur Wirkung kommen lassen. Aufgaben, Funktion und Zielsetzungen eines einfachen Betriebssystems werden im Kapitel 14 aus unterschiedlichen Sichten kurz behandelt.

3 Einsatzmöglichkeiten für Datenverarbeitungssysteme

Ein Datenverarbeitungssystem kann in Form eines Blockschaltbildes (siehe Bild 2.1) strukturell relativ einfach dargestellt werden. Es läßt bei dem gewählten Abstraktionsgrad im wesentlichen die datenmäßige Verbindung der einzelnen Komponenten eines Datenverarbeitungssystems erkennen. Über die tatsächliche Leistungsfähigkeit des Systems können bei dem gewählten Abstraktionsgrad jedoch keine Aussagen gemacht werden. Die Darstellung ist daher für eine große Zahl ganz unterschiedlicher Systeme gültig.

Neben dieser eher vom Ingenieurstandpunkt geprägten Darstellung können auch ganz andere Aspekte zur Charakterisierung eines Datenverarbeitungssystems herangezogen werden. Aus der Benutzersicht sind dies in erster Linie der Preis, das Preis-/Leistungsverhältnis, Sicherheitsaspekte, Verwendbarkeit für verschiedene Anwendungsbereiche (general purpose) oder für spezielle Anwendungen (special purpose) wie z.B. Prozeßsteuerung, um nur einige zu nennen. Da für viele Menschen der Zugang zu einem Datenverarbeitungssystem über den kostengünstigen Personal-Computer (PC) erfolgt, wollen wir uns im Rahmen dieses Kapitels vornehmlich mit den Einsatzmöglichkeiten eines solchen Rechners im privaten und beruflichen Bereich auseinandersetzen. Dazu wählen wir einige als "typisch" zu bezeichnende Anwendungen aus, wenn man bei dem Begriff typisch die vermutete Benutzeranzahl als Charakteristikum zugrunde legt. Trotz großer Verbreitung der PC's muß jedoch jedermann klar sein, daß diese keinen vollständigen Ersatz für Großsysteme darstellen, sondern in Bereichen der wissenschaftlichen und kommerziellen Datenverarbeitung auch ein zunehmender Bedarf an Hochleistungsdigitalrechnern weiterhin besteht. Aufgrund ihrer flexiblen Einsatzmöglichkeiten haben die PC's und neuerdings die Arbeitsplatzrechner (Workstations) aber nachhaltig zu einer starken Verbreitung der Datenverarbeitung in vielen Bereichen beigetragen. Dies trifft in einem noch stärkeren Maße auf die Mikroprozessoren zu, mit denen die PC's ausgestattet sind. Die früher in mechanischer Technologie aufgebauten Steuerungen können heute preisgünstiger und überdies wesentlich leistungsfähiger mit Hilfe dieser Prozessoren realisiert werden.

Die Ausführungen in diesem Kapitel sind nur ein sehr kleiner Ausschnitt aus dem überaus breiten Anwendungsspektrum und sollen zudem nur als ein erster Einstieg in die Welt der Digitalrechner verstanden werden. Die Bedienung konkreter Programme ist nicht das Ziel der Erläuterungen. Vielmehr soll der Leser ermutigt werden, selbst praktische Erfahrungen im Umgang mit Programmen an verfügbaren PC's zu sammeln. Die vielfältigen Arbeiten auf dem Gebiet von Betriebssystemen, Programmiersprachen, Hardware- und Software-Architekturen, Technologien und Vernetzungen können dann aufgrund eines persönlichen

Erfahrungshorizontes verständlicher und leichter eingeordnet und bewertet werden.

Folgende Einsatzgebiete des PC werden behandelt:

- Textverarbeitung
- Bildung, Unterhaltung, Spiele
- Rechnergestützter Entwurf und Entwicklung
- Steuerungen
- Informationssysteme
- Kommunikation.

Diese Gebiete werden jedoch nur insoweit behandelt, als sie auch sinnvoll auf einem PC abgewickelt werden können. Gemeint ist damit, daß die Leistungsanforderungen (das sogenannte Leistungsprofil) den Verarbeitungsleistungen eines PC entsprechen muß.

3.1 Grundausstattung eines PC

Ein PC ist bezüglich Verarbeitungsgeschwindigkeit und Speicherkapazität in weiten Bereichen variierbar. Selbst dann, wenn die eigentliche Prozessorleistung unzureichend ist, kann in vielen Fällen durch Einbau von Zusatzkarten eine spürbare spezifische Leistungsverbesserung erzielt werden (z.B. Koprozessor, Board für LISP-Anwendung).

Dem Hauptspeicherausbau sind jedoch vielfach von der Prozessorarchitektur oder durch das verwendete Betriebssystem (Beispiel: DOS auf IBM- oder IBM-kompatiblen PC's) Grenzen gesetzt. Im Bild 3.1 ist eine mögliche Hardware-Konfiguration dargestellt.

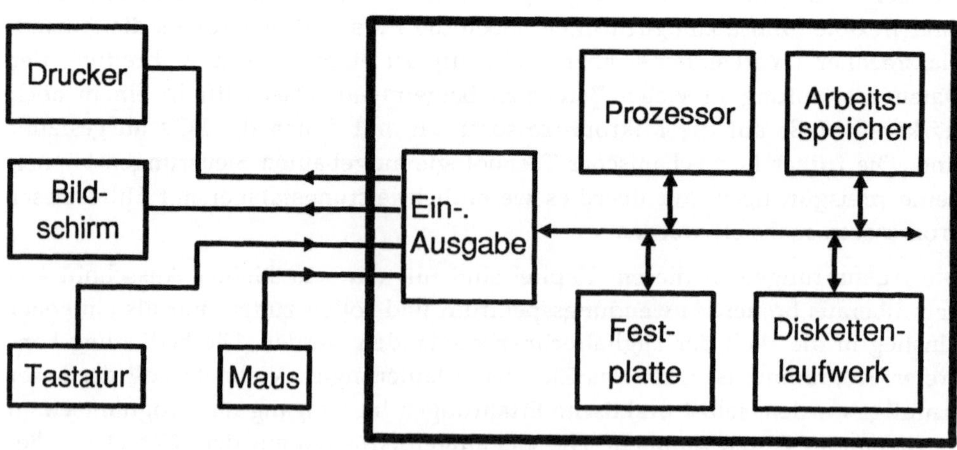

Bild 3.1 Hardware eines Personal-Computers

Eine für viele Anwendungen ausreichende Ausstattung eines PC könnte wie folgt gewählt werden:

- Prozessor (Wortlänge≥16bit) mit mindestens 1MB = $1 \cdot 10^6$ Byte mit je 8 Bits Hauptspeicher,
- Arbeitsspeicher (mindestens 0,5MB),
- Festplattenlaufwerk (Mindestkapazität: 20MB, Zugriffszeit <40ms),
- Diskettenlaufwerk: 3.5" (1,44MB) oder 5.25" (1,2MB); hohe Schreibdichte (variabel für verschiedene Schreibdichten),
- Bildschirm 14", graphikfähig, hohe Auflösung,
- Drucker,
- Tastatur,
- Maus als Zeiger (Pointing Device).

3.2 Randbedingungen durch das Betriebssystem

Anwendungen aus den angegebenen Einsatzgebieten laufen in der Regel unter der Kontrolle eines Betriebssystems ab. Im einzelnen wird hierauf in Kapitel 14 eingegangen. Da der Dateibegriff im folgenden des öfteren benutzt wird, soll bereits an dieser Stelle auf einige Aspekte der Dateiverwaltung in einem Betriebssystem eingegangen werden.

Eine Datei ist eine abgeschlossene Datenmenge, die auf einem Speichermedium (Diskette, Festplatte, Magnetband) gespeichert ist. Diese Datenmenge kann in Form von Datensätzen oder Speicherblöcken strukturiert sein. Eine Datei wird durch einen Namen identifiziert. Er sollte so gewählt werden, daß er den Dateiinhalt assoziiert; z.B. Diplomarbeit, Zeitplan, Beschwerdebrief. Die Länge des Dateinamens ist aus systeminternen Gründen leider oft beschränkt (z.B. auf 8 Zeichen bei DOS), so daß die Wahl eines treffenden Namens nicht immer leicht fällt.

In einigen Betriebssystemen können Dateinamen mit Hilfe einer Zusatzangabe (Extension) qualifiziert werden. Sie bestehen aus zumeist frei wählbaren Zeichen (bei DOS 3 Zeichen, durch Punkt vom Dateinamen getrennt und an diesen angehängt: z.B. BRIEF.TXT, ADRVERW.FOR), durch die Dateien bestimmten Aufgaben oder Programmen zugeordnet werden können. Bei den angegebenen Beispielen charakterisiert .TXT eine Textdatei und .FOR eine Quelldatei für den FORTRAN-Compiler.

3.3 Textverarbeitung

Die Textverarbeitung umfaßt ein weites Gebiet, das beim einfachen Zeileneditor beginnt und zur Zeit bei den Dokumentationssystemen endet. Folgende Aspekte bei der Textverarbeitung sind bedeutsam:

- Editieren von Programmen,
- Erstellen von Briefen (auch Serienbriefen),
- Erstellen von Buchtexten (Seitennumerierung, Inhaltsverzeichnis, Index),
- Erstellen von Zeitungen (Mehrspaltensatz, Fotos),
- Erstellen von technischen Dokumentationen (Bilder, Graphiken, Formeln).

Als Basisleistungen aller Textverarbeitungssysteme sind zu nennen:

- Einfügen, Löschen, Tabulatorfunktionen,
- Suchen und Ersetzen von Zeichenketten,
- Markieren, Löschen, Kopieren, Verschieben von Blöcken,
- Speichern und Laden von Blöcken.

Für das Editieren von Programmen (Eingeben und Ändern der Programmtexte) sind diese aufgeführten Leistungen im allgemeinen bereits ausreichend. Hierfür stehen gute Programmeditoren zur Verfügung.

Im Bild 3.2 ist eine allgemeine Struktur von Textsystemen dargestellt.

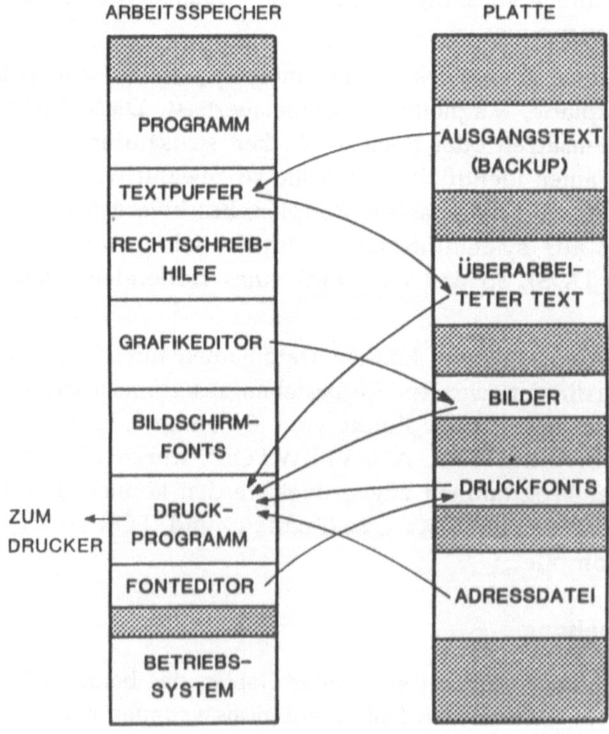

Bild 3.2:   Struktur von Textsystemen

Programme für die Erstellung von Briefen und einfachen Texten sind heute in großer Anzahl verfügbar. Sie werden meistens als sogenannte "Textsysteme" bezeichnet. Beispiele hierfür sind: WORDSTAR, PCText, WORD, WordPerfect. Diese Systeme bieten über die Basisleistungen hinaus:

- verschiedene Schrifttypen und -größen,
- variable Druckformate (Zeilenabstand, Blocksatz, Absatzeinzüge),
- Trennhilfe und gegebenenfalls Rechtschreibprüfung,
- Druck von Serienbriefen (adressatenspezifische Angaben werden
  den Textsystemen bereitgestellt, z.B. aus einer Datenbank).

Bei der Bucherstellung werden neben den bisher genannten Leistungen von Textsystemen noch weitere Funktionen benötigt:

- automatische Erstellung von Inhaltsverzeichnis und Index,
- Verwaltung von Fußnoten,
- Kopf- und Fußzeilen,
- Seitennumerierung und Seitenumbruch.

Eine weitere Gruppe spezialisierter Textsysteme bilden die sogenannten DTP (Desk-Top-Publishing)-Systeme, die zur Erstellung von Zeitungen, Publikationen, Werbematerial etc. geeignet sind. Sie erlauben:

- Mischen von Texten mit Graphiken und abgetasteten Bildvorlagen,
- Darstellung unterschiedlicher Schriftformen,
- Vergrößern, Verkleinern, Beschneiden von Text und Graphik,
- Mehrspaltigen Satz.

Eine dritte Gruppe von Textsystemen ist auf die Erstellung technischer Dokumentationen spezialisiert. Leistungsmerkmale sind:

- Darstellung mathematischer oder chemischer Formeln,
- Unterstützung verschiedener Alphabete (griechisch, altdeutsch),
- Erstellung einfacher Graphiken,
- Übernahme vorhandener Bilder oder Texte durch Abtaster (scan-devices).

Einige dieser Leistungen werden bereits von komfortablen Textsystemen zur Verfügung gestellt, jedoch ist die Kapazität mancher Systeme nicht ausreichend, um große Dokumente geschlossen zu bearbeiten, oder die Leistungen sind nur umständlich zu realisieren.

3.4 Informationssysteme

Informationssysteme dienen zur Speicherung und schnellen, gezielten Wiedergewinnung von Daten. Basis eines Informationssystems ist entweder:

- ein Datenbanksystem oder
- ein Volltext-Verarbeitungs-System (Retrieval-System).

Durch die Integration einer Anfragenkomponente, die den gewünschten Zugriff auf Daten sprachlich und zumeist interaktiv zu formulieren erlaubt, wird daraus ein Informationssystem.

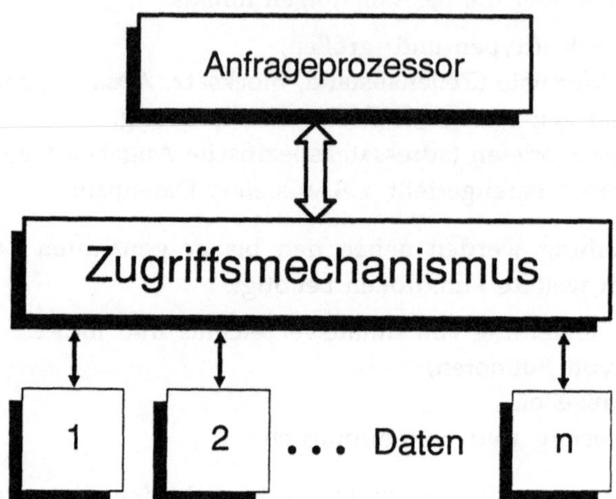

Bild 3.3: Informationssystem

Datenbanken stellen die Verknüpfung verschiedener Dateien nach inhaltlichen Gesichtspunkten dar. Diese Verknüpfung kann hierarchisch, netzwerkartig oder relational sein. Ein Beispiel für eine Anfrage an ein Datenbanksystem ist:

Zeige alle Einwohner von Aachen, die älter als 40 Jahre sind und einen Wagen des Types VW Käfer, Baujahr 1965, besitzen.

Diese umgangssprachliche Formulierung muß je nach Gestaltung des Abfragesystems formalisiert werden.

Volltext-Retrieval-Systeme dienen zur Suche nach Texten oder Textsegmenten in unstrukturierten Dateien. Beispiele dafür sind Literaturrecherchesysteme wie INSPEC Datenbanksystem für Elektrotechnik, INKA-Informationssystem Karlsruhe usw. Ein Anfragebeispiel an ein solches System könnte sein:

> Zeige alle Texte mit Autor "Korn", die im Titel
>
> "Mathematik" oder "Rechnersysteme" enthalten.

3.5 Bildung, Unterhaltung, Spiele

Ein ganz anderer Einsatzbereich hat vielen, insbesondere jüngeren Menschen den Zugang zum Rechner und zur Datenverarbeitung geöffnet. Das ist der Bereich der Lehrprogramme und der Unterhaltung in Form von Spielen. Dieser Bereich läßt sich unterteilen in:

- Intellektuelle Spiele,
- Geschicklichkeitsspiele,
- Abenteuerspiele,
- Lehrprogramme und
- Simulationen.

Spiele wie Schach (Bild 3.4) und Dame haben eine lange Tradition und auch ein hohes Ansehen. Entsprechende auf dem Markt erhältliche Spielprogramme sind oft von ausgezeichneter Qualität.

Bild 3.4: Position des Schachspiels auf dem Bildschirm (die "unsterbliche" Partie)

Der heutige Stand von Rechnerprogrammen für Schach oder Dame ist so weit fortgeschritten, daß nur noch Meisterspieler erfolgreich gegen diese Computerprogramme bestehen können.

Die Auswahl an unterschiedlichen Spielen für verschiedene Altersklassen ist groß. Besonders interessant sind solche Spiele, bei denen man den Schwierigkeitsgrad einstellen, also vorgeben, kann.

Geschicklichkeitsspiele haben Jugendliche schon immer interessiert. Heute kann am Rechner Geschicklichkeit und Reaktionsfähigkeit getestet und auch trainiert werden. Je geschickter man die Tasten und den Joystick bedient, desto mehr Punkte sind i.a. erreichbar. Die Spiele selbst werden durch Zufallsereignisse gesteuert, so daß man sich ständig neuen Situationen gegenübersieht. So geht es insbesondere bei Abenteuerspielen darum, den verschiedenen Gefahren auszuweichen und dennoch den Goldschatz oder andere erstrebenswerte Gegenstände zu erreichen. Bei verschiedenen Abenteuern endet das Spiel, wenn man einen gravierenden Fehler macht, der unter realen Umständen zum Tode führen würde.

Lehrprogramme dienen im wesentlichen der Wissensvermittlung. Der Teilnehmer begibt sich in einen Dialog mit dem Lehrprogramm, der dem eines Lehrer-Schüler-Dialogs ähnlich ist. Anders als im klassischen Unterricht kann man mit den Lehrprogrammen beliebig langsam (oder schnell) arbeiten. Individuelle Arbeitsmethoden, freie Wahl der Arbeitszeit und Vorkenntnisse bestimmen den zeitlichen Ablauf (Bild 3.5).

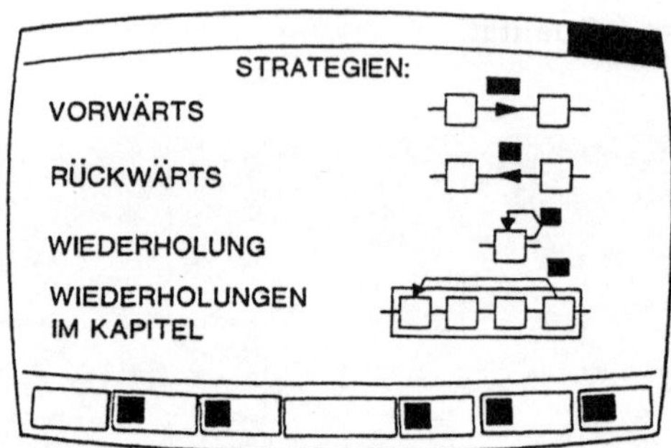

Bild 3.5: Einführung in ein Lehrprogramm

Von zunehmender Bedeutung sind heute mathematische Modellbildung und Simulationen mit dem Rechner auf den verschiedensten Gebieten und in vielen Schwierigkeitsgraden. Das Rechnerspektrum reicht deshalb vom einfachen PC über aufwendige Arbeitsplatzrechnersysteme bis hin zu großen Kraftfahrzeug- oder gar Flugzeugsimulatoren (z.B. für Trainingsflüge und Tiefflugübungen) mit Kosten von einigen Millionen DM. Auch diese Simulatoren dienen der Ausbildung und dem Training. Der Ausbildungsgegenstand und unterschiedlichste Situationen werden simuliert, Reaktionen registriert und auch bewertet. Höchst interessante Beispiele wie Start-, Flug- und Landesimulationen eines Flugzeuges auf bekannten Flugplätzen sind heute schon in einfacher Form auf dem PC ablauffähig.

Von größter Bedeutung ist die Rechnersimulation auf solchen Gebieten, auf denen Experimente nicht möglich, zu gefährlich, zu zeitaufwendig oder auch zu teuer sind.

Spiele und Simulationen haben stets als Ziel die Erfüllung einer bestimmten Aufgabe. Gefördert wird hierbei die Selbständigkeit in unterschiedlichen Situationen. Folgende Punkte seien besonders hervorgehoben:

- selbständiges Handeln in einer programmierten Umgebung,
- der Handlungsspielraum ermöglicht Entscheidungsfreiheit,
- die Kette gefällter Entscheidungen definiert Spielsituationen,
- aktuelle Spielsituationen sind abspeicherbar und abrufbar.

Die Struktur solcher Spielprogramme ist in Bild 3.6 dargestellt.

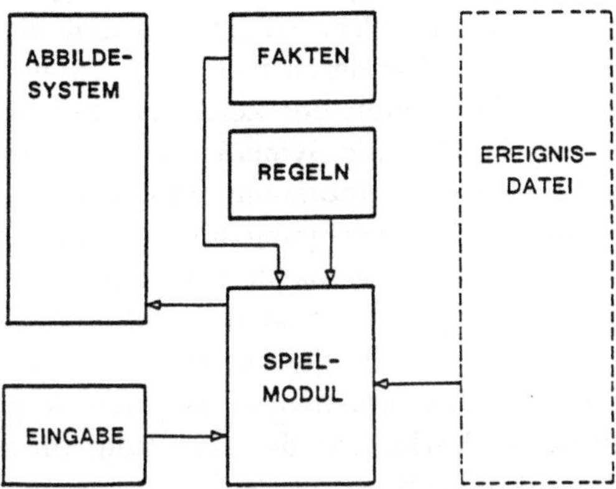

Bild 3.6: Struktur eines Spielprogramms

Das zugrunde liegende Prinzip der Spiele ist im allgemeinen das gleiche, so daß sich daraus Anwendungen ausdenken lassen z.B.:

- der PC als programmierte Umgebung
  (Ziel: z.B. Einführung in das Betriebssystem),
- Ökologiesystem als programmierte Umgebung
  (Ziel: Schadensminimierung im Natur-/Umweltsystem),
- Funktionalität und Physiologie des menschlichen Körpers
  (Ziel: Erkennung krankhafter Änderungen oder Trendbeobachtung).

3.6 Rechnergestützter Entwurf (Computer Aided Design)

Das Konstruieren, Zeichnen, Malen usw. mit Hilfe des Rechners wird Computer Aided Design, kurz CAD, genannt. Die Bilder und Zeichnungen werden mit Hilfe des Rechners und von Eingabegeräten erstellt und auf dem Bildschirm dargestellt. Man kann vergrößern, verkleinern, verschieben, drehen, kopieren usw. Als Eingabegerät dient wieder eine Maus oder eine Digitalisierungseinrichtung (ein Digitizer). So können Zeichnungen für Illustrationen, Schaltpläne und vollständige Baupläne, Maschinenzeichnungen und räumliche Darstellungen entworfen werden. Als Vorteile des CAD sind zu nennen:

- Zeichnungen sind jederzeit (relativ) leicht änderbar,
- Zeichnungsteile können immer wieder verwendet werden (Makros, Bibliotheken),
- beliebig viele "Originale" sind möglich,
- Automatische Erzeugung von Stücklisten,
- Möglichkeit der Weiterverarbeitung z.B. für
  Leiterplattenlayout und Bohrprogramm.

Insbesondere bei Graphikeditoren sind Farben und Muster wählbar. Graphische Grundelemente wie Linie, Rechteck, Kreis usw. können gezeichnet, vergrößert, verkleinert und geändert werden. Solche Hilfsprogramme eignen sich auch zur Erstellung von Illustrationen und anderen nichttechnischen Darstellungen. Besonders hervorzuheben ist die Vielfalt der Zeichenvorräte solcher Programme. Bei der *Schaltplanerstellung* können die Symbole der elektrotechnischen Bauteile und Schaltpläne Bibliotheken entnommen und anschließend miteinander verbunden werden. Symbole mit Bezeichnungen sind abrufbar und auch für parallele Leitungsführungen gibt es vereinfachte Darstellungen. Als Ergebnis können Netz- und Prüflisten erzeugt oder sogar nach Bild 3.7 der Leiterplattenentwurf (Layout), die Bohr- und Bestückungspläne erstellt werden. Mit solch einem weitgehend automatischen Leiterplattenentwurfssystem kann auch die Simulation des elektrotechnischen Verhaltens der Schaltung (in sehr vielen Details und im zeitlichen Ablauf) durchgeführt werden.

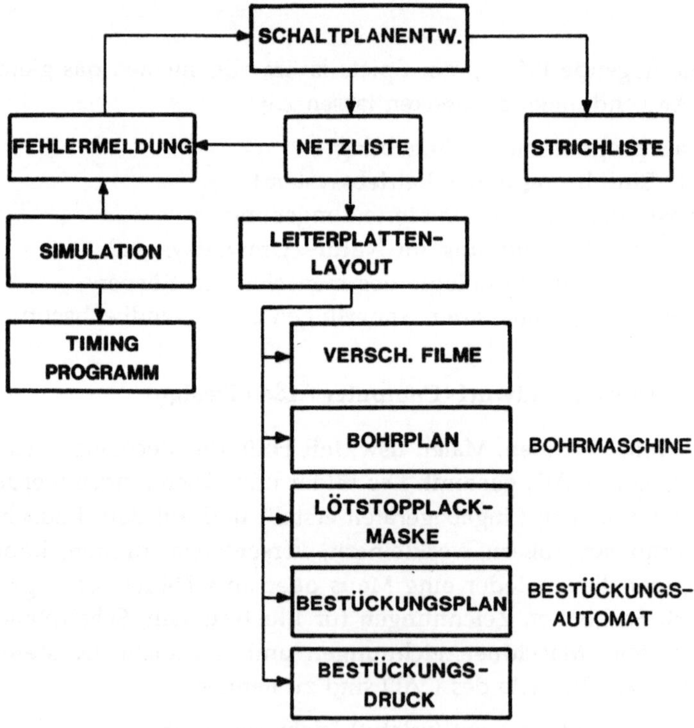

Bild 3.7: Automatisches Leiterplattenentwurfssystem

Wurde bei Schaltplänen im wesentlichen mit Symbolen gearbeitet, so hat man bei *Bauplänen* mehr mit Linien, Schraffuren, Kreisen und Rechtecken zu tun.

Graphische Grundelemente sind auch die Grundvoraussetzung bei Zeichnungen im *Maschinenbau*. Diese zählen im allgemeinen zu den aufwendigen Zeichnungen. Obendrein werden vor allem Bearbeitungsverfahren, Maßgenauigkeit, Drehbarkeit (Rotation) und Vergrößerung/Verkleinerung gewünscht. Die Rechnerunterstützung erweist sich hier als besonders erfolgreich. Dreidimensionale Darstellungen unterstützen das räumliche Vorstellungsvermögen des Zeichners oder Konstrukteurs. Die Möglichkeiten sind insbesondere im Maschinenbau von großer Bedeutung, um nach Entwurf und Konstruktion auch komplizierte Werkstücke von allen Seiten oder in beliebigen Schnitten betrachten zu können.

Aber auch in der *Architektur und Städteplanung* können solche Programme mit Vorteil eingesetzt werden. Selbst Lichtverhältnisse und Schattenwirkung mit simuliertem Sonnenstand können in ihren Auswirkungen auf dem Bildschirm beobachtet und in die Planung entsprechend einbezogen werden. In Bild 3.8 ist die Struktur eines CAD-Systems dargestellt.

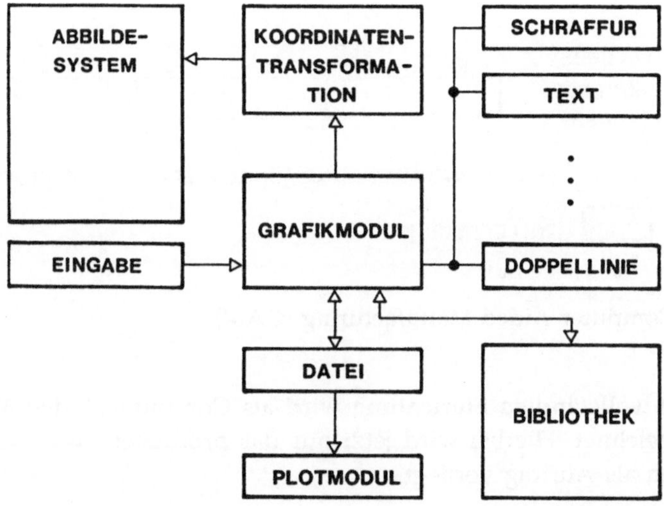

Bild 3.8: Struktur eines CAD-Systems

3.7 Prozeßsteuerungen

Der Siegeszug der Mikroprozessoren und Mikrocomputer wurde eingeläutet mit dem Einsatz u. a. in industriellen Produkten mit großen Stückzahlen. Hierzu zählen beispielsweise:

- Allgemeine industrielle Produkte,
- Luft- und Raumfahrt,
- Haushaltsgeräte,
- Ampelanlagen,
- Geräte der Medizintechnik.

Prozeßsteuerungen und vielfach automatische Steuerungen sind Einrichtungen, die unter Umständen sogar sehr *komplexe* Funktionen wahrnehmen können, ohne daß eine menschliche Interaktion erforderlich ist.

Die Anpassungfähigkeit und auch die Finanzierung haben in der industriellen Produktion u. a. eine Produktionsart erzwungen, die weitgehend auf (größere) Lagerhaltung verzichtet. Das hat zur Folge, daß die Produktionseinrichtungen kurzfristig neu eingestellt und umorganisiert werden müssen. Für die Montage werden Meßaufnehmer, Steuerungen, Schalter, Roboter und Zellenrechner nach Bild 3.9 über ein Netzwerk verbunden.

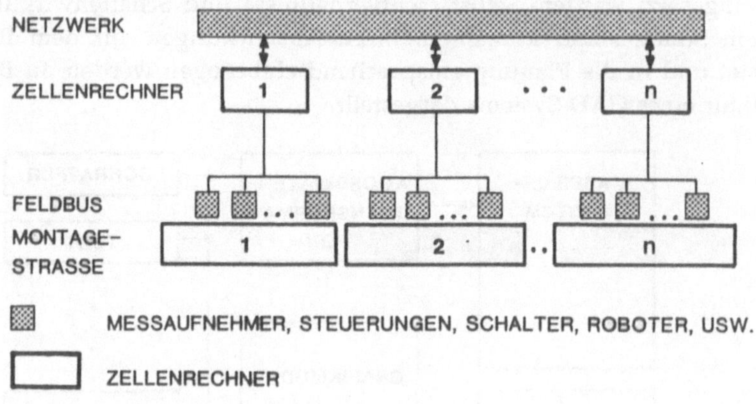

Bild 3.9: Computer Aided Manufacturing (CAM)

Eine solche vollständige Einrichtung wird als **Computer Aided Manufacturing (CAM)** bezeichnet. Hierbei wird jetzt nur das produziert, was wirklich in allen Einzelheiten als Auftrag vorliegt.

Ein Beispiel für den sehr großen Einsatz von automatischen Steuerungen ist die Luft- und Raumfahrt. Autopiloten, automatische Flugüberwachungssysteme sind einige Begriffe aus diesem Bereich.

Bei Waschmaschinen, als Beispiele mikroprozessorgesteuerter Haushaltsgeräte, müssen je nach Füllgut unterschiedliche Arbeitsgänge (Vorwäsche, Spülen, Hauptwäsche, Spülen und Schleudern) selbständig ausgeführt werden. Die Steuerung sorgt für die ordnungsgemäße Ausführung des Waschvorganges. Obwohl es sich um einfache Funktionen handelt, erfordern diese erheblichen Aufwand. Die Temperatur muß überwacht werden, Motoren müssen ein- und ausgeschaltet werden, Pumpen und Heizung zum richtigen Zeitpunkt aktiviert werden.

Bei der Verkehrssteuerung in Gebieten hoher Verkehrsdichte sollte eine *Ampelsteuerung* verkehrsabhängig gesteuert sein und bei kritischen Situationen oder

Netzfehlern müssen voreingestellte "Notprogramme" automatisch ablaufen. Die Daten werden von einer Vielzahl Verkehrsdetektoren unterschiedlichster Bauart (z.B. induktive Schleifen) erfaßt, über Vorrechner und Gebietsrechner schließlich zum zentralen Rechner zur Optimierung des Verkehrsablaufs oder auch zur Minimierung der Wartezeiten geschickt. Verkehrsaufkommen, vor- und nachgeschaltete Ampeln ("grüne Wellen") sind zu berücksichtigen und gleichzeitig aus den Detektordaten die Verkehrssituation und die Verkehrsdichte zu ermitteln, für Auswertungen oder für gerichtliche Zwecke zu speichern und einer Protokollführung zugänglich zu machen.

Auch für die medizinische Datenverarbeitung, z.B. im Bereich der Vermessung und Auswertung von Elektrokardiogrammen (Multielektrodensensoren) oder zur Patientenüberwachung auf Intensivstationen werden automatisch auswertende und in als kritisch erkannten Situationen Alarm gebende Systeme eingesetzt. Bild 3.10 zeigt die allgemeine Struktur automatischer Steuerungen.

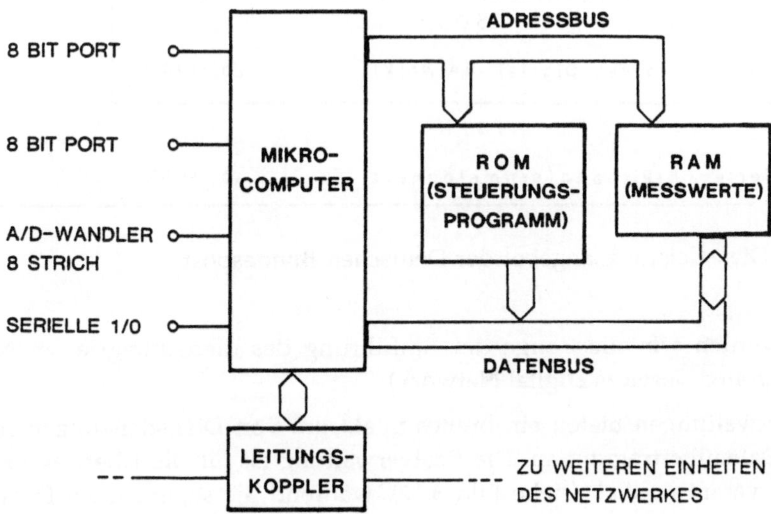

Bild 3.10: Struktur automatischer Steuerungen

3.8 Kommunikation

Computer sind mehr und mehr an allen Kommunikationsprozessen beteiligt. Selbst beim klassischen Telefon stellt heute eine rechnergestützte Vermittlungsanlage die günstigste Verbindung her und der Rechner verwaltet die Gebührenabrechnungen usw. Am vielfältigen Angebot der Postverwaltungen erkennt man, wie schnell der Einsatz der Computer in diesem Bereich fortschreitet. Das Dienstleistungsangebot der Deutschen Bundespost ist in Bild 3.11 dargestellt und zeigt den Übergang von verschiedenen Netzen und Diensten zum "Integrierten Breitbandfernmeldenetz" (etwa ab 1992).

Telefon- netz	Telex- netz	Telefax- netz	Direktruf- netz	Datex-Netz		Breitband- verbindungen
				leitungs- vermittelt DATEX-L	paket- vermittelt DATEX-P	
Telefon Telefax BTX Temex	IDN (Integriertes Text und Datennetz) ab 1984					
ISDN (Integrated Services Digital Network) ab 1990						
IBFN (Integriertes Breitbandfernmeldenetz) ab 1992						

Bild 3.11: Dienstleistungsangebot der Deutschen Bundespost

Zur Zeit werden wir alle Zeuge der Einführung des dienstintegrierten Netzes ISDN (Integrated Services Digital Network).

Die Postverwaltungen bieten ein breites Spektrum von Dienstleistungen im Bereich der Datenübertragung an. Die Postverwaltung ist für die Übertragungseinrichtungen verantwortlich (siehe Bild 3.12), während die sogenannten Endgeräte unter der Verantwortung der jeweiligen Benutzer betrieben werden. Für die Endgeräte geben die Postverwaltungen allerdings Rahmenbedingungen vor, deren Einhaltung durch ein Zulassungsverfahren überprüft wird (Prüfnummer des FTZ (Fernmeldetechnisches Zentralamt) in der Bundesrepublik Deutschland).

Einige Dienste sollen kurz skizziert werden:

Beim *Telex*-Dienst können Texte in die ganze Welt übertragen werden. Die Endgeräte sind sogenannte Fernschreiber, die jederzeit (Tag und Nacht) automatisch arbeiten.

Die Bundesrepublik Deutschland hat das größte Fernschreibnetz der Welt mit ca. 150.000 Teilnehmern. Weltweit gibt es etwa 1,9 Millionen Teilnehmer! Die Übertragungsgeschwindigkeit beträgt maximal 400 Zeichen pro Minute, also etwa

6,7 Zeichen/Sekunde. Der Zeichenvorrat ist auf relativ wenige Zeichen beschränkt. Das Telex-Netz ist ein voll selbständiges Netz, das neben dem Telefonnetz existiert.

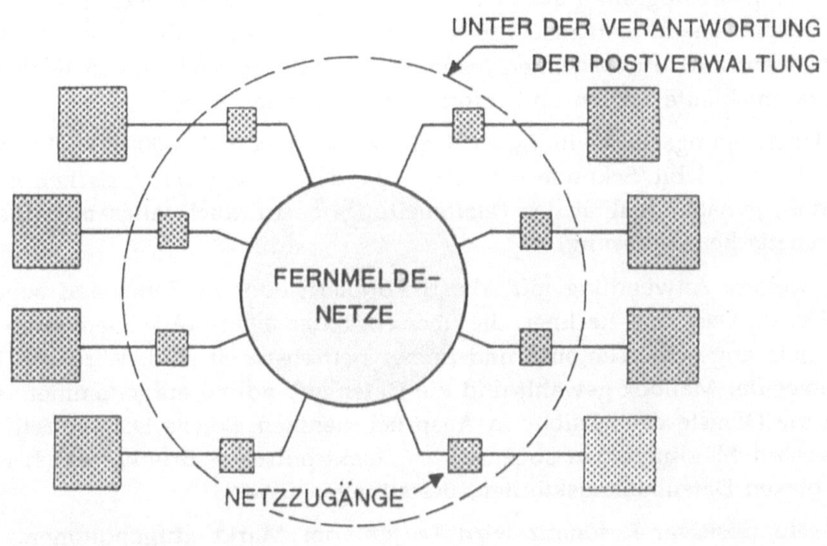

Bild 3.12: Datenendeinrichtungen und Netzzugänge im Fernmeldenetz

Das Telefonnetz wird heute außer für Telefongespräche noch für die Dienste BTX, Teletex, Telefax, Temex und auch zur Datenübertragung eingesetzt. Um *Telefonleitungen* zur Datenübertragung nutzen zu können, bedarf es besonderer Zusatzeinrichtungen, sogenannter Modems (**Mo**dulatoren und **Dem**odulatoren). Die Post bietet solche Einheiten mit verschiedener Übertragungsgeschwindigkeit bzw. mit verschiedenen Datenübertragungsraten (z.B. 4.800 bit/Sekunde) an. Mit ausgewählten, festgeschalteten Leitungen (Standleitungen) sind auch höhere Datenraten möglich.

Bei den Modems werden zwei Modemtypen unterschieden, solche mit akustischer Ankopplung an das Telefon (Akustikkoppler) und solche mit elektrischer Ankopplung.

Bei einem Modem werden die Signalpegel für die binären Zeichen "0" und "1" in zwei Tonfrequenzen umgesetzt (Modulation), die dann über die Leitung übertragen werden. Am Empfangsgerät müssen dann aus den Tonfrequenzen die entsprechenden Werte wieder zurückgewonnen werden (Demodulation).

Inzwischen sind "Portable PC's" mit Akustikkopplern als transportable Einheiten von wenigen Kilogramm auf dem Markt, so daß man sich über das Telefonnetz von jedem Telefonnetzanschluß zu einem anderen Teilnehmer (z. B einem Rechenzentrum) durchschalten lassen kann und auch bei großen Entfernungen Programmabläufe starten und Informationen abrufen kann.

Die Übertragungsgeschwindigkeit liegt z.Z. bei maximal 9600 bit/Sekunde (man schreibt auch 1 bit/Sekunde = 1 Bd = 1 Baud nach dem französischen Ingenieur Baudot); je nach Qualität der Telefonleitungen wird auch langsamer übertragen (automatische Anpassung).

Eine weitere Anwendung mit Akustikkopplern oder Modems sind sogenannte *Mailboxen*. Dies sind Rechner, die über ein (oder mehrere) Modem(s) an ein Telefonnetz angeschlossen sind und immer betriebsbereit sind. Wird die Telefonnummer der Mailbox gewählt und die Datenverbindung aufgenommen, so kann man die Dienste der Mailbox in Anspruch nehmen. Solche Dienste reichen von entfernten Meldungen in sogenannten "elektronischen Briefkästen" bis hin zu komplexen Datenbankauskünften, Bestellungen usw.

Mit sehr positiver Resonanz wird *Telefax* vom Markt aufgenommen. Telefax dient der Übertragung von beliebigen schwarz-weißen Vorlagen (auch von Bildern). Es wird deshalb häufig Fernkopierer genannt.

Die *Teletex*- Übertragung erfolgt mit ca. 220 Zeichen/Sekunde, sie ist somit wesentlich schneller als die bekannte *Telex*-Übertragung im eigens für Telex aufgebauten Telex-Netz. Auch dieser Dienst dient der Textübermittlung, allerdings mit größerem Zeichenvorrat als der Telex-Dienst und in einer besonders guten Druckqualität (Eine Teletex-Brief ist ein Schriftstück "hoher Qualität").

Auf der Grundlage eines internationalen Standards bietet die Deutsche Bundespost eine "komfortable Mailbox" an: Das *Bildschirmtextsystem* (BTX). In dieses System können sogenannte "Anbieter" Bildschirmseiten einlagern, die von Interessenten abgerufen werden können.

Zur Teilnahme am *BTX-Dienst* sind ein Sichtgerät, ein Modem und zusätzlich ein *BTX-Decoder* erforderlich. Das Modem stellt die Post, Decoder und Sichtgerät sind im Fachhandel käuflich zu erwerben.

Die Datenübertragung bei BTX erfolgt mit 1200 Baud vom Postrechner zum Decoder und mit 75 Baud in der entgegengesetzten Richtung. Die Übertragung ist durch ein aufwendiges Protokoll gesichert. Der BTX-Standard bietet über 400 Zeichen, 32 aus 4096 Farben sowie eine Reihe besonderer Zusätze wie einen Graphikkommandosatz, Steuermöglichkeiten für Bildplatten und andere periphere Geräte.

Anbieter von Informationsseiten können ihre eigenen Rechner an das BTX-System koppeln. Die posteigenen Leitungen dienen dann nur dem Datentransport. Eine solche Rechneranbindung wird als "Externer Rechner" bezeichnet. Große kommerzielle Anbieter machen davon starken Gebrauch.

Ein besonderer Seitentyp in BTX ist die Antwortseite. In diese kann man als normaler Abrufer Einträge machen, die dann dem Anbieter übermittelt werden.

Eine weitere Anwendung externer Rechner ist das "Homebanking". Damit kann man über einen BTX-Decoder seine Bankgeschäfte tätigen (Überweisungen anfordern, Kontoauszüge erstellen usw.). Diese Dienste stehen natürlich jederzeit, auch nachts oder an Sonn- und Feiertagen, zur Verfügung.

BTX hat jedoch bisher nicht die große Verbreitung erfahren, die man bei der Deutschen Bundespost erwartet hatte. Trotzdem muß man feststellen, daß BTX als ein weiterer Dienst im Rahmen des "Telefonbetriebes" angesehen werden muß, der sich mit ähnlichen Zielsetzungen ausländischer Postbehörden nicht nur messen kann, sondern diesen hinsichtlich der Qualität überlegen ist.

4 Prinzip analoger, digitaler und hybrider Arbeitsweise und Rechentechnik

Die Digitaltechnik ist eine Technik, die seit Mitte der sechziger Jahre ständig an Bedeutung gewonnen hat und heute praktisch in alle Bereiche der Nachrichten-, Informations- und Übertragungstechnik Einzug gehalten hat. Der Einfluß des Rechners, ob Taschenrechner, Personal-Computer, Prozeßrechner oder Hochleistungsrechner auf Technik, Wirtschaft, Wissenschaft und den Privatbereich steigt nicht nur, sondern nimmt beschleunigt zu. Hierdurch wird es dem Menschen sehr schwer gemacht, sich auf die veränderte neue Technik einzustellen.

Im Mittelpunkt unserer Betrachtungen stehen deshalb hier die Digitaltechnik und der digital arbeitende Rechner. Nur eine kurze Einordnung der verschiedenen Techniken, also der analogen und digitalen Technik und der Arbeitsweise analoger-, digitaler und hybrider Rechner soll hier vorgenommen werden, da sehr oft analoge Größen als Eingangsgrößen vorliegen und auch wieder analoge Ausgangsgrößen gefordert werden.

Eine allen Rechenautomaten gemeinsame Eigenschaft ist neben der hohen Rechengeschwindigkeit die Tatsache, daß sie, nachdem ihnen die Eingangsdaten eingegeben sind, ohne weiteres Eingreifen die Größen verarbeiten und die endgültigen Ergebnisse liefern.

Jedes signal- oder informationsverarbeitende System (z.B. Rechner) benötigt physikalische Mittel um Informationen erfassen, übertragen, speichern, verarbeiten und ausgeben zu können.

Häufig werden die zu erfassenden Größen (Spannung, Strom, Druck, Temperatur, Weg, Geschwindigkeit, Beschleunigung, Kraft, Winkel usw.) von Meßgeräten in elektrische Größen (z.B. Spannungen oder Ströme) gewandelt. Das Gebiet der elektrischen Meßtechnik befaßt sich mit der Messung nichtelektrischer und elektrischer Größen, heute schwerpunktmäßig mit der Messung nichtelektrischer Größen. Als Ausgangsgrößen dieser Messungen erhält man stets elektrische Spannungen oder Ströme. Werden diese als Funktionen der Zeit von einem Registriergerät aufgezeichnet, so erhält man in der Mehrzahl der Fälle eine analoge, kontinuierliche Darstellung der gemessenen Größen (Bild 4.1).

Bild 4.1: Analoge Darstellung einer physikalischen Größe

Bei dieser analogen Aufzeichnung handelt es sich um die dem eigentlichen Wert der physikalischen Größe entsprechende Darstellung.

So entspricht z.B. der Ausschlag eines Zeigermeßgerätes der Größe der momentan an dem Meßgerät anliegenden Spannung.

Bei der Analogdarstellung wird somit die jeweilige Größe durch eine Nachbildung, eine physikalische Realität, dargestellt.

Bei der Digitaldarstellung wird jede Größe als Zahl eines beliebigen Zahlensystems, aufgebaut aus einer Ziffernfolge, wiedergegeben. Hierbei interessiert die Anzahl der Stellen, um die kleinste Einheit der Größe oder den Maximalwert der Größe darstellen zu können.

Jede einer numerischen und rechnerischen Behandlung zugängliche Aufgabe läuft auf die Verknüpfung physikalischer Größen nach mathematischen Gesetzmäßigkeiten und Algorithmen hinaus. Deshalb kann man zwei Hauptgruppen von rechnenden Maschinen oder Rechenautomaten unterscheiden:

- Analogrechner und
- Digitalrechner.

Unter Hybridrechnern wollen wir diejenigen Rechnersysteme verstehen, bei denen je nach Problemstellung und erforderlicher bzw. gewünschter Genauigkeit und Geschwindigkeit sowohl im Analogrechner als auch im Digitalrechner rechnerische Teilaufgaben gelöst werden.

4.1 Analoge Arbeitsweise und Analogrechner

Bei Analogrechnern oder bei analogen Simulationsmodellen, bei elektrischen Netzmodellen, Flug- oder Fahrsimulatoren macht man sich die Tatsache zunutze, daß in ihren Grundschaltungen Spannungen oder Ströme mathematischen Gesetzen gehorchen, die analog denen der zu simulierenden physikalischen Größen sind. Durch lineare Transformationen der abhängigen oder unabhängigen Variablen - d. h. durch Einführen sogenannter Maßstabsfaktoren - können beide Gleichungssysteme ineinander überführt werden.

Die Abbildung eines technischen Problems auf ein anderes System (hier den Analogrechner) ist dem technischen Problem gleichwertig, weil die Gesetzmäßigkeiten des Problems bei der Abbildung nicht geändert werden. Die einander entsprechenden Größen sind vielfach anderer Natur. So werden beim elektronischen Analogrechner den verschiedenen physikalischen Größen des Problems elektrische Spannungen zugeordnet.

Lange Zeit waren die mechanisch arbeitenden Analogrechner in Form von Rechnereinheiten hoher Präzision wie Summen- und Multiplikationsgetrieben, Koordinatenwandlern, Sinus-Cosinus-Getrieben, Scheiben- und Kugelintegratoren in Verbindung mit sehr genauen Funktionsgeneratoren dominierend.

Heute kommt fast nur der "elektronische Analogrechner" zum Einsatz. Waren die mechanisch arbeitenden Geräte oft zu langsam für Echtzeitprobleme, so erfüllen die elektronischen Analogrechner weitgehend alle "Geschwindigkeitsanforderungen".

Weiterhin bietet der Analogrechner im Gegensatz zum Digitalrechner die Möglichkeit, höherwertige mathematische Operationen direkt durchzuführen. Dazu zählen u. a. folgende Rechenoperationen:

- Multiplikation
- Integration
- Summation
- Verzögerung
- Funktionsgenerierung.

Der Analogrechner besteht aus einer Vielzahl von Rechenkomponenten und Funktionsgruppen (Bild 4.2).Diese arbeiten stets parallel. Wir können deshalb den Analogrechner als echten Parallelrechner bezeichnen. Da gerade im Ingenieurbereich Differentialgleichungen und Differentialgleichungssysteme die beherrschenden mathematischen Darstellungsformen sind, eignet sich der Analogrechner insbesondere für die Behandlung dynamischer Probleme.

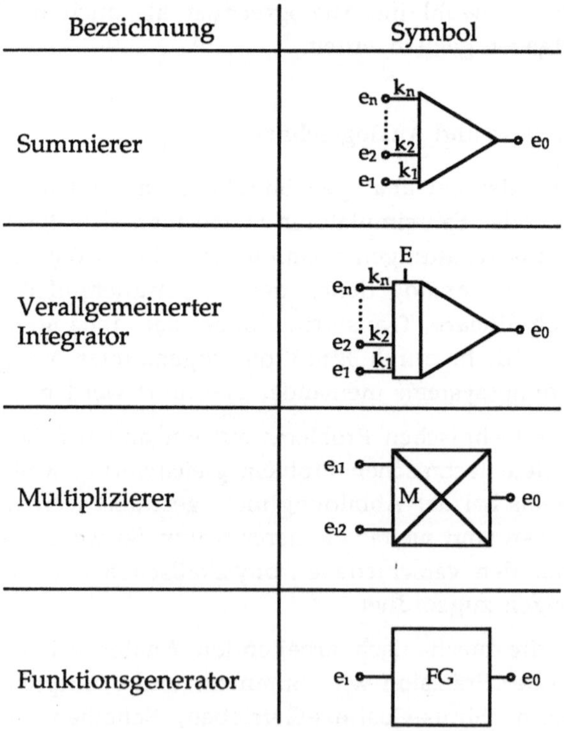

Bezeichnung	Symbol
Summierer	e_n — k_n ⋮ e_2 — k_2, e_1 — k_1 → e_0
Verallgemeinerter Integrator	E; e_n — k_n ⋮ e_2 — k_2, e_1 — k_1 → e_0
Multiplizierer	e_{i1} — M ⊠ — e_0, e_{i2}
Funktionsgenerator	e_i — FG — e_0

Bild 4.2: Funktionsgruppen eines elektronischen Analogrechners

Durch einfache Verschaltung der Analogrechnerelemente kommt man zum Blockdiagramm der Gesamtschaltung. Angenommen, das technische Problem sei durch folgendes Differentialgleichungssystem beschrieben:

$$\frac{d^2x}{dt^2} = -a_1 \frac{d^2y}{dt^2} - a_2 \frac{dx}{dt} - a_3 \frac{dy}{dt} - a_4 \cdot x + f(t)$$

$$\frac{d^2y}{dt^2} = -b_1 \frac{d^2x}{dt^2} - b_2 \frac{dy}{dt} - b_3 \frac{dx}{dt} \cdot y .$$

(4.1)

Durch zweimalige Integration hinsichtlich der Zeit erhält man x(t) bzw. y(t) entsprechend (Bild 4.3).

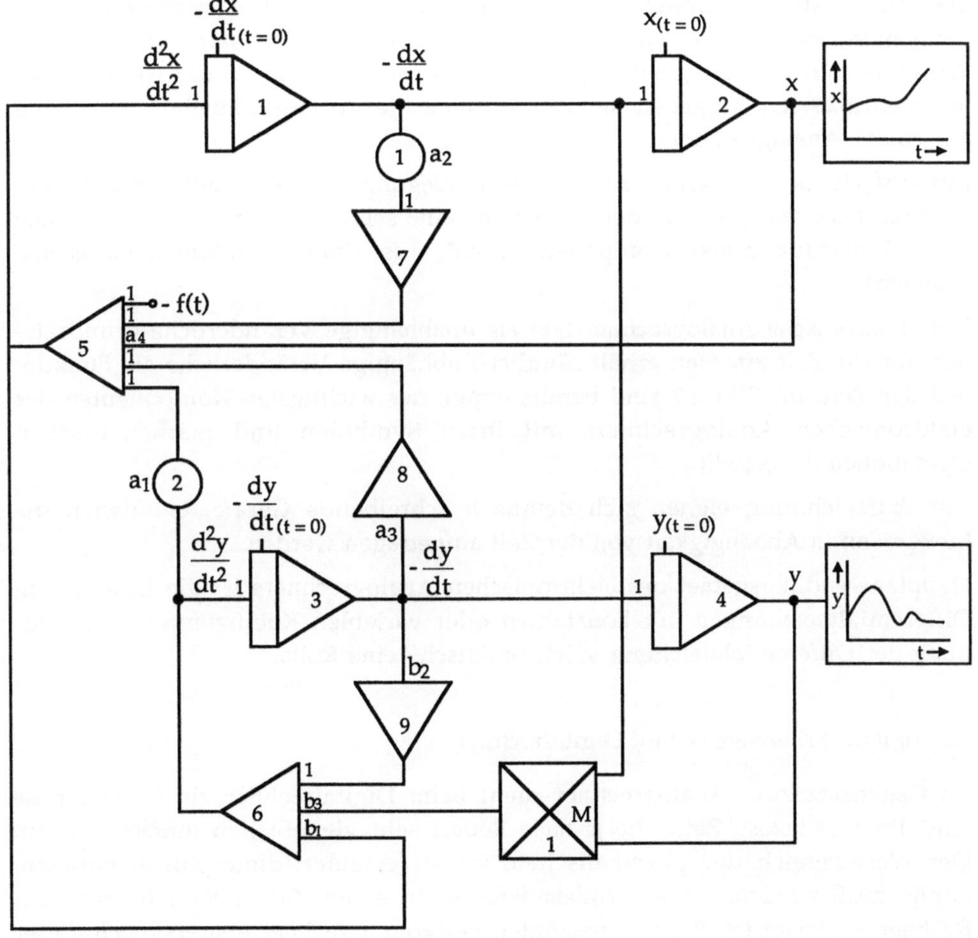

Bild 4.3: Blockdiagramm zur Lösung des Gleichungssystems nach Gleichung (4.1)

Durch Abgreifen der den Ableitungen proportionalen Größen bilden wir nach entsprechender Multiplikation mit den Faktoren $a_1, a_2, a_3, a_4, b_1, b_2, b_3$ die zur Integration erforderlichen Summen in den Summierern 5 und 6.

Die Rechenzeit kann in weiten Bereichen geändert werden; so ist der Analogrechner in der Lage, das Problem in Echtzeit, zeitlich gedehnt oder gerafft zu lösen.

Bei den Analogrechnern unterscheiden sich die Anlagen in ihrem Aufwand und ihrer Größe (und damit im Preis) ganz erheblich. Der Gesichtspunkt der Erweiterungsmöglichkeit ist entscheidend, da beim Analogrechner stets so viele Komponenten erforderlich sind, wie es das Problem verlangt (z.B. eine Differentialgleichung n-ter Ordnung erfordert n Integratoren). Beim Analogrechner ist aus physikalischen und meßtechnischen Gründen eine Erhöhung der Genauigkeit über eine bestimmte Grenze hinaus nahezu unmöglich. Die Kostenkurve steigt dann nicht mehr linear mit der Genauigkeit an, sondern stark exponentiell! Probleme, deren Genauigkeit im Bereich $0,1\% \div 1\%$ liegen, und das ist bei vielen ingenieurmäßigen Aufgaben der Fall, erfüllen die Voraussetzungen zur Lösung auf einem Analogrechner.

Der einfache Schaltungsaufbau und die Festlegung der Zeit - und Amplitudenmaßstabsfaktoren gestatten dem Ingenieur eine schnelle Übersichtslösung (auch unter Einschluß realer Komponenten z.B. aus einem regelungstechnischen Problem).

Der elektronische Analogrechner läßt als unabhängige Veränderliche grundsätzlich nur die Zeit zu. Man erhält sämtliche abhängige Veränderliche als Funktionen der Zeit. Im Bild 4.2 sind bereits einige der wichtigsten Komponenten des elektronischen Analogrechners mit ihren Symbolen und mathematischen Operationen dargestellt.

Zur Aufzeichnung eignen sich demnach schreibende Geräte, bei denen die Meßgrößen in Abhängigkeit von der Zeit aufgetragen werden.

Hauptanwendungsgebiet des elektronischen Analogrechners ist die Lösung von Differentialgleichungen mit konstanten oder variablen Koeffizienten. Die Ordnung der Differentialgleichung spielt praktisch keine Rolle.

4.2 Digitale Arbeitsweise und Digitalrechner

Im Gegensatz zum Analogrechner dient beim Digitalrechner als Rechengröße eine dimensionslose Zahl, die je nach Bedarf sehr viele Stellen umfassen kann. Der Wertebereich der physikalischen, im allgemeinen dimensionsbehafteten, Größe muß zunächst transformiert werden in einen Zahlenbereich, der dem Rechner angepaßt ist. Beim sogenannten Festkommarechner erstreckt sich dieser Zahlenbereich z.B. von -1 bis + 1, beim sogenannten Gleitkommarechner beispielsweise von $\pm 10^{-50}$ bis $\pm 10^{49}$.

Der Digitalrechner besitzt in der Regel nur ein Rechenwerk, das im allgemeinen nur die vier Grundrechnungsarten und eine Reihe anderer, z.B. logischer, Operationen durchführen kann. Da nur ein Rechenwerk vorhanden ist, kann auch nur eine Operation nach der anderen durchgeführt werden. Mit einem Programm, das vor Beginn der Rechnung im Rechner gespeichert wird, erhält der Rechner die genauen Anweisungen, in welcher Folge die Operationsschritte durchgeführt werden müssen.

Die Programmierung kann unter Umständen sehr aufwendig werden, da durch geeignete Approximationsverfahren die physikalische Problemstellung (z.B. Differentialgleichungssystem) auf eine Programmfolge von einfachen arithmetischen Operationen zurückgeführt werden muß.

Digital arbeitende Geräte bestehen aus einer Reihe von Schaltelementen, die in geeigneter Weise untereinander verschaltet sind und die sich dadurch auszeichnen, daß deren Zustand zwei Werte annehmen kann, die wir mit "0" und "1" bezeichnen. Die Zustände können von Schaltelement zu Schaltelement verschieden sein und sich auch zeitlich ändern, d.h. vom Zustand 0 nach 1 oder von 1 nach 0 "springen".

Den Zustand eines Schaltelementes nennen wir seine Ausgangsgröße. Sie besitzt also die besondere Eigenschaft, daß sie nur die Werte 0 und 1 annehmen kann. Wenn wir die verschiedenen Schaltelemente in einem Gerät durchnumerieren, so kann z.B. die Ausgangsfunktion des Schaltelementes mit der Nummer x_v folgendermaßen aussehen.

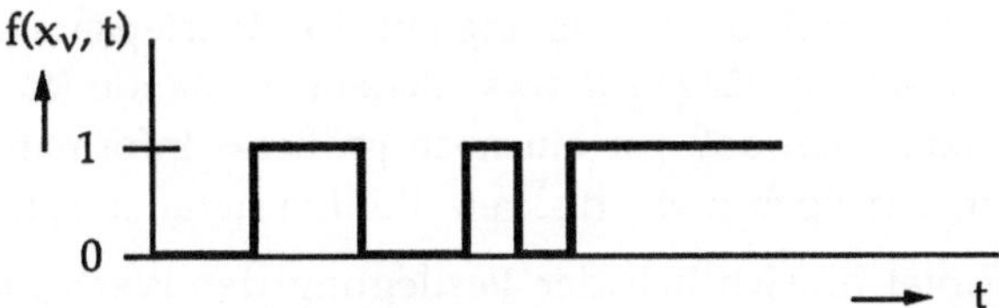

Bild 4.4: Ausgangsgröße des Schaltelementes x_v als Funktion der Zeit

Das Durchnumerieren besagt aber nichts anderes, als daß wir es insgesamt mit einer Größe zu tun haben, die auch vom Schaltelement x_v abhängig ist.

In sogenannten "taktgesteuerten" Schaltungen, wie sie bei größeren Systemen ausschließlich vorkommen, ist ein Zeittakt vorgegeben, der bewirkt, daß auch die zeitlichen Änderungen nur zu bestimmten, in der Regel äquidistanten Zeiten möglich sind. Abgesehen von diesem Zeitpunkt ist der Funktionswert an einer bestimmten Stelle konstant 1 oder 0.

Durch die Zustände 0 oder 1 können wir nur zwei 0,1-Zustände, vorläufig "Informationen" genannt, unterscheiden. Das ist selbstverständlich zu wenig.

Die Tatsache jedoch, daß die logische Funktion eines Systems eine Funktion von einer diskreten Schaltelement- und einer diskreten Zeitvariablen ist, bietet uns ein Verfahren, um auch wesentlich mehr verschiedene Informationen unterscheiden zu können. Wenn wir z.B. festsetzen, daß die uns interessierende Information an den Ausgängen der Schaltelemente 7, 13 und 26 zu einem definierten Zeitpunkt - z.B. nach 24 Takten - erscheint, so können wir folgende Kombinationen unterscheiden:

Tabelle 4.1: Bauteil- und zeitabhängige Information

$f(x=7\,;t=24T)$	$f(x=13\,;t=24T)$	$f(x=26\,;t=24T)$	Information
0	0	0	I0
1	0	0	I1
0	1	0	I2
1	1	0	I3
0	0	1	I4
1	0	1	I5
0	1	1	I6
1	1	1	I7

Wir sind also in der Lage, durch die Festlegung auf drei Wertepaare der Funktion $f(x_v;t)$ - also (7;24T), (13;24T), (26;24T) - 8 verschiedene Zustände (Informationen) darzustellen. Es ist einzusehen, daß wir ein noch größeres Informationsreservoir schaffen können, wenn wir noch mehr diskrete Punkte heranziehen.

Wir hatten unser Beispiel hinsichtlich der Festlegung der Wertepaare willkürlich gewählt. Man kann grundsätzlich jeden beliebigen erlaubten Wert von x_v mit jedem erlaubten Wert von t zu einem Wertepaar kombinieren und auf diese Weise festlegen, welche Information wir welcher Folge von Einsen und Nullen zuordnen. Das machen wir am besten in einer Tabelle. Eine solche Zuordnungs-Tabelle nennen wir dann Werte-Tabelle.

Wenn wir auch oben gesagt haben, daß wir jedes beliebige Wertepaar zum Ablesen der "Information" heranziehen können, so zeigt es sich doch, daß es sinnvoll ist - wegen der technischen Realisierungsmöglichkeit- eine der beiden unabhängigen Größen x oder t konstant zu lassen.

Nehmen wir t als konstant an - wie in unserem Beispiel (Tabelle 4.1) - und führen wir die Ausgänge der ausgesuchten Schaltelemente, an denen wir die Information ablesen wollen, aus dem "Schwarzen Kasten", in dem sich die übrige Schaltung befindet, heraus, so kann sich Bild 4.5 ergeben:

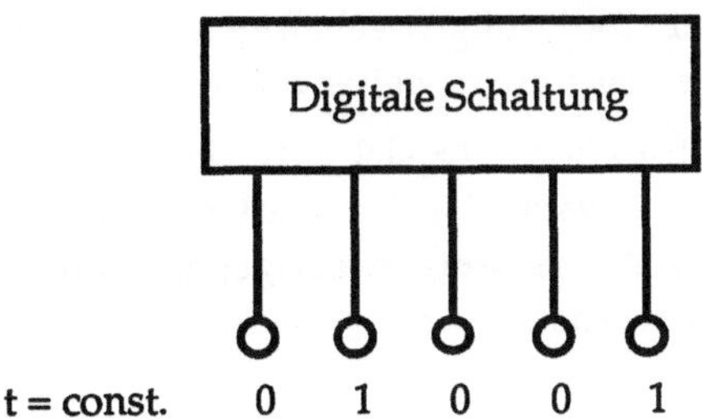

Bild 4.5: Parallele Datendarstellung

Da wir t = const. gewählt hatten, liegt die Information gleichzeitig an. Eine solche Darstellung nennen wir Paralleldarstellung.

Wir können auf der anderen Seite statt t = const. auch x_v = const. wählen, also nur einen Punkt betrachten und die sich zeitlich ändernde Funktion zur Informationsdarstellung benutzen. Dann kann diese Ausgangsfunktion z.B. folgendermaßen aussehen:

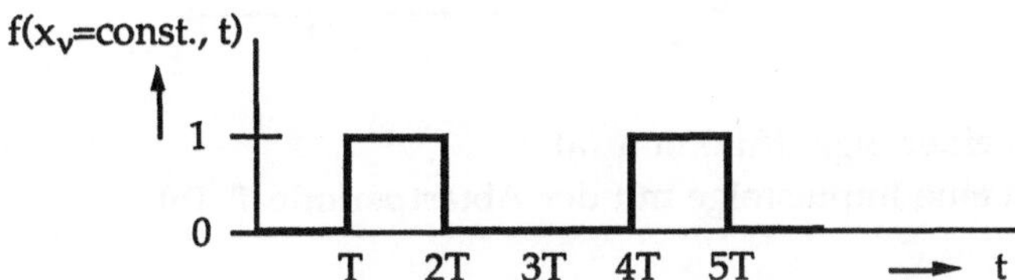

Bild 4.6: Serielle Datendarstellung

Die Funktion nimmt nacheinander die Werte 0 1 0 0 1 an, wenn man die Taktzeiten als Raster benutzt. Wie auch aufgrund dieses Beispiels sofort einzusehen ist, ist es zweckmäßig jeweils etwa in der Mitte einer Taktzeit den Wert abzulesen. Eine solche Darstellung nennen wir Seriendarstellung.

Diese beiden Betriebsarten, auch Serien- und Parallelbetrieb genannt, werden fast ausschließlich benutzt.

Wie schon jetzt zu überblicken ist, unterscheiden sich Serien- und Parallelbetrieb durch folgende Merkmale: Der Parallelbetrieb kann (bei gleicher Technologie) schneller arbeiten, da die volle "Information" mit jedem Takt verfügbar ist. Andererseits ist er aufwendiger, da wir soviele Ausgänge der Schaltelemente (siehe Bild 4.5) benötigen, wie die Information Binärstellen hat.

Beim Serienbetrieb entnehmen wir die gesamte Information, allerdings zeitlich nacheinander, dem Ausgang eines einzigen Schaltelements.

Da wir uns in den weiteren Kapiteln ausführlich mit der Darstellung der Information, deren Definition und Codierung beschäftigen, brauchen wir hier auf die Funktionsweise der Digitalrechner nicht weiter eingehen.

Jede kontinuierliche Signalfunktion läßt sich z.B. durch Abtastung in eine Impulsfolge (Bild 4.7) darstellen . Damit ist der Wert der physikalischen Größe in z.B. äquidistanten Zeitabständen als Abtastwert gegeben und muß nur noch in einen Zahlenwert gewandelt werden.

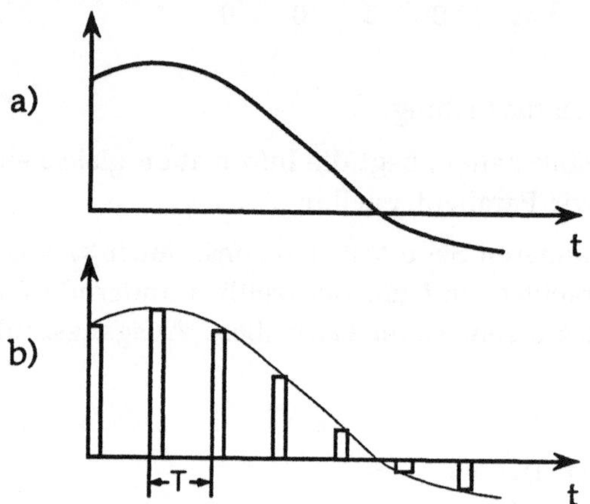

Bild 4.7: Ersatz einer Signalfunktion (a)
         durch eine Impulsfolge mit der Abtastperiode T (b)

Die Wandlung des Analog-Wertes in einen digitalen Wert geschieht im sogenannten Analog-Digital-Wandler. Wir sagen, der Abtastwert wird quantisiert. Der Zahlenwert der physikalischen Größe wird dann z.B. binär verschlüsselt. Dazu gibt es in der Datenverarbeitung die verschiedensten Verfahren, die im Kapitel 6 dargestellt sind. Ein häufig verwendeter Code ist hier der Binärcode.

Für die Abtastung gilt gemäß dem Abtasttheorem der Nachrichtentechnik : Bei frequenzbandbegrenzten Signalen können die Signale durch ihre Abtastwerte dargestellt werden, sofern nur Signale mit der Grenzfrequenz f_g:

$$f_g \leq \frac{1}{2 \cdot T}$$

zugelassen sind. Das heißt, die Abtastrate muß sich nach der höchsten vorkommenden Frequenz, der Grenzfrequenz f_g, richten. Im technischen Sinn ist eine Bandbegrenzung stets vorhanden. Somit ist bei hinreichend kleiner Abtastperiode T stets auch die Signaldarstellung durch Abtastwerte möglich.

Nach der Verarbeitung der Digitalwerte im Digitalrechner erfolgt, falls notwendig oder erwünscht, wieder eine Wandlung in die analoge Form. Diese Wandlung wird mit dem Digital-Analog-Wandler durchgeführt.

Ein ganz wesentlicher Unterschied zwischen Digitalrechnern und Analogrechnern liegt in der exakten Darstellbarkeit einer Größe und damit letzlich in der Genauigkeit des Rechenergebnisses. Der große Vorteil eines Digitalrechners gegenüber anderen Rechnern , z.B. Analogrechnern und mechanischen Rechnern, besteht darin, daß es für ihn keine Genauigkeitsschranke im eigentlichen Sinne gibt. Grundsätzlich kann man beim Digitalrechner durch eine Vergrößerung der Stellenzahl die Genauigkeit beliebig hoch treiben. Dabei bedeutet eine Erhöhung der Genauigkeit in der Regel eine Verlängerung der Rechenzeit und eine Erhöhung des Aufwandes. Obwohl die Rechengeschwindigkeit digitaler Rechenmaschinen je nach Maschinengröße zwischen einigen 100.000 und einigen 100 Millionen Operationen je Sekunde schwankt, können bei komplizierten Aufgaben ganz beträchtliche Zeiten für einen Lösungsgang erforderlich sein. Für gewisse Problemkreise sind die Rechenzeiten durchaus länger als auf dem Analogrechner.

4.3 Hybride Arbeitsweise und Hybridrechner

Als weitere Klasse von Rechnern sind noch die relativ seltenen Hybridrechner zu nennen.

Hybridrechner sind Rechner, die aus miteinander gekoppelten Analogrechnern und Digitalrechnern bestehen (Bild 4.8). Nicht die Erweiterung eines Analogrechners um digitale Komponenten und auch nicht die Erweiterung eines Digitalrechners um analoge Komponenten machen einen Analogrechner bzw. Digitalrechner zum Hybridrechner, sondern die zur Verfügungstellung der Rechenleistung sowohl des Analogrechners als auch des Digitalrechners zur Lösung eines gemeinsamen Problems.

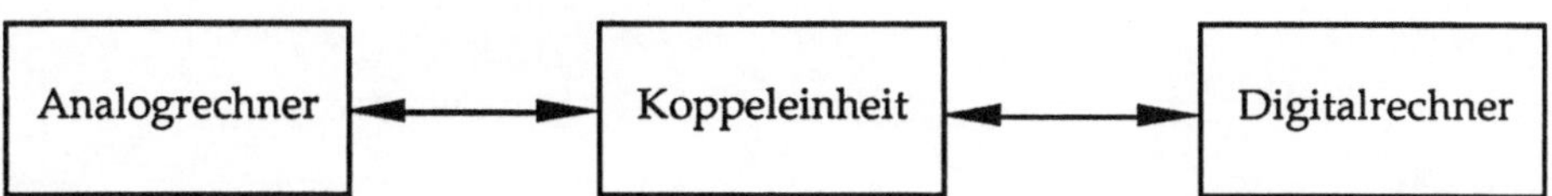

Bild 4.8: Hybridrechnersystem

Speziell für Echtzeit-Simulationsaufgaben reicht in der Regel die Rechenleistung der verfügbaren Digitalrechner nicht aus, so daß hier das Zeitproblem durch die Kombination von Analog- und Digitalrechner gelöst wird.

Derartige Hybridrechner-Systeme erreichen die hohe Geschwindigkeit durch die Parallelverarbeitung im Analogrechner und die an kritischen Problemstellen geforderte Genauigkeit (und auch die Speicherung von Nichtlinearitäten usw.) durch den Digitalrechner.

Die Programmierung der Hybridrechner-Systeme muß die beiden Gesichtspunkte der analogen und digitalen Arbeitsweise und die Verlagerung der einzelnen Problemkreise berücksichtigen.

Hauptpunkte bei der Behandlung eines Problems auf einem Hybridrechner sind:

- Zeitverhalten und Synchronisation,
- Kopplungsverhalten zwischen Analog- und Digitalrechner,
- Unterbrechungsbehandlung im Analog- und Digitalrechner.

Da zwischen Analog- und Digitalrechner stets Analog-Digital- und Digital-Analogwandler eingesetzt werden (deren Umwandlungszeiten in jedem Fall bekannt sein und berücksichtigt werden müssen), bietet sich als Ersatz für den analogen Teil die sogenannte "Digitale Integrieranlage" (Digital Differential Analyzer oder in Kurzform DDA) an.

Diese Sonderform eines Rechnertypus, man könnte sagen die digitale Form des Analogrechners, vereinigt alle Vorteile des Analogrechners, (große Komponentenzahl, hohe Geschwindigkeit und volle Parallelität) mit den Vorteilen des Digitalrechners (digitale Genauigkeit).

Dieser Rechnertyp hat jedoch bisher keinen breiten Einsatz gefunden. Rechner dieser Art waren unter anderem zur Lösung der Echtzeitprobleme in der Weltraumfahrt (entsprechend dem damaligen Stand der Technik) die einzige Möglichkeit, z.B. die Steuerung während der kritischen Phase des Wiedereintritts der bemannten Kapsel in die Erdatmosphäre durchführen zu können. Eine weitere Behandlung dieses Rechnertyps kann im Rahmen dieses Kapitels nicht erfolgen.

5   Darstellung der Information

In der Informationswissenschaft der Nachrichtentechnik und auch in Teildisziplinen der Linguistik sind die Begriffe "Information", "Informationsverarbeitung", "Informationsrepräsentation", "Nachricht", "Übertragung", "Codierung" usw. immer wieder vorkommende Begriffe von großer Verbreitung, die nicht klar voneinander unterschieden werden.

Die Verwendungshäufigkeit des Begriffs "Information" hat sicher in den letzten 20 Jahren einen ganz erheblichen Zuwachs erhalten. Im "Häufigkeitswörterbuch der Deutschen Sprache" von KAEDING (1897) kam der Begriff unter fast 11 Millionen Wörtern nur 55 (!) mal vor. Es ist auch wohl ein Bedeutungswandel eingetreten, denn damals verstand man unter Information "Auskunft", "Unterweisung", "Belehrung". Der Zuwachs ist sicherlich nicht dem Bedeutungswandel allein zuzuschreiben, sondern mehr der Verwendung im technischen Bereich und einer Aufweichung oder Ausdehnung des Begriffsinhaltes. "Information" ist ein Modewort geworden, und Fachleute sowie Laien bedienen sich des Wortes in Verbindung mit falschen Vorstellungen (und das nicht nur im "Laborjargon").

Um die Bedeutung der Information und ihre Darstellung zu erkennen, wollen wir den Unterschied zwischen Information und Nachricht darlegen. Beide Begriffe sind wesentliche Grundbegriffe der Informationswissenschaft; dabei deckt sich die technische Auslegung keineswegs vollständig mit dem umgangssprachlichen Gebrauch.

Im nachrichtentechnischen Sinne wird eine Nachricht von einer Quelle (Nachrichtenquelle, Sender) ausgesandt und über eine Übertragungsstrecke (Kanal) zu einer Senke (Empfänger) übertragen (Bild 5.1).

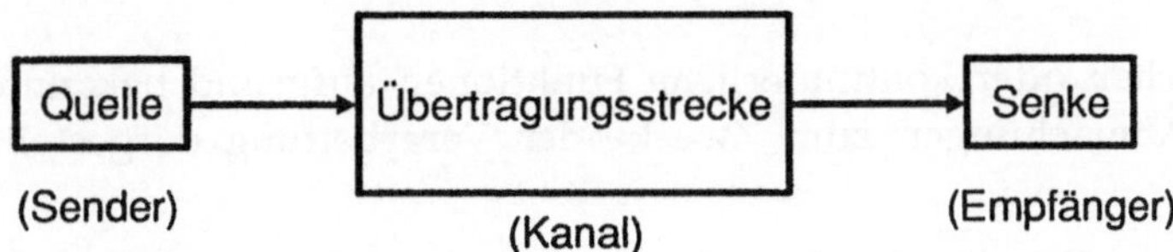

Bild 5.1: Nachrichtenübertragung

Die von der Quelle zum Empfänger gesendete Nachricht enthält dabei die eigentliche "Information"; damit beinhaltet die Nachrichtenquelle die "Informationsquelle". Hierbei entspricht die "Information" (der Informationsgehalt) dem Neuigkeitswert der "Nachricht" für den Empfänger. Die Bezeichnung "Überraschungsgehalt" für die Information erhält dadurch eine Bedeutung. Die konkrete Nachricht ist also eine (physikalische) einsichtige Darstellung der abstrakten Information. Der Begriff "Informationsgehalt" beschreibt letzlich ein quantitatives Maß für diese abstrakte Information.

Damit über den ablaufenden Nachrichtenaustausch auch der (eigentlich gewollte) Informationsaustausch erfolgen kann, muß zwischen Sender und Empfänger eine eineindeutige Abbildungsvorschrift zwischen Information und Nachricht vereinbart sein (Interpretationsvorschrift f):

$$I = f (N); \qquad N = f^{-1} (I).$$

Neben der eigentlichen Information enthält die Nachricht noch Redundanz (Weitschweifigkeit), die informationsbezogen ist, und Irrelevanz (Bedeutungslosigkeit), die von der Information unabhängig ist und bewußt (z.B. Kanalkennungen) oder unbeeinflußbar (z.B. Störungen) hinzukommt.

Nachricht = Information + Redundanz + Irrelevanz

In diesem Sinne ist also die Informationsverarbeitung nicht gleich der Nachrichtenverarbeitung, da die Nachricht im allgemeinen mehr enthält als die Information!

Im technischen Sprachgebrauch wird "Information" auch für redundanz- und irrelevanzfreie Nachrichten zur Darstellung der Information benutzt. Information beschreibt dann auch die Darstellung selbst.

Die (informationsbezogene) Redundanz wird genutzt, um Fehlererkennung bzw. Fehlerkorrektur bei gestörten Kanälen durchführen zu können. Aufgrund der hohen Redundanz der Sprache ist es z.B. dem Menschen möglich, sich trotz stark gestörter Kanäle wie Lärmumgebung oder schlechte Telefonverbindung fehlerfrei zu verständigen.

Neben dem Begriff "Nachrichtenverarbeitung", der die technischen Prozesse zur Realisierung einer Informationsverarbeitung beschreibt, existiert noch der Begriff "Datenverarbeitung". In DIN 44300 ist der Begriff "Daten" wie folgt definiert:

Daten:

"Durch Zeichen oder kontinuierliche Funktionen aufgrund bekannter oder unterstellter Abmachungen zum Zwecke der Verarbeitung dargestellte Informationen."

Weiter heißt es dort bei den Definitionen:

Zeichen:

"Ein Element aus einer vereinbarten endlichen Menge von (verschiedenen) Elementen. Die Menge wird Zeichenvorrat (character set) genannt."

Alphabet:

"Ein (in vereinbarter Reihenfolge) geordneter Zeichenvorrat."

Somit stellt die Datenverarbeitung nur eine geringe Einschränkung auf die Verarbeitung spezieller Nachrichten (der immer noch sehr weit gefaßten Daten) dar.

5.1 Zeichendarstellung in digitalen Systemen

Voraussetzung jeder, wie auch immer gestalteten Informations- oder Datenverarbeitung ist die Zerlegung der Information in Zeichen oder Zeichenketten, z.B. bei einem Text die Zerlegung in Wörter oder Buchstaben, die Zerlegung eines Bildes in Bildelemente usw. Je nach Anwendungsfall erfolgt eine Darstellung bzw. Übertragung der Informationseinheiten auf verschiedene Weise, z.B. beim Sprechen durch akustische Signale, bei der Speicherung in einem Buch durch Schwarz-Weiß-Konturen, die auf Papier gedruckt oder geschrieben werden, bei der Übertragung über Telefonleitungen durch kontinuierliche elektrische Signale oder elektrische Impulse, bei der Bearbeitung durch einen Rechner in digitaler oder analoger Form durch elektrische oder magnetische Größen.

Die im vorangegangenen Abschnitt mit f(N) bezeichnete Funktion stellt die Codierung dar. In der digitalen Nachrichtenverarbeitung werden die Informationen durch "binäre Zeichenketten" codiert. Die Art der Codierung wird sich stark an den Verarbeitungsanforderungen orientieren. Dabei steht an erster Stelle, daß Codierung und Decodierung mit geringem technischen Aufwand möglich sein sollten. Bei Ausnutzung von Redundanz wird man versuchen, möglichst weitreichende Fehlerbehandlungsmöglichkeiten einzubauen. Zusätzlich können kryptologische Aspekte eine Rolle spielen.

Die Codierungsverfahren ermöglichen also neben der reinen Zeichendarstellung noch "Datensicherung" und "Datenschutz".

Auf die Verfahren zum Datenschutz, also zum Schutz gespeicherter Daten vor unbefugter Einsicht, soll in diesem Zusammenhang nicht näher eingegangen werden, auch wenn diesen Verfahren eine zunehmende Bedeutung zukommt.

Bevor man eine Bewertung von Codierungsverfahren vornehmen kann, muß man sich mit einigen Grundlagen der Informationstheorie auseinandersetzen. Außerdem ist eine Definition der Grundbegriffe, von denen hier schon einige in umgangssprachlicher Form benutzt wurden, vorzunehmen.

Im weiteren werden wir nur die wenigen Grundbegriffe zur Informationstheorie herleiten, die unbedingt notwendig für die Behandlung der "Codierung" von Zeichen und Signalen (siehe Kapitel 7) erforderlich sind.

5.2 Grundbegriffe der Informationstheorie

Die Informationstheorie geht von folgender Grundstruktur aus: Die Information entsteht innerhalb der Nachrichtenquelle (auch Informationsquelle genannt) d.h. beim Sender und gelangt nach einer Umwandlung der Darstellungsform (Codierung) zu einem Verarbeitungs- oder Übertragungssystem, von dort nach erneuter Codierung (Decodierung) zum Bestimmungsort (dem Informationsempfänger).

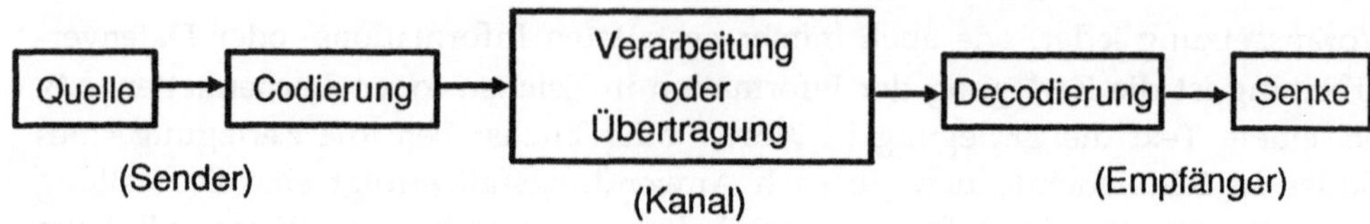

Bild 5.2: Blockdiagramm eines allgemeinen Datenübertragungssystems

Zweck der Codierung wird es sein, eine möglichst günstige Form der Zeichendarstellung für die nachfolgende Verarbeitung oder den Empfänger zu ermöglichen.

Im folgenden soll nur von Information in digitaler Form die Rede sein, was keine wesentliche Einschränkung der Allgemeinheit bedeutet, da alle analogen Signale über Analog-Digital-Wandler in digitale Signale überführt werden können.

Ein "Zeichen" ist ein Informationselement. Es kann beispielsweise der Grauwert eines Bildpunktes, ein Buchstabe eines Textes, ein Kreisbogen in einer graphischen Darstellung oder dergleichen sein.

Am einsichtigsten sind die Verhältnisse, wenn man von einer Information in gedruckter Form ausgeht. Ein Zeichen ist hier ein Element aus der Vereinigungsmenge der Buchstaben, der Ziffern, der Satzzeichen und der Menge, die als Element den Zwischenraum enthält.

Allgemein kann man definieren:

Die Menge *aller* in einem Anwendungsfall *zugelassenen Zeichen* heiße

Alphabet A,

$$A = \{a_1, a_2, a_3, ..., a_m\}. \tag{5.1}$$

Analog zu dem Ausdruck Alphabet seien die Elemente von A (Zeichen) mit *Buchstaben* a_j bezeichnet. Die Menge A sei endlich und nicht leer. Über das verwendete Alphabet muß zwischen Sender und Empfänger einer Nachricht eine Übereinkunft bestehen.

Das einfachste sinnvolle Alphabet ist:

$$A_b = \{0, 1\}, \tag{5.2}$$

welches aus den beiden Zuständen eines binären Systems gebildet wird. Man nennt einen damit gebildeten Code einen *Binärcode.* Eine praktische Interpretation der "Buchstaben" 0 und 1 kann in den verschiedensten Formen erfolgen. Die Tabelle zeigt einige häufig vorkommende Erscheinungsformen und Zuordnungen.

1	ja	nein	Strom > 0	Strom = 0	Loch	Spannung > 3V
0	nein	ja	Strom = 0	Strom > 0	kein Loch	Spannung < 2V

Auf technisch gebräuchliche Formen der Darstellung der Buchstaben 1 und 0 wird im Zusammenhang mit den Schaltkreistechniken und Schaltkreisfamilien eingegangen.

Eine Folge von nebeneinander geschriebenen Buchstaben heiße *Wort W*.

Gegeben sei z.B. die Menge der Dezimalziffern D = {0, 1, ...,9}. Dann ist die Folge 7 5 3 ein Wort der Länge 3, gebildet aus dem Alphabet D.

Aus den Worten W_j lassen sich wieder größere Informationseinheiten bilden. Eine Folge von Worten wird als *Satz* bezeichnet.

$$S = W_1, W_2, W_n, ... , W_k .$$

Sofern es sich um Worte unterschiedlicher Wortlänge handelt, die einen Satz bilden sollen, muß ein eindeutiges Trennzeichen definiert sein, im anderen Fall genügt die Kenntnis der Anfangsadressen der Sätze.

Aus mehreren Sätzen können dann noch größere Informationseinheiten gebildet werden. So ist beispielsweise eine *Datei* als eine *Folge* von Sätzen definiert. Mehrere Dateien bilden eine *Datenbank*.

Geht man von einem Alphabet aus und bildet aus dessen Elementen Zeichenketten, dann sind häufig nicht alle Zeichenketten (Worte) sinnvoll oder zugelassen (z.B. in der Umgangssprache). Die Zusammensetzung der Buchstabenfolgen oder Wortketten wird durch eine Reihe von Regeln (Syntax) festgelegt. Kann man die Regeln eindeutig formelmäßig erfassen, dann spricht man von einer "*formalen*" Sprache. Auf die Probleme der formalen Sprachen kann hier allerdings nicht näher eingegangen werden. Es sei auf entsprechende Literatur verwiesen.

Eine Folge von Buchstaben, Worten oder dgl. heißt *Nachricht*.

Die Menge aller über einem Alphabet A möglichen Folgen (Nachrichten) nennt man *Nachrichtenraum N(A)* des Alphabetes.

Gegeben seien zwei Alphabete:

$$A = \{a_1, a_2, ... , a_n\} \qquad und \qquad B = \{b_1, b_2, ... , b_n\} .$$

Die allgemeinste Definition einer Codierung ist dann die Abbildung:

$$f: N(A) \to N(B) ; \tag{5.3}$$

wobei jedem Element des Nachrichtenraums N(A) eine Nachricht im Nachrichtenraum N(B) zugeordnet wird. Diese Definition ist sehr allgemein und kann für die praktischen Fälle im folgenden weiter spezialisiert werden.

Bevor auf die Probleme der Zeichendarstellung eingegangen wird, sollen noch einige Kenngrößen für Nachrichtenquellen eingeführt werden.

Eine Quelle liefere Zeichen aus dem Alphabet (Quellenalphabet)

$$A = \{a_j, j = 1, 2, \dots, n\},$$

wobei für die einzelnen Buchstaben a_j eine Wahrscheinlichkeit p_j angegeben werden kann. Diese gibt darüber Auskunft, mit welcher Häufigkeit ein Buchstabe a_j in einer sehr langen Zeichenfolge auftritt oder zu erwarten ist.

Wie diese Wahrscheinlichkeiten $p_1, p_2, \dots, p_n$ bestimmt werden, ist nicht Bestandteil der Theorie. Zur Abschätzung werden Erfahrungswerte oder gemessene Werte aus der Vergangenheit herangezogen in der Hoffnung, daß sich die nähere "Zukunft" nicht wesentlich von der Vergangenheit unterscheidet. Bei Unkenntnis über das statistische Verhalten wird z.B. zunächst Gleichverteilung angesetzt.

Eine Quelle läßt sich somit formal beschreiben durch

$$(A,p) = \begin{pmatrix} a_1, a_2, \dots, a_n \\ p_1, p_2, \dots, p_n \end{pmatrix} \tag{5.4}$$

mit dem Alphabet:

$$A = \{a_1, a_2, \dots, a_n\}$$

und den Wahrscheinlichkeiten

$$p = (p_1, p_2, \dots, p_n)$$

für das Auftreten der Zeichen. Da das Auftreten irgendeines Zeichens das sichere Ereignis ist, muß die Summe aller Wahrscheinlichkeiten p_j gleich 1 sein (Satz der Wahrscheinlichkeitslehre), also:

$$\sum_{j=1}^{n} p_j = 1 \ . \tag{5.5}$$

Unsere Frage lautet: Wie groß ist die Information, die wir erhalten, wenn in unserem Quellenalaphabet a_j die Buchstaben mit der Wahrscheinlichkeit p_j auftreten. Setzen wir beispielsweise $p_1 = 1$ und damit alle anderen $p_j = 0$ für $j = 2, \dots, n$.

Jetzt gibt es keine "Überraschung", keine Information, da man bereits weiß, was dieses "Symbol" bedeutet. Beim Auftreten der Symbole mit unterschiedlichen Wahrscheinlichkeiten ist die Überraschung jedoch größer; wir erhalten umso mehr Infomation je geringer die Auftretenswahrscheinlichkeit für ein Symbol ist.

"Information und Wahrscheinlichkeit des Auftretens eines Symbols stehen in einem inversen Verhältnis".

Nennen wir das Maß für die Informationsmenge "Informationsmaß" (Überraschung) $I(a_j)$, das man beim Auftreten eines Ereignisses mit der Wahrscheinlichkeit p_j mißt, so liegt aus anderen Überlegungen für voneinander unabhängige Ereignisse die Einführung eines logarithmischen Maßes nahe:

$$I(a_j) = \log\left(\frac{1}{p_j}\right) = -\log p_j \ . \tag{5.6}$$

Informationsmenge I (a_j), Informationsgehalt, Information, Überraschung (oder auch Unsicherheit) sind die oft gebrauchten Ausdrücke.

Da p_j die Wahrscheinlichkeit für den Empfang des Zeichens a_j mit dem Informationsgehalt I (a_j) für das Signal a_j ist, gilt für den Erwartungswert des Informationsgehaltes eines Zeichens:

$$p_j \cdot I(a_j) = p_j \cdot \log \frac{1}{p_j}$$

$$= -p_j \cdot \log p_j \ . \tag{5.7}$$

Für den Erwartungswert des Informationsgehaltes ergibt sich damit über n Symbole des Alphabets im Mittel die Summe über alle Werte nach Gl. 5.7. Diese Summe nennt man in Anlehnung an einen Begriff der statistischen Thermodynamik "Entropie H" des Alphabets (oder Signalsystems) A mit den Buchstaben (Symbolen) a_j und deren Auftretenswahrscheinlichkeit p_j.

Also:

$$\text{"Entropie"} \quad H = \sum_{j=1}^{n} p_j \log \frac{1}{p_j} \tag{5.8}$$

$$\text{oder} \quad H = -\sum_{j=1}^{n} p_j \log p_j \ . \tag{5.9}$$

Das hier angegebene "Informationsmaß" stammt von SHANNON und wurde daher nach ihm benannt (Shannonsche Formel).

Die Entropie ist ein Maß für die Ungewißheit hinsichtlich des *Verhaltens der Quelle*, also ein Maß für die Ungewißheit vor Eintreffen der Information, also auch ein Maß für die Bedeutung der Information.

Je größer die Entropie, umso größer ist der Informationswert eines erwarteten Zeichens.

In der Shannonschen Formel ist ein beliebiger Logarithmus angenommen. Die Entropie ist im physikalischen Sinne dimensionslos. Die Wahl des Logarithmus äußert sich nur in einem konstanten Faktor. Zur Vergleichbarkeit ist die Basis durch Übereinkunft festzulegen. Welche Basis des Logarithmensystems wir auswählen, ist eine Frage der allgemeinen Übereinkunft, da ja leicht jedes Logarithmensystem in ein anderes überführt werden kann. Die Logarithmensysteme sind wegen

$$\log_a x = \frac{\log_b x}{\log_b a} \tag{5.10}$$

einander proportional.

Im Hinblick auf die kleinste Informationseinheit, die einfache Ja-Nein-Entscheidung, hat sich allgemein der Zweierlogarithmus eingebürgert, und als eine (Pseudo)Maßeinheit wird das bit (binary digit) als Maßeinheit verwendet.

In den weiteren Ausführungen soll immer die Informationseinheit bit benutzt werden, also die Shannonsche Formel in der folgenden Form zugrunde gelegt werden:

$$H = -\sum_{j=1}^{n} p_j \cdot \mathrm{ld}\ p_j \ . \tag{5.11}$$

Treten alle Zeichem mit gleicher Wahrscheinlichkeit auf, gilt also

$$p_j = \frac{1}{n}\ ; \quad j = 1,...,n \ , \tag{5.12}$$

dann nimmt die Entropie den *Maximalwert* H_{max}

$$H_{max} = H_0 = \mathrm{ld}\ n \tag{5.13}$$

an.

Die hier angegebenen Gleichungen gelten nur für Nachrichtenquellen, bei denen aufeinanderfolgende Zeichen voneinander unabhängig sind (Quellen ohne Gedächtnis). Dies gilt z.B. nicht für einen Text in der Umgangssprache (Quellen mit Gedächtnis). Dabei sind häufig nach einem Zeichen oder einer Zeichenkette nur bestimmte Zeichen möglich, und für diese gelten unterschiedliche Wahrscheinlichkeiten. Für Quellen mit Gedächtnis sind die Zusammenhänge wesentlich schwieriger.

Eine Behandlung statistisch abhängiger Ereignisse würde an dieser Stelle zu weit führen. Es sei daher auf die einschlägige Literatur verwiesen.

Ein weiterer wichtiger Begriff ist die Redundanz. Als Maß für die Redundanz R wird die Differenz zwischen dem maximal möglichen Informationsgehalt H_0 und dem tatsächlichen Informationsgehalt H definiert:

$$R = H_0 - \left(-\sum_{j=1}^{n} p_j \cdot \mathrm{ld}\ p_j \right)$$

$$R = H_0 + \sum_{j=1}^{n} p_j \cdot \mathrm{ld}\ p_j \tag{5.14}$$

$$R = \mathrm{ld}\ n + \sum_{j=1}^{n} p_j \cdot \mathrm{ld}\ p_j \ . \tag{5.15}$$

Manchmal wird auch der Begriff *relative Redundanz* benutzt:

$$r = \frac{R}{H_0} = \frac{R}{\mathrm{ld}\ n} \tag{5.16}$$

$$\text{oder} \quad r = 1 + \frac{1}{\mathrm{ld}\ n} \sum_{j=1}^{n} p_j \lozenge \mathrm{ld}\ p_j \ . \tag{5.17}$$

Die hier abgeleiteten Begriffe sollen noch an einfachen Beispielen demonstriert werden.

Beispiel 5.1:

$$\text{Gegeben:} \qquad A = \{0, ..., 7\}$$

$$p_j = \frac{1}{8}, \qquad j = 1,...,8 \ .$$

Damit stellt sich die Quelle wie folgt dar:

$$(A,p) = \begin{pmatrix} 0 & 0 & ...7 \\ 0{,}125 & 0{,}125 & ... \ 0{,}125 \end{pmatrix} \ .$$

Es ergibt sich, da alle 8 Symbole die gleiche Wahrscheinlichkeit haben, nach Gleichung 5.13

$$H_0 = \text{ld } 8 = \underline{\underline{3 \text{ bit}}} \ .$$

Beispiel 5.2:

$$\text{Gegeben:}$$

$$(A,p) = \begin{pmatrix} 0 & 1 & 2 & 3 & 4 & 5 & 6 & 7 \\ 0 & 0{,}1 & 0{,}2 & 0{,}5 & 0{,}1 & 0{,}1 & 0 & 0 \end{pmatrix} \ .$$

Nach Gl. (5.11) ergibt sich:

$$H = -\sum_{j=1}^{n} p_j \cdot \text{ld } p_j$$

$$= 0 + 3 \cdot 0{,}1 \cdot \text{ld } 10 + 0{,}2 \cdot \text{ld } 5 + 0{,}5 \cdot \text{ld } 2$$

$$= 0{,}3 \ \frac{\text{lg } 10}{\text{lg } 2} + 0{,}2 \ \frac{\text{lg } 5}{\text{lg } 2} + 0{,}5$$

$$\underline{\underline{H = 1{,}97 \text{ bit}}} \ .$$

Wenn für die Darstellung der 8 Zeichen 3 bit benutzt werden, ergibt sich die Redundanz R zu:

$$R = H_0 - H = 3 \text{ bit} - 1{,}97 \text{ bit} = \underline{\underline{1{,}03 \text{ bit}}}$$

und die relative Redundanz zu:

$$r = \frac{1{,}03 \text{ bit}}{3 \text{ bit}} \approx \underline{\underline{0{,}34}}.$$

6 Darstellung der Zahlen und Operationen mit Zahlen

Als die ersten Rechenmaschinen im und nach dem Ende des 2. Weltkriegs gebaut wurden, dachte man im wesentlichen an den Einsatz in der Wissenschaft und im Ingenieurbereich. Hier waren ausschließlich Zahlenrechnungen geplant und es lag nahe, die jedermann bekannten Dezimalsysteme (Basis 10) einzusetzen. Jedoch war sehr bald klar, daß für die technische Ausführung der Operationen das "Duale Zahlensystem", das Zahlensystem mit der Basis 2, günstiger ist. Müssen beim Dezimalsystem in den zu realisierenden Bausteinen 10 verschiedene Zustände sicher erkannt und verarbeitet werden, so sind beim Dualsystem nur Bausteine mit zwei verschiedenen Zuständen erforderlich. Es ist einsichtig, daß es wesentlich einfacher ist, derartige Bausteine mit nur zwei verschiedenen Zuständen aufzubauen. Weiterhin haben diese Bausteine den großen Vorteil der leichteren und sichereren Erkennbarkeit der Zustände (z.B. der Kontakt eines Relais ist offen oder geschlossen, ein Transistor leitet oder leitet nicht).

Ein weiterer Vorteil ist der, daß es ein geschlossenes Gebäude der formalen Logik für Aussagen in zweiwertiger Form gibt. Mit Hilfe der in Kapitel 8 dargestellten Axiome und Sätze der Booleschen Algebra lassen sich Schaltungsminimierungen durchführen und die logischen und arithmetischen Funktionen der Rechenwerke sind losgelöst von jeder Technologie beschreibbar.

Da ohnehin viele Eingangsdaten (z.B. bei Prozeßrechnern) aus elektrischen Meßgrößen und als nichtnumerische Daten (z.B. Grauwerte von Bildelementen) gewandelt werden müssen, bringt die Verwendung des Dezimalsystems keine Vorteile, sondern eher Nachteile.

6.1 Darstellung der Zahlen

Dezimal- und Dualsystem sind Spezialfälle allgemeiner Ziffernsysteme. Beim Dual-Zahlensystem ist die Basis 2, beim Dezimalsystem haben wir die Basis 10, beim Oktalsystem lautet die Basis 8 und beim 16er-System (dem Hexadezimalsystem) ist die Basis 16.

Solche "polyadischen" Zahlensysteme mit einer Basis B (man nennt diese Systeme auch B-adische Zahlensysteme) sind Zahlensysteme, bei denen jede beliebige Zahl Z nach Potenzen von B zerlegt wird. Allgemein gilt:

$$Z = \sum_{i=0}^{n} b_i \cdot B^i \, , \tag{6.1}$$

wobei B die Basis des Zahlensystems mit $B \in \mathbb{N}$, $B \geq 2$ und b_i die Ziffern des Zahlensystems mit $b_i \in \mathbb{N}$, $0 \leq b_i \leq (B\text{-}1)$ sind. Es sind stets B verschiedene Ziffern b_i definiert.

Vereinfacht wird die Zahl Z nach Gl. 6.1 dann wie folgt geschrieben:

$$Z = b_n b_{n-1} \ldots b_2 b_1 b_0)_B .$$ (6.2)

Die zusätzliche Kennzeichnung der Basis B kann bei dieser Schreibweise immer dann entfallen, wenn die Basis zweifelsfrei bekannt ist (im täglichen Leben das Dezimalsystem (10) und bei Digitalrechnern in der Regel das Dualsystem (2)). Ausführlich geschrieben bedeutet Gl. 6.1 oder 6.2 deshalb:

$$Z = b_n \cdot B^n + b_{n-1} \cdot B^{n-1} + \ldots + b_2 \cdot B^2 + b_1 \cdot B^1 + b_0 \cdot B^0 .$$ (6.3)

Jede Zahl b_i wird mit dem der Stelle entsprechenden Stellenwert B^i multipliziert oder, wie man auch sagt, gewichtet.

6.1.1 Das Dezimalsystem

Entsprechend Gl. 6.1 wird eine beliebige Zahl im Dezimalsystem in der Form

$$Z = \sum_{i=0}^{n} f_i \cdot 10^i \qquad \text{mit } f_i = 0, 1, \ldots , 9$$

dargestellt, wobei die verschiedenen f_i die Ziffern 0, 1, 2, ... ,9 sind. In der gewohnten Schweibweise wird z.B. $Z = 2134$ als gewichtete Ziffernfolge angeben:

$$Z = 2 \cdot 10^3 + 1 \cdot 10^2 + 3 \cdot 10^1 + 4 \cdot 10^0 .$$

Die am weitesten rechts stehende Ziffer bezieht sich auf den Index i=0 mit der Stellenwichtung $10^0 = 1$. Beim Übergang zur nächsten links liegenden Ziffer erhöht sich der Index um 1 und damit die Stellenwichtung um den Faktor 10.

Die Zahl $Z = 2134$ hat deshalb die entsprechend der folgenden Darstellung zugeordneten Stellenwichtungen und Stellenwerte:

10^3	10^2	10^1	10^0	Wichtung
2	1	3	4	Stellenwert

Diese Darstellung für ganze Zahlen läßt sich auch auf Brüche ausdehnen, indem negative Exponenten eingeführt werden. Das Komma oder der Punkt hinter der ganzen Zahl mit i = 0 heißt Dezimalpunkt. Zum Beispiel wird die Zahl

$$Z_1 = 13496{,}758)_{10}$$

ausführlich wie folgt geschrieben:

$$Z_1 = 1 \cdot 10^4 + 3 \cdot 10^3 + 4 \cdot 10^2 + 9 \cdot 10^1 + 6 \cdot 10^0 + 7 \cdot 10^{-1} + 5 \cdot 10^{-2} + 8 \cdot 10^{-3} .$$

Allgemein lautet der Ausdruck für eine beliebige, nicht ganze Zahl

$$Z = \sum_{i=-k}^{+n} f_i \cdot 10^i$$ (6.4)

oder ausgeschrieben

$$Z = f_n \cdot 10^n + f_{n-1} \cdot 10^{n-1} + \ldots + f_1 \cdot 10^1 + f_0 \cdot 10^0 + f_{-1} \cdot 10^{-1} + \ldots + f_{-k} \cdot 10^{-k} \, . \tag{6.5}$$

6.1.2 Das Dualsystem

Da die meisten Rechensysteme mit dem Dualsystem arbeiten, soll hier diese Zahlendarstellung kurz verdeutlicht werden. Auch das Dualsystem ist ein polyadisches Zahlensystem. Deshalb gilt für jede ganze Zahl Z allgemein

$$Z = \sum_{i=0}^{n} b_i \cdot B^i$$

und mit B = 2 ("Dual" als Zweiwertigkeit des Zahlensystems)

$$Z = \sum_{i=0}^{n} b_i \cdot 2^i \, . \tag{6.6}$$

Als Ziffern schreibt man für die 2 verschiedenen Werte $b_i \in \{0,1\}$ oder auch $\{0,L\}$. Eine Dualzahl hat dieselbe Struktur wie eine Dezimalzahl. Aus Gl. 6.6 folgt:

$$Z = b_n \cdot 2^n + b_{n-1} \cdot 2^{n-1} + \ldots + b_2 \cdot 2^2 + b_1 \cdot 2^1 + b_0 \cdot 2^0 \, . \tag{6.7}$$

In der Tabelle 6.1 sind die Dualzahlen für die Dezimalziffern 0 ÷ 15 dargestellt:

Tabelle 6.1: Darstellung der Dezimalzahlen und der zugehörigen Dualzahlen (mit zugeordneten Gewichtsfaktoren)

Dualzahl				Dezimalzahl
2^3	2^2	2^1	2^0	
0	0	0	0	0
0	0	0	1	1
0	0	1	0	2
0	0	1	1	3
0	1	0	0	4
0	1	0	1	5
0	1	1	0	6
0	1	1	1	7
1	0	0	0	8
1	0	0	1	9
1	0	1	0	10
1	0	1	1	11
1	1	0	0	12
1	1	0	1	13
1	1	1	0	14
1	1	1	1	15

Mit vier Binärstellen können die ganzen Zahlen 0 ÷ 15 (ohne Vorzeichen) dargestellt werden.

Wie man sieht, ist der Aufwand an Ziffern erheblich größer als beim Dezimalsystem.

Die Anzahl der zur Darstellung einer gegebenen Zahl erforderlichen binären Stellen wird auch "Länge der Dualzahl" und die von der Rechenmaschine zur Verfügung gestellte Anzahl der "Binärstellen" zur Darstellung von Zahlen (oder ganz allgemein von unterschiedlichen Informationen) auch "Wortlänge" genannt.

(Wir sollten festhalten, daß das Adjektiv "dual" nur für die Zweiwertigkeit in Bezug auf das Zahlensystem (Dualsystem, Dualzahl) gebraucht wird, während ansonsten die Zweiwertigkeit mit "binär" bezeichnet wird (binäres Schaltelement, binäre Codierungen usw.)).

In Tabelle 6.2 (und 15.1 des Kapitels 15) sind die Zweierpotenzen (Gewichtsfaktoren der n-ten Stelle mit positiven (und negativen) Exponenten) mit den zugehörigen Dezimalzahlen dargestellt.

Tabelle 6.2: Darstellung von Zweierpotenzen

Zweierpotenz	Dezimalzahl	Zweierpotenz	Dezimalzahl
2^0	1	2^{11}	2048
2^1	2	2^{12}	4096
2^2	4	2^{13}	8192
2^3	8	2^{14}	16384
2^4	16	2^{15}	32768
2^5	32	2^{16}	65536
2^6	64	2^{17}	131072
2^7	128	2^{18}	262144
2^8	256	2^{19}	524288
2^9	512	2^{20}	1048576
2^{10}	1024	2^{21}	2097152

Es ist üblich , folgende vereinfachende Abkürzungen anzuwenden:

$$1\,K = \qquad\quad 1024 = 2^{10} \qquad \text{(in Worten 1K } \widehat{=} \text{ 1 Kilo)}$$

$$1\,M = \qquad 1048576 = 2^{20} \qquad \text{(in Worten 1M } \widehat{=} \text{ 1 Mega)}$$

$$1\,G = \quad 1073741824 = 2^{30} \qquad \text{(in Worten 1G } \widehat{=} \text{ 1 Giga)}$$

$$1\,T = 1099511627776 = 2^{40} \qquad \text{(in Worten 1T } \widehat{=} \text{ 1 Tera)}$$

Die Bezeichnungsweise lehnt sich an die im Dezimalsystem übliche an und ermöglicht eine schnelle Abschätzung bei Angaben großer Dualzahlen.

Die Kurzform in der Bezeichnungsweise hat sich im Sprachgebrauch der Datenverarbeitung weitgehend durchgesetzt.

6.1.3 Das Oktalsystem

Das oktale Zahlensystem ist auch ein polyadisches Zahlensystem und hat die Basis 8. Zur schnellen Kurzdarstellung und Abschätzung einer Zahl im Dualsystem ist das Oktalsystem deshalb so besonders gut geeignet, weil die Basis 8 nahe an der Basis 10 liegt.

Für eine beliebige ganze Zahl Z gilt deshalb entsprechend Gleichung 6.1 mit der Basis 8:

$$Z = \sum_{i=0}^{n} b_i \cdot 8^i \ . \tag{6.8}$$

Für die erforderlichen 8 verschiedenen Ziffern hat man die Ziffern 0, 1, 2, 3, 4, 5, 6, 7 gewählt. Die Ziffern 8 und 9 kommen im Oktalsystem nicht vor! Intern wird jede Oktalziffer aus 3 Bits (eine Dreiergruppe einer Dualzahl) dargestellt. Damit ist die Zuordnung der Oktalzahlen nach Tabelle 6.3 gegeben:

Tabelle 6.3:   Darstellung der Oktalzahlen

Dualzahl	Oktalzahl	Dezimalzahl
000	0	0
001	1	1
010	2	2
011	3	3
100	4	4
101	5	5
110	6	6
111	7	7

So hat die Zahl 237 im Oktalsystem folgende Darstellung:

$$Z = 237_{)8} = 010 \ 011 \ 111_{)2}$$

d. h. mit

$$Z = 2 \cdot 8^2 + 3 \cdot 8^1 + 7 \cdot 8^0$$

die dezimale Entsprechung

$$Z = 2 \cdot 64 + 3 \cdot 8 + 7 \cdot 1 \, ,$$

also
$$Z = 159 \,)_{10} \, .$$

Eine Abschätzung des Betrages einer Zahl ist hier leicht möglich, da Stellenzahl und Stellenwert relativ nahe bei der entsprechenden Dezimalzahl liegen.

In der Tabelle 6.4 sind einige Potenzen von 8 (Stellenwichtungen) mit den zugehörigen Dezimalzahlen dargestellt.

Tabelle 6.4: Potenzen zur Basis 8

Potenz zur Basis 8	Dezimalzahl	Potenz zur Basis 8	Dezimalzahl
8^0	1	8^6	262144
8^1	8	8^7	2097152
8^2	64	8^8	16777216
8^3	512	8^9	134217728
8^4	4096	8^{10}	1073741824
8^5	32768	8^{11}	8589934592

6.1.4 Das Hexadezimalsystem

Beim Hexadezimalsystem (auch Sedezimalsystem genannt) haben wir als Basis die Zahl 16, d. h. jede Zahl wird dargestellt in der Form:

$$Z = \sum_{i=0}^{n} b_i \cdot 16^i \, . \tag{6.9}$$

Insgesamt sind 16 verschiedene Ziffern b_i erforderlich. Verwenden wir auch hier für die Zahlen Null, Eins, ... ,Neun die Ziffern 0, 1, ... ,9 des Dezimalsystems, so müssen wir, da es für die Zahlen Zehn, Elf, Zwölf, Dreizehn, Vierzehn, Fünfzehn nicht ein einzelnes Zahlensymbol gibt, irgendwelche Symbole als "Ziffern" mit dem Gewicht zehn,..., fünfzehn wählen. Hier hat man sich auf die ersten sechs Buchstaben des Alphabets mit fester Zuordnung zwischen Dezimalziffer und Buchstaben geeinigt.

Intern wird jede hexadezimale Ziffer durch 4 Bits einer Dualzahl (ein "nibble") dargestellt.

Tabelle 6.5 stellt die zugeordneten Dualzahlen, Hexadezimalzahlen und Dezimalzahlen dar.

Tabelle 6.5: Hexadezimalzahlen und zugehörige Dual- und Dezimalzahlen

Dualzahl	Hexadezimalzahl	Dezimalzahl
0000	0	0
0001	1	1
0010	2	2
0011	3	3
0100	4	4
0101	5	5
0110	6	6
0111	7	7
1000	8	8
1001	9	9
1010	A	10
1011	B	11
1100	C	12
1101	D	13
1110	E	14
1111	F	15

Die Tabelle 6.6 enthält einige Potenzen von 16 mit den zugehörigen Dezimalzahlen.

Tabelle 6.6: Potenzen zur Basis 16

Potenzen zur Basis 16	Dezimalzahl
16^0	1
16^1	16
16^2	256
16^3	4096
16^4	65536
16^5	1048576

Im Hexadezimalsystem hat deshalb die Zahl

$$Z = 2A5)_{16} = 0010\ 1010\ 0101)_2$$

folgende Entsprechung im Dezimalsystem:

$$Z = 2 \cdot 16^2 + A \cdot 16^1 + 5 \cdot 16^0$$
$$Z = 2 \cdot 256 + 10 \cdot 16 + 5 \cdot 1 \quad = 677)_{10}\ .$$

6.2 Zahlenumwandlung in Zahlensysteme mit anderer Basis

Wie wir bereits bei der Vorstellung der Zahlensysteme aus der Klasse der "polyadischen Systeme" erkannt haben, entspricht der Umfang des erforderlichen Ziffernvorrats genau dem Zahlenwert der Basis. In der Tabelle 6.7 sind für die im Abschnitt 6.1 näher betrachteten Zahlensysteme die verwendeten Ziffernvorräte zusammengefaßt dargestellt (auf die zur Zeit nur sehr selten eingesetzten ternären- (Basis 3) und quinären- Zahlensysteme (Basis 5) wurde hier nicht eingegangen) .

Tabelle 6.7: Basis und Ziffernvorrat für Zahlensysteme verschiedener Basis

Zahlensystem	Basis	Ziffernvorrat
Dual	2	0, 1
Oktal	8	0, 1, .., 7
Dezimal	10	0, 1, .., 9
Hexadezimal	16	0, 1,..,9, A, .., F

6.2.1 Umwandlung von Dual-, Oktal- und Hexadezimalzahlen in Dezimalzahlen

An einfachen Beispielen wurde im Abschnitt 6.1 bereits gezeigt, wie wir durch Gruppenbildung jede Dualzahl sofort in oktaler und hexadezimaler Schreibweise angeben können. In der folgenden Tabelle 6.8 sind einige einander entsprechende Dual-, Oktal- und Hexadezimalzahlen mit der zugehörigen Dezimalzahl übersichtlich dargestellt.

Tabelle 6.8: Beispiele für die Darstellung von Zahlen des polyadischen Zahlensystems mit unterschiedlicher Basis

Dualzahl	Oktalzahl	Hexadezimalzahl	Dezimalzahl
10 011	010 011 = $23_{)8}$	0001 0011 = $13_{)16}$	$19_{)10}$
101 110	101 110 = $56_{)8}$	0010 1110 = $2E_{)16}$	$46_{)10}$
11 001 111 010	11 001 111 010 = $3172_{)8}$	110 0111 1010 = $67A_{)16}$	$1658_{)10}$

Oktalzahlen und Hexadezimalzahlen haben den Vorteil, daß insbesondere bei langen Dualzahlen durch die Gruppierung in Dreier- oder Vierergruppen leicht lesbare übersichtliche Zahlen entstehen.

Bei der Umwandlung von Dual- in Dezimalzahlen wird Gebrauch von der Definition nach Gleichung 6.1 gemacht.

Bei der Umwandlung von Oktal- und Hexadezimalzahlen in Dualzahlen erübrigt sich eine Umwandlung, da deren Ziffern eine Bündelung von 3 bzw. 4 Dualziffern darstellen.

Die kürzere Schreibweise bei größeren Basiswerten und die leichtere (und damit fehlerfreiere) Lesbarkeit ist offensichtlich. Zur ungefähren Abschätzung des Wertes einer Dualzahl Z von n-Ziffern kann man von folgender Möglichkeit Gebrauch machen: Ist z.B. die k-te Ziffer eine 1 und sind alle links stehenden Ziffern Null (führende Nullen leisten keinen Beitrag und spielen für den Zahlenwert keine Rolle), so gilt, da die Wertigkeiten von rechts nach links bei 2^0 beginnend bis 2^{n-1} bei n-Ziffern steigen, daß die unbekannte Zahl Z stets kleiner als 2^k ist (aber maximal um den Faktor 2 kleiner ist).

6.2.2 Umwandlung von Dezimalzahlen in Dualzahlen

Diese Umwandlung ist im Bereich der Rechneranwendungen vielleicht die wichtigste, da wir im täglichen Leben mit Dezimalzahlen arbeiten. Wir, oder der Rechner, müssen also über Wandlungsmöglichkeiten verfügen, welche die externe Form, hier die dezimale Darstellung einer Zahl, in die maschineninterne Darstellung der gegebenen Zahl, also in die Dualzahl, wandelt.

Ein Verfahren, welches sich leicht mit Hilfe der Reihenentwicklung für Dualzahlen beweisen läßt, ist im folgenden Schema angegeben und grundsätzlich anwendbar:

Die Dezimalzahl z sei 412. Wir suchen den Exponenten zur Basis 2, für den gelten soll:

$$2^n \leq z \quad \text{mit } n \in \mathbb{N}$$
$$2^{n+1} > z \, .$$

Im vorgegebenen Fall ergibt sich:

$$n = 8, \text{da}$$
$$2^8 = 256 \leq 412 \quad \text{und}$$
$$2^9 = 512 > 412 \quad \text{ist.}$$

Wir setzen n = 8. Nun teilen wir die Dezimalzahl durch 2^n und subtrahieren zum anderen von ihr 2^n, falls der Quotient größer oder gleich 1 ist. Ist er jedoch kleiner als Eins, so bleibt der Wert unverändert. Anschließend teilen wir den Rest durch 2^{n-1} und verfahren mit ihm genauso. Das setzen wir fort, bis wir bei $2^0 = 1$ angelangt sind.

Beispiel:

$$412 : 256 = 1 \quad \downarrow$$
$$- \underline{256}$$
$$156 : 128 = 1$$
$$- \underline{128}$$
$$\underline{28} : 64 = 0$$
$$\underline{28} : 32 = 0$$
$$28 : 16 = 1$$
$$- \underline{16}$$
$$12 : 8 = 1$$
$$- \underline{8}$$
$$4 : 4 = 1$$
$$- \underline{4} \qquad\qquad \hat{=} 110011100)_2$$
$$\underline{0} : 2 = 0$$
$$0 : 1 = 0$$

Wir erhalten die gewünschte Dualdarstellung von $412)_{10}$ als $110011100)_2$. Wesentlich schneller kommen wir zum Ziel mit Hilfe der sogenannten "Zigeunermathematik", die wir am gleichen Beispiel erläutern wollen:

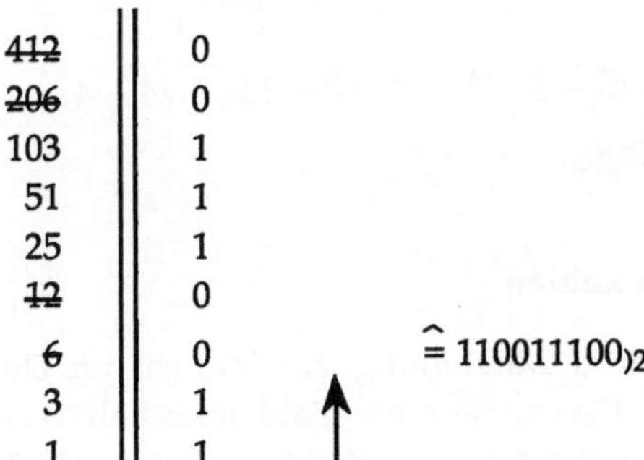

$$\hat{=} 110011100)_2$$

Wir teilen die gegebene ganze Dezimalzahl und anschließend fortlaufend das jeweilige Ergebnis (nur die ganze Zahl unter Vernachlässigung des Restes) durch 2 und schreiben die Zwischenergebnisse untereinander, bis wir bei 1 oder 0 ankommen. Jetzt streichen wir alle geraden Zahlen und schreiben neben die geraden Zahlen eine Null und neben die ungeraden eine Eins. Auf diese Weise erhalten wir mit der wichtigsten Stelle unten beginnend die gesuchte Dualzahl.

Ein weiteres Umrechnungsverfahren macht einen Umweg über das Oktalsystem. Das Oktalsystem zeichnet sich, wie bereits gesagt, durch folgende Eigenschaften aus:

1. Die Basis 8 liegt nahe bei der Basis 10, so daß sich Zahlen mit gleichem Wert im Oktal- und Dezimalsystem nicht sehr voneinander unterscheiden. Die Zahl "sieht" im Oktalsystem nur etwas größer aus.

2. Man kann eine Oktalzahl direkt in eine Dualzahl ziffernweise umwandeln, wenn man für jede Oktalziffer ihren Wert als dreistellige Dualzahl angibt. Diese ziffernweise Umwandlung ist möglich, weil 8 eine Zweierpotenz ist.

Wir wollen jetzt unser Beispiel mit dem Umweg über das Oktalsystem durchrechnen:

$$412 : 64\,(= 8^2) = 6$$
$$-\ \underline{384}$$
$$28 :\quad 8\,(= 8^1) = 3$$
$$-\ \underline{24}$$
$$4 :\quad 1\,(= 8^0) = 4\,.$$

Damit liegt das bereits bekannte Ergebnis vor:

$$412_{)10} = 634_{)8}\,.$$

Wandeln wir die Oktalzahl ziffernweise in die zugehörige Dualzahl um, so erhalten wir:

$$\underbrace{6}_{110}\ \underbrace{3}_{011}\ \underbrace{4}_{100}\ {}^{)8}_{)2}\,,$$

also

$$634_{)8} = 6 \cdot 8^2 + 3 \cdot 8^1 + 4 \cdot 8^0 = 384 + 24 + 4$$
$$= 412_{)10}\,.$$

6.3 Darstellung negativer Zahlen

Ausgehend von der binären Darstellung von Zahlen im Dualsystem wird die Wertigkeit der einzelnen Dualstelle einer Zahl innerhalb des Wortes durch die Stellung charakterisiert. Gruppen von 8 Bits werden als 1 *Byte* bezeichnet. Entsprechend besteht ein 32-bit-Wort aus 4 Bytes. Innerhalb eines Wortes spricht man von dem "geringwertigsten Bit" LSB (**L**east **S**ignificant **B**it) und dem "höchstwertigen Bit" MSB (**M**ost **S**ignificant **B**it).

In dem gewählten Beispiel nach Bild 6.1 (16 Dualstellen $\widehat{=}$ 1 Wort $\widehat{=}$ 2 Bytes) kann jede der natürlichen Zahlen (Integer) im Bereich zwischen 0 und $(2^{16}-1) = 65.536-1 = 65.535$ dargestellt werden.

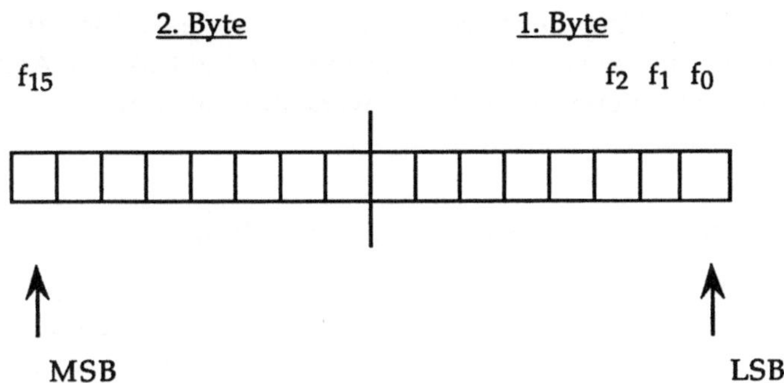

Bild 6.1: Bezeichnung der Dualstellen in einem Wort (2 Bytes)

Ziffern sind ihrem Wert nach positiv. Sollen negative Werte oder negative Zahlen (Signed Integer) dargestellt werden, so gibt es verschiedene Möglichkeiten, u. a.

- mit Hilfe des Vorzeichens,

- mit Hilfe der Komplementbildung.

6.3.1 Darstellung negativer Zahlen mit Hilfe des Vorzeichens

Normalerweise werden negative Zahlen Z so geschrieben, daß man ihren Betrag oder Absolutwert $|Z|$ angibt und ein Minuszeichen hinzufügt. Beispielsweise bedeutet -65: es handelt sich um eine negative Zahl vom Betrag 65. Auch in Rechenmaschinen tritt diese Darstellung auf. Das Vorzeichen ist hier eine binäre Variable; es genügt deshalb zur Darstellung eine Dualziffer. Zweckmäßig wird folgende Festlegung getroffen:

$$0 \mathrel{\widehat{=}} +$$

$$1 \mathrel{\widehat{=}} -$$

VZ			
0	1 1 0 0	$\widehat{=}$	$+ 1\,1\,0\,0 = + 12)_{10}$
1	1 1 0 0	$\widehat{=}$	$- 1\,1\,0\,0 = - 12)_{10}$

Die Festlegung hat unter anderem den Nachteil, daß die Zahl 0 sowohl durch +0 als auch durch -0 dargestellt wird:

VZ			
0	0 0 0 0	$\widehat{=}$	+ 0
1	0 0 0 0	$\widehat{=}$	- 0

Diese Art der Darstellung negativer Zahlen macht es erforderlich, daß das Rechenwerk in der Lage ist, zur Ausführung der Subtraktion Absolutbeträge voneinander zu subtrahieren. Das Rechenwerk muß also addieren und subtrahieren können.

6.3.2 Negative Zahlen und ihre Komplementdarstellung

Um nur mit einem Rechenwerk (z.B. für die Addition) auszukommen, hat es sich als zweckmäßig erwiesen, die Subtraktion auf die Addition zurückzuführen. Das Verfahren, bei dem an Stelle der direkten Subtraktion diese durch eine andere Darstellung des Subtrahenden auf die Addition zurückgeführt wird, nennt man Komplementbildung. Es soll also gelten:

$$A - B = A + (-B) = A + \underline{B} - C \qquad \text{mit} \qquad (6.10)$$

$$\underline{B} = C - B \qquad (6.11)$$

als Komplement von B ($\underline{B}$ ist das Komplement von B bzgl. C).

So bezeichnet man als (B-1)- Komplement einer Zahl die ziffernmäßige Differenz dieser Zahl jeweils zur Ziffer (B-1).

In der dezimalen Schreibweise würde man so das Neunerkomplement einer Zahl erhalten, indem man für jede Ziffer die Differenz zu 9 bildet.

Entsprechend bildet man in binären Systemen das *Einerkomplement* einer Zahl durch Ergänzung jeder Ziffer zu 1. Man kann diesen Vorgang allgemein durch die Gleichung

$$KOM1 \ (Z) = 2^{n+1} - 1 + Z \qquad (6.12)$$

angeben, wobei KOM1(Z) das Einerkomplement von Z sein soll; n ist die Stellenzahl ohne Vorzeichen.

Die Darstellung der Zahl -12 im Einerkomplement lautet wie folgt:

$$KOM1(-12) = 2^5 - 1 + (-12) = 32 - 1 - 12 = 19$$

oder in binärer Schreibweise

$$KOM1(-12) = 1 \ | \ 0 \ 0 \ 1 \ 1 \ .$$

Die Vorzeichenstelle nimmt bei dieser Operation den vorher definierten Wert an. Ferner ist zu ersehen, daß bei der Einerkomplementbildung, also der Ergänzung jeder Stelle auf 1, beim Übergang von +12 auf -12 jede einzelne Stelle lediglich negiert werden muß, d. h. eine 1 muß zur 0 werden und umgekehrt. Man benötigt beim Einerkomplement also für jede Stelle einen Negator oder Inverter (Bei Seriendarstellung einer Zahl in technischen Geräten nach Abschnitt 4.2 nur einen Inverter)!

Negative Zahlen in komplementärer Form werden als konegative Zahlen bezeichnet. Subtraktionen werden als Additionen negativer Zahlen in konegativer Darstellung durchgeführt.

In Abweichung zur Definition eines Komplementes wird bei dem in der Rechnertechnik meist verwendeten sogenannten "Zweierkomplement" dieses dadurch gebildet, daß der Summand 2^{n+1}, der in jedem Fall größer ist als der Betrag einer Dualzahl von n Stellen, hinzuaddiert wird. Also gilt für die Darstellung einer negativen, n-stelligen Dualzahl Z im Zweierkomplement:

$$KOM2(Z) = 2^{n+1} + Z \tag{6.13}$$

oder mit Gleichung (6.12)

$$KOM2(Z) = KOM1(Z) + 1 . \tag{6.14}$$

n ist auch hier wieder die Stellenzahl ohne Vorzeichenstelle. Das Zweierkomplement wird dadurch gebildet, daß man jede einzelne Ziffer negiert und zu der so erhaltenen Dualzahl eine 1 addiert.

Bei der Darstellung einer negativen Zahl durch Vorzeichen und Betrag, z.B. $-Z_2$ (Z_2 ist der Betrag der negativen Zahl), ergibt sich das Zweierkomplement von $-Z_2$ zu

$$KOM2(-Z_2) = 2^{n+1} - Z_2 .$$

Bei der Subtraktion der positiven Zahl Z_2 von der positiven Zahl Z_1 wird das Komplement von $-Z_2$ zum Minuenden Z_1 addiert und wir erhalten:

$$Z_1 - Z_2 \longrightarrow Z_1 + (2^{n+1} - Z_2) = 2^{n+1} + Z_1 - Z_2 .$$

Wir können zwei Fälle unterscheiden:

1. $Z_1 \geq Z_2$. In diesem Fall wäre das Ergebnis positiv und müßte folgendermaßen aussehen:

$$Z_1 - Z_2 .$$

In dem Ergebnis, das wir bei der Addition des Komplementes gewonnen haben, ist also der Summand 2^{n+1} zuviel. Es zeigt sich nun, daß unter der Voraussetzung $Z_1 - Z_2 \geq 0$ stets ein Übertrag zur Stelle mit der Wichtung 2^{n+1} auftritt. Dieser Übertrag ergibt zusammen mit dem Summanden 2^{n+1} eine Summe 0 für die Stelle mit der Wichtung 2^{n+1} und einen erneuten Übertrag zur Stelle mit der Wichtung 2^{n+2}. Das Ergebnis ist also richtig, wenn wir *diesen* Übertrag mit der Wichtung 2^{n+2} unterdrücken. Das wird in den Addierwerken, die mit der Komplementdarstellung arbeiten können, auch gemacht.

2. $Z_1 < Z_2$. In diesem Fall wäre das Ergebnis negativ und müßte folgendermaßen aussehen, wenn wir negative Zahlen grundsätzlich als Komplement darstellen wollen:

$$\underbrace{2^{n+1} + (Z_1 - Z_2)}_{\text{negativ}} .$$

In diesem Fall stimmt das Ergebnis, das wir durch die Addition des Komplements erhielten. Unter der Voraussetzung $Z_1 < Z_2$ entsteht kein Übertrag zur

Stelle mit der Wichtung 2^{n+2}, so daß auch durch Wegfall dieser Stelle, wie im Fall 1 notwendig, kein Fehler entsteht.

Die meisten Rechenmaschinen, die zur Zahlendarstellung das Dualsystem benutzen, stellen negative Zahlen grundsätzlich als Komplemente dar. Negative Zahlen werden auch in Komplementform gespeichert. Da bei der Komplementbildung noch die Stelle mit der Wichtung 2^{n+1} hinzukommt, wird der benötigte Speicherbedarf um 1 Bit größer. Negative Zahlen (in Komplementform) erkennt man an der 1 in der wichtigsten Stelle, die auch Vorzeichenstelle genannt wird.

6.4 Arithmetische Operationen mit Dualzahlen

Da die heute im Einsatz befindlichen Rechenanlagen zur Zahlendarstellung fast ausschließlich das Dualsystem benutzen, werden im Rechenwerk die arithmetischen Operationen mit Dualzahlen durchgeführt. Um eine Vorstellung von der Arbeitsweise eines Binärrechenwerkes zu bekommen, wollen wir jetzt die vier Grundrechenarten mit einigen kleinen Beispielen besprechen.

6.4.1 Die Addition zweier positiver Dualzahlen

Die Addition ist auf Grund des geringen Zeichenvorrats von nur zwei Ziffern höchst einfach. Es gelten folgende *Additionsregeln*:

0 plus 0 = 0   1 plus 0 = 1

0 plus 1 = 1   1 plus 1 = 10 =   0 = 0 und Übertrag zur nächsthöheren Stelle.

Betrachten wir nur eine Bitstelle, so haben wir folgendes einfache Schema:

Tabelle 6.9: Addition von zwei einziffrigen Dualzahlen

1. Summand	2. Summand	Summe	Übertrag zur nächsthöheren Stelle
0	0	0	0
0	1	1	0
1	0	1	0
1	1	0	1

Nun kann auch die Addition mehrziffriger Zahlen durchgeführt werden. Auftretende Überträge sind zur nächsthöheren Stelle zu addieren (so, wie wir es im Dezimalsystem gewohnt sind). Die einzige Schwierigkeit ergibt sich noch, wenn in einer Stelle ein Übertrag (carry) entsteht und zusätzlich ein Übertrag aus der vorhergehenden Stelle übernommen werden muß. Das bedeutet dann:

1 plus 1 plus Übertrag   = Summe 1 + Übertrag
               (aus der nächst-   (in die nächsthöhere
               niedrigeren Stelle)   Stelle)

Wir erhalten eine Teilsumme, die größer als 1 wird, die also durch die Summe 1
und einen Übertrag zur nächsthöheren Stelle dargestellt wird. Betrachten wir
eine beliebige Binärstelle, so können insgesamt die folgenden 8 Fälle auftreten:

Tabelle 6.10: Addititon von zwei einziffrigen Dualzahlen
mit Berücksichtigung des Übertrags

1. Summand	2. Summand	Übertrag von unten	Summe	Übertrag nach oben
0	0	0	0	0
1	0	0	1	0
0	1	0	1	0
1	1	0	0	1
0	0	1	1	0
1	0	1	0	1
0	1	1	0	1
1	1	1	1	1

Nach diesem Schema können wir nun Bit für Bit die Addition zweier Dualzahlen vornehmen:

$$
\begin{array}{rll}
1\,0\,0\,1\,1\,1\,1\,0\,1 = & 317 &)_{10} \\
+\,1\,0\,1\,1\,1\,0\,0\,0\,1 = & 369 &)_{10} \\
\text{Überträge} \quad 1\ 1\,1\,1 \qquad 1 & & \\
\hline
\text{Summe} \quad 1\,0\,1\,0\,1\,0\,1\,1\,1\,0 = & 686 &)_{10}
\end{array}
$$

6.4.2 Die Multiplikation zweier positiver Dualzahlen

Die Multiplikation zweier Dualzahlen ist auch sehr einfach. Als Multiplika-
tionsregel gelten folgende Beziehungen

$$0 \cdot 0 = 0$$
$$0 \cdot 1 = 0$$
$$1 \cdot 0 = 0$$
$$1 \cdot 1 = 1 \ .$$

Ähnlich wie im Dezimalsystem wird auch hier die Multiplikation auf Additionen mit entsprechenden Stellenverschiebungen zurückgeführt. Bei der Bildung des Produkts zweier n-stelliger Zahlen wird das Ergebnis in der Regel 2n Stellen lang. Trotzdem wird vielfach später nur mit n-Stellen weitergerechnet, d.h. die n niederwertigen Stellen gehen verloren.

Der dadurch entstehende Fehler wird Rundungsfehler genannt und muß bei Fehlerabschätzungen berücksichtigt werden (Nichtberücksichtigung kann im weiteren Rechenablauf zu total falschen Ergebnissen führen!).

Wir betrachten ein Beispiel:

Der Multiplikand sei 13 und der Multiplikator sei 6 und damit der Wert des Produktes gleich 78. Dann erhalten wird drei Teilprodukte, mögliche Überträge und das Produkt:

$$
\begin{array}{l}
1101 \cdot 110 \\
\hline
0000 \\
1101 \\
1101 \\
\hline
11 \qquad\qquad \text{Überträge} \\
\hline
1001110 \qquad \text{Produkt}
\end{array}
$$

Als Ergebnis erhalten wir 78.

An diesem Beispiel erkennt man gut das Verfahren der Multiplikation. Es werden Teilprodukte gebildet, die dann entsprechend der Wichtung der Multiplikatorstelle jeweils um 1 nach links verschoben und addiert werden.

Führt man nach jeder Teilproduktbildung die Addition durch, so gilt, wenn nicht besondere Vorkehrungen (z.B. bei Multiplikation mit 0 überspringen oder andere Verfahren zur Quasi-Gleichzeitmultiplikation) getroffen werden, daß die Multiplikation zweier n-stelliger Dualzahlen n mal so lange dauert als die Addition.

Bei der Multiplikation von Zahlen mit unterschiedlichen Vorzeichen würde man zuerst die Beträge (wie dargestellt) multiplizieren und dann das richtige Vorzeichen entsprechend der Vorzeichenregeln dem Produkt hinzusetzen bzw. das Produkt in eine Komplementdarstellung überführen.

6.4.3 Die Subtraktion zweier Dualzahlen

Bei der Subtraktion (Minuend minus Subtrahend) haben wir für eine Stelle der Differenz ein ähnliches Verhalten wie bei der Addition. Nur wird hierbei, wenn der Subtrahend größer ist als der Minuend an Stelle eines Übertrags zur nächsten Stelle ein "Borger" (Borrow) auftreten (wie wir es auch von der dezimalen Subtraktion her kennen).

Tabelle 6.11: Subtraktion von zwei einziffrigen Dualzahlen

Minuend	Subtrahend	Differenz	Borger nach oben
0	0	0	0
1	0	1	0
1	1	0	0
0	1	1	1

Ist bereits ein Borger von unten zu berücksichtigen, so erhalten wir die nachfolgende Wertetabelle, die auch Ausgangspunkt des logischen Aufbaus eines Subtrahierers ist.

Tabelle 6.12: Subtraktion von zwei einziffrigen Dualzahlen
　　　　　　　mit Berücksichtigung des Borgers

Minuend	Subtrahend	Borger von unten	Differenz	Borger nach oben
0	0	0	0	0
1	0	0	1	0
0	1	0	1	1
1	1	0	0	0
0	0	1	1	1
1	0	1	0	0
0	1	1	0	1
1	1	1	1	1

Mit Hilfe dieser Wertetabelle können wir jetzt bereits die Subtraktion zweier Dualzahlen ausführen. Wir wählen als Beispiel $369_{)10} - 317_{)10}$, so daß sich $52_{)10}$ ergeben muß.

$$
\begin{array}{l}
1\,0\,1\,1\,1\,0\,0\,0\,1 \\
-1\,0\,0\,1\,1\,1\,1\,0\,1 \\
\hline
\quad\quad\ \ 1\,1\,1\,1 \qquad \text{Borger} \\
\hline
0\,0\,0\,1\,1\,0\,1\,0\,0 \quad \text{Differenz}
\end{array}
$$

Ein entsprechend der Wertetabelle nach Tabelle 6.12 arbeitendes Rechenwerk kann eingespart werden, wenn wir von dem Verfahren der Komplementbildung (siehe Abschnitt 6.3.2) Gebrauch machen.

Wir wollen uns den Mechanismus der Komplementbildung an einem ersten Beispiel klarmachen: Von der Zahl $Z_1 = + 7)_{10} = 0\ 111)_2$ soll die Zahl $Z_2 = + 4)_{10} = 0\ 100)_2$ subtrahiert werden. Zunächst müssen wir Z_2 ins Zweierkomplement überführen. Für die dreistellige Zahl Z_2 erhalten wir:

$$Z_2 \longrightarrow (2^4 - 4)_{10} = 12)_{10} = 1100)_2 \, .$$

Wenn wir nun die beiden Zahlen addieren, so ergibt sich:

$$
\begin{array}{r|l}
0 & 1\ 1\ 1 \\
\underline{1} & \underline{1\ 0\ 0} \\
1\ 0 & 0\ 1\ 1
\end{array}
$$

Laut Vorschrift müssen wir die Stelle $n + 2 = 5$ streichen. Der Übertrag, der über die Vorzeichenstellen hinausgeht, wird nicht berücksichtigt. So erhalten wir als Ergebnis:

$$Z_1 - Z_2 \longrightarrow 0\ 011)_2 = + 3)_{10} \, .$$

Als zweites Beispiel wollen wir 4 - 7 bilden, d. h. der Subtrahend $Z_2 = 7)_{10}$ ist größer als der Minuend $Z_1 = 4)_{10}$. Wir müssen zunächst wieder Z_2 ins Zweierkomplement überführen:

$$Z_2 \longrightarrow (2^4 - 7)_{10} = 9)_{10} = 1001)_2 \, .$$

Z_1 und das Zweierkomplement von Z_2 werden addiert:

$$
\begin{array}{r|l}
0 & 1\ 0\ 0 \\
\underline{1} & \underline{0\ 0\ 1} \\
1 & 1\ 0\ 1
\end{array}
$$

Als Ergebnis erhalten wir eine Zahl, die eine Eins in der wichtigsten Stelle besitzt. Diese Tatsache deutet - unter der Voraussetzung, daß grundsätzlich alle negativen Zahlen im Zweierkomplement dargestellt werden - darauf hin, daß es sich um eine negative Zahl handelt. Es müßte als Ergebnis - 3 herauskommen. Um zu prüfen, ob das Ergebnis richtig ist, wandeln wir zum Vergleich die Zahl - 3 in ihr Zweierkomplement um:

$$-3)_{10} = - 011)_2 \longrightarrow (2^4 - 3)_{10} = 13)_{10} = 1\ 101)_2 \, .$$

Das Ergebnis stimmt.

6.4.4 Die Division zweier Dualzahlen

Als letzte der vier Grundrechenarten wollen wir auch hier an einem Beispiel die Division zweier Dualzahlen betrachten. Wie bei der Dezimalrechnung, dem "schriftlichen Teilen", besteht das Rechenverfahren (der Rechenalgorithmus) aus einer wiederholten Subtraktion des von Subtraktion zu Subtraktion nach "rechts" stellenverschobenen Divisors. Als Beispiel wählen wir $65 : 5 = 13)_{10}$, also:

$$1\,000\,001 : 101 = 1\,101 = 13)_{10}$$
$$\underline{-\,101}$$
$$0\,011\,0$$
$$\underline{-\,10\,1}$$
$$00\,10$$
$$-\,00\,00$$
$$\overline{101}$$
$$\underline{-101}$$
$$0$$

Ähnlich wie beim Algorithmus der Multiplikation (Addition und Links-schieben) haben wir es bei der Division mit den (entgegengesetzten) Operationen Subtraktion und Rechtsschieben zu tun.

Abgesehen von den Schiebeoperationen, die sehr einfach im Rechner durchzuführen sind, werden damit Multiplikation und Division auf Addition und Subtraktion zurückgeführt, wobei die Subtraktion schließlich durch Komplementbildung auch noch auf die Addition zurückgeführt werden kann.

Zusammenfassend können wir sagen, daß die folgenden Operationen

1. Addition
2. Komplementbildung
3. Schieben

als Grundoperationen einer Rechenmaschine angesehen werden können.

6.5 Festkomma- und Gleitkommadarstellung

Da in der Regel für die Darstellung der Zahl, deren Speicherung im Rechner und bei den Rechenoperationen mit den einzelnen Zahlen eine feste Anzahl n von Binärstellen zur Verfügung steht, haben die Speicherzellen konstante Größe, nämlich ein Wort. Der Einfachheit halber haben in fast allen Rechnern die unterschiedlichsten Zahlen die gleiche Stellenzahl. Durch diese feste Stellenzahl ist der Bereich vorgegeben und damit beschränkt.

Die gesamte Anzahl der Binärstellen eines Wortes wird Wortlänge genannt. Die Wortlänge hängt vom Typus der Rechenanlage ab und hat sehr viel mit dem Adressierungsraum zu tun. Es gilt in der Regel: Kleiner Adressierungsraum, kleine Wortlänge und großer Adressierungsraum, große Wortlänge. Bei Personal-Computern und Kleinrechnern sind die Wortlängen 8, 16, 24, 32 Bits und im Bereich leistungsfähiger Großrechner 32, 48, 60, 64 Bits vertreten.

Viele der üblichen Wortlängen sind durch 4 und durch 6 oder 8 teilbar. Die Zahl 4 ist wünschenswert, da man die Dezimalziffern 0, 1, ... ,9 in 4 Binärstellen verschlüsseln kann und so allen Viergruppen auf einfache Art die Dezimalzahlen zuordnen kann. Die 6- oder 8-bit-Gruppen haben sich für die Codierung alphanumerischer Standards bei der Textverarbeitung als günstig und ausreichend erwiesen.

Bei der Zahlendarstellung in Digitalrechnern unterscheiden wir unabhängig von der Basis der darzustellenden Zahlen und der Wortlänge die

- Festkommadarstellung (Fixed-point representation) und die

- Gleitkommadarstellung (Floating-point representation).

Für beide Darstellungen sind mathematische Operationen vorgesehen; sie erfordern jedoch einen unterschiedlichen technischen Aufwand. Die Festkommaoperationen sind praktisch bei allen Rechnern festverdrahtet eingebaut.

Zur Interpretation einer Ziffernfolge muß nun zunächst festgelegt werden, ob es sich um eine Festkomma- oder Gleitkommadarstellung handelt. Zudem müssen noch die Zahlenbereiche und die Kommastellung angegeben werden.

Im folgenden soll gezeigt werden, in welch unterschiedlichen Formen Zahlenwerte und damit auch der Umfang der Zahlenbereiche in Festkomma- und Gleitkommadarstellung auftreten. Die dabei zur Darstellung einer Zahl verwendete Stellenzahl ist in der Regel ein Vielfaches der Rechenwortlänge.

6.5.1 Festkommadarstellung

Bei der Festkommadarstellung können die Zahlen als n-stellige Dualzahlen bzw. Komplemente oder in fest zugeordneten Bitgruppen mit beliebiger Basis angeordnet sein. Bei allen Operationen wird das Komma an der gleichen Stelle angenommen; das Komma selbst tritt dabei nicht in Erscheinung.

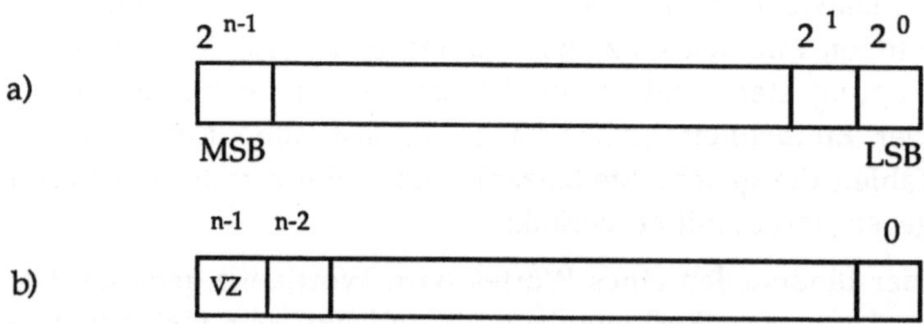

Bild 6.2: Unterschiedliche Festkommadarstellungen eines n-Bit langen Wortes

Besonders einfach wird die Darstellung, wenn das Komma rechts von der Stelle mit dem niedrigsten Wert (LSB) angenommen wird (Bild 6.2a). Damit sind nur ganze Zahlen darstellbar.

Nimmt man keine Rücksicht auf das Vorzeichen einer Zahl, so ist der darstellbare Zahlenbereich für Z gegeben:

$$0 \le |Z| \le (2^n - 1) \,. \tag{6.15}$$

Für Rechner mit dem häufigen 16-bit-Format als Standard also:

$$0 \leq |Z| \leq 2^{16} - 1 = 65.536 - 1 = 65.535 \,.$$

Wird dagegen das Komma links von der Stelle mit dem höchsten Wert (MSB) angenommen, so sind alle dargestellten Zahlen echt gebrochen. Die zweite Art der Darstellung wird sehr häufig angewendet.

Neben der Null hat die kleinste darzustellende Zahl $|Z_{min}|$ in diesem Fall den Betrag

$$|Z_{min}| = 1 \cdot 2^{-n} \,.$$

Für das 16-bit-Rechnerbeispiel also

$$|Z_{min}|_{)16} = 1 \,/\, 65.536 = 0{,}15258789 \cdot 10^{-4} \,.$$

Die darstellbaren Zahlen liegen deshalb im Bereich von:

$$|Z_{min}| \leq Z \leq 1 - |Z_{min}| \tag{6.16}$$

Der Rechenbereich wird durch die Festkommadarstellung nicht eingeschränkt, da alle Zahlen durch einen Maßstabsfaktor in den gewünschten Zahlenbereich transformiert werden können.

Bei der Festkommadarstellung kann das Komma an jede beliebige Stelle gesetzt werden, so daß wir es mit einer Darstellung gebrochener Zahlen zu tun haben. Die Zahl würde sich dann bei n Stellen insgesamt wie folgt darstellen, wenn m-Stellen hinter dem Komma liegen sollen:

$$b_{n-m-1} \,\ldots\ldots\, b_1 \, b_0 \,,\, b_{-1} \, b_{-2} \,\ldots\ldots\, b_{-m} \,.$$

Der Programmierer muß nicht nur die Lage des Kommas kennen, er muß auch darauf achten, daß die Ergebnisse den festgelegten zulässigen Zahlenbereich nicht überschreiten. Auch darf der Einfluß der Rundungsfehler bei mathematischen Operationen nicht außer acht gelassen werden.

Wird grundsätzlich eine Binärstelle für das Vorzeichen fest vorgegeben, so stehen nur noch (n-1) Bitstellen (siehe Bild 6.2 b) zur Verfügung und der maximale Zahlenbereich für das Komma rechts vom LSB beträgt jetzt nur noch

$$0 \leq |Z| \leq (2^{n-1} - 1) \,.$$

Beispielsweise beim 16-bit-Wort:

$$0 \leq |Z| \leq (2^{15} - 1) = (32.768 - 1) = 32.767 \,.$$

Liegt das Komma direkt hinter der Vorzeichenstelle, so ist der Betrag der kleinsten darzustellenden Zahl $|Z_{min}|$ jetzt zweimal so groß wie im Fall ohne Vorzeichenstelle, d.h.

$$|Z_{min}| = 1 \cdot 2^{-(n-1)} \,.$$

Damit ergibt sich für ein 16-bit-Wort:

$$|Z_{min}| = 1 \cdot 2^{-15} = 1 \,/\, 32.768 = 0{,}30517578 \cdot 10^{-4} \,.$$

Neben der Zahlendarstellung mit einem nur n-bit langen Wort der "einfachen Genauigkeit" kann man größere Zahlenbereiche (Bild 6.3) auch in Festkommadarstellung dadurch gewinnen, daß man entsprechende Bereiche (z.B. Doppel- oder Dreifachwort, allgemein Mehrfachwort) zur Darstellung verfügbar macht.

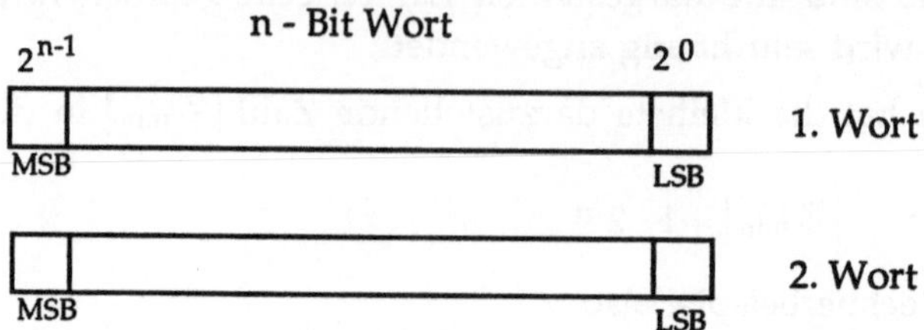

Bild 6.3: Darstellung einer Doppelgenauigkeitszahl

So ergeben sich durch Hintereinanderreihung der zwei Worte als kleinste ganze Zahl 1, (wenn nur das LSB-Bit des 2. Wortes 1 ist) und als größte darstellbare Zahl für n=16, (wenn bis auf das MSB-Bit des 1. Wortes alle Stellen 1 sind):

$$Z_{max} = 2^{2n} - 1 = 2^{32} - 1 = 4.294.967.296 \; .$$

Würde diese Zahl zur Adressierung von Speicherinhalten (als Speicheradresse) herangezogen, so kann man mit 32 Binärstellen 4 GWorte (Gigaworte) adressieren. Selbst wenn für die Vorzeichenstelle bei der Zahlendarstellung über eine Bitstelle verfügt wird (z.B. die MSB-Stelle des 1. Wortes), so ist die maximal darstellbare Zahl noch etwa $2 \cdot 10^9$ groß.

Noch wesentlich größere Zahlenbereiche und auch sehr viel kleinere Zahlen erhalten wir bei der Gleitkommadarstellung.

6.5.2 Gleitkommadarstellung

Neben vielen Vorteilen der Festkommadarstellung ist der einschränkendste Nachteil der nicht ausreichende Zahlenbereich bei der Einfachgenauigkeit. Da Mehrfachgenauigkeiten sich sowohl im Speicherbedarf als auch in der späteren Rechenzeit in der Regel mindestens um den Faktor der Wortzahl (2, 3 oder mehr) ungünstiger niederschlagen, fand man in der Gleitkommadarstellung, der sogenannten "halblogarithmischen Darstellung", einen sehr guten Ausweg.

Jede Zahl Z wird dargestellt als:

$$Z = M \cdot B^E \; . \tag{6.17}$$

Hierin bedeuten: Z = Gleitkommazahl

M = Mantisse

B = Basis

E = Exponent.

(Der Ausdruck "Mantisse" hat hier eine andere Bedeutung als sonst in der Mathematik).

Die Basis B des Zahlensystems, in dem die Arithmetik durchgeführt werden soll, liegt fest; es sind dies die üblichen Basiswerte 2, 8, oder 16 und nur in den seltenen Fällen dezimal arbeitender Rechner 10.

Wir wollen das Verfahren in den nächsten Beispielen mit dem Dezimalsystem (B=10) erläutern; die Anwendung auf das Dualsystem bringt keine grundsätzlichen Änderungen.

Schreiben wir jetzt $$Z = M \cdot 10^E \,,$$ (6.18)

so wird vielfach die Bedingung $$1 \leq M < 10$$ (6.19)

gestellt. Die insgesamt verfügbare Wortlänge muß nun auf die Mantisse und den Exponenten aufgeteilt werden. (Die Basis kann im System stets beliebig gewählt werden, wird aber als bekannt vorausgesetzt).

Die Darstellung einer Zahl erfolgt damit in zwei Bereichen, beispielsweise nach dem folgenden Schema:

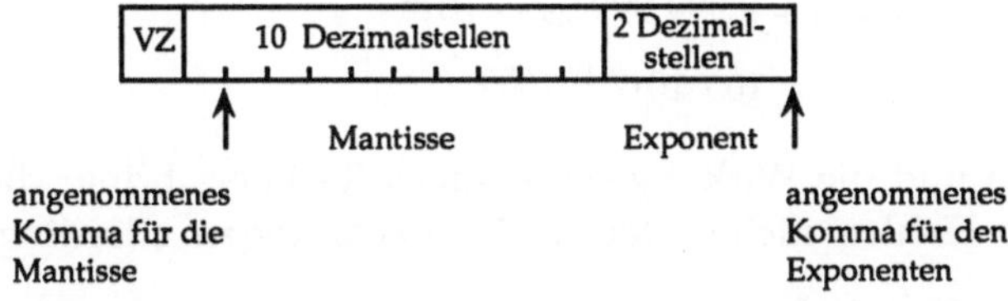

Bild 6.4: Gleitkommadarstellung

Die Vorzeichenstelle gibt an, ob die vorliegende Zahl positiv oder negativ ist. Das Komma muß immer an einer fest definierten Mantissenstelle angenommen werden. Wir nehmen es rechts von der höchsten Stelle an (z.B. 3,14159... 10^E).

Geht man von der gleichen Wortlänge aus, so ist die Anzahl der Ziffern der Mantisse bei der Gleitkommadarstellung geringer als die der Festkommadarstellung, da ja Stellen für den Exponenten reserviert werden müssen. Der Bereich der darstellbaren Zahlen dagegen ist wesentlich größer als bei der Festkommadarstellung.

Der Exponent E (lt. Gl. 6.18) wird sehr häufig als ganze positive Zahl dargestellt. Um auch negative Exponenten berücksichtigen zu können, wird vielfach nicht der wahre, sondern z.B. bei 2 Dezimalstellen der um 50 erhöhte Exponent angegeben. Diesen Wert nennt man Charakteristik. Damit würde sich eine Gleitpunktdarstellung innerhalb eines Wortes wie folgt ergeben:

VZ	Betrag der Mantisse	Charakteristik

Bei einer Länge der Charakteristik von zwei Dezimalstellen ist dann die größtmögliche Charakteristik 99, der größte Exponent dagegen nur 49. Der kleinste Exponent ist nicht 00 sondern -50.

Im folgenden Beispiel wollen wir die größte und die kleinste darstellbare Zahl in Gleitkommadarstellung ermitteln. Wir nehmen dazu wieder 10 Mantissenstellen und zwei Exponentenstellen an.

Die Darstellung der kleinsten Zahl ist

0000000001 00

und ihr Wert beträgt:

$$Z_{min} = 0,000.000.001 \cdot 10^{-50}$$

$$= 10^{-9} \cdot 10^{-50} = 10^{-59} \, .$$

Die Darstellung der größten Zahl ist

9999999999 99

und ihr Wert ergibt sich zu:

$$Z_{max} = 9,999.999.999 \cdot 10^{49}$$

$$\approx 10 \cdot 10^{49} = 10^{50} \, .$$

Für den Aufbau und die Wirkungsweise eines Rechners bringt die Gleitkommadarstellung der Zahlen nichts Neues, die Rechnungen allerdings werden viel aufwendiger.

Gleitkommaarithmetik ist grundsätzlich erheblich komplizierter und schaltungstechnisch viel aufwendiger als Festkommaarithmetik. Wegen der Komplexität der Gleitkommaarithmetik gehören bei jedem Rechner alle Festkommaoperationen zur Grundausrüstung, während bis heute Gleitkommaoperationen immer noch optional zu erheblichen Mehrkosten erworben werden müssen. Falls diese gesonderte Hardware nicht verfügbar ist, wird man immer dann die Gleitkommaarithmetik durch Programme (Folge von Festkommaarithmetik und Logikbefehlen) durchführen, wenn es die Zeit erlaubt.

Gleitkommaarithmetik findet stets dann Anwendung, wenn die Gefahr für arithmetische Bereichsüberschreitungen besteht. Diese Gefahr ist besonders groß bei technisch-wissenschaftlichen Rechnungen, bei denen sich sehr oft die Größenordnung der Zwischenergebnisse nicht abschätzen läßt.

Bei der Multiplikation und Division können die Mantissen direkt miteinander multipliziert bzw. durcheinander dividiert werden und die Exponenten werden addiert bzw. subtrahiert.

Bei der Addition und Subtraktion müssen zunächst die Charakteristiken einander angeglichen werden. Wie wir noch sehen werden, können hierbei relevante Stellen verloren gehen, wenn sich die Operanden sehr stark in den Exponenten unterscheiden.

Damit keine überflüssigen führenden Nullen in der Mantisse vorkommen, verschiebt man die Ziffern nach links. Der Zahlenwert ändert sich bei Verschiebung der Ziffern nach links oder rechts nicht, wenn man gleichzeitig den Exponenten um 1 (bei einer Verschiebung um eine Stelle nach links oder rechts) erniedrigt bzw. erhöht. Diesen Vorgang nennt man Normalisierung.

Bei der halblogarithmischen Darstellung erhält man nur dann eindeutige Ergebnisse, wenn eine zusätzliche Bedingung erfüllt wird. Soll das Komma rechts von der höchstwertigen Mantissenstelle stehen, so ergibt sich diese Bedingung zu

$$1 \leq M < 10,$$

d.h., die Stelle links neben dem Komma muß $\neq 0$ sein.

Die nachfolgenden Beispiele zeigen Überführungen beliebiger Zahlen in die geforderte Form:

$$0{,}00214 = 2{,}14 \cdot 10^{-3}$$
$$4214000 = 4{,}214 \cdot 10^{+6}.$$

Die Probleme der Normalisierung, Mantissen- und Exponentenverarbeitung sollen an zwei kleinen Beispielen gezeigt werden.

6.5.2.1 Addition und Subtraktion bei der Gleitkommadarstellung

Wir betrachten nur die Addition von zwei positiven Zahlen. Es können nur Zahlen mit gleichen Exponenten addiert werden. Sollen z.B. die Zahlen

$$5{,}43 \cdot 10^{-4} \quad \text{und}$$
$$4{,}56 \cdot 10^{-2},$$

addiert werden, so bildet man zunächst die Differenz der beiden Exponenten Anschließend muß die Mantisse des Summanden mit dem kleineren Exponenten um soviel Stellen nach rechts verschoben werden, wie die Differenz der Exponenten beträgt und gleichzeitig muß sein Exponent entsprechend erhöht werden. Diesen Vorgang nennt man "Normalisierung".

Die Addition erfolgt dann in der nachfolgenden Weise:

$$5{,}43 \cdot 10^{-4} \longrightarrow 0{,}05 \cdot 10^{-2}$$
$$4{,}56 \cdot 10^{-2} \longrightarrow + 4{,}56 \cdot 10^{-2}$$
$$\overline{ 4{,}61 \cdot 10^{-2}}$$

Im Beispiel wurde angenommen, daß nur drei Mantissenstellen vorhanden sind.

Nach der Ausführung einer Addition können auch Mantissen mit M ≥ 10 auftreten, z.B.

$$5{,}98 \cdot 10^2$$
$$+\ 7{,}59 \cdot 10^2$$
$$13{,}57 \cdot 10^2 \ .$$

Damit die Forderung 1 ≤ M < 10 wieder erfüllt wird, müssen die Ergebnismantisse nach rechts verschoben und der Exponent um eins erhöht werden:

Damit ergibt sich $13{,}57 \cdot 10^2 \longrightarrow 1{,}35 \cdot 10^3$.

Wie in diesem Beispiel geschehen, gehen u.U. relevante Stellen verloren und es tritt ein Rundungsfehler auf.

Für die Subtraktion gelten ganz entsprechende Regeln.

Die immer wiederkehrenden Aufgaben bei Addition und Subtraktion lauten deshalb:

1. Anpassen der Exponenten (Normalisierung)

2. Ausführung der Rechenoperation

3. Nachträgliches Normalisieren.

6.5.2.2 Multiplikation und Division bei der Gleitkommadarstellung

Bei der Multiplikation müssen die Exponenten addiert und die Mantissen multipliziert werden. Wird hierbei M ≥ 10, so muß die Mantisse wieder um eine Stelle nach rechts verschoben und der Exponent um 1 erhöht werden.

Bei der Division müssen die Exponenten subtrahiert und die Mantissen dividiert werden. Hier kann M < 1 werden. Dann muß die Mantisse eine Stelle nach links verschoben und der Exponent um 1 erniedrigt werden.

Bei der Multiplikation und Division ergeben sich damit die folgenden Schritte:

1. Multiplikation bzw. Division der Mantissen,

2. Addition bzw. Subtraktion der Exponenten,

3. Nachträgliches Normalisieren.

Im Gegensatz zur Addition und Subtraktion wird bei der Gleitkommamultiplikation und Division die Operation nicht wesentlich komplizierter. Addition und Subtraktion verlangen zur Normalisierung häufige Stellenverschiebungen nach rechts oder links, die nach Möglichkeit nicht zu Rundungsfehlern führen sollen, die aber vor allem schnell ausgeführt werden müssen. Gleitkommaoperationen sollten möglichst unabhängig von den Zahlenwerten in der gleichen Zeit wie Festkommaoperationen ausgeführt werden.

Entspricht das Einzelwort bei der halblogarithmischen Darstellung nicht den Wünschen der Benutzer hinsichtlich Genauigkeit und Zahlenbereich, so geht man auch hier zu 2-Wort-Gleitkommadarstellungen über (Bild6.5).

Mantisse

<table>
<tr><td>VZ_m</td><td></td><td>1. Wort</td></tr>
</table>

<table>
<tr><td></td><td>VZ_e</td><td>Exponent</td><td>2. Wort</td></tr>
</table>

Bild 6.5: 2-Wort-Gleitkommadarstellung

Die zwei Worte werden so in Bereiche eingeteilt, daß neben dem Vorzeichen für die Mantisse hinreichender Platz für die Mantisse und auch für den Exponenten mit eigenem Vorzeichen vorhanden ist.

Bei den Rechnern werden sowohl dezimale, binäre als auch hexadezimale Gleitpunktzahlen verwendet. Der Umrechnungsvorgang bei den verschiedenen Darstellungen geht nicht immer auf, so daß auch hierdurch Rundungsfehler auftreten. So angenehm die Arbeit mit Gleitkommazahlen für den Benutzer auch ist, er muß sich über die Fehlergrößen und Fehlerfortpflanzungen Gedanken machen und den erhöhten zeitlichen Aufwand bei der Durchführung der Operationen berücksichtigen.

7 Einführung in die Codierung

Nachdem wir in den vorhergehenden Kapiteln sowohl die Grundbegriffe der Informationstheorie und die mathematischen Zusammenhänge zur Bestimmung des Informationsgehaltes einer Nachricht und deren Redundanz (Kapitel 5) als auch die Zahlensysteme, Zahlendarstellungen, Zahlenkonvertierungen und Operationen mit Zahlen (Kapitel 6) betrachtet haben, sollen in diesem Kapitel einige Begriffe der Codierungstheorie, wichtige Codierungen (Verschlüsselungen) von Zeichen und Dezimalzahlen, Voraussetzungen zur Realisierung und einfache Verfahren der Fehlererkennung vorgestellt werden. Wir wollen also die Fragen behandeln:

- Was versteht man unter Codierung und welchem Zweck dient sie?

- Welche Bedingungen soll ein Code erfüllen?

- Wie realisiert man einfache Verfahren zur Fehlererkennung?

7.1 Zweck der Codierung

In Kapitel 5 haben wir sowohl den Unterschied zwischen Nachricht und Information als auch die Bedeutung dieser Begriffe für die Datenverarbeitung kennengelernt. Zeichenfolgen aus einem Alphabet A (die Menge vereinbarter Symbole (auch Zeichen genannt)) heißen Nachricht N(A). Für Nachrichten, die zwischen Menschen oder zwischen Menschen und Maschinen oder zwischen Maschinen ausgetauscht werden, gibt es feststehende Abmachungen bezüglich ihrer Form. Werden Nachrichten in sprachlicher Form übermittelt, so sagt man, sie sind in einer Sprache abgefaßt. Hierbei kann die Nachricht in Form der Sprech- oder Schreibsprache, als Taubstummen- oder Blindensprache oder auch als Gebärdensprache übermittelt werden (Sprachen gibt es - allerdings sehr unterschiedlichen Sprachumfangs - nicht nur im Bereich der Menschen, sondern auch im Bereich aller höher entwickelten Lebewesen). Soll die Nachrichtenübertragung noch über größere Entfernungen durchgeführt werden, so muß die Nachricht, z.B. Sprache, Ton oder Bild, mit Hilfe eines anderen Übertragungsmediums (drahtgebunden oder drahtlos) als modulierte Hoch- oder Höchstfrequenz bei Rundfunk und Fernsehen in eine andere, vereinbarte Nachrichtenmenge B, die ein Teil eines Nachrichtenraumes N (B) ist, abgebildet werden. Diese Umsetzung von Nachrichten oder Information nennen wir "Codierung".

"Codierung" bedeutet deshalb die eindeutige Zuordnung (oder Abbildung) der Zeichen (oder Worte) eines Zeichenvorrats in einen anderen Zeichenvorrat (oder Wortvorrat). Diese Vorschrift zur Abbildung heißt "Code"; auch die Bildmenge selbst wird als "Code" bezeichnet. In den meisten Fällen ist die Abbildung umkehrbar eindeutig, dies muß aber nicht sein. In DIN 44300 ist der "Code" (engl. code) in zweierlei Weise definiert:

Code nach DIN 44300

1. Eine Vorschrift für die eindeutige Zuordnung (Codierung) der Zeichen eines Zeichenvorrats zu denjenigen eines anderen Zeichenvorrats (Bildmenge).

    Anmerkung: Die Abbildung braucht nicht umkehrbar eindeutig zu sein.

2. Der bei der Codierung als Bildmenge auftretende Zeichenvorrat.

    Anmerkung: Die Zeichen der Bildmenge können selbst Wörter aus Elementen eines anderen Zeichenvorrats sein.

Ein Code ist also auch eine Verfahrensvorschrift, die einer Codierung zugrunde liegt. Die Ausdrucksformen für die Codierung sind sehr unterschiedlich. Als Beispiele seien nur erwähnt die Sprache, Schrift, Gestik, Betätigungsfolgen von Schaltern zur Erzeugung elektrischer Signale, Trommelsignale, Flaggen- und Blinksignale zwischen Schiffen, Niederschrift eines Diktates in üblicher Schreib- oder Kurzschrift und Übertragung eines Stenogramms in Schreibmaschinenschrift.

Andere Ausdrücke für Codierung sind im nichttechnischen Sprachgebrauch "Verschlüsselung" oder "Chiffrierung". Die Umkehrung ("Entschlüsselung" oder "Dechiffrierung") bzw. Rückgewinnung des Ausgangscodes bezeichnet man mit "Decodierung". Von Chiffrierung sollte man jedoch besser nur dann sprechen, wenn die Bilder der Codierung Einzelzeichen sind; die Bilder selbst nennt man Chiffren (engl. cipher). Zu diesen Bilderschriften kann man auch die ostasiatischen Schriftzeichen, die Hieroglyphen und auch die Notenschriftzeichen rechnen.

Aufgrund der Komplexität der verschiedenen Codierungstechniken, die sich historisch entwickelt haben und des damit verbundenen Aufwandes, hat sich als wissenschaftliches Arbeitsgebiet die Codierungstheorie entwickelt.

Die "Codierungstheorie" beschäftigt sich mit den mathematischen Problemen, die bei der Codierung und Decodierung von Nachrichten bzw. Informationen auftreten. Die Codierung wird deshalb von den Begriffen der mathematischen Abbildung und Informationstheorie beherrscht und ebenso die Decodierung als Umkehroperation. Da Codierung und Decodierung, man könnte auch ganz allgemein von "Umcodierung" sprechen, die Umformung einer Nachricht bzw. Information in eine andere "Ausdrucksform" bezwecken, sind die Probleme der Codierungstheorie letztlich Probleme der Nachrichtentechnik und Nachrichtenübertragung.

Ist die Ausdrucksform der gewählten Ausdrucksmittel getroffen, so muß die Handhabung der Symbole nach (bestimmten) Regeln derart vorgeschrieben werden, daß eine eindeutige Umformung gewährleistet ist.

Da eine Menge vereinbarter Zeichen oder Symbole als Alphabet bezeichnet wird und durch Kombination und Auswahl von Elementen dieser Menge Wörter, jetzt "Codewörter", gebildet werden und eine Anzahl von Wörtern zu Sätzen der Nachricht zusammengesetzt werden, sind die Alphabete stets ein wichtiger Ausgangspunkt bei der Codierung in der Datentechnik.

Der für die Datenverarbeitung heute bedeutende Zweig der "algebraischen Codierungstheorie" hat zum Ziel, mathematische Modelle zur Beschreibung und Erzeugung von Codes zu entwickeln. Aufgrund dieser Modelle ist es möglich,

- effizient zu codieren (und zu decodieren),

- Voraussagen über die Leistungsfähigkeit eines Codes zu machen (Fehlererkennung; Fehlerkorrektur),

- anwendungsbezogene Codierungsverfahren zu entwickeln.

Auf spezielle Techniken der allgemeinen Codierungstheorie wird später näher eingegangen.

Historisch haben sich je nach "Einsatz" verschiedene Klassen von Codes herauskristallisiert.

Nach Bild 5.1 unterscheiden wir für die Nachrichten- und Signalübertragung vom Sender (der Quelle) über den Kanal (die Verbindungsstrecke oder Übertragungsstrecke zwischen Sender und Empfänger mit Verarbeitungsmöglichkeit, z.B. in einer DV-Anlage) zum Empfänger (der Senke), entsprechend der Aufgabenstellung:

- die Quellcodierung in der Quelle (Sender),

- die Kanalcodierung für die Übertragungsstrecke,

- die Verarbeitungscodierung in der Datenverarbeitungsanlage.

Entstanden ist diese Einteilung, weil in den einzelnen Teilbereichen unterschiedliche Anforderungen gelten und somit aus technischen und wirtschaftlichen Gründen durch unterschiedliche Codierungsverfahren Vorteile erwartet werden. So sind beispielsweise für die Kanalcodierung insbesondere die fehlererkennenden und fehlerkorrigierenden Codes von besonderer Wichtigkeit.

Zusammenfassend seien noch einige typische Anwendungsanforderungen angegeben, die sich zum Teil widersprechen:

- einfache Lesbarkeit (z.B. beim Austausch von Zahlungsträgern),

- platzsparende Codes,

- Fehlertoleranz,

- Arithmetikfreundlichkeit,

- erschwerte Lesbarkeit (z.B. bei Chiffrierungen).

Im Bereich der digitalen Datenverarbeitung werden wir im wesentlichen alphanumerische Zeichen (Buchstaben, Zahlen, Sonderzeichen) zu codieren haben, so daß sich die praktischen Beispiele hierauf beschränken werden.

7.2 Wichtige Aspekte der Codierung

Im folgenden werden nur die technisch wichtigen Aspekte der Codierung zur eindeutigen und zweckmäßigen Darstellung von Zeichen oder Zeichenketten betrachtet.

Die technisch relevanten Codes sind meist Zeichen- oder Wortcodes, d. h. einzelne Zeichen oder Worte werden unabhängig von ihren Nachbarzeichen codiert.

Es seien $A = \{a_1, ..., a_n\}$ bzw. $B = \{b_1, ..., b_l\}$ Alphabete; dann werden die Menge aller Wörter der Länge m, die aus A gebildet werden, mit A_m und die Menge aller Wörter der Länge k, die aus B gebildet werden können, mit B_k bezeichnet.

Die Anzahl der unterschiedlichen Wörter A_m und B_k (Anzahl der Elemente) ergeben sich damit zu

$$\text{card } A_m = (\text{card } A)^m = n^m$$
$$\text{card } B_k = (\text{card } B)^k = l^k.$$

Sind A' und B' zwei Teilmengen von A_m bzw. B_k, und nur diese wird man in der Regel betrachten, dann kann hierfür die speziellere Definition eines Codes gegeben werden:

Ein Code ist eine (eindeutige) Abbildung f mit:

$$f: A' \rightarrow B' \tag{7.1}$$

Die Abbildung (Funktion) f wird auch als *Codierungsvorschrift* bezeichnet. Auf die verschiedenen Darstellungsformen von f wird später noch eingegangen.

Ein Code mit *fester Wortlänge* heißt *Wortcode*. Für ihn gilt $A' \in A_m$. Bei einem Wortcode sind die Urbilder Worte der festen Länge m.

Betrachtet man *statt der Urbilder* die *Zielmenge*, und sind alle Bilder $B' \in B_k$ Worte der konstanten Länge k, so spricht man von einem *Blockcode*.

Die meisten praktisch benutzten Codes sind Wort- und Blockcodes. Ausnahmen hiervon finden sich jedoch insbesondere bei der Kanalcodierung.

Bei den sogenannten Optimalcodes, die auch sehr häufig bei der Kanalcodierung benutzt werden, haben die Codewörter, also die Elemente der Bildmenge, unterschiedliche Längen. Der Vorteil eines Codes, bei dem die Symbole der Nachricht unterschiedlich lang sind, besteht darin, daß ein solcher Code in der Regel effizienter ist, wenn aufgrund der statistischen Eigenschaften der zu übertragenden Nachrichten die gesamte Nachricht im Mittel weniger Stellen benötigt. Sind alle Symbole gleichwahrscheinlich, dann ist ein Blockcode so effizient wie ein Code überhaupt nur sein kann. Sind jedoch die Symbole unterschiedlich in der Wahrscheinlichkeit ihres Auftretens, dann können mit Vorteil den häufigsten Symbolen kurze und den weniger häufigen Symbolen längere Codeworte zugeordnet werden. Es interessiert also eine Kenntnis der Auftretenswahrscheinlichkeit der zu codierenden Zeichen. Ein klassisches Beispiel für einen solchen Optimalcode ist der Morse-Code. Der Buchstabe "e" ist der häufigste Buchstabe in englischen Texten und erhält deshalb als Codesymbol den "Punkt" als kürzestes Codewort.

Morsecode für einige Buchstaben:

$$
\begin{array}{llllll}
a & \cdot - & u & \cdot\,\cdot\,- & v & \cdot\,\cdot\,\cdot\,- \\
n & - \cdot & d & - \cdot\,\cdot & b & - \cdot\,\cdot\,\cdot \\
e & \cdot & i & \cdot\,\cdot & s & \cdot\,\cdot\,\cdot & h & \cdot\,\cdot\,\cdot\,\cdot
\end{array}
$$

Codes mit variabler Wortlänge bringen aber insofern größere Probleme mit sich, da die Trennung zwischen den Symbolen auf der Empfängerseite erkennbar sein muß. Sind jedoch die Wahrscheinlichkeiten des Auftretens der unterschiedlichen Symbole sehr verschieden, kann die Codierung mit variabler Wortlänge offensichtlich eindeutig effizienter sein als ein Blockcode.

Im Bereich der Datenverarbeitungsanlagen selbst werden fast ausschließlich die Blockcodes eingesetzt, also Codes, die im Bildbereich eine feste Wortlänge besitzen, also Elemente aus B_k sind. Auf solche Codes wollen wir uns im folgenden beschränken.

Desweiteren wird festgelegt, daß die Menge $\mathbb{B}$ ein Körper und ohne Beschränkung der Allgemeingültigkeit ein endlicher Körper (Galois-Feld) sei. Dann bildet B_k einen sogenannten Vektorraum.

Bildet der Unterraum L der Codewörter einen Unterraum von B_k, so wird L auch als Linear- oder Gruppencode bezeichnet. Die Elemente aus L erfüllen die Gruppenaxiome.

In der Datenverarbeitung spielen die Binärcodes, also $\mathbb{B} = \{0, 1\}$ deshalb eine zentrale Rolle, weil $\mathbb{B}$ technisch besonders einfach realisierbar ist. Bei vielen Codierungen ist die Urmenge ebenfalls binär, also $A = \{0, 1\}$.

Geschieht die Codierung derart, daß bei allen Codewörtern (also Elementen aus B_k) die Urwörter (Elemente aus A_m bzw. A') in einer 1:1 Zuordnung enthalten sind, so spricht man von einer *systematischen Codierung*.

Die Darstellung der Codierung kann nun sehr unterschiedlich erfolgen, z.B. durch

- eine Wertetabelle,

- graphische Methoden,

- logische Gleichungen,

- algebraische Methoden.

Eine *Wertetabelle* enthält pro Zeile das Urbild und die zugehörige Codierung. Hiermit lassen sich beliebige, auch algebraisch unstrukturierte Codes darstellen.

Tabelle 7.1: Codetabelle, Beispiel eines Binärcodes

A'	B'
000	00000
001	11100
010	11001
011	00101
100	10011
101	01111
110	01010
111	10110

Die Codierung erfolgt somit über eine Codetabelle, indem man das zu codierende Zeichen aus A' in der linken Spalte sucht und durch das in derselben Zeile in der rechten Spalte stehende Codewort ersetzt.

Es ist zweckmäßig, von einer nach *aufsteigender Wertigkeit* bei *A'* sortierten Tabelle auszugehen (Tabelle 7.1), weil man dann *schnelle Suchverfahren* (binäres Suchen) anwenden kann.

Technisch läßt sich diese Technik direkt mit einer Speicherrealisierung vergleichen. Die Speicheradresse wird durch das Urbild vorgegeben; der Inhalt der zugehörigen Speicherzelle ist das gewünschte Codewort. Diese Technik ist zwar sehr schnell (ein Speicherzugriff), aber bei großen Coderäumen praktisch nicht mehr realisierbar. Für "unstrukturierte" Codes jedoch ist dieser Weg häufig der einzig mögliche!

Als *graphische Methode* sei hier beispielhaft ein binärer Codebaum angeführt (siehe Bild 7.1). Es handelt sich hierbei um einen Graphen (Baum, zyklisch orientierter Graph), der von einem Knoten (Wurzel) ausgeht.

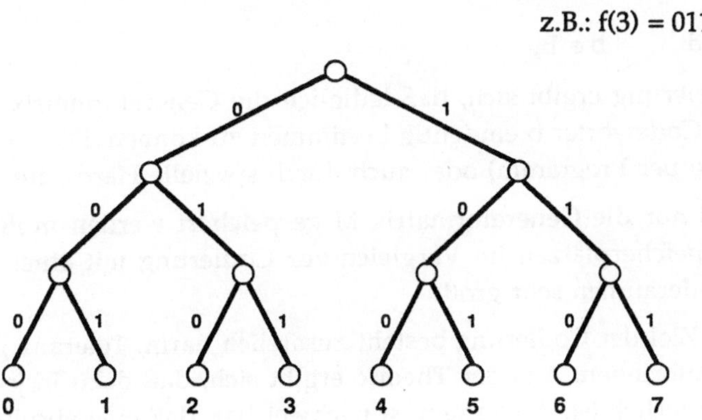

Bild 7.1: Binärer Codebaum

Die zu codierenden Zeichen (0, 1, 2, ... ,7) sind hier als Blätter des Baumes dargestellt. Die Zeichen an den Kanten auf dem Weg von der Wurzel zum Blatt stellen dann das Codewort dar.

An jedem Knoten treten so viele abgehende Kanten auf, wie das Alphabet Elemente enthält, also im Falle des Binärcodes genau 2. Die von einem Knoten abgehenden Kanten werden mit jeweils einem Element des Alphabets bewertet.

Sucht man nun von der Wurzel einen Weg zu einem Endpunkt und notiert die Zeichen in der Reihenfolge des Auftretens, so erhält man eine eindeutige Festlegung des Endpunktes und damit die den Endpunkten zuzuordnenden Urbilder des Codes.

Für die einzelnen Zeichen des Codewortes können ebenfalls die *logischen Gleichungen* in Abhängigkeit der Einzelzeichen des Urwortes aufgestellt werden. Die Gleichungen kann man entsprechend den in den Kapitel 8 und 9 angegebenen Verfahren in logische Schaltungen umsetzen. Auch hier stellt die Komplexität eine starke Einschränkung dar.

Die weitaus eleganteste Darstellung, und auch mit DV-Anlagen leicht durchzuführende Art der Codierung, ist die mit Hilfe *algebraischer Methoden*. Die algebraischen Methoden benutzen die zugrunde gelegten algebraischen Strukturen. Die Menge $\{0,1\}$ bildet zusammen mit den Operationen $\oplus$ (exklusives ODER) und $\bullet$ (UND) einen Galois-Körper. Damit ist die Möglichkeit gegeben, Binärcodes algebraisch zu behandeln. Zudem werden Linearcodes vorausgesetzt; die Menge der Codewörter bildet also einen Vektorraum.

Die Berechnung der Codewörter geschieht also sehr elegant durch einfache Multiplikation des Urbildes a (in vektorieller Darstellung) mit der Generatormatrix M:

$$\underline{b} = \underline{\underline{M}} \cdot \underline{a} \tag{7.2}$$

$$a \in A_m$$

$$\text{und} \qquad b \in B_k.$$

Für die Realisierung ergibt sich, daß lediglich die Generatormatrix bekannt sein muß, um die Codewörter b eindeutig bestimmen zu können. Dies läßt sich algorithmisch (also per Programm) oder auch durch spezielle Hardware lösen.

Dadurch, daß nur die Generatormatrix M gespeichert werden muß, ist die Einsparung an Speicherplätzen im Vergleich zur Codierung mit einer Wertetabelle bei großen Coderäumen sehr groß.

Ein wichtiges Ziel der Codierung besteht zusätzlich darin, Toleranz gegen Verfälschungen einzubringen. Aus der Theorie ergibt sich, daß dazu in jedem Fall Redundanz erforderlich ist. Außerdem ist nachweisbar, daß eine absolute Sicherheit grundsätzlich nicht erreichbar ist (Jede Erweiterung beinhaltet auch Unsicherheiten!).

Die algebraische Codierungstheorie bietet uns auch Möglichkeiten, für die Fragen der Fehlererkennung und Fehlerkorrektur optimierte Codes zu entwickeln. Eine Behandlung würde hier bei einer "Einführung in die Codierung" zu weit führen.

Ein Hilfsmittel zur Beurteilung der Fehlertoleranz eines Codes soll hier jedoch kurz erwähnt werden: Die Hamming-Distanz für binäre Linear-Codes.

Die HAMMING-Distanz d zweier n-bit langer Worte gibt an, an wieviel Stellen sich im Stellenvergleich die zwei Worte w_1 und w_2 unterscheiden (durch * gekennzeichnet).

Beispiel:

$$w_1 = 10011001$$
$$w_2 = 10110101$$

$$* \ **$$

$$d(w_1, w_2) = 3\,.$$

Unter der *Hamming-Distanz* D eines *Codes* versteht man den kleinsten auftretenden Abstand d_m unter allen zugelassenen Worten:

$$D = d_m = \min\left(d(w_i, w_j)\big|\ w_i \neq w_j, w_i \in B_k\,, w_j \in B_k\right) \tag{7.3}$$

Faßt man die Codeworte w_i als Punkte in einem durch die Einheitsvektoren aufgespannten Raum auf, dann wird die Definition der HAMMING-Distanz sehr anschaulich.

Jeder n-stellige Binärcode läßt sich in einem n-dimensionalen Raum darstellen.

Hierbei ist jeder Eckpunkt durch eine Kette von Nullen und Einsen gegeben. Man nennt diesen Raum, der aus 2^n Eckpunkten besteht, auch Vektorrraum.

Ein Codewort entspricht einem Eckpunkt, jedoch sollen nur bestimmte, ausgewählte Eckpunkte den vorgegebenen Codeworten einer Nachricht entsprechen.

Beispiel: Gegeben sei ein dreistelliger Binärcode mit den gültigen Codeworten 100, 010, 001, 111. Die Darstellung erfolgt also hier in einem dreidimensionalen Vektorraum (Bild 7.2).

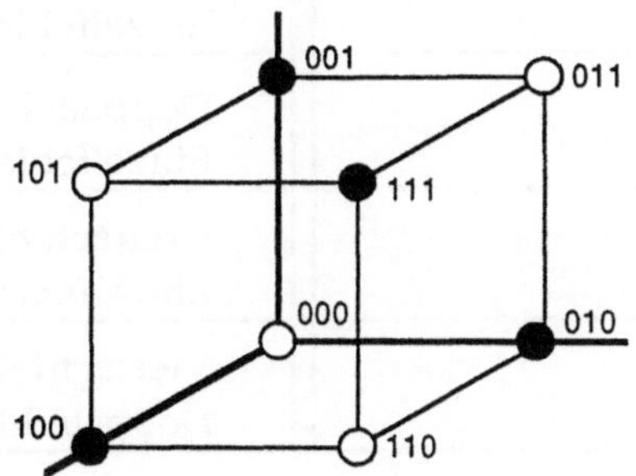

Bild 7.2: Darstellung eines dreistelligen Binärcodes
im dreidimensionalenVektorraum

Die schwarzen Kreise stellen die vorgegebenen (gültigen) Codeworte und die anderen die ungültigen Codeworte dar. In diesem Beispiel beträgt die minimale HAMMING- Distanz $d_m = 2$, d. h. zwischen zwei gültigen Codeworten liegt immer mindestens ein ungültiges Codewort, was an der graphischen Darstellung gut erkennbar ist.

Anders ausgedrückt: Unterscheiden sich zwei beliebige Codewörter einer Nachricht an jeweils 2 Bitstellen und wird in einem gültigen Codewort, z.B. durch eine Störung, eine Bitstelle geändert, so erhält man ein ungültiges Codewort. Die Änderung ist also *erkennbar*, auch wenn man nicht weiß, von welchem gültigen Codewort ausgegangen wurde. Die Änderung ist in diesem Falle jedoch nicht rückgängig zu machen, dieser Code ist also *nicht korrigierbar*, der Fehler ist nur *erkennbar!*

Ein Einzelbitfehler in einer Nachricht bedeutet die Bewegung des Codewortes längs einer Kante zu einem unmittelbar benachbarten Punkt. Im gewählten Beispiel würde die Nachrichtenverfälschung um ein Bit erkannt, aber sie wäre nicht zu korrigieren.

Ist der Minimalabstand bei nur zwei zu übetragenden Worten, z.B. zwischen der 000 und 111 im Bild 7.2 gleich drei, dann liegt die empfangene Nachricht bei einem 1-bit Fehler immer näher an der Originalnachricht. Der Fehler ist nicht nur erkennbar, sondern auch korrigierbar!

Um Fehlererkennungs- und Fehlerkorrektureigenschaften näher zu untersuchen, wird in der Regel von einem n-dimensionalen Coderaum ausgegangen.

Hierbei ergibt sich dann folgender Zusammenhang zwischen der minimalen HAMMING-Distanz d_m und den Fehlererkennungs- und Fehlerkorrekturmöglichkeiten (ein Herleiten des Ergebnisses kann hier nicht durchgeführt werden).

Minimale HAMMING-Distanz d_m	Bedeutung
1	Eindeutigkeit
2	Einzelfehlererkennung
3	Doppelfehlererkennung Einzelfehlerkorrektur
4	Dreifachfehlererkennung Einzelfehlerkorrektur
5	Vierfachfehlererkennung Doppelfehlerkorrektur

Entsprechend den gewüschten oder gegebenen Anforderungen läßt sich ein Code ermitteln, der die erforderliche minimale HAMMING-Distanz d_m aufweist.

Um ein Gefühl für die Fehlerwahrscheinlichkeit und damit für die Notwendigkeit der Fehlerkorrektur zu bekommen, sollen die Fehlerwahrscheinlichkeiten für k ≤ m-fach Fehler eines m-stelligen Wortes angegeben werden. Es sei p die Wahrscheinlichkeit des Auftretens eines Fehlers in einer Bitstelle. Vorausgesetzt wird, daß die Stellen des Codewortes statistisch unabhängig voneinander verfälscht werden.

Wird ein Codewort (Zeichenkette) von der Länge m übertragen und sei P(k) die Wahrscheinlichkeit, daß genau k Fehler auftreten, so gilt:

Kein Fehler : $P(0) = (1-p)^m$ (7.4)

1-fach Fehler : $P(1) = m \, p \, (1-p)^{m-1}$ (7.5)

2-fach Fehler : $P(2) = \dfrac{1}{2} \, m \, (m-1) \, p^2 \, (1-p)^{m-2}$ (7.6)

$\vdots$

k-fach Fehler : $P(k) = \dbinom{m}{k} p^k \, (1-p)^{m-k}$ $0 \leq k \leq m$ (7.7)

(Binomialverteilung).

Beträgt beispielsweise die Wahrscheinlichkeit für das Auftreten eines Fehlers in einer Bitstelle p = 0,1% = 0,001, dann ergeben sich für eine Zeichenkette von m = 10 die folgenden Fehlerwahrscheinlichkeiten:

$P(0) = 0,999^{10} \approx 99\%$

$P(1) = 10 \cdot 0,001 \cdot 0,999^9 \approx 0,01 = 1\%$

$P(2) = \dfrac{1}{2} 10 \cdot 9 \cdot 0,000001 \cdot 0,999^8 \approx 0,000045 = 0,0045\%$

$\vdots$

$P(10) = 0,001^{10} = 10^{-30}$

Das Beispiel zeigt, daß auch für relativ schlechte Übertragungsstrecken die Wahrscheinlichkeit für das Auftreten von mehr als einem Fehler je Wort schon sehr gering ist. Wendet man also ein Verfahren zur Erkennung eines Einzelbitfehlers an (Abschnitt 7.6), so ist das Risiko eines *unentdeckten Mehrbitfehlers* schon sehr gering und vielleicht vernachlässigbar!

7.3 Gebräuchliche Codierungen mit fester Wortlänge

In der Datentechnik geht man im Gegensatz zur Nachrichtentechnik meist von der vereinfachenden Annahme gleich wahrscheinlicher Zeichen aus. Dies vereinfacht die Codierungsverfahren und führt zu festen Wortlängen.

Die Codierungen in der Datentechnik erfolgen neben der Fehlersicherung insbesondere im Hinblick auf die Verwendung oder die Verarbeitungstechniken. Es werden in Rechnern z.B. die Zahlen bevorzugt so dargestellt, daß die arithmetischen Operationen einfach und in kurzer Zeit ausgeführt werden können. Für den großen Bereich der kommerziellen Anwendungen ist z.B. ein weiteres wichtiges Kriterium für die Darstellung von Zeichen, daß Texte leicht in alphabetischer Reihenfolge sortiert werden können.

7.3.1 Darstellung von Zeichen

Im Normalgebrauch werden Informationen durch Schriftzeichen festgehalten. Zu den Schriftzeichen zählen numerische Zeichen (Ziffern), alphabetische Zeichen (Buchstaben), Sonderzeichen (wie z.B. +, -, ... , Wagenrücklauf, Zeilenvorschub, Zwischenräume und Leertaste bei der Schreibmaschine). In der Datenverarbeitung kann der gebräuchliche Zeichensatz noch um einige festgelegte Steuerzeichen (z.B. zur Steuerung eines Fernschreibgerätes oder zur Trennung verschiedener Eingabezeichen) erweitert werden.

In diesem Zusammenhang seien die reinen Rechengrößen (Zahlen) ausgeklammert; sie werden in einem späteren Kapitel ausführlich behandelt.

Geht es um die interne Darstellung von Zeichenketten, z.B. um die Stückliste eines Gerätes, um Namen und Anschriften der Mitarbeiter usw., dann bestimmt die Anzahl der zu unterscheidenden Zeichen z_i, $i = 1, ... ,n$ die notwendige Wortlänge m:

$$m \geq \mathrm{ld}\, n, \qquad m \text{ ganz.} \tag{7.8}$$

7.3.1.1 Reine Zifferncodierung

Vorweg sei ein einfacher Sonderfall, die reine Zifferncodierung, wie sie z.B. bei der Ausgabe von Meßwerten angewendet wird, betrachtet. Will man nur die Dezimalziffern 0, 1, ... ,9 darstellen, dann muß man mindestens 4 Binärstellen benutzen, denn

$$4 = \mathrm{ld}\, 16 > \mathrm{ld}\, 10.$$

So kann man z.B. jeder Dezimalziffer eine eindeutige vierstellige Bitkombination zuordnen. Häufig wird in der Praxis für Zifferncodes auch noch die Forderung nach einer eindeutigen Wichtung gestellt. Ist z.B. z eine Dezimalziffer und $b_3\, b_2\, b_1\, b_0$ der entsprechende Binärcode, dann existiert eine Wichtung w_i, $i = 0, ..., 3$, wenn widerspruchsfrei gilt

$$z = \sum_{i=0}^{3} w_i\, b_i \qquad \text{für alle } z \in \{0, ..., 9\}\,. \tag{7.9}$$

Bei manchen Codes verzichtet man auf die eindeutige Wichtung, hält jedoch die Forderung nach einer eindeutigen Sortierbarkeit aufrecht. Faßt man die Bitkombination als Dualzahl auf, so ist es zweckmäßig, wenn der Folge 0, 1, ... ,9 eine Folge monoton wachsender oder fallender Dualzahlen entspricht.

7.3.1.2 Alphanumerische Zeichen

In den meisten Fällen reicht die Beschränkung auf die Darstellung von Ziffern nicht aus. Betrachtet man den allgemeinen Fall einer Texterfassung, so sind mindestens darzustellen:

$$26 \text{ Großbuchstaben,}$$
$$26 \text{ Kleinbuchstaben,}$$
$$10 \text{ Ziffern,}$$
$$\text{ca. } 16 \text{ Sonderzeichen,}$$
$$\text{ca. } 10 \text{ Steuerzeichen und}$$
$$1 \text{ Leerzeichen,}$$

insgesamt: ca. 89 Zeichen.

Damit ergibt sich eine Mindestwortlänge von m = 7

$$\text{ld } 89 < \text{ld } 128 = 7.$$

Man benötigt also zur Darstellung eines Zeichens für das oben angegebene "Alphabet" mindestens 7 Binärstellen.

Da die Zeichendarstellung auch für den Informationsaustausch zwischen verschiedenen Geräteeinheiten benötigt wird, gibt es eine Standardisierung der Zeichendarstellung. Leider existieren in verschiedenen Bereichen unterschiedliche Standard-Codes. Sehr verbreitet ist als Zeichencode weltweit der ASCII-7 bit-Code (American Standard Code for Information Interchange); siehe Tabelle 15.2.

Der in Europa übliche Fünfkanal-Fernschreibcode (siehe Tabelle 15.5) kommt mit 5 Binärstellen, also 32 unterschiedlichen Zeichen, aus. Die Darstellung der "notwendigen" Zeichen ist nur durch einen Kunstgriff möglich. Der normale Zeichenvorrat wird dabei in zwei Gruppen zerlegt, Buchstaben einerseits und Ziffern und Sonderzeichen andererseits. Durch das in beiden Zeichensätzen festgelegte Umschalt-/ Steuerzeichen wird eine Umschaltung von einem Zeichensatz (Buchstaben) zum anderen Zeichensatz (Ziffern) und umgekehrt erreicht.

Die Bedeutung eines Zeichens in einer Zeichenfolge kann daher nur aufgrund des vorhergehenden Umschaltzeichens eindeutig festgelegt werden. In einem Normaltext ist die Häufigkeit der Umschaltzeichen relativ gering, da mit großer Wahrscheinlichkeit Ketten mehrerer Zeichen des gleichen Zeichensatzes vorkommen. Dieser Fünfkanal-Code (*BAUDOT-Code*) spielt in der Datentechnik wegen der oben geschilderten Schwierigkeiten heute keine große Rolle mehr.

Da in der kommerziellen Datenverarbeitung sehr viele Zeichenketten zu verarbeiten sind und man sich auf das Byte (8bit) zur Zeichendarstellung geeinigt hat, wird in kommerziell orientierten Datenverarbeitungsanlagen das Byte als kleinste adressierbare Einheit benutzt. Das Byte ist insofern eine günstige Informationseinheit, da übliche Wortlängen von Datenverarbeitungsanlagen in der Regel ganzzahlige Vielfache von 8 Bits sind. Dadurch kommt dem Standard ASCII-8 bit-Code (Tabelle 15.3) eine besondere Bedeutung zu.

Bevor einige Tabellen über standardisierte Codes folgen, sollen noch kurz einige allgemeine Eigenschaften zusammengefaßt werden:

Auf die Trennung der Bereiche einzelner Zeichengruppen (z.B. Buchstaben, Ziffern, Sonderzeichen) sowie eine aufsteigende Wertigkeit wurde schon hingewiesen. Diese Eigenschaft ist wesentlich für schnelle Sortierverfahren, aber auch für schnelle Verfahren zur Codeumsetzung, insbesondere dann, wenn das Tabellenverfahren benutzt wird. Dies soll an einem kleinen Beispiel erläutert werden. Es sei angenommen, daß intern dargestellte Buchstaben (z.B. im ASCII-Code) in einen anderen Code umgesetzt werden müssen, z.B. wenn die Ausgabe auf einem Drucker erfolgen soll, der nicht mit der ASCII-Codierung arbeitet. Wie aus der beiliegenden Tabelle des ASCII-7 bit-Codes zu entnehmen ist, beginnen die Buchstaben, mit der Codierung:

$$A\ 1\ 0\ 0\ 0\ 0\ 0\ 1$$

und enden mit: $Z\ 1\ 0\ 1\ 1\ 0\ 1\ 0.$

Erreicht man nun, daß nur die letzten 5 Binärstellen als Index für eine Tabelle benutzt werden, dann ist es möglich, den Zielcode so in dieser Tabelle anzuordnen, daß mit einem Zugriff (eine Leseoperation!) eine Umcodierung möglich ist.

Die gleiche Technik wäre auch in dem umfangreicheren EBCDIC- Code (Extended Binary Coded Decimal Interchange Code) , der 256 unterschiedliche Zeichen umfaßt, möglich, da auch hier die Buchstabenkombinationen in kompakten Bereichen liegen (siehe Tabelle 15.4).

Das gleiche gilt für die Zifferncodierungen. Der Übergang vom EBCDIC-Code in den 8421-Code ist deshalb sehr einfach, weil man nur die niederwertigen 4 Binärstellen weiter benutzt.

Außer den Ziffern- und Buchstabencodierungen sind in den gebräuchlichen Codes eine große Zahl von Sonderzeichen erfaßt. So z.B. Korrekturzeichen, mit denen man falsch eingegebene Zeichen überschreiben kann. Für die kaufmännischen Anwendungen sind sogenannte "nationale Sonderzeichen" vorgesehen, z.B. die Währungssymbole ($, DM usw.).

Eine im Hinblick auf die Datenfernübertragung wichtige Erweiterung eines Codes sind die Steuerzeichen zur Kontrolle eines Datenfernübertragungsgerätes und zur Realisierung von Datenfernübertragungsprozeduren. Auf diese Zeichen soll hier nicht näher eingegangen werden.

7.4 Bekannte Codierungen mit variabler Wortlänge

Während die meisten in DV-Anlagen genutzten Codes Wort- und Blockcodes sind, hat sich die Nachrichtentechnik für die Übertragung von Nachrichten in Kanälen beschränkter Bandbreite und maximaler Übertragungsrate von Anfang an für Worte unterschiedlicher Länge mit binärem Zeichenvorrat interessiert.

7.4.1 Der Morse-Code

Schon Samuel Morse sah sich veranlaßt, nicht jedes Zeichen gleich lang zu wählen. Auf Grund seiner Untersuchungen der englischen Sprache entschloß er sich, die Auftretenswahrscheinlichkeit der Buchstaben als Maß für die Zeichenlänge zu wählen. Buchstaben mit großer Auftretenswahrscheinlichkeit bekamen kurze Zeichenfolgen und umgekehrt erhielten die Buchstaben mit geringer Auftretenswahrscheinlichkeit die längsten Zeichenfolgen.

Auf diese Weise wurde das Morse-Alphabet festgelegt und ist auch im Funkbetrieb bis heute noch im Einsatz. Zur Darstellung geeignet ist der im Bild 7.3 gezeigte Codebaum des Morsealphabets.

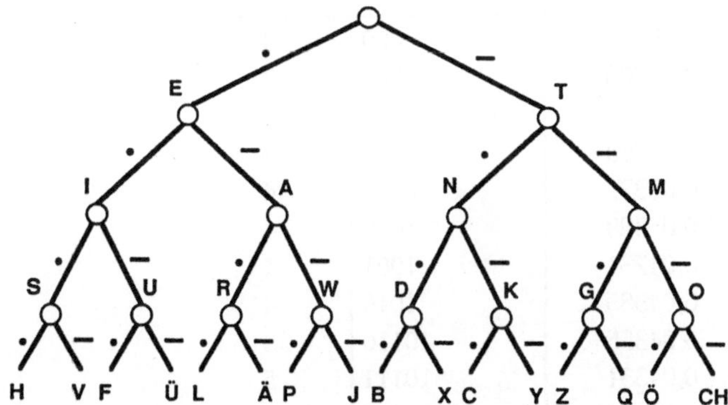

Bild 7.3: Codebaum des Morsealphabets

7.4.2 Optimalcodes

Die Absicht, eine Nachricht auf möglichst wenige Binärstellen abzubilden, zwingt dazu, die Nachrichtenquelle nicht nur durch die Anzahl n der Symbole ihres Alphabetes, sondern durch deren Wahrscheinlichkeitsverteilung zu charakterisieren. Von besonderer Bedeutung ist die tatsächlich erreichte mittlere Wortlänge. Diese mittlere Wortlänge $\bar{l}$ ist wie folgt definiert:

$$\bar{l} = \sum_{i=1}^{n} p_i \, l_i \tag{7.10}$$

Die mittlere Wortlänge $\bar{l}$ entsteht durch Summierung der mit den Wahrscheinlichkeiten p_i multiplizierten Einzelwortlängen l_i:

$$l_i \geq \log_2 \frac{1}{p_i} = -\log_2 p_i. \tag{7.11}$$

Man sieht sofort ein, daß die mittlere Wortlänge $\bar{l}$ umso kleiner wird, je genauer die Wahrscheinlichkeitsverteilung bekannt ist. Diese Absicht, eine möglichst kleine mittlere Wortlänge $\bar{l}$ zu erzielen, führt zu den Optimalcodes. Als Beispiel für einen Optimalcode ist in Tabelle 7.2 der *Fano-Code* dargestellt, der die Buchstabenhäufigkeit in der deutschen Sprache benutzt und somit widerspiegelt.

Tabelle 7.2: Buchstabenhäufigkeit in der deutschen Sprache und zugehöriger Code nach Fano

Buchstabe X_i	Wahrscheinlichkeit $P_{(xi)}$	Code (Fano)	Bit pro Buchstabe $m_{(xi)}$
-	0,15149	000	3
E	0,14700	001	3
N	0,08835	010	3
R	0,06858	0110	4
I	0,06377	0111	4
S	0,05388	1000	4
T	0,04731	1001	4
D	0,04385	1010	4
H	0,04355	10110	5
A	0,04331	10111	5
U	0,03188	11000	5
L	0,02931	11001	5
C	0,02673	11010	5
G	0,02667	11011	5
M	0,02134	111000	6
O	0,01772	111001	6
B	0,01597	111010	6
Z	0,01423	111011	6
W	0,01420	111100	6
F	0,01360	111101	6
K	0,00956	1111100	7
V	0,00735	1111101	7
Ü	0,00580	11111100	8
P	0,00499	11111101	8
Ä	0,00491	11111110	8
Ö	0,00255	111111110	9
J	0,00165	1111111110	10
Y	0,00017	11111111110	11
Q	0,00015	111111111110	12
X	0,00013	111111111111	12

Im Gegensatz zu Blockcodes, bei denen der Empfänger der Nachricht die feste Wortlänge kennt, muß der Beginn eines Zeichens oder das Ende des vorhergehenden Zeichens dem Empfänger erkennbar gemacht werden. Dieses Problem der Erkennbarkeit der Zeichen muß gelöst werden. Beim Morsezeichen hat man das Leerzeichen als drittes Zeichen eingeführt (deshalb ist der Morse-Code kein Binär-, sondern ein Ternär-Code).

Bei unterschiedlich langen Codes sichert z.B. die "Fano"-Bedingung hinreichend die Eindeutigkeit eines Code-Textes. Die *Fano-Bedingung* lautet:

Kein Wort des Codes darf Anfang eines anderen Wortes aus dem Code sein.

Einen solchen Code nennt man auch *irreduzibel*.

Die Bedeutung der Codierung mit Worten wechselnder Länge wurde bereits im 16. Jahrhundert am päpstlichen Hof von den Brüdern Argentis erkannt.

7.5 Binärcodes für Dezimalzahlen

Da eine Hauptaufgabe der Datenverarbeitungsanlagen darin besteht, arithmetische und logische Operationen mit den Daten, am häufigsten mit Zahlenwerten, durchzuführen, ist eine feste Zuordnung zwischen Zahlenwert und binärer Darstellung erforderlich. Aus Gründen der leichten Lesbarkeit von binären Gruppen, z.B. im Oktal- oder Hexadezimalcode, hat es sich als zweckmäßig erwiesen, von den im Abschnitt 7.3 erklärten Codes konstanter Länge, den Blockcodes, Gebrauch zu machen. Für die Zahlendarstellung von Dezimalzahlen hat sich die Umsetzung in den reinen Binärcode als unvorteilhaft erwiesen. Bevorzugt wird ganz allgemein eine ziffernweise Codierung.

7.5.1 Tetradencodes

Zur binären Darstellung der zehn Dezimalziffern 0, 1, ... ,9 benötigt man

$$n \geq \mathrm{ld}\ z \quad (z = 10 \text{ unterschiedliche Ziffern})$$

$$\text{also } n \geq \mathrm{ld}\ 10 = \frac{\log_{10} 10}{\log_{10} 2} = \frac{1}{0{,}3010} = 3{,}322 \text{ bit}$$

Stellen. Wir wählen, da der Informationsvorrat nur mit einer ganzzahligen Stellenzahl realisiert werden kann

$$n = 4.$$

Mit $n = 4$ können wir $2^4 = 16$ verschiedene Informationen darstellen, von denen bei der Verschlüsselung der Dezimalziffern nur insgesamt 10 ausgenutzt werden. Die Nichtausnutzung aller Möglichkeiten zur Informationsdarstellung ergibt die Redundanz R.

Mit $R = n' - n$ (7.12)

(n' ist der Informationsgehalt des gesamten Reservoirs) erhält man:

$R = (4 - 3{,}322)$ bit $= 0{,}678$ bit.

Diese Redundanz R kann zur Fehlererkennung genutzt werden.

Stellen wir die Dezimalziffern in binärer Blockcodierung dar, so sind 4 Bits erforderlich. Eine 4-bit-Gruppe nennen wir allgemein "Tetrade" und die Charakterisierung der Dezimalziffern eine "Dezimaltetrade". Die nicht benötigten 4-bit-Gruppen nennt man "Pseudo-Tetraden".

Da aber laut Kapitel 5 die Redundanz $R > 0$ ist, können einige Fehler erkannt werden, und zwar die, die eine Pseudotetrade hervorgerufen haben. Da die HAMMING-Distanz des Tetradencodes gleich 1 ist, kann eine Fehlerkorrektur nicht durchgeführt werden!

Es gibt eine Vielzahl von Tetradencodes, von denen wir nur einige der wichtigsten hier vorstellen wollen. Bei den verschiedenen in der Industrie eingesetzten Tetradencodes sind immer einige bedeutsame Vorteile bei Sonderanwendungen gegenüber anderen Codes für die Auswahl ausschlaggebend.

7.5.1.1 Der BCD-Code

Der Begriff *BCD-Code* (Binary Coded Decimal), auch Binär-Dezimal-Code oder Binärcode für Dezimalziffern, ist mehrdeutig. Er bezeichnet speziell den 8421-Code und im weiteren Sinne alle Binärcodes für Dezimalziffern.

Tabelle 7.3: Verschiedene Tetradencodes (Pseudotetraden gekennzeichnet)

	BCD- Code	Aiken- Code	3-Exzeß- Code
0000	0	0	
0001	1	1	Pseudo-
0010	2	2	
0011	3	3	0
0100	4	4	1
0101	5		2
0110	6	Pseudo-	3
0111	7		4
1000	8		5
1001	9	tetraden	6
1010			7
1011		5	8
1100	Pseudo-	6	9
1101		7	
1110	tetraden	8	tetraden
1111		9	

Die Wertigkeit der Bits in der Tetrade des 8421-Code beträgt von links nach rechts 8, 4, 2 und 1. Dieser Code benutzt zur Darstellung der Dezimalziffern die bekannten Dualzahlen, die der Ziffer entsprechen. Die 6 Kombinationen, die den Dezimalzahlen zehn bis fünfzehn entsprechen, sind die "Pseudo-Tetraden".

Bei arithmetischen Operationen kann daher der 8421-Code ähnlich behandelt werden wie Dualzahlen. Allerdings ist immer dann eine Korrektur des Ergebnisses notwendig, wenn bei der Addition eine Teilsumme über 9 hinausgeht und z.B. den Wert 12 annimmt. Eine Ziffer 12 gibt es nicht. Es muß vielmehr ein Übertrag zur nächsthöheren Stelle auftreten, die Summenziffer müßte den Wert 2 annehmen. Das erreicht man im Falle des 8421-Codes durch Addition einer 6. Die so korrigierte Teilsumme würde den Wert 18 annehmen oder binär 1 0010. Die neu entstandene 1 auf der höchstwertigen Stelle wird als Übertrag zur nächsten Ziffer benutzt.

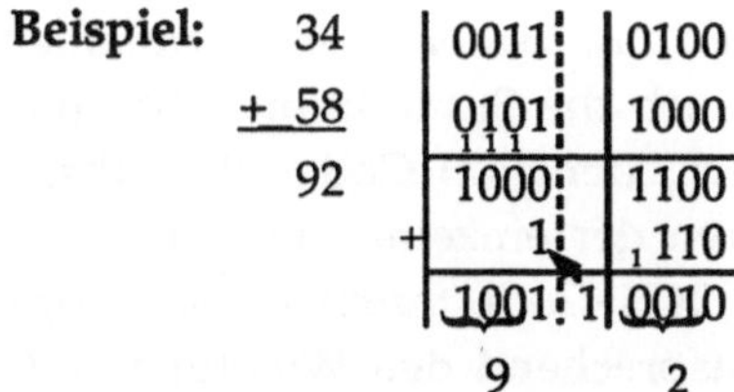

Bei der direkten Subtraktion muß das Ergebnis ebenfalls korrigiert werden, falls die Teildifferenz für eine Ziffer kleiner als Null wird. Meist wird jedoch die Subtraktion durch Einführen des Neunerkomplements - das dem Einerkomplement bei Dualzahlen (siehe Abschn. 6.3.2) entspricht - auf die Addition zurückgeführt. Im 8421-Code ist die Komplementbildung umständlich: Es muß zuerst eine 6 addiert und dann jede Stelle invertiert werden.

Bei Datenverarbeitungsanlagen mit 8-bit-Speicherplätzen können mit gewissen Einschränkungen zwei Tetraden je Speicherplatz untergebracht werden (Diese Speicherung bezeichnet man auch als "gepackte Zifferndarstellung").

7.5.1.2 Der Aiken-Code

Der Aiken-Code hat die Stellenwertigkeit 2, 4, 2, 1 (on links nach rechts) und wird deshalb nach DIN 44800 auch "2421-Code" genannt.

Die Dezimalziffern 0,1, ... ,4 sind in der entsprechenden dualen Zahlendarstellung vorgegeben und stimmen mit den Dualzahlen überein.

Den Dezimalziffern 5 ÷ 9 entsprechen hier Tetraden, die in der dualen Zahlendarstellung den Ziffern 11 ÷ 15 zugeordnet sind (die sechs Pseudotetraden entsprechen in diesem Code den dualen Ziffern 5 ÷ 10).

Tabelle 7.4: Aiken-Code (2-4-2-1-Code)

Dezimalziffer	Aiken
0	0000
1	0001
2	0010
3	0011
4	0100
5	1011
6	1100
7	1101
8	1110
9	1111

Durch diese Art der Codierung wird die Bildung des Neuner-Komplements vereinfacht. Mittels Neuner-Komplement läßt sich die Subtraktion sehr einfach auf eine Addition zurückführen. Man sagt auch, der 2421-Code ist "selbstkomplementierend", d. h. lediglich durch Invertieren der einzelnen Bits einer Ziffer gelangt man zum Neunerkomplement. Beim 2421-Code treten jedoch Doppeldeutigkeiten auf, da die Ziffern von 2 bis 7 entsprechend den Wichtungen 2, 4, 2, 1 durch zwei verschiedene Kombinationen dargestellt werden können. In der Code-Tabelle sind diejenigen aufgeführt, auf die man sich geeinigt hat.

Bei arithmetischen Operationen gelten hier andere Rechenregeln als beim Dualcode. Es muß also ein spezielles Rechenwerk für diesen Code entwickelt werden. Dadurch, daß die Zahlen von 5 ... 9 die Komplemente der Zahlen von 4 ... 0 sind, enden die geraden Zahlen mit 0, die ungeraden Zahlen mit 1; dadurch ist eine einfache Codeüberprüfung möglich und auch der logische Aufwand für die arithmetischen Grundoperationen ist nicht allzu groß.

Auch hier können selbstverständlich die Pseudotetraden zur Fehlererkennung genutzt werden. Weniger in Verwendung sind z.B. der 7-4-2-1 Code oder der 6-3-2-1 Code. Beide haben sich in frühen Digitalrechnern bewährt.

7.5.1.3 Der Drei-Exzeß-Code

Als weiterer wichtiger Tetradencode sei der in der Tabelle 7.5 dargestellte *Drei-Exzeß-Code* (oder Exzeß-3-Code, auch Stibitz-Code) genannt. Die Dezimalziffern 0,1, ... ,9 sind derart codiert, daß jede Dezimalziffer einer Binärziffer zugeordnet ist, die um "3" Einheiten größer als die zugeordnete Dualzahl ist (die Dualzahlen sind um 3 Einheiten verschoben). Nicht belegt sind deshalb in der Tetrade die Dualziffern, die den Dezimalzahlen 0, 1 ,2, 13, 14 und 15 entsprechen. Dies sind die "Pseudotetraden" des Drei-Exzeß-Codes.

Tabelle 7.5: Drei - Exzeß - Code

Dezimalziffer	Drei-Exzeß-Code
0	0011
1	0100
2	0101
3	0110
4	0111
5	1000
6	1001
7	1010
8	1011
9	1100

Einer Neuner-Komplementbildung der Dezimalziffern entspricht eine bitweise Invertierung im Drei-Exzeß-Code. Hierdurch wird die Subtraktion schaltungstechnisch einfach. Aufgrund der Verschiebung um den Wert 3 kann für die einzelne Stelle keine Wichtung angegeben werden. Bei der Addition ist die Übertragsbildung einfach. Ein weiterer Vorteil ist, daß es keine "0000" gibt, was eine gute Fehlererkennung bei Totalausfall einzelner Komponenten ermöglicht.

7.5.2 Der Gray-Code

Der "Gray-Code" als Tetraden-Code zur Binärdarstellung von ganzen Zahlen hat die Besonderheit, daß sich zwei aufeinander folgende Zahlen nur in einem Bit

Tabelle 7.6: Gray-Code

Gray-Code	Dualzahl	Dezimalzahl
0000	0000	0
0001	0001	1
0011	0010	2
0010	0011	3
0110	0100	4
0111	0101	5
0101	0110	6
0100	0111	7
1100	1000	8
1101	1001	9
1111	1010	10
1110	1011	11
1010	1100	12
1011	1101	13
1001	1110	14
1000	1111	15

unterscheiden (Tabelle 7.6). Der Gray-Code hat keine Wichtung seiner Binärstellen und ist leider auch nicht von Vorteil für die arithmetische Bearbeitung.

Trotz dieser Nachteile hat der Gray-Code eine erhebliche Bedeutung in der praktischen Meßtechnik. Hier müssen vielfach sich ändernde Längen- und Winkelangaben mit Hilfe von Codierscheiben zur Meßwerterfassung für die Weiterverarbeitung in digitale Werte gewandelt werden. So ermittelt man z.B. über Winkelcodierscheiben (siehe Bild 7.4) auf elektrooptischem Wege (Photozellen) die Winkelstellung durch Auswertung eines Ablesefensters.

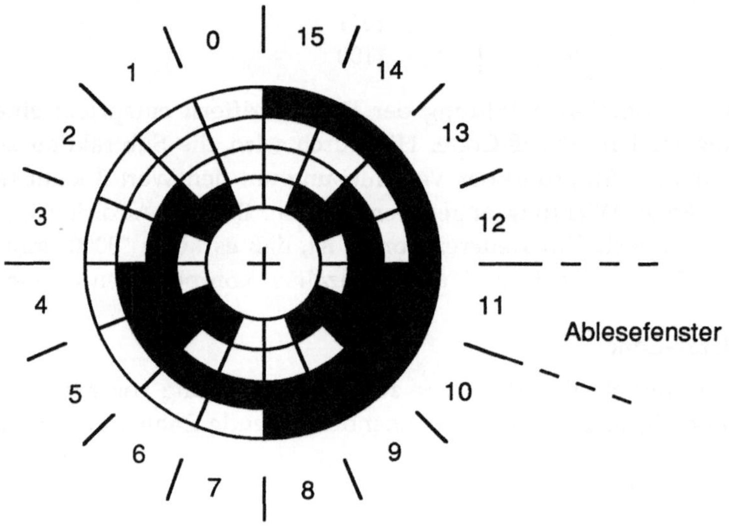

Bild 7.4: Codierscheibe (Gray- Code)

Die übliche binäre Darstellung von Zahlen als Dualzahlen hat leider die Eigenschaft, daß bei manchen Übergängen von einer Zahl zur nächst höheren sich mehrere Bitstellen gleichzeitig ändern (z.B. von 7 auf 8 insgesamt vier Bitstellen). Die möglichen Zwischenzustände können sich nachteilig auswirken. Wird z.B. ein mechanischer Zähler, etwa ein Schrittzähler bei Zeichengeräten, im Binärcode vom Rechner gesteuert, so muß bei diesen Übergängen ein erhöhtes mechanisches Moment aufgebracht werden, und es entstehen größere Übergangszeiten als bei nur einfachen Übergängen. Diese Nachteile lassen sich vermeiden, wenn ein Code verwendet wird, bei dem sich bei jedem Schritt unabhängig vom Zahlenwert nur ein Bit ändert. Solch ein Code heißt deshalb auch einschrittiger Code. Ein Code, der diesen Anforderungen entspricht, ist der allgemeine Gray-Code.

Wir gewinnen aus einer Dualzahl die Gray-Zahl nach folgendem Verfahren:

Die wichtigste Stelle der Gray-Zahl setzen wir gleich der wichtigsten Stelle der Dualzahl. Jeder Wechsel in der Dualzahl von einer Stelle zur anderen, beginnend bei der wichtigsten Stelle, erzeugt eine Eins in der Gray-Zahl. Alle anderen Stellen der Gray-Zahl werden zu Null gesetzt.

Beispiel:

$$\text{Dualzahl:}\quad 0 \;|\; 1\,1\,0\,1\,0\,1\,1\,1\,1\,0$$
$$\text{Gray-Zahl:}\quad 0 \;|\; 1\,0\,1\,1\,1\,1\,0\,0\,0\,1$$

Umgekehrt gilt für die Umwandlung Gray-Zahl in Dualzahl:

Wir setzen die wichtigste Stelle der Dualzahl gleich der wichtigsten Stelle der Gray-Zahl. Beginnend bei der wichtigsten Stelle in Richtung zu den unwichtigeren Stellen, wird immer dann das vorhergehende Bit derDualzahl invertiert in die folgende Bitstelle geschrieben, wenn die entsprechende Stelle der Gray-Zahl eine 1 enthält.

Beispiel:

$$\text{Gray-Zahl:}\quad 0 \;|\; 1\,0\,1\,1\,1\,1\,0\,0\,0\,1$$
$$\text{Dualzahl:}\quad 0 \;|\; 1\,1\,0\,1\,0\,1\,1\,1\,1\,0$$

Dieser Umwandlungsalgorithmus ist sehr leicht auszuführen, so daß der Vorteil des "einschrittigen Codes" den größeren Nachteil der schlechteren Lesbarkeit offensichtlich in der Praxis aufgehoben hat.

7.5.3 m-aus-n-Codes

Die häufig eingesetzten Blockcodes nach Abschnitt 7.5.1 weisen als Tetraden-Codes, wie bereits gezeigt, nur die geringe Redundanz von 0,678 bit auf. Vorteilen der guten Lesbarkeit und relativ einfacher Arithmetik stehen die Nachteile geringer Fehlererkennbarkeit und keiner Fehlerkorrekturmöglichkeit gegenüber. Eine große Klasse von Blockcodes, die sogenannten m-aus-n-Codes, kann diesen Mangel beseitigen.

Entsprechend der Schreibweise des $\binom{n}{m}$ - Codes werden mit n die Wortlänge und mit m die Anzahl der "1"en in dem Codewort bezeichnet. m ist im gesamten Ziffernbereich konstant! Allgemein wird angesetzt

$$n \;>\; 4 \quad \text{und}$$

$$m \;<\; n.$$

Eine ganz wichtige Besonderheit aller $\binom{n}{m}$ - Codes liegt darin, daß neben der konstanten Blocklänge n sämtliche Codewörter eine Mindest-HAMMING-Distanz D von m haben. Von den vielen Codes dieser Klasse sollen nur der "Zwei-aus-fünf-Code" und der "Eins-aus-zehn-Code" kurz vorgestellt werden.

7.5.3.1 Der Zwei-aus-fünf-Code

Der hier dargestellte Zwei-aus-fünf-Code, weist gegenüber den Tetradencodes eine erheblich größere Redundanz auf (von den $2^5 = 32$ Möglichkeiten sind nur zehn zur Darstellung der Dezimalziffern erforderlich). Somit beträgt die Redundanz R:

R = (5-3,322) bit = 1,678 bit.

Tabelle 7.7: Der $\binom{5}{2}$-Code

Dezimalziffer	$\binom{5}{2}$-Code
0	11000
1	00011
2	00101
3	00110
4	01001
5	01010
6	01100
7	10001
8	10010
9	10100

Die Redundanz läßt sich zur Fehlererkennung nutzbar machen, genügt aber nicht zur Fehlerkorrektur einzelner Bitfehler. Trotzdem ist der Zwei-aus-fünf-Code aufgrund einfach zu realisierender Fehlererkennungsverfahren sehr beliebt. In jeder Einzelziffer dürfen stets nur zwei "Einsen" vorkommen. Durch laufendes Überprüfen sind zumindest Einzelbitfehler und über eine Folge von Ziffern andauernde Ausfälle bei der Datenübertragung feststellbar.

7.5.3.2 Der Eins-aus-zehn-Code

Der Eins-aus-zehn-Code (Tabelle 7.8) hat schon sehr früh eine weite Verbreitung gefunden im Bereich der optischen Anzeigeeinheiten. Bei den bis vor einiger Zeit vorherrschenden Anzeigeeinheiten vom Typ der Nixie-Röhren (zehn zu Dezimalziffern geformte Glühfäden liegen hintereinander, von denen jeweils nur eine Ziffer angesteuert wird) erfüllt der $\binom{10}{1}$-Code die an die weitgehend fehlerfreie Übertragung gestellten Forderungen. Die Redundanz R beträgt für diesen Code R = (10-3,322) bits = 6,678 bits.

Auch für diesen Code gilt, daß bei nur einer "Eins" je zehnstelliger Binärziffer sehr leicht Fehler festgestellt werden können und die Überprüfung durch eine einfache Schaltung (im wesentlichen 1 Speicherbit) realisiert werden kann.

Tabelle 7.8: Der $\binom{10}{1}$-Code

Dezimalziffer	$\binom{10}{1}$-Code
0	0000000001
1	0000000010
2	0000000100
3	0000001000
4	0000010000
5	0000100000
6	0001000000
7	0010000000
8	0100000000
9	1000000000

7.5.4 Der Biquinär-Code

Auch der Biquinär-Code ist ein recht aufwendiger Code. Er benötigt 7 Bitstellen zur Darstellung von 10 Ziffern (Tabelle 7.9). Er hat somit eine Redundanz von

$$R = (7\text{-}3{,}322)\text{ bits} = 3{,}678\text{ bits}.$$

Diese Redundanz wird zur Fehlererkennung herangezogen. Im "quinären" Teil, d. h. in den linken 5 Bitstellen, darf nur eine einzige "Eins" enthalten sein. Das gleiche gilt für den "rechten Teil", also für die beiden rechten Bitstellen.

Der Biquinär-Code ist sehr einfach zu komplementieren: Es werden nur die Bits der beiden rechten Stellen invertiert. Der Aufwand für ein spezielles biquinäres Rechenwerk ist selbstverständlich größer als bei den meisten üblichen tetradischen (4-bit-langen) Codes. Der Hauptvorteil des Biquinär-Codes liegt jedoch in der hohen Wahrscheinlichkeit, Fehler zu erkennen.

Tabelle 7.9: Der Biquinär-Code

Dezimalziffer	Biquinär-Code	
0	00001	01
1	00010	01
2	00100	01
3	01000	01
4	10000	01
5	00001	10
6	00010	10
7	00100	10
8	01000	10
9	10000	10

7.6 Einfache Verfahren der Fehlererkennung und Fehlerkorrektur

Geht man von einem Quellcode der Wortlänge m aus (alle 2^m Zeichen sind belegt (Redundanz 0)), so ist die Querparität die einfachste und üblichste Form der Erkennung eines Einzelbitfehlers (Querparität, Quersumme modulo 2). Gebräuchlich sind sowohl die gerade als auch die ungerade Parität.

Durch das Hinzufügen einer Stelle zum eigentlichen Codewort wird grundsätzlich die Anzahl der möglichen Codewörter verdoppelt. Die Festlegung der Parität bewirkt eine Zerlegung des Coderaumes derart, daß zwischen zwei gültigen Codeworten immer ein ungültiges liegt. Die Redundanz R ist gleich 1 bit.

Die zwei Möglichkeiten, das "Paritybit" zu definieren, sind wie folgt:

1. Ungerade Parität: Das Paritybit ist immer dann gleich eins, wenn die Summe aller Einsen der Informationsbits gerade, also die Summe aller Einsen des gesamten Wortes *einschließlich* Paritybit eine *ungerade* Zahl ergibt.

2. Gerade Parität: Das Paritybit ist immer dann gleich Eins, wenn die Summe aller Einsen der Informationsbits ungerade, also die Summe aller Einsen des gesamten Wortes *einschließlich* Paritybit eine *gerade* Zahl ergibt.

Beispiel: 00110100 | 1   gerade Parität

                     00110100 | 0   ungerade Parität

Wenn sich nun infolge eines Fehlers der Zustand einer Binärstelle ändert, so stimmt die Quersumme nicht mehr: Der Fehler wird entdeckt. Wenn sich aber zwei Binärstellen (oder eine gerade Anzahl von Binärtstellen) ändern, so ist die Quersumme weiterhin gerade bzw. ungerade. Solche Fehler können nicht entdeckt werden. Bei der heutigen Zuverlässigkeit der Bauelemente ist es jedoch höchst unwahrscheinlich, daß gleichzeitig zwei oder mehr Fehler in einem Wort auftreten. Diese Fehlerkontrolle wird auch "Querparitätskontrolle" genannt.

Wie in 7.2 gezeigt, besteht der häufigste Fehler in der Veränderung einer einzigen Binärstelle. Dieser Fehler ist leicht mit Hilfe eines Paritätsbits (z.B. 9. Spur auf dem Magnetband) zu ermitteln. Da jedoch nicht mit Sicherheit auszuschließen ist, daß ein 2-bit-Fehler auftritt, sind weitere Maßnahmen zur Fehlererkennung erforderlich. Wegen der geringeren Wahrscheinlichkeit eines 2-bit-Fehlers scheint das Hinzufügen weiterer Spuren zu aufwendig.

Bisher wurde nur auf die Fehlererkennung bei der Übertragung einzelner *Codeworte* eingegangen. Um zu erkennen, ob bei der Übertragung eines Textes oder eines *Blockes* von Codeworten ein Fehler aufgetreten ist, bedient man sich noch anderer Verfahren, z.B. der *Längssummenkontrolle* und der *Längsparität*.

Diese zwei Verfahren sollen am Beispiel einer Magnetbandspeicherung betrachtet werden. Es sei angenommen, daß eine Aufzeichnung eines 8-bit-Codes erfolgen soll. Die Information sei in Blöcke von z.B. 256 Codeworten unterteilt.

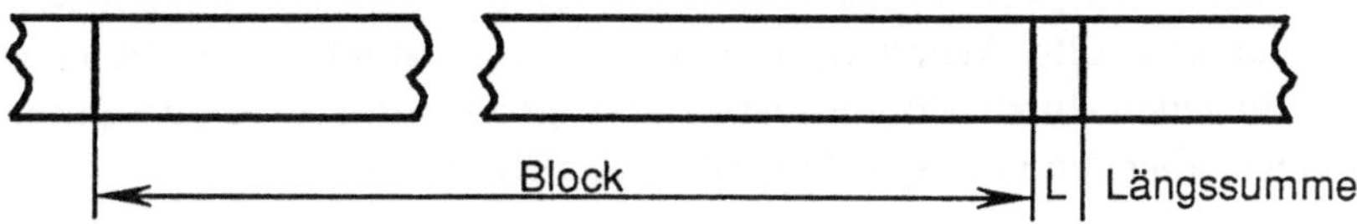

Bild 7.5: Längssummenprüfung

Bei der *Längssummenprüfung* (Bild 7.5) wird der Informationsblock um ein oder mehrere Codeworte verlängert, die eine (gewichtete) Summe aller geschriebenen Codeworte enthalten. Diese Prüfsumme wird beim Schreiben erzeugt und mit auf das Band geschrieben. Beim Lesen der Information wird ebenfalls die Prüfsumme gebildet und mit der aufgeschriebenen Längssumme verglichen.

Etwas geringer wird der technische Aufwand, wenn man statt der Summe (Längssummenkontrolle) nur eine Parität der einzelnen Spuren (inklusive der Querparitätsspur) ermittelt und diese anstelle der Längssumme auf das Band schreibt.

Die *Längsparitätsprüfung* sei am Bild 7.6 erklärt.

Gegeben seien 8 Worte zu 9 Bit. Die 9. Binärstelle soll das Querparitätsbit enthalten. 8 Spuren enthalten die Information (Daten).

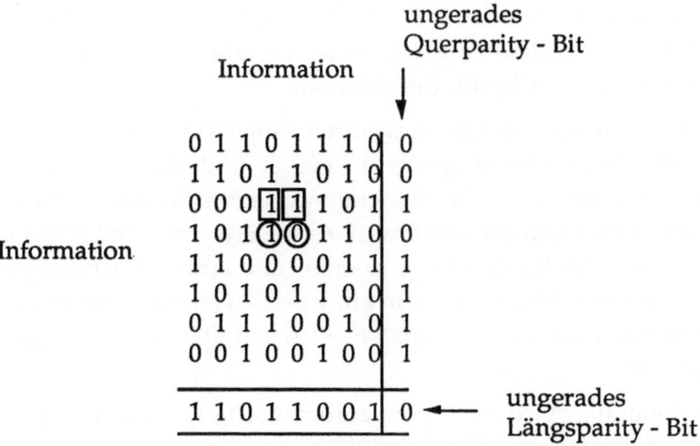

Bild 7.6: Längs- und Querparitätsprüfung

Am Ende der Wortreihen, auch Block genannt, wird nur ein weiteres Wort hinzugefügt, das zur Längsparitätskontrolle benutzt wird und daher keine Information enthält. Jede einzelne Bitstelle des Paritätswortes ergibt sich aus der Zahl der

Einsen in der gleichen Spur über Worte des Blocks nach den Regeln wie bei der Querparitätskontrolle. Wenn sich in unserem Beispiel die rechteckig eingerahmten Bitstellen durch Störeinflüsse ändern, so stimmt zwar das Querparitybit immer noch, aber die Längsparitätsprüfung erkennt den Fehler.

Ändert sich im gesamten Block nur eine Bitstelle, so zeigen sowohl die Quer- als auch die Längsparitätskontrolle "Fehler" an und man kann sogar den Ort des Fehlers lokalisieren und diesen Einzelbitfehler korrigieren!

Eine Fehlererkennung ist nicht möglich, wenn sich z.B. sowohl die rechteckig als auch die kreisförmig eingerahmten Binärstellen (Doppelfehler) ändern.

Allgemein gilt: Je nach erforderlicher oder gewünschter Anforderung an die Fehlersicherheit des Übertragungssystems ist in Abhängigkeit von der Störanfälligkeit des Übertragungskanals eine entsprechende Fehlererkennung vorzusehen.

Wie bereits zuvor an einem Beispiel gezeigt, ist eine Erkennung eines 1-bit-Fehlers nur dann möglich, wenn der minimale HAMMING-Abstand $d_m \geq 2$ ist, da nur dann zwischen zwei gültigen Codeworten mindestens ein ungültiges liegt.

Durch Vergrößerung des minimalen HAMMING-Abstandes wird auch die Erkennung von zwei und mehr Fehlern möglich. Bei einem HAMMING-Abstand von $d_m = 3$ ist auch die Erkennung von zwei fehlerhaften Bitstellen möglich (siehe Abschnitt 7.2).

Sofern einzelne der erwähnten Verfahren zur Fehlererkennung nicht ausreichen, kann man weitere Verbesserungen durch geschickte Kombination der Verfahren vornehmen oder andere mathematische Verfahren, wie z.B. das CRC-Verfahren (**C**yclic **R**edundancy **C**heck), durchführen.

Auch bei Datenblöcken wird das CRC-Verfahren eingesetzt. Hierbei wird der ganze Datenblock als Nachrichtenpolynom aufgefaßt und dieses während des Schreib- oder Lesevorganges durch das Generatorpolynom dividiert. Der Datenblock wird dabei um einen Platz für den Divisionsrest erweitert. Selbst bei längeren Datenblöcken kann die Realisierung wieder mit einem hochintegrierten Baustein vorgenommen werden, wenn nur ein kurzes Generatorpolynom (z.B. bis zum Grade 8) benutzt wird. Die Division wird parallel zum Schreib- oder Lesevorgang ausgeführt.

Neben der Fehlererkennung wird auch eine automatische Fehlerkorrektur angestrebt. Dies bedeutet in einfachen Fällen, daß bei einer Abweichung des empfangenen Codewortes von dem wahren Codewort eine Korrektur in das nächstgelegene gültige Codewort vorgenommen wird.

Auf praktische Realisierungen der Fehlererkennung und Fehlerkorrektur sei auf die von den Herstellern angebotenen Lösungen hingewiesen.

8 Boolesche Algebra

8.1 Einleitung

8.1.1 Historie

Die Wirkungsweise der heutigen Datenverarbeitungsanlagen beruht nicht mehr auf dem Prinzip des "Zählens", sondern dem des "Logischen Schließens". Insgesamt spielt daher die Logik, so wie sie von Aristoteles begründet und von G. W. Leibniz und G. Boole formalisiert wurde, eine grundlegende Rolle für die gegenwärtige Computertechnik.

Die heutige Gestalt der Logik geht auf Aristoteles (384 - 322 v. Chr.), einen Schüler Platons, zurück. Seine im "Organon" zusammengefaßten Schriften enthalten als wesentlichen Teil dieser Logik die Syllogistik, die Lehre vom logischen Schließen.

Das Werk "De Arte Combinatoria" von Gottfried Wilhelm Leibniz (1646-1716) stellt die nächste bedeutsame Etappe auf dem Weg zur symbolischen Logik dar und gilt als deren historische Quelle. So wie in der Mathematik mit Symbolen unabhängig von deren inhaltlicher Bedeutung operiert wird, strebte Leibniz einen Logikkalkül an, bei dem das logische Schließen unabhängig von der inhaltlichen Bedeutung der Sätze, die in den Schluß eingehen, durchgeführt wird. Seine neue Konzeption der Logik schaffte die Möglichkeit, für jeden logischen Schluß die Richtigkeit oder Unrichtigkeit kalkülmäßig - und mithin durch Maschinen - zu berechnen.

Die Leibnizschen Gedanken sind freilich zu spät bekannt geworden, um richtungsweisend zu sein. Für die Entwicklung moderner Rechenautomaten sollten sich die Ideen des britischen Mathematikers George Boole (1815 - 1864) als besonders bedeutsam erweisen. Eine stetige Entwicklung der symbolischen Logik beginnt nämlich erst von dem Zeitpunkt an, in dem sein logisches Werk "An Investigation of the Laws of Thought" erschienen ist. Die von Boole untersuchten Gesetzmäßigkeiten logischen Denkens besagen, daß man eine Logik der Klassen (die heutige Mengenlehre) und eine Logik der Aussagen (Prädikatenkalkül) mit einer Algebra auf der Basis einer Zweiermenge aufbauen kann. Die dabei von ihm entwickelte Symbolik für Beziehungen und Aussagen, die sogenannte "Boolesche Algebra", nimmt heute einen festen Platz in der digitalen Schaltkreistechnik ein.

8.1.2 Verbände, deduktive Theorie

Die Boolesche Algebra ist eine mathematische Disziplin. Nach heutigem Verständnis geschieht der Aufbau der Mathematik aus den Grundstrukturen: den algebraischen, den topologischen und den Ordnungsstrukturen. Aufgrund der

Bezeichnung Boolesche *Algebra* sollte man vermuten, daß sie aus den algebraischen Grundstrukturen ableitbar sei. Das trifft aber nicht zu; die Boolesche Algebra stellt vielmehr einen "Verband" dar, wobei Verbände aus Ordnungsstrukturen hervorgehen. In diesem Sinne läßt sich die Boolesche Algebra aus der Struktur einer Halbordnung entwickeln, so befremdend das auch klingen mag. Mehr soll aber hierzu nicht gesagt werden.

Im folgenden wird die Boolesche Algebra als deduktive Theorie eingeführt. Die Grundgesetze werden als Axiome postuliert. Die Axiome müssen dabei konsistent oder, anders ausgedrückt, widerspruchsfrei sein, und sie sollten unabhängig voneinander sein, d. h. ein Axiom soll nicht aus den anderen Axiomen ableitbar sein. Nachdem die Grundbegriffe und Axiome vorliegen, werden dann aus diesem System so viele Folgerungen (Sätze bzw. Theoreme) gezogen wie möglich.

8.2 Definition der Booleschen Algebra und Folgerungen

8.2.1 Grundbegriffe und Axiome der Booleschen Algebra und Interpretation

Eine Boolesche Algebra ist eine Menge $\mathbb{B}$ von mindestens 2 Elementen zusammen mit den zwei Verknüpfungen "+" und "·", die in $\mathbb{B}$ definiert sind.

Zur Definition der Booleschen Algebra existiert nicht ein eindeutig minimaler Axiomensatz. Unter verschiedenen Möglichkeiten soll hier der meist verbreitete Huntington'sche Axiomensatz verwendet werden.

Für beliebige A, B, C $\in \mathbb{B}$ gelten folgende Eigenschaften:

(BA1)   *Abgeschlossenheit* bezüglich der Verknüpfungen "+"
               und "·".

               Wenn A und B Elemente von $\mathbb{B}$ sind, dann sind auch A + B
               und A · B Elemente von $\mathbb{B}$.

(BA2)   *Existenz neutraler Elemente* 0 und 1.

               Die Menge $\mathbb{B}$ enthält ein Element 0 (Nullelement), so daß für
               jedes A $\in \mathbb{B}$ gilt A + 0 = A, und ein Element 1 (Einselement), so
               daß für jedes A $\in \mathbb{B}$ gilt A · 1 = A.

(BA3)   *Kommutativität*.

               Wenn A und B Elemente der Menge $\mathbb{B}$ sind, dann gilt
               A + B = B + A und A · B = B · A.

(BA4)   *Distributivität*.

               Wenn A, B und C Elemente der Menge $\mathbb{B}$ sind, dann gilt
               A + (B · C) = (A + B) · (A + C) und
               A · (B + C) = (A · B) + (A · C).

(BA5)   *Existenz des Komplements.*

Zu jedem Element A aus der Menge $\mathbb{B}$ existiert ein Element $\overline{A} \in \mathbb{B}$, das Komplement zu A, so daß $A \cdot \overline{A} = 0$ und $A + \overline{A} = 1$ ist.

Bemerkung 1:

Die Assoziativität ist in diesem Axiomensatz nicht enthalten und ist aus den gegebenen Axiomen (BA1) bis (BA5) ableitbar (siehe Abschnitt 8.2.2, Satz 8).

Bemerkung 2:

Das Axiomensystem (BA1) bis (BA5) läßt eine perfekte Symmetrie oder *Dualität* bezüglich der Operationen "+" und "·" erkennen: Wenn in jedem Axiom 0 durch 1 und 1 durch 0 und jedes "+" durch "·" und jedes "·" durch "+" ersetzt wird, so geht das Axiomensystem in sich selbst über. Nehmen wir z.B. das Axiom (BA2), so geht durch die oben genannten Ersetzungen $A + 0 = A$ über in $A \cdot 1 = A$ und $A \cdot 1 = A$ über in $A + 0 = A$. Diese Dualität auch für die restlichen Axiome zu zeigen, sei dem Leser als Übung empfohlen.

Die Eigenschaft der Dualität erweist sich als nützlich, wenn wir damit beginnen, Theoreme abzuleiten. Wir können dann nämlich bei der Konstruktion des Beweises eines dualen Theorems jeden Schritt durch dieselben Axiome rechtfertigen. Ein Beispiel hierzu wird in Abschnitt 8.2.2 gegeben werden.

Die Menge $\mathbb{B}$ und die Verknüpfungen "+" und "·" stellen die Grundbegriffe und die geforderten Eigenschaften (BA1) bis (BA5) die Axiome einer Booleschen Algebra dar.

Es ist zu beachten, daß die Definition der Grundbegriffe ohne eine inhaltliche Interpretation vorgenommen worden ist. Gibt man den Grundbegriffen jetzt dadurch eine konkrete Bedeutung, daß man beispielsweise die Elemente der Menge $\mathbb{B}$ als Aussagen binärer Natur ("wahr" oder "falsch") und die Verknüpfungen "+" und "·" als logische Junktoren "∨" (ODER) und "∧" (UND) auffaßt, so gelangt man zum sogenannten *Aussagen-* oder *Prädikatenkalkül*. Man sagt auch, die Boolesche Algebra habe eine Interpretation in der Theorie des Aussagenkalküls gefunden oder der Aussagenkalkül ist ein Modell der Booleschen Algebra.

Eine weitere Konkretisierung läßt sich anführen. Die Elemente der Menge $\mathbb{B}$ werden jetzt selbst als Mengen (auch Klassen genannt) aufgefaßt. Die beiden Verknüpfungen "+" und "·" werden als die Mengenoperationen "∪" (Vereinigung) und "∩" ("Durchschnitt") interpretiert. Durch diese Deutung erhält die Boolesche Algebra eine Interpretation in der Theorie des *Klassenkalküls*.

Es ist das Verdienst von C. Shannon (1940), die Boolesche Algebra für die Beschreibung und den Entwurf von digitalen Schaltungen, für die Schaltkreistechnik also, erschlossen zu haben.

Damit hat die Boolesche Algebra eine weitere Interpretation erfahren, nämlich in der Theorie der *Schaltalgebra*. Die Elemente der Menge IB sind jetzt Zustände von Schaltern ("offene" oder "geschlossene" Schalterstellung) oder elektrischen Potentialen ("niedriges" oder "hohes" Potential) oder die Ausrichtung magnetisierter Bereiche ("negative" oder "positive" Magnetisierungsrichtung) oder dergleichen mehr, während die Verknüpfungen "+" und "·" in der gleichen Weise wie beim Aussagenkalkül als ODER-Verknüpfung "∨" und als UND-Verknüpfung "∧" interpretiert werden.

8.2.2 Folgerungen

Nachdem wir einige Modelle der Booleschen Algebra, darunter die uns interessierende Schaltalgebra, kennengelernt haben, wollen wir aus den abstrakten Grundbegriffen und dem Axiomensystem (BA1) bis (BA5) der Booleschen Algebra einige wichtige Folgerungen (Sätze) ableiten. Diese Sätze bzw. Theoreme sind dann in jeder Anwendung, die ein Modell der Booleschen Algebra darstellt, gültig, mithin auch in der Schaltalgebra. Die Sätze bringen weitere wichtige Beziehungen zwischen Booleschen Variablen zu Tage, und derjenige, der digitale Schaltungen zu entwerfen hat, sollte mit diesen Sätzen ähnlich vertraut sein wie mit den Regeln der gewöhnlichen Algebra. Hierbei wird die auch in der Algebra gebräuchliche Vereinbarung Punktrechnung vor Strichrechnung verwendet, es gilt also z.B.: $A + B \cdot C = A + (B \cdot C)$. Diese Vereinbarung hilft Klammern sparen!

Satz 1: $\qquad A + A = A\,; \qquad\qquad A \cdot A = A$

$$
\begin{array}{lll}
Beweis: \quad A + A & = (A + A) \cdot 1 & \text{(BA2)} \\
 & = (A + A) \cdot (A + \overline{A}) & \text{(BA5)} \\
 & = A + A \cdot \overline{A} & \text{(BA4)} \\
 & = A + 0 & \text{(BA5)} \\
 & = A & \text{(BA2)}
\end{array}
$$

Die zu $A + A = A$ duale Aussage $A \cdot A = A$ läßt sich aufgrund der Dualität mit der gleichen Schlußkette (BA2), (BA5), (BA4), (BA5), (BA2) beweisen.

$$
\begin{array}{lll}
Beweis: \quad A \cdot A & = A \cdot A + 0 & \text{(BA2)} \\
 & = A \cdot A + A \cdot \overline{A} & \text{(BA5)} \\
 & = A \cdot (A + \overline{A}) & \text{(BA4)} \\
 & = A \cdot 1 & \text{(BA5)} \\
 & = A & \text{(BA2)}
\end{array}
$$

Man bezeichnet die Aussagen des Satzes 1 als die Gesetze der *Idempotenz*.

Sofern die folgenden Sätze duale Aussagen enthalten, wird der Beweis nur jeweils für die zuerst genannte Aussage geliefert.

Satz 2: $A + 1 = 1 \; ; \qquad A \cdot 0 = 0$

Beweis:

$$
\begin{aligned}
A + 1 \quad &= (A + 1) \cdot 1 &&\text{(BA2)} \\
&= (A + 1) \cdot (A + \overline{A}) &&\text{(BA5, BA3)} \\
&= A + \overline{A} \cdot 1 &&\text{(BA4)} \\
&= A + \overline{A} &&\text{(BA2)} \\
&= 1 &&\text{(BA5)}
\end{aligned}
$$

Satz 3: $A + A \cdot B = A \; ; \qquad A \cdot (A + B) = A \qquad$ *Absorption*

Beweis:

$$
\begin{aligned}
A + A \cdot B \quad &= A \cdot 1 + A \cdot B &&\text{(BA2)} \\
&= A \cdot (1 + B) &&\text{(BA4, BA3)} \\
&= A \cdot 1 &&\text{(Satz 2)} \\
&= A &&\text{(BA2)}
\end{aligned}
$$

Satz 4: $A + \overline{A} \cdot B = A + B; \qquad A \cdot (\overline{A} + B) = A \cdot B \quad$ *Reduktion*

Beweis:

$$
\begin{aligned}
A + \overline{A} \cdot B \quad &= (A + \overline{A}) \cdot (A + B) &&\text{(BA4)} \\
&= 1 \cdot (A + B) &&\text{(BA5, BA3)} \\
&= A + B &&\text{(BA2)}
\end{aligned}
$$

Satz 5:   Das Komplement $\overline{A}$ von A ist eindeutig bestimmt.

Beweis: Angenommen, A besitze die beiden verschiedenen Komplemente $\overline{A}_1$ und $\overline{A}_2$! Aus (BA5) folgt dann:

$$A + \overline{A}_1 = A + \overline{A}_2 = 1 \text{ und } A \cdot \overline{A}_1 = A \cdot \overline{A}_2 = 0.$$

Für das Komplement $\overline{A}_2$ ergibt sich dann:

$$
\begin{aligned}
\overline{A}_2 \quad &= 1 \cdot \overline{A}_2 &&\text{(BA2)} \\
&= (A + \overline{A}_1) \cdot \overline{A}_2 &&\text{(BA5)} \\
&= A \cdot \overline{A}_2 + \overline{A}_1 \cdot \overline{A}_2 &&\text{(BA4, BA3)} \\
&= 0 + \overline{A}_1 \cdot \overline{A}_2 &&\text{(BA5)} \\
&= \overline{A}_1 \cdot A + \overline{A}_1 \cdot \overline{A}_2 &&\text{(BA5, BA3)} \\
&= \overline{A}_1 (A + \overline{A}_2) &&\text{(BA4)} \\
&= \overline{A}_1 \cdot 1 &&\text{(BA5)} \\
&= \overline{A}_1 &&\text{(BA2)}
\end{aligned}
$$

Es gibt also nur ein $\overline{A} = \overline{A}_1 = \overline{A}_2$, und dieses $\overline{A}$ ist das Komplement von A.

Satz 6:   Das Komplement von $\overline{A}$ ist A. $(\overline{\overline{A}}) = A$.

Beweis: $\overline{A}$ ist das Komplement von A, d. h.

$$0 = A \cdot \overline{A} \quad \text{und} \quad 1 = A + \overline{A} \qquad \text{(BA5)}$$
$$= \overline{A} \cdot A \qquad\qquad = \overline{A} + A \qquad \text{(BA3)}$$

Zu $\overline{A}$ existiert also ein A, das Komplement von $\overline{A}$ (BA5) ist.

Nach Satz 5 ist dieses Komplement eindeutig bestimmt.

Satz 7: $\overline{A} \cdot (A \cdot B) = 0 ; \qquad \overline{A} + (A + B) = 1$

Beweis:

$$
\begin{aligned}
\overline{A} \cdot (A \cdot B) &= \overline{A} \cdot (A \cdot B) + 0 & \text{(BA2)} \\
&= \overline{A} \cdot (A \cdot B) + \overline{A} \cdot A & \text{(BA5)} \\
&= \overline{A} \cdot (A \cdot B + A) & \text{(BA4)} \\
&= \overline{A} \cdot (A \cdot B + A \cdot 1) & \text{(BA2)} \\
&= \overline{A} \cdot (A \cdot (B + 1)) & \text{(BA4)} \\
&= \overline{A} \cdot (A \cdot 1) & \text{(Satz 2)} \\
&= \overline{A} \cdot A & \text{(BA2)} \\
&= 0 & \text{(BA5, BA3)}
\end{aligned}
$$

Satz 8: $A + (B + C) = (A + B) + C ; \quad A \cdot (B \cdot C) = (A \cdot B) \cdot C$

Der Beweis sei dem Leser überlassen (Übung).

Jetzt sind wir in der Lage, zwei bedeutsame und für die Anwendung besonders nützliche Gesetze, die *Regeln von de Morgan*[1] , abzuleiten:

Satz 9: $\overline{A \cdot B} = \overline{A} + \overline{B} ; \qquad \overline{A + B} = \overline{A} \cdot \overline{B}$

Beweis: $\overline{A \cdot B}$ ist das Komplement von $A \cdot B$. Wenn wir zeigen können, daß $\overline{A} + \overline{B}$ das Komplement von $A \cdot B$ ist, dann ist aufgrund von Satz 5 die Richtigkeit des Satzes 8 bewiesen. Wir müssen folglich nur zeigen, daß entsprechend (BA5)

$$(A \cdot B) + (\overline{A} + \overline{B}) = 1 \quad \text{und} \quad (A \cdot B) \cdot (\overline{A} + \overline{B}) = 0 \qquad \text{ist.}$$

$$
\begin{aligned}
(A \cdot B) + (\overline{A} + \overline{B}) &= (\overline{A} + A) \cdot (\overline{A} + B) + \overline{B} & \text{(BA4, BA3)} \\
&= 1 \cdot (\overline{A} + B) + \overline{B} & \text{(BA5, BA3)} \\
&= \overline{A} + B + \overline{B} & \text{(BA2, BA3)} \\
&= \overline{A} + 1 & \text{(BA5)} \\
&= 1 & \text{(Satz 2)} \\[6pt]
(A \cdot B) \cdot (\overline{A} + \overline{B}) &= (A \cdot B) \cdot \overline{A} + (A \cdot B) \cdot \overline{B} & \text{(BA4)} \\
&= (\overline{A} \cdot A) \cdot B + (\overline{B} \cdot B) \cdot A & \text{(BA3, Satz 8)} \\
&= 0 + 0 & \text{(Satz 7)} \\
&= 0 & \text{(Satz 1)}
\end{aligned}
$$

---

1   A. de Morgan (1806 - 1871), englischer Logiker

Der Aufbau der Theorie, soweit sie sich in den Sätzen 1 bis 9 manifestiert, ist in einer mathematisch präzisen und formalen Weise ausgeführt worden. Die Richtigkeit der Sätze läßt sich aber auch noch auf andere Arten beweisen. Zwei Verfahren, die übrigens eine bessere Anschaulichkeit vermitteln, werden im folgenden zur Sprache kommen: *Funktionstabellen* und *Wertetabellen*. Ihr Nachteil liegt darin, daß sie nicht allgemein, sondern nur für eine festgelegte Menge $\mathbb{B}$ gelten, im folgenden für die binäre Menge $\mathbb{B} = \{0,1\}$.

8.2.3 Funktionstabellen und Wertetabellen

8.2.3.1 Funktionstabellen

Man wird auf die Funktionstabellen hingeführt, wenn man die Boolesche Algebra als Aussagenkalkül interpretiert. Die Verifikation der Gesetze der Booleschen Algebra beruht damit auf der Untersuchung der logischen Bedeutung der Relationen $A \cdot B$, $A + B$ und $\overline{A}$. Die Elemente der Menge $\mathbb{B}$ sind jetzt Aussagen, die die Werte "wahr" bzw. "falsch" annehmen können, je nachdem ob die gemachte Aussage richtig oder nicht richtig ist. So lassen sich die oben genannten Relationen bei entsprechender Übertragung des Symboles "·" in "UND", des Symboles "+" in "ODER" und des Symboles "‾" in "NICHT" in die Sprache des Aussagenkalküls übersetzen:

A UND B,   A ODER B,   NICHT A.

Diese - und zwar in der Reihenfolge wie hier aufgeführt - nacheinander mit *Konjunktion*, *Disjunktion* und *Negation* bezeichneten Ausdrücke stellen ihrerseits neue Aussagen dar, deren Werte von den Werten der in diese Ausdrücke eingegangenen Aussagen abhängen. Greifen wir beispielsweise die Konjunktion "A UND B" heraus. Die Konjunktion ist nur dann "wahr", wenn sowohl die Aussage A "wahr" als auch die Aussage B "wahr" ist. Ist eine der beiden Aussagen A,B jedoch "falsch", oder sind beide Aussagen A,B "falsch", dann ist die Konjunktion "A UND B" "falsch". Man kann nun diesen Sachverhalt in Form einer Tabelle anschaulich darstellen (s. Tabelle 8.1).

Tabelle 8.1: Konjunktion, "UND"-Verknüpfung

A	B	A · B
f	f	f
w	f	f
f	w	f
w	w	w

Unter den Aussagen A und B sind sämtliche Kombinationen der Werte "wahr" und "falsch", hier durch w und f abgekürzt, aufgeführt. Der sich bei einer "UND"-Verknüpfung jeweils für eine Kombination ergebende Wert ist in der mit "A · B" bezeichneten Spalte eingetragen. Auf diese Weise sind wir zur Funktionstabelle für die Konjunktion gelangt.

Entsprechende Definitionen der Disjunktion, auch "ODER"-Verknüpfung genannt, und der Negation sind in den Tabellen 8.2 und 8.3 wiedergegeben.

Tabelle 8.2: Disjunktion, "ODER"-Verknüpfung

A	B	A + B
f	f	f
w	f	w
f	w	w
w	w	w

Tabelle 8.3: Negation, Verneinung

A	$\overline{A}$
f	w
w	f

Für eine gegebene Aussage A, von der man weiß, daß sie "falsch" ist, ist die Verneinung dieser Aussage "wahr". Ein Beispiel möge dieses belegen. Die Aussage A "Kreise sind viereckig" ist offensichtlich falsch, der Wert der Verneinung dieser Aussage "Es gilt nicht, daß Kreise viereckig sind" ist "Wahr". Entsprechend gehen richtige Aussagen bei Verneinung in falsche Aussagen über.

Mit Hilfe der hier eingeführten Funktionstabellen lassen sich viele der in Abschnitt 8.2.2 aufgestellten Sätze verifizieren. Als Beispiel werden die Regeln von de Morgan herangezogen. Es ist zunächst also zu zeigen, daß $\overline{A \cdot B} = \overline{A} + \overline{B}$ ist.

Tabelle 8.4: Regel von de Morgan $\overline{A \cdot B} = \overline{A} + \overline{B}$

A	B	A · B	$\overline{A \cdot B}$	$\overline{A}$	$\overline{B}$	$\overline{A} + \overline{B}$
f	f	f	w	w	w	w
w	f	f	w	f	w	w
f	w	f	w	w	f	w
w	w	w	f	f	f	f

Durch Vergleich der Spalteneinträge für $\overline{A \cdot B}$ und $\overline{A} + \overline{B}$ erkennt man die Richtigkeit der Behauptung sofort. In entsprechender Weise die Richtigkeit der de Morganschen Regel $\overline{A + B} = \overline{A} \cdot \overline{B}$ zu zeigen, sei dem Leser überlassen.

8.2.3.2 Wertetabellen und spezielle Verknüpfungen

Bei der Anwendung der Booleschen Algebra für digitale Schaltkreise wird sich der Gebrauch von Funktionstabellen in Form der "Wertetabellen" oder "Wahrheitstabellen" als sehr nützlich erweisen.

Die Schaltalgebra verlangt nur, daß die binären Werte "wahr" und "falsch" im Falle von Schalterstellungen als "zu" und "auf" oder im Falle elektronischer Schaltelemente als "hohes" (H) und "niedriges" (L) Potential als logisch "1" oder "0" zu interpretieren sind.

Wir wollen von der Wertetabelle ausgehend einige fundamentale Schaltungen definieren und ihre Darstellung in der Booleschen Schreibweise angeben.

Als Beispiel benutzen wir eine Wertetabelle für zwei unabhängige Variablen A und B. Mit diesen beiden Variablen können wir bekanntlich 4 verschiedene Kombinationen aus 0 und 1 angeben.

Wir sind nun in der Lage, eine bestimmte logische Funktion eindeutig zu charakterisieren, indem wir angeben, für welche der 4 Kombinationen die logische Funktion F den Zustand 1 annimmt. In die Spalte für die abhängige Variable F schreiben wir eine Eins für jede dieser Kombinationen. Für alle anderen Kombinationen muß die Funktion in dem von uns angenommenen binären Fall notwendig den Zustand 0 erhalten. In dem folgenden Beispiel haben wir die Zuordnung willkürlich getroffen.

A	B	F
0	0	1
0	1	1
1	0	1
1	1	0

Grundsätzlich verfügen wir über 4 Stellen in der F-Spalte, in die wir eine 1 oder 0 einschreiben können. Wir können demnach insgesamt $2^4 = 16$ verschiedene Funktionen F (A, B) angeben. Allgemein gibt es für n unabhängige Variable

$$2^{2^n}$$

verschiedene logische Funktionen. Im Gegensatz zu den Funktionen der uns bekannten herkömmlichen Algebra ist also bei der logischen Algebra die Anzahl der überhaupt möglichen Funktionen beschränkt (Allerdings existieren z.B. schon für 5 unabhängige Veränderliche mehr als 4 Milliarden verschiedene Funktionen).

Wir wollen nun zunächst alle Funktionen F_i von einer Variablen A untersuchen und diese Funktionen in einer gemeinsamen Wertetabelle angeben.

A	F_0	F_1	F_2	F_3
0	0	1	0	1
1	0	0	1	1

Wir erkennen, daß die Funktion F_0 stets den Zustand "0" und die Funktion F_3 stets den Zustand "1" hat, unabhängig vom Zustand der unabhängigen Variablen A. Diese beiden Funktionen stellen die trivialen Fälle

$F_0 = 0 = $ const.

$F_3 = 1 = $ const.

dar. Weiterhin gilt, wie wir sofort sehen

$F_2 = A.$

Auch dieser Fall ist trivial.

Es bleibt die Funktion F_1. Wie wir erkennen, nimmt F_1 stets den entgegengesetzten Zustand von A an. Wegen der großen Bedeutung dieser Funktion hat sie einen Namen und ein Symbol erhalten. Wir nennen diese Funktion "Negation". Man sagt: F_1 ist die "negierende" oder auch "invertierende" Funktion von A. Wir führen die Schreibweise ein:

$F_1 = \overline{A}.$

Es soll folgendes Logiksymbol gelten:

Als nächstes wollen wir alle möglichen Funktionen von zwei unabhängigen Variablen untersuchen. Auch hier benutzen wir wieder eine gemeinsame Wertetabelle, die wir jedoch aus Platzgründen (gegenüber der bisherigen Darstellung) um 90^0 drehen. Bei 2 Variablen gibt es

$$2^{2^2} = 16$$

verschiedene Funktionen, die in Tabelle 8.5 aufgeführt sind.

Tabelle 8.5: Die 16 Funktionen der Veränderlichen A und B

A	0	0	1	1	Bezeichnung	
B	0	1	0	1	Kurzformen	Allgemeiner Ausdruck
F_0	0	0	0	0	0	Nullfunktion
F_1	0	0	0	1	$A \cdot B$	UND - Verknüpfung
						Konjunktion
F_2	0	0	1	0	$A \cdot \overline{B}$	Inhibition
						Ausschluß
F_3	0	0	1	1	A	Identität
						Tautologie
F_4	0	1	0	0	$\overline{A} \cdot B$	Inhibition
						Ausschluß
F_5	0	1	0	1	B	Identität
F_6	0	1	1	0	$A \cdot \overline{B} + \overline{A} \cdot B$	Antivalenz,
					$A \leftrightarrow B$	Exklusives ODER
F_7	0	1	1	1	$A + B$	ODER - Verknüpfung, Disjunktion, Inklusives ODER
F_8	1	0	0	0	$\overline{A + B}$	NOR - Verknüpfung
					$\overline{A} \cdot \overline{B}$	Peirce - Funktion
F_9	1	0	0	1	$AB + \overline{A} \cdot \overline{B}$	Äquivalenz
					$A \leftrightarrow B$	
F_{10}	1	0	1	0	$\overline{B}$	Negation, Nicht
					$\neg B$	Inversion
F_{11}	1	0	1	1	$A + \overline{B}$	Implikation
					$B \to A$	
F_{12}	1	1	0	0	$\overline{A}$	Negation, Nicht
					$\neg A$	Inversion
F_{13}	1	1	0	1	$\overline{A} + B$	Implikation
					$A \to B$	
F_{14}	1	1	1	0	$\overline{A \cdot B}$	NAND - Verknüpfung
					$\overline{A} + \overline{B}$	
					$A \mid B$	Sheffer - Funktion
F_{15}	1	1	1	1	1	Einsfunktion

Es tauchen wieder die beiden trivialen Fälle der konstanten Funktionen als F_0 und F_{15} auf. Weiterhin gibt es einige Funktionen, die - teils wegen ihres häufigen Auftretens bei den Anwendungen, teils wegen ihrer einfachen technischen Realisierbarkeit - eine besondere Bedeutung erlangt haben. Auch für diese besonderen Funktionen gibt es bestimmte Namen und Symbole.

Durch die Axiome der Booleschen Algebra sind die Operationen "+" und "·" sowie die Negation ausgezeichnet. Es ist einsichtig, daß sich alle denkbaren Booleschen Verknüpfungen damit realisieren lassen. Es läßt sich jedoch zeigen, daß sich diese Verknüpfungen auch auf der Grundlage eines anderen Axiomensatzes realisieren lassen.

Im folgenden sind die 16 möglichen binären Operationen verbal zusammengefaßt (siehe auch Tabelle 8.5):

$F_0 = 0$ — F_0 heißt auch Nullfunktion.

$F_1 = A \cdot B$ — UND-Funktion (Konjunktion). F_1 nimmt nur dann den Wert 1 an, wenn A und B gleich "1" sind.

$F_2 = A \cdot \overline{B}$ — Inhibition (A wird durch B ausgeschlossen).

$F_3 = A$ — Identität bezüglich A.

$F_4 = \overline{A} \cdot B$ — Inhibition (B wird durch A ausgeschlossen).

$F_5 = B$ — Identität bezüglich B.

$F_6 = A \cdot \overline{B} + \overline{A} \cdot B$ — Dieser Ausdruck wird zuweilen auch geschrieben in der Form A $\leftrightarrow\!\!\!/$ B (gesprochen: A antivalent B). Man nennt diese Funktion *Antivalenz*.

$F_7 = A + B$ — ODER-Funktion (Disjunktion). F_7 nimmt den Wert 1 an, wenn A oder B den Wert 1 haben.

$F_8 = \overline{A} \cdot \overline{B}$ — Dieser Ausdruck wird oft in der Form $\overline{A + B}$ (Regel von de Morgan) geschrieben. In dieser Form spricht man von der *NOR*-Verknüpfung, entstanden aus Not OR, also NICHT ODER. Die NOR-Funktion ist im Hinblick auf die schaltungstechnischen Anwendungen von besonderer Bedeutung.
Eine weitere Schreibweise für $\overline{A} \cdot \overline{B}$ ist A $\downarrow$ B (gesprochen: A Peirce B; nach dem amerikanischen Logiker C.S. Peirce).

$F_9 = \overline{A} \cdot \overline{B} + A \cdot B$ — Auch für diese Funktion gibt es eine eigene Bezeichnung: *Äquivalenz*.
Geschrieben: A $\leftrightarrow$ B, gesprochen: A äquivalent B. Wenn diese Funktion den Wert "1" hat, ist sie gleichwertig mit der Aussage: "A gleich B".

$F_{10} = \overline{B}$	Negation bezüglich B.
$F_{11} = A + \overline{B}$	Für diese Funktion schreibt man auch $B \rightarrow A$ (Gesprochen: A impliziert B) und nennt sie *Implikation*. Sie spielt in der Schaltkreistechnik keine direkte Rolle, hat aber Bedeutung in der Logik, dort vor allem in der Syllogistik, der Lehre vom logischen Schließen.
$F_{12} = \overline{A}$	Negation bezüglich A.
$F_{13} = \overline{A} + B$	Diese Funktion entspricht F_{11}, wobei A und B ineinander überführt worden sind. Hier lautet die Implikation $A \rightarrow B$.
$F_{14} = \overline{A} + \overline{B}$	Dieser Ausdruck erscheint oft in der Form $\overline{A \cdot B}$ (Regel von de Morgan). Es ist dies die *NAND*-Funktion (entstanden aus NOT AND, also NICHT UND). Ebenso wie die NOR-Funktion ist die NAND-Funktion für schaltungstechnische Anwendungen von großer Bedeutung. Eine andere Formulierung für $\overline{A} + \overline{B}$ ist A | B (gesprochen: A Sheffer B).
$F_{15} = 1$	Einsfunktion.

Im Sinne der Interpretation der Booleschen Algebra als Schaltalgebra tritt die Frage der Realisierung von Verknüpfungen auf. Wie in Abschnitt 8.3.2 gezeigt wird, gibt es Realisierungen für die "+", "·" und "‾" Verknüpfung. Somit läßt sich jede Boolesche Funktion realisieren. Die Menge der Verknüpfungen ist somit *vollständig* in dem Sinne, daß alle Funktionen realisierbar sind.

Besonders bedeutsam für die Schaltkreistechnologie ist die Tatsache, daß sowohl die NOR- als auch die NAND-Verknüpfung - und zwar jede für sich - ein vollständiges System darstellen. Alle Booleschen Ausdrücke lassen sich mit Hilfe der de Morganschen Theoreme, wie wir gleich sehen werden, allein durch NAND-Gatter oder durch NOR-Gatter realisieren.

F_1 in Tabelle 8.5 stellt eine der wichtigsten Funktionen dar. Sie wird "UND-Funktion" (engl. AND) genannt. Der Name wird abgeleitet aus dem Umstand, daß F_1 nur dann den Wert 1 annimmt, wenn A UND B den Wert 1 besitzen.

Für die Schreibweise der UND-Funktion gilt die Vereinbarung

$$F_1 = A \cdot B .$$

(Sprich: "F_1 gleich A UND B"). Mit dieser Schreibweise soll die Verwandtschaft der UND-Funktion mit dem gewöhnlichen algebraischen Produkt zum Ausdruck gebracht werden. Die UND-Funktion ist auch für mehr als zwei Eingangsvariable definiert.

Schreiben wir für die unabhängigen Veränderlichen am Eingang jetzt X_1 .... X_n und bezeichnen die Ausgangsveränderliche mit Y, so gilt:

$$Y = X_1 \cdot X_2 \cdot X_3 \cdot ... \cdot X_n = \prod_{v=1}^{n} X_v .$$

Außer der oben angegebenen Schreibweise werden mitunter auch folgende Symbole benutzt:

$$Y = X_1 \ \& \ X_2 = X_1 \wedge X_2 = X_1 \cap X_2 .$$

Wir wollen in Zukunft ausschließlich den "Punkt" für die "UND-Funktion" benutzen und für die technische Realisierung das folgende Logiksymbol:

Ebenso große Bedeutung wie die UND-Funktion hat die sogenannte ODER-Funktion, die durch F_7 in der Tabelle 8.5 definiert ist. Die ODER-Funktion hat stets den Wert 1, wenn eine der beiden unabhängigen Variablen A ODER B den Wert 1 annimmt. Die Verknüpfung der beiden Variablen A und B zur ODER-Funktion wird folgendermaßen angeschrieben:

$$F_7 = A + B.$$

(Sprich "F_7 gleich A ODER B"). Die ODER-Funktion ist verwandt mit der herkömmlichen algebraischen Addition. (Deswegen wird das Symbol "+" verwendet. Es existieren jedoch, wie wir später sehen werden, einige erhebliche Abweichungen der ODER-Funktion von der algebraischen Addition).

Auch die ODER-Funktion ist für beliebig viele unabhängige Eingangsvariable definiert und es ergibt sich für Y der folgende Ausdruck:

$$Y = X_1 + X_2 + X_3 + ... + X_n = \sum_{v=1}^{n} X_v .$$

Außer der oben angeführten findet man hin und wieder auch folgende Schreibweise, z.B.:

$$Y = X_1 \vee X_2 = X_1 \cup X_2 .$$

Wir werden *ausschließlich* das Pluszeichen benutzen. Für die ODER-Funktion wollen wir folgendes Logiksymbol verwenden:

Die UND-, die ODER-Funktion und die Negation sind aufgrund ihrer definierenden Eigenschaften die weitaus gebräuchlichsten und wichtigsten Funktionen. Wegen ihrer besonders günstigen Realisierungsmöglichkeiten in Transistorschaltungen kommt der sogenannten *NOR-Funktion* eine ebenso große Bedeutung zu. Sie ist als F_8 in der Wertetabelle (8.5) angeführt. Ein Vergleich von F_7 und F_8 zeigt

$$F_8 = \overline{F_7}\,.$$

Außerdem gilt für F_7

$$F_7 = A + B\,,$$

also insgesamt

$$F_8 = \overline{A + B}\,.$$

Die NOR-Funktion wird in dieser Gleichung auf eine ODER-Funktion mit anschließender Invertierung zurückgeführt. Eine Zusammenziehung der beiden Namen liefert die Bezeichnung NOR (Nicht Oder $\triangleq$ **Not OR**) für diese Funktion. Für n unabhängige Variable ist die NOR-Funktion definiert als

$$Y = \overline{X_1 + X_2 + \ldots + X_n} = \overline{\left(\sum_{v=1}^{n} X_v \right)}$$

Als Logiksymbol wird die Kombination aus "ODER" und "Negation" verwendet.

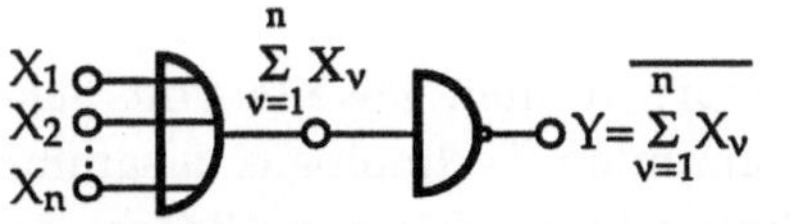

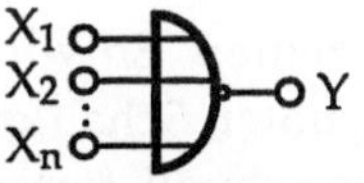

Aus den gleichen Gründen wie bei der NOR-Funktion hat auch die NAND-Funktion eine große technische Bedeutung erlangt. In der Wertetabelle 8.5 können wir die NAND-Funktion als F_{14} finden. Ein Vergleich von F_{14} und F_1 liefert

$$F_{14} = \overline{F_1}\,.$$

F_1 ist die UND-Funktion. Es gilt also

$$F_{14} = \overline{A \cdot B}\,.$$

Diese NAND-Funktion ist aufgebaut aus einer UND-Funktion (für die beiden Eingangsvariablen) und einer Negation. Daher rührt auch ihr Name NAND (Nicht Und $\triangleq$ **Not AND**). Für n unabhängige Eingangsvariable X_v gilt deshalb:

$$Y = \overline{X_1 \cdot X_2 \cdot \ldots \cdot X_n} = \overline{\left(\prod_{v=1}^{n} X_v \right)}\,.$$

Als Logiksymbol verwenden wir die Kombination aus "UND" und "Negation".

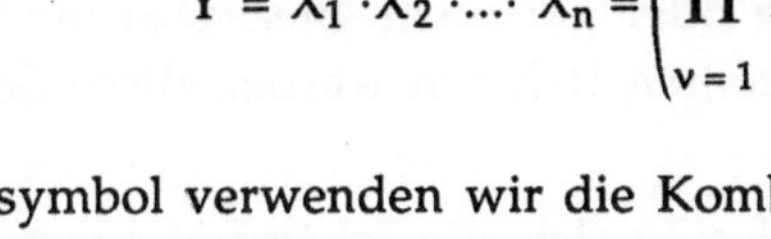

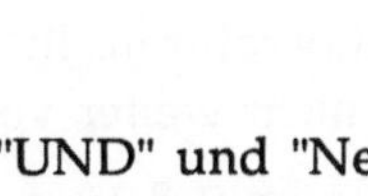

8.3 Einfache logische Schaltkreise

8.3.1 Überblick

Bisher haben wir die Logik allein von ihrer theoretischen Seite her betrachtet. In diesem Kapitel sollen nun einfache technische Realisierungen der Schaltfunktionen behandelt werden.

Da es sich überwiegend um elektrische Realisierungen handelt, hat sich der Begriff *logischer Schaltkreis* (engl.: logic circuit) für die Realisierung der Schaltfunktionen eingebürgert. Die ersten logischen Schaltungen wurden mit Relais aufgebaut. Später übernahm man stets die Technologien, die allgemein für die Anwendung in der Elektronik erforscht wurden, auch für die logischen Schaltkreise. So wurden zuerst die Elektronenröhren, dann die diskreten Halbleiterbauelemente wie Transistoren und Dioden, und schließlich integrierte Halbleiterbauelemente zum Bau von logischen Schaltkreisen verwendet. Nachdem die Digitalschaltungen heute einen ebenso bedeutenden Platz in der Elektronik eingenommen haben wie die "Analogschaltungen", worunter man praktisch alle übrigen linearen und nichtlinearen Netzwerke versteht, entwickelte man in letzter Zeit auch Technologien, die ausschließlich zum Bau von logischen Schaltkreisen konzipiert sind.

Bei den einzelnen Entwicklungsstufen spricht man jeweils von *Schaltkreisfamilien*, worunter Schaltkreise einer bestimmten Technologie zusammengefaßt sind. Bei der schnell fortschreitenden Entwicklung ist es natürlich, daß heute gängige Technologien im Laufe der Zeit an Bedeutung verlieren, bzw. neue Schaltkreisfamilien entwickelt werden.

Als Schaltkreisfamilien bezeichnete man früher nur solche, die ein hinreichend großes Spektrum an logischen Schaltkreisen aufwiesen, so daß sich logische Schaltungen mit ausschließlich einer Schaltkreisfamilie realisieren ließen.

Heute besteht eine große Vielfalt an Technologien, die für unterschiedliche Anwendungsbereiche optimiert wurden. Dementsprechend werden heute Schaltkreise verschiedener Technologien nebeneinander zur Realisierung einer Schaltung eingesetzt. Hierdurch entstehen allerdings Anpassungsprobleme.

Neben den rein elektronischen Schaltkreisen gibt es elektromagnetische-, elektropneumatische-, Tieftemperatur-Schaltkreistechniken und weitere, die speziellen Anforderungen gerecht werden. Diese werden immer dort benötigt, wo die Halbleiterschaltkreise nicht zuverlässig oder gar nicht einsetzbar sind, z.B. bei hohen Temperaturen. In dem hier gestellten Rahmen werden diese Schaltkreistechniken nicht weiter vorgestellt.

Wie im Abschnitt 8.2.3 gezeigt wurde, lassen sich alle Schaltfunktionen von zwei Variablen durch wenige Funktionen (vollständige Systeme) ausdrücken. Entsprechend kann man einer Schaltkreisfamilie ein vollständiges System zugrundelegen und nur diese Funktionen durch logische Schaltkreise realisieren. Dies

geschieht in der Regel dann, wenn sich bestimmte Funktionen in einer Technologie besonders auszeichnen, z.B. durch einfachen Aufbau, kurze Durchlaufzeiten für Signale oder gute Ausgangseigenschaften. Häufiger werden jedoch bei
sehr verbreiteten Schalkreisfamilien eine Vielzahl von komplizierten Schaltfunktionen industriell realisiert. Dies führt einerseits zu einer großen Flexibilität
für den Anwender beim Entwurf von logischen Schaltungen, andererseits läßt
sich dann jedoch nicht mehr ein eindeutiges Verfahren zur Optimierung einer
Schaltung angeben. Auf dieses Problem wird noch im Kapitel 9 eingegangen.

8.3.2 Technische digitale Schaltkreise und Realisierung von logischen Grundfunktionen

Digitale Variable werden mit digitalen Schaltkreisen geschaltet. Allgemein nehmen digitale Variable nur diskrete Werte an. Bei der technischen Realisierung
werden fast immer binäre digitale Variable geschaltet, d. h. Variable mit den
Werten "1" und "0". Es kommen im wesentlichen technische Bauelemente zum
Einsatz, deren physikalische Eigenschaften genutzt werden, um den Zustand "1"
oder "0" bzw. "Ein" oder "Aus" einfach und sicher zu realisieren. Bauelemente,
die die Funktion des Schalters ausführen, sind hierfür besonders geeignet.

8.3.2.1 Das elektromagnetische Relais

Das Relais ist das älteste elektrische-/elektromechanische Bauelement für digitale
Schaltungen. Es existierten Relaisschaltungen bereits lange bevor Shannon in
den dreißiger Jahren versuchte, die Verfahren der mathematischen Logik auf
solche Schaltungen anzuwenden. Nachdem man zunächst glaubte, eine spezielle
Schaltalgebra gefunden zu haben, stellte sich später heraus, daß diese sogar vollkommen der mathematischen entspricht. Beim Bau der ersten Rechenanlagen in
der Relaistechnik konnte man bereits auf diese Algebra zurückgreifen.

Im einfachsten Fall besteht ein elektromagnetisches Relais (Bild 8.1) aus der
Wicklung (1), dem Kern (2), dem Anker (3) und zwei Arten von Kontakten: dem
im Ruhezustand geöffneten Kontakt (4) - Schließer (Arbeitskontakt) - und dem
im Ruhezustand geschlossenen Kontakt (5) - Öffner (Ruhekontakt).

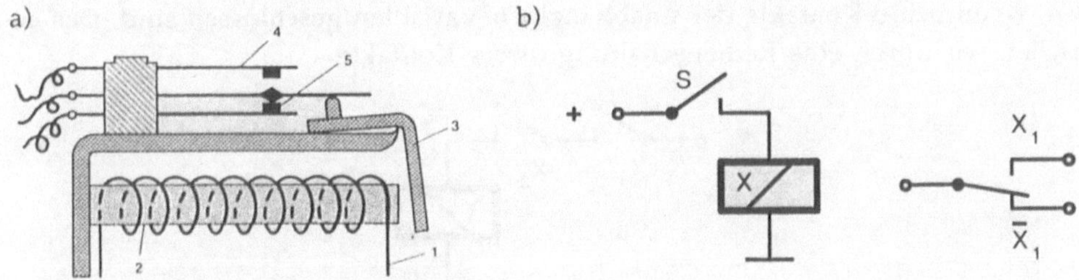

Bild 8.1: Elektromagnetisches Relais
     a) Aufbau,   b) Schaltung mit Symbolen

Bevor wir mit den Schaltungen selbst beginnen, müssen wir vorher folgendes vereinbaren:

1. Die gezeichneten Kontaktstellungen gelten für den stromlosen Zustand (Ruhestellung) des zugehörigen Relais.

2. Die Schalterstellung "Kontakt offen" wollen wir Zustand "0" und die Schalterstellung "Kontakt geschlossen" Zustand "1" nennen. Ebenso sollen ein stromdurchflossenes, also angezogenes Relais den Zustand "1" und ein stromloses, also abgefallenes Relais den Zustand "0" besitzen.

Wir wollen zunächst eine Realisierungsmöglichkeit für die Negation suchen. Unsere abhängige Variable oder auch Ausgangsfunktion sei durch das Relais Y dargestellt, die unabhängige Variable durch das Relais X.

Wir erreichen durch folgende Schaltung eine Negation:

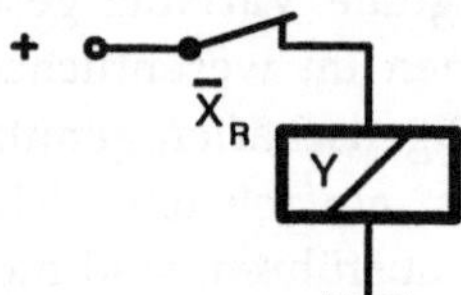

In den Stromkreis des Y-Relais legen wir den Ruhekontakt $\overline{X}_R$ des (hier nicht gezeichneten) X-Relais. Wir sehen sofort: Zieht das X-Relais an, öffnet der Kontakt $\overline{X}_R$ und das Y-Relais fällt ab und umgekehrt. Das Y-Relais hat also stets den umgekehrten Zustand wie das X-Relais. Die Negation kommt durch den Ruhekontakt zustande. Wir wollen Ruhekontakte im folgenden stets mit dem "negierten" Symbol des betätigenden Relais versehen.

Hätten wir statt des Ruhekontaktes einen Arbeitskontakt verwendet, so würde, wie leicht einzusehen ist, das Y-Relais stets den gleichen Zustand wie das X-Relais annehmen. Arbeitskontakte bezeichnen wir deswegen mit dem gleichen Symbol wie das betätigende Relais.

Nun wollen wir eine Schaltung für die UND-Funktion angeben. Betrachten wir zunächst nur zwei unabhängige Variable, so kann das Y-Relais nur dann anziehen, wenn beide Kontakte der unabhängigen Variablen geschlossen sind. Das erreichen wir durch eine Reihenschaltung dieser Kontakte.

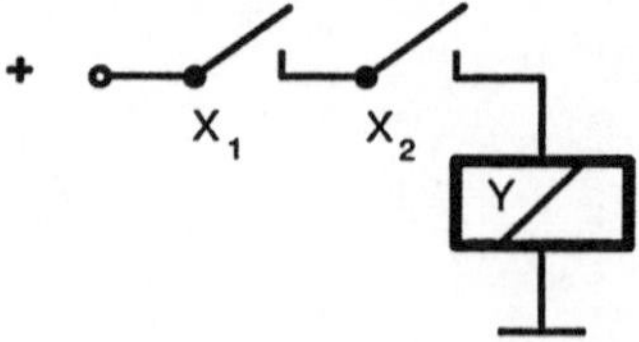

Wie sich daraus sofort ableiten läßt, gilt für n Variable die folgende Schaltung:

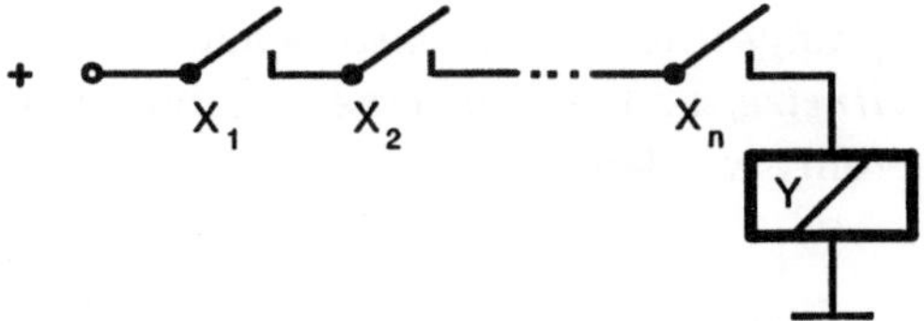

Eine Reihenschaltung von Arbeitskontakten ("Schließern") bewirkt eine "UND"-Verknüpfung. Das Kontaktnetzwerk hat Durchgang (ist "niederohmig"), wenn die Kontakte X_1 und X_2 und...X_n geschlossen sind. Mit der "Negation" und der "UND"-Funktion ist bereits ein vollständiges System gegeben.

Für die Realisierung von Schaltungen ist es jedoch zweckmäßig, wenigstens noch die "ODER"-Funktion verfügbar zu haben.

Eine Parallelschaltung von Schließern bewirkt eine "ODER"-Verknüpfung.

Bei zwei unabhängigen Variablen zieht das Y-Relais immer dann an, wenn mindestens einer der Kontakte geschlossen ist. Das erreichen wir durch eine Parallelschaltung der Kontakte. Das Kontaktnetzwerk hat Durchgang (ist niederohmig), wenn Kontakt X_1 oder Kontakt X_2 oder beide Kontakte geschlossen sind.

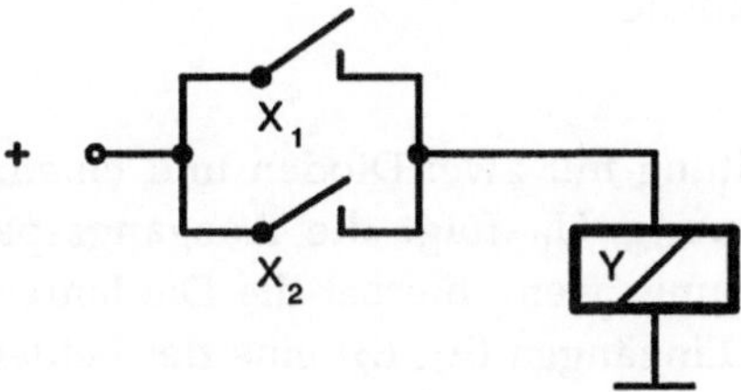

Für n unabhängige Variablen gilt entsprechend:

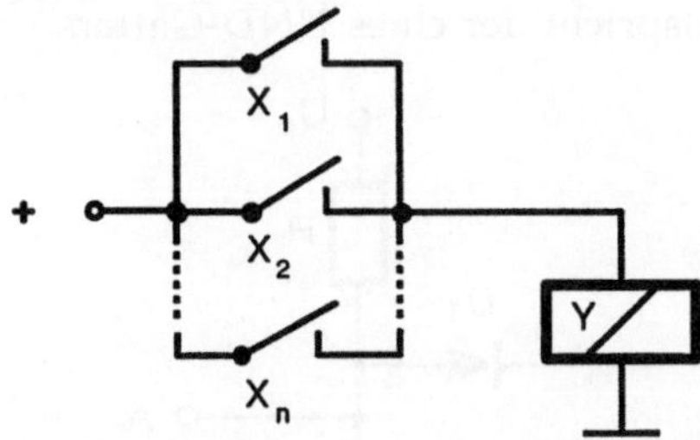

Wir können zusammenfassen: eine Negation läßt sich durch einen Ruhekontakt, eine UND-Funktion durch eine Reihenschaltung von Arbeitskontakten und eine ODER-Funktion durch eine Parallelschaltung von Arbeitskontakten realisieren.

Alle anderen Verknüpfungsschaltungen, also Schaltungen ohne Rückkopplungen, sogenannte *Schaltnetze*, können auf eine Kombination aus diesen Grundschaltungen zurückgeführt werden.

8.3.2.2 Die Diode als Schalter

Zur Realisierung von einfachen logischen Schaltkreisen können die Schalteigenschaften der Diode eingesetzt werden. Die in Bild 8.2 dargestellte Diodenkennlinie zeigt, daß die Diode bei positiver Diodenspannung leitet (Durchlaßbereich) und bei negativer Diodenspannung sperrt (Sperrbereich).

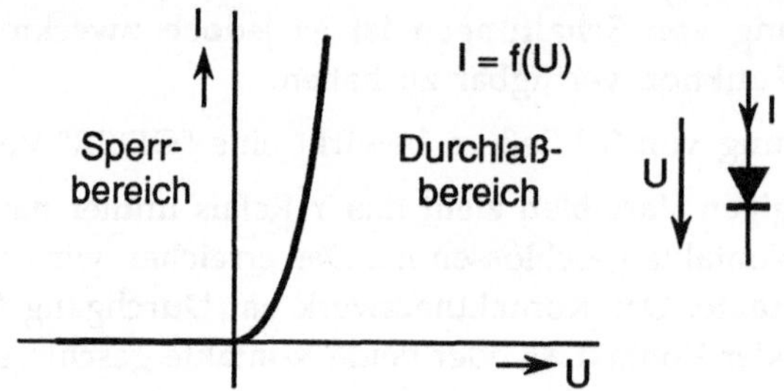

Bild 8.2 Die Diodenkennlinie

Bild 8.3 zeigt eine Schaltung mit zwei Dioden und einem Widerstand. Bei positiver Versorgungsspannung U_p folgt die Ausgangsspannung U_a immer der kleinsten Eingangsspannung, wenn hierbei die Diodenrestspannung vernachlässigt wird. Wenn an den Eingängen (E_1, E_2) eine der beiden Eingangsspannungen U_1 oder U_2 oder auch beide 0V annehmen, dann ist auch am Ausgang (A) die Ausgangsspannung $U_a \sim$ 0V. Nur wenn beide Eingangsspannungen positiv sind, d. h. U_1 und auch U_2 , dann ist auch die Ausgangsspannung $U_a \sim U_p$. Setzt man für 0V = "0" und für U_p = "1", so gilt die in Bild 8.3 gezeigte Zuordnungstabelle. Die logische Funktion entspricht der eines **UND**-Gatters.

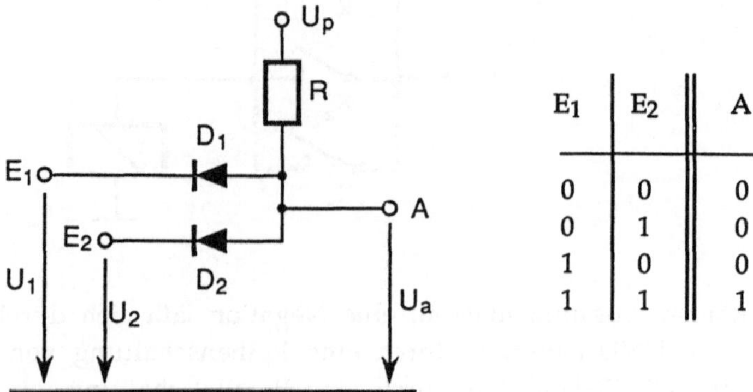

E_1	E_2	A
0	0	0
0	1	0
1	0	0
1	1	1

Bild 8.3 Dioden-UND-Gatter

Ordnet man die Bauelemente entsprechend Bild 8.4 an, so verhält sich die Schaltung anders. Hier folgt die Spannung U_a am Ausgang (A) immer der positivsten Eingangsspannung. Nur wenn die beiden Spannungen U_1 und U_2 an den Eingängen (E_1, E_2) auf 0V geschaltet werden, dann ist $U_a \sim 0V$. Setzt man für die positive Spannung logisch "1" und für die Spannung 0V logisch "0", so erhält man die in Bild 8.4 angegebene Tabelle. Damit realisiert diese Schaltung ein **ODER**-Gatter.

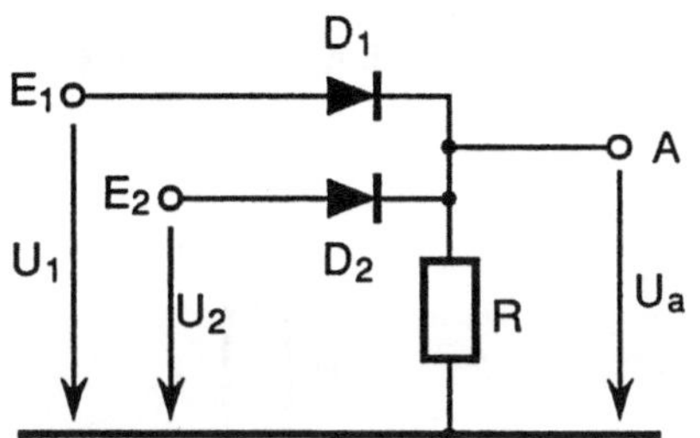

E_1	E_2	A
0	0	0
0	1	1
1	0	1
1	1	1

Bild 8.4 Dioden ODER-Gatter

Zu bemerken ist, daß die in Bild 8.3 und 8.4 gezeigten Schaltungen keine verstärkende Funktion haben und die Ausgangsspannung U_a stark von der Belastung der Gatter abhängt. Ebenfalls ist nur mit Dioden keine invertierende Funktion realisierbar. Deshalb werden in Schaltkreisfamilien die Diodengatter entweder in Kombination mit Transistoren eingesetzt oder völlig durch Transistoren ersetzt.

8.3.2.3 Der Transistor als Schalter

In modernen Schaltkreisfamilien wird hauptsächlich der Transistor eingesetzt. Dabei werden sowohl seine verstärkenden Eigenschaften als auch seine Eigenschaften als Schalter genutzt. Bild 8.5 zeigt das Kennlinienfeld des Transistors und seinen Einsatz als Schalter. Dargestellt ist der Kollektorstrom I_C über der Kollektor-Emitterspannung U_{CE}.

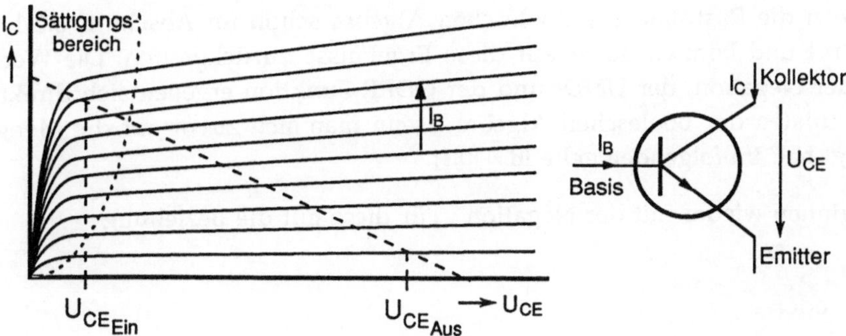

Bild 8.5 Transistorkennlinienfeld $I_C = f\,(U_{CE})$

Im leitenden Zustand liegt der Arbeitspunkt im Sättigungsbereich, hierbei nimmt die Kollektor-Emitterspannung den Wert U_{CEEin} an. Dieser Wert liegt bei Transistoren bei 0,1 bis 0,4 Volt. Im gesperrten Zustand stellt sich die Kollektor-Emitterspannung U_{CEAus} ein. Dieser Wert ist abhängig von der Versorgungsspannung und liegt bei den meisten Schaltkreisfamilien zwischen 3V und 5V. In Bild 8.6 erkennt man die invertierenden Eigenschaften des Transistors. Bei niedrigem Basisstrom I_B, hervorgerufen durch eine logische "0" am Eingangsschaltkreis, schaltet der Transistor auf U_{CEEin}. Damit liegt der Ausgang auf logisch "0".

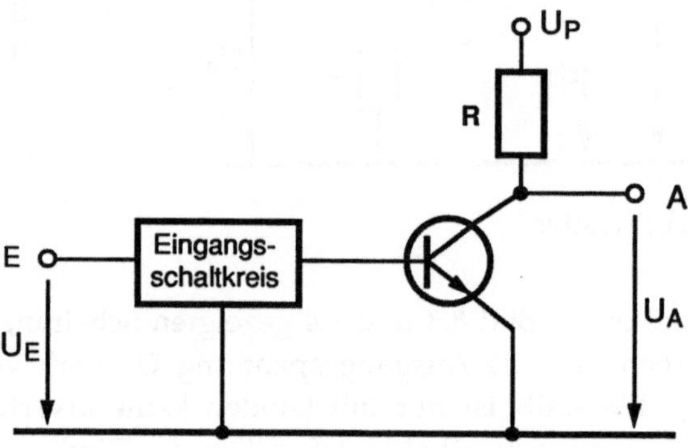

Bild 8.6 Der Transistor als Schalter und Inverter

Der Eingangsschaltkreis könnte z.B. ein Diodengatter oder auch ein weiterer Transistorschaltkreis sein, so daß **NAND-** und **NOR-** Gatter realisierbar sind.

8.3.2.4 Umsetzung der Postulate und Theoreme der Booleschen Algebra

Wir haben die Postulate der Booleschen Algebra schon im Abschnitt 8.2.1 kennengelernt und können daher auf diese Ergebnisse zurückgreifen. Die Wertetabellen der Negation, der UND- und der ODER-Funktion ergeben sich direkt aus den Postulaten der Booleschen Algebra, wenn man sich zuvor auf die Menge $\mathbb{B}$ festgelegt hat. Im folgenden gelte $\mathbb{B} = \{0,1\}$.

Wir beginnen wieder mit der Negation . Für diese gilt die Beziehung

$$Y = \overline{X}$$

oder

$$Y = 1 \quad \text{für} \quad X = 0$$
$$Y = 0 \quad \text{für} \quad X = 1 .$$

Diesen Sachverhalt können wir durch die obige Schreibweise folgendermaßen ausdrücken:

$$1 = \overline{0}$$
$$0 = \overline{1}\,.$$

Als nächstes betrachten wir die UND-Funktion von zwei Variablen. Es gilt

$$Y = X_1 \cdot X_2\,.$$

Die UND-Funktion besitzt folgende Wertetabelle

X_1	X_2	Y
0	0	0
0	1	0
1	0	0
1	1	1

Dann gilt

$$0 \cdot 0 = 0$$
$$0 \cdot 1 = 0$$
$$1 \cdot 0 = 0$$
$$1 \cdot 1 = 1$$

Wie wir sehen, stimmen diese Gleichungen formal mit der Multiplikation der herkömmlichen Algebra überein.

Als letztes wollen wir noch die Gleichungen betrachten, die sich aus der ODER-Funktion ergeben. Die ODER-Funktion wird beschrieben durch die Gleichung

$$Y = X_1 + X_2$$

und durch die Wertetabelle

X_1	X_2	Y
0	0	0
0	1	1
1	0	1
1	1	1

Aufgrund dieser Schreibweise und der Wertetabelle erhalten wir weitere Gleichungen:

$$0 + 0 = 0$$
$$0 + 1 = 1$$
$$1 + 0 = 1$$
$$1 + 1 = 1$$

Während die drei ersten dieser Gleichungen formal mit der herkömmlichen Algebra übereinstimmen, ergibt sich die erste wichtige Abweichung bei der letzten Gleichung.

Im folgenden sollen einige Theoreme, die z. T. schon in Abschnitt 8.2.2 abgeleitet wurden, allgemein durch Realisierungen mit Schaltern (Relais, Dioden oder Transistoren) plausibel gemacht werden.

Erläuterungen sind nur hinzugefügt, wenn es zum Verständnis notwendig erscheint.

1. $X + 0 = X$

2. $X + 1 = 1$

3. $X \cdot 1 = X$

4. $X \cdot 0 = 0$

5. $X + X = X$

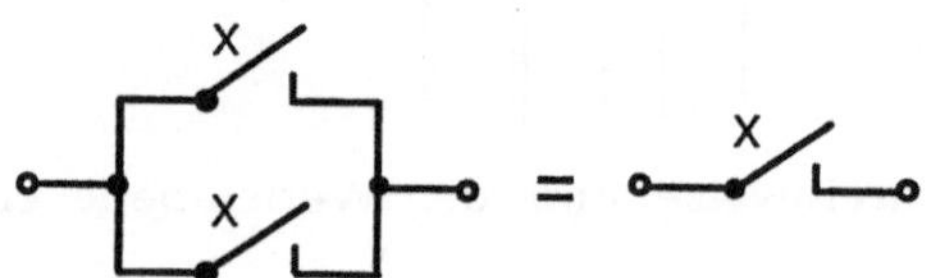

6. $X \cdot X = X$

7. $X + \overline{X} = 1$

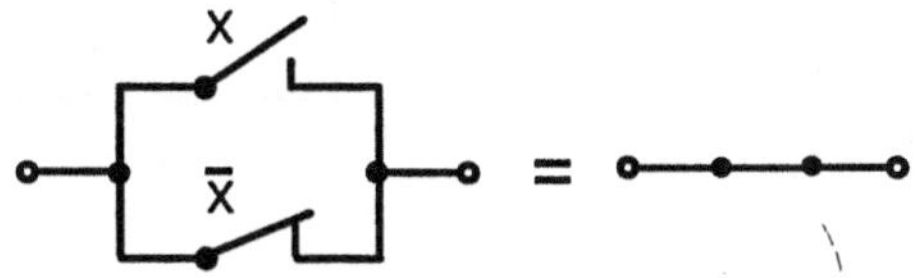

8. $X \cdot \overline{X} = 0$

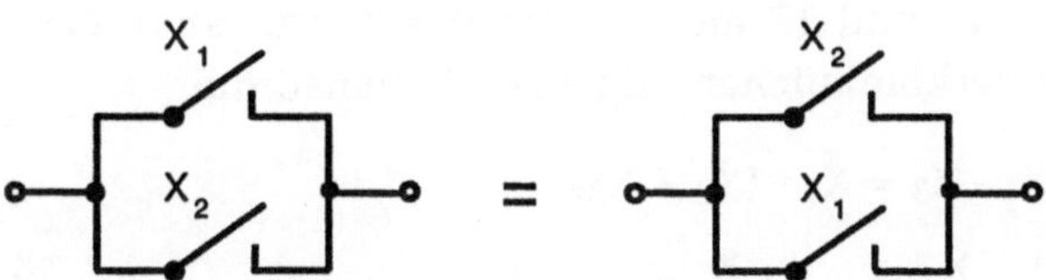

9. $X_1 + X_2 = X_2 + X_1$

10. $X_1 \cdot X_2 = X_2 \cdot X_1$

Die Schaltungen 9 und 10 modellieren das "Kommutative Gesetz", das formal mit dem entsprechenden Gesetz der herkömmlichen Algebra übereinstimmt.

11. $X_1 \cdot X_2 \cdot X_3 = (X_1 \cdot X_2) \cdot X_3 = X_1 \cdot (X_2 \cdot X_3) = X_2 \cdot (X_1 \cdot X_3)$

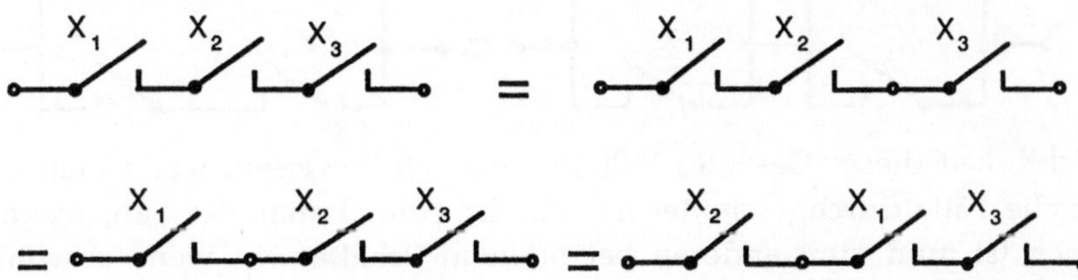

12. $X_1 + X_2 + X_3 = (X_1 + X_2) + X_3 = X_1 + (X_2 + X_3) = X_2 + (X_1 + X_3)$

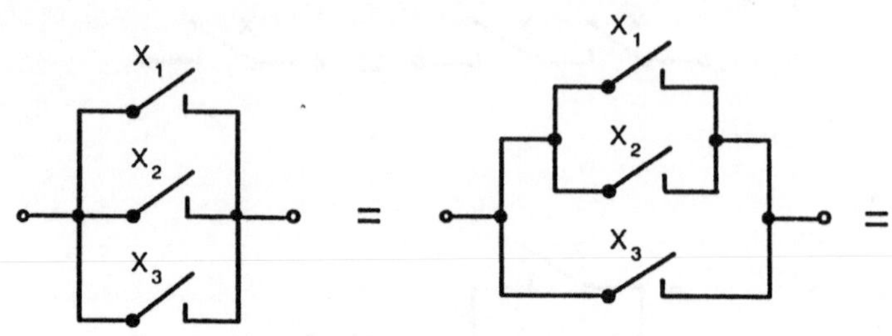

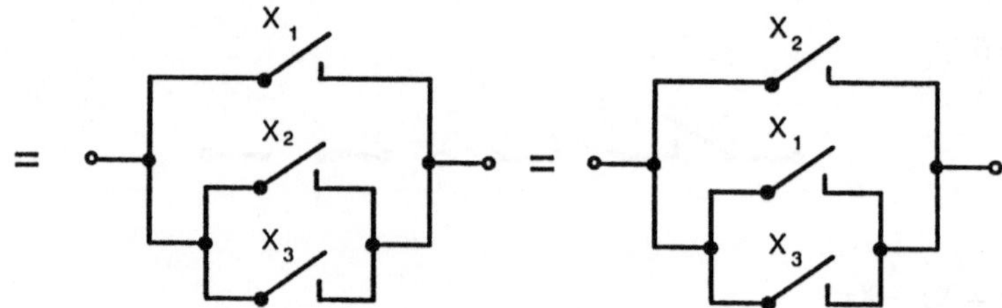

Die Schaltungen 11 und 12 modellieren das "Assoziative Gesetz", das ebenfalls formal mit der herkömmlichen Algebra übereinstimmt.

13. $X_1 \cdot X_2 + X_1 \cdot X_3 = X_1 \cdot (X_2 + X_3)$

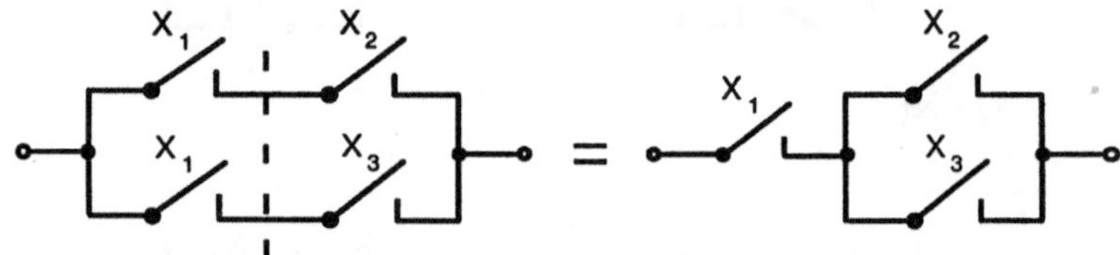

Unabhängig von den Schaltern X_2 und X_3 ist das Potential hinter dem Schalter X_1 (gestrichelte Linie) stets gleich, so daß wir die beiden Punkte verbinden können. Dann sind die beiden Schalter X_1 parallel geschaltet, wir können sie nach Gleichung 5 durch einen Schalter X_1 ersetzen und erhalten die Schaltung rechts.

14. $(X_1 + X_2) \cdot (X_1 + X_3) = X_1 + X_2 \cdot X_3$

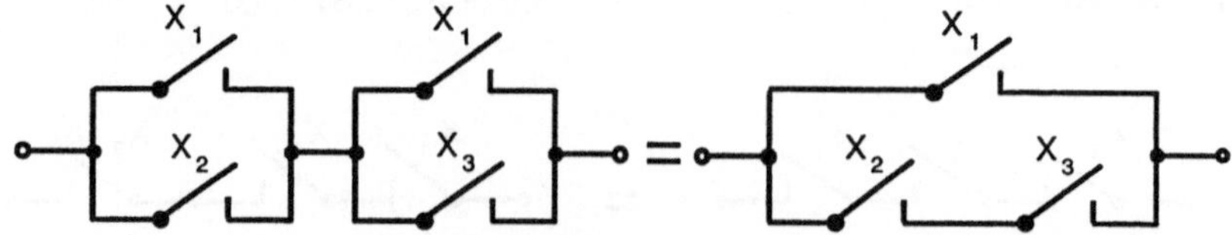

Die Richtigkeit dieses Gesetzes läßt sich einfach beweisen, wenn man überlegt, für welche Fälle durchgeschaltet ist. Das ist einmal stets der Fall, wenn X_1 geschlossen ist, und zum anderen bei offenem Schalter X_1, wenn sowohl X_2 als auch X_3 geschlossen sind.

15. $X_1 + X_1 \cdot X_2 = X_1$

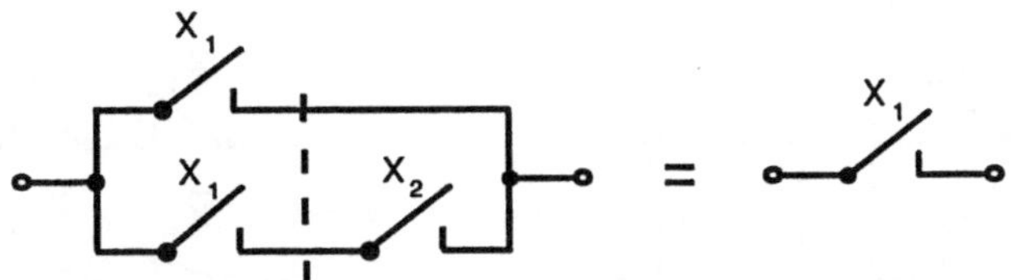

Ähnlich wie bei Schaltung 13 liegt auf der gestrichelten Linie gleiches Potential vor. Man kann die Punkte verbinden und schließt damit den Schalter X_2 kurz; X_2 ist logisch ohne Bedeutung!

16. $X_1 \cdot (X_1 + X_2) = X_1$

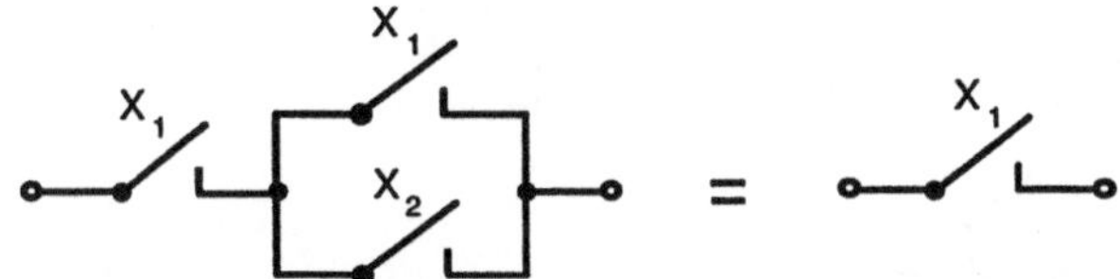

Wenn X_1 geschlossen ist, ist unabhängig von X_2 durchgeschaltet. Im umgekehrten Fall - X_1 offen - kommt der Schalter X_2 ebenfalls nicht zur Auswirkung. X_1 allein ist schaltungstechnisch und logisch ausreichend.

17. $X_1 \cdot (\overline{X_1} + X_2) = X_1 \cdot X_2$

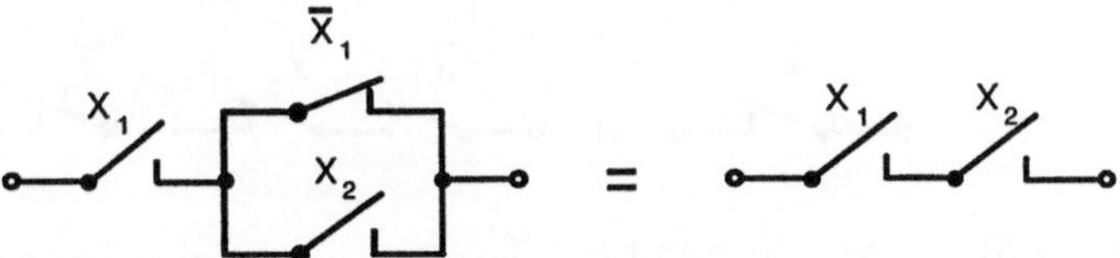

Wenn X_1 geschlossen ist, ist $\overline{X_1}$ offen, so daß nur die Verbindung $X_1 \cdot X_2$ wirksam ist. Wenn X_1 offen ist, kann nicht durchgeschaltet werden.

18. $X_1 + \overline{X_1} \cdot X_2 = X_1 + X_2$

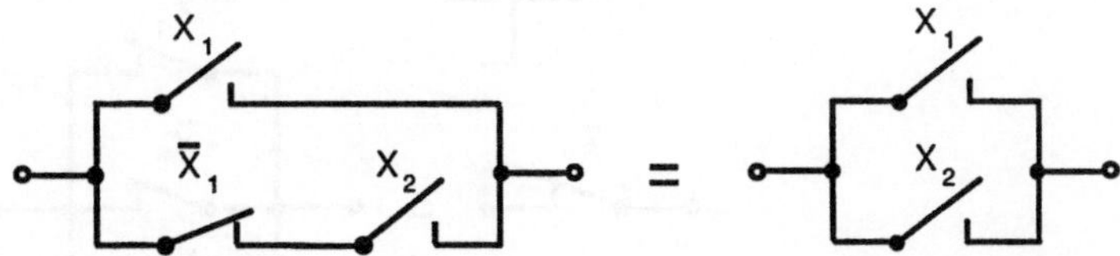

Bei offenem Schalter X_1 kann X_2 wirksam werden, bei geschlossenem Schalter X_1 ist ohnehin durchgeschaltet. $\overline{X_1}$ kann daher durch einen Kurzschluß ersetzt werden.

19. $(X_1 + X_2) \cdot (\overline{X_1} + X_3) = X_1 \cdot X_3 + \overline{X_1} \cdot X_2$

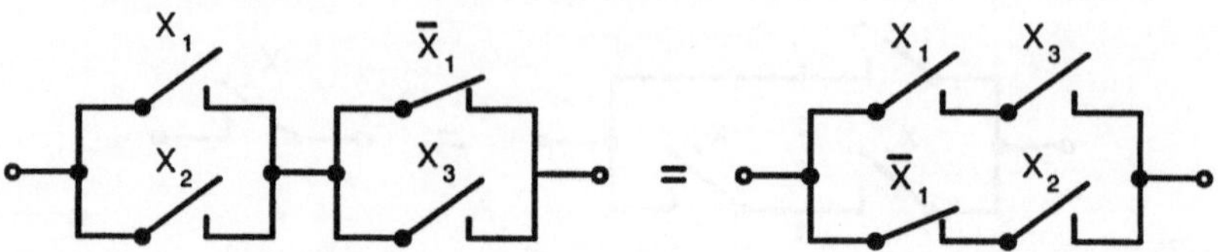

Wir können die Identität beider Schaltungen kontrollieren, indem wir wieder untersuchen, für welche Fälle durchgeschaltet wird. Wir sehen, daß der obere Zweig alleine nie wirksam wird, da $\overline{X_1}$ geschlossen ist, wenn X_1 geöffnet ist und umgekehrt. Es können nur die beiden Wege X_1 und X_3 oder X_2 und $\overline{X_1}$ durchschalten.

20. $\overline{X_1 + X_2 + \dots + X_n} \quad = \quad \overline{X_1} \cdot \overline{X_2} \cdot \dots \cdot \overline{X_n}$

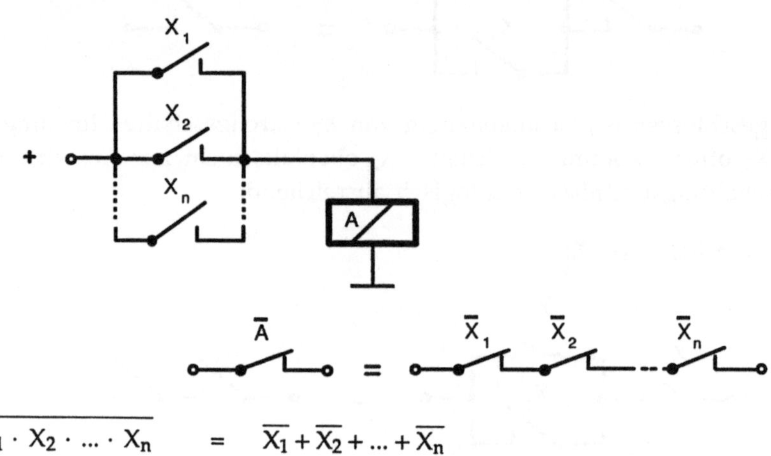

21. $\overline{X_1 \cdot X_2 \cdot \dots \cdot X_n} \quad = \quad \overline{X_1} + \overline{X_2} + \dots + \overline{X_n}$

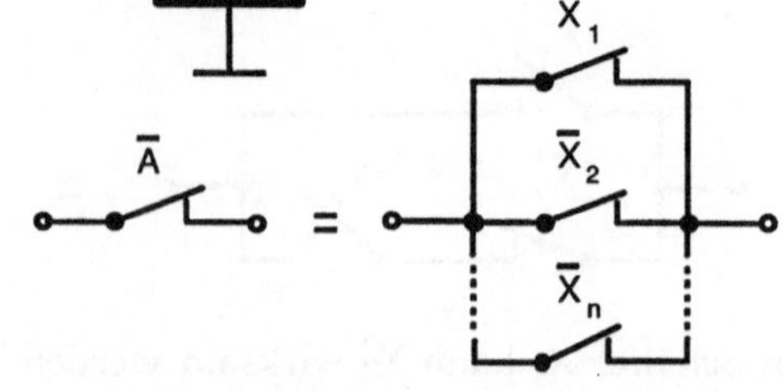

In den Schaltungen 20 und 21 wird das "Shannonsche Gesetz", eine Verallgemeinerung der de Morganschen Gesetze, modelliert.

Das Shannonsche Gesetz lautet:

$$\overline{f(X_1, X_2, X_3, ..., \overline{X_1}, \overline{X_2}, \overline{X_3}, ..., \cdot, +)} = f(\overline{X_1}, \overline{X_2}, \overline{X_3}, ..., X_1, X_2, X_3, ..., +, \cdot)$$

Im Fall der Schaltung 20 wird das Relais A aktiviert und damit die Ausgangs-variable $\overline{A}$ logisch "Null", wenn eine der Variablen X_i logisch "Eins" wird, also einer der Schalter X_i geschlossen ist. Das gleiche Ausgangssignal wird erreicht, wenn alle der negierten Variablen $\overline{X_i}$ logisch "Null" sind.

Im Fall der Schaltung 21 wird das Relais A aktiviert und damit die Ausgangsva-riable $\overline{A}$ logisch "Null", wenn alle Variablen X_i logisch "Eins" sind. Das gleiche Ausgangssignal wird erzielt, wenn mindestens eine der negierten Variablen $\overline{X_i}$ logisch "Null" ist.

Im folgenden sind einige Gesetze und Axiome noch einmal zusammengestellt:

Tabelle 8.6:   Zusammenstellung Boolescher Gesetze und Axiome

1.	$X + 0 = X$	6.	$X \cdot X = X$
2.	$X + 1 = 1$	7.	$X + \overline{X} = 1$
3.	$X \cdot 1 = X$	8.	$X \cdot \overline{X} = 0$
4.	$X \cdot 0 = 0$	9.	$X_1 + X_2 = X_2 + X_1$
5.	$X + X = X$	10.	$X_1 \cdot X_2 = X_2 \cdot X_1$

11. $X_1 \cdot X_2 \cdot X_3 = (X_1 \cdot X_2) \cdot X_3 = X_1 \cdot (X_2 \cdot X_3) = X_2 \cdot (X_1 \cdot X_3)$

12. $X_1 + X_2 + X_3 = (X_1 + X_2) + X_3 = X_1 + (X_2 + X_3) = X_2 + (X_1 + X_3)$

13. $X_1 \cdot X_2 + X_1 \cdot X_3 = X_1 \cdot (X_2 + X_3)$

14. $(X_1 + X_2) \cdot (X_1 + X_3) = X_1 + X_2 \cdot X_3$

15. $X_1 + X_1 \cdot X_2 = X_1$

16. $X_1 \cdot (X_1 + X_2) = X_1$

17. $X_1 \cdot (\overline{X_1} + X_2) = X_1 \cdot X_2$

18. $X_1 + \overline{X_1} \cdot X_2 = X_1 + X_2$

19. $(X_1 + X_2) \cdot (\overline{X_1} + X_3) = X_1 \cdot X_3 + \overline{X_1} \cdot X_2$

20. $\overline{X_1 + X_2 + ... + X_n} = \overline{X_1} \cdot \overline{X_2} \cdot ... \cdot \overline{X_n}$

21. $\overline{X_1 \cdot X_2 \cdot ... \cdot X_n} = \overline{X_1} + \overline{X_2} + ... + \overline{X_n}$

8.3.3 Schaltungssymbole digitaler Grundschaltungen

Digital arbeitende Geräte bestehen im allgemeinen aus nur wenigen, verschiedenen Grundschaltungen (wie z.B. Gattern), die jedoch in großer Stückzahl vorkommen und in geeigneter Weise untereinander verschaltet sind. Für diese Grundschaltungen sind bestimmte Symbole definiert und genormt worden, die unabhängig von der technischen Realisierung gültig sind, also auch für beliebige Technologien gelten! Im Bild 8.7 sind die wichtigsten Grundschaltungen zusammengestellt:

Name	Symbol nach DIN	Von uns verwendetes Symbol
UND-Gatter	$X_1, X_2, \ldots, X_n$ → [&] → Y	$X_1, X_2, \ldots, X_n$ → (AND) → Y
ODER-Gatter	$X_1, X_2, \ldots, X_n$ → [≥1] → Y	$X_1, X_2, \ldots, X_n$ → (OR) → Y
Inverter	X → [1] ○→ Y	X → (NOT) ○→ Y
NAND-Gatter	$X_1, X_2, \ldots, X_n$ → [&] ○→ Y	$X_1, X_2, \ldots, X_n$ → (AND) ○→ Y
NOR-Gatter	$X_1, X_2, \ldots, X_n$ → [≥1] ○→ Y	$X_1, X_2, \ldots, X_n$ → (OR) ○→ Y

Bild 8.7:   Schaltungssymbole digitaler Grundschaltungen

Für viele digital arbeitende Schaltnetze sind diese Grundschaltungen ausreichend. Da die Schaltsymbole nach DIN (auf einen Blick) schwerer erkennbar sind, verwenden wir im weiteren die daneben gezeichneten Symbole.

8.4 Venn- und Karnaugh-Veitch-Diagramme

Wie wir in den vorhergehenden Abschnitten gesehen haben, werden viele Vereinfachungen dadurch erzielt, daß nach Ausklammern von gemeinsamen Ausdrücken (Anwendung der Distribution) Ausdrücke der Form $X + \overline{X} = 1$ entstehen. Diese können bei einer UND-Verknüpfung entfallen. Es gibt graphische Methoden, die diese "Ausklammertechnik" in sehr übersichtlicher Form darstellen.

Diese Variante der Darstellung der Booleschen Algebra beruht auf dem sogenannten Mengen- oder Klassenmodell. Die Elemente, z.B. der Menge $\mathbb{B}$, sind selbst Mengen, die durch ebene Flächenstücke in Form von sogenannten Venn-Diagrammen[2] dargestellt werden können (Bild 8.8):

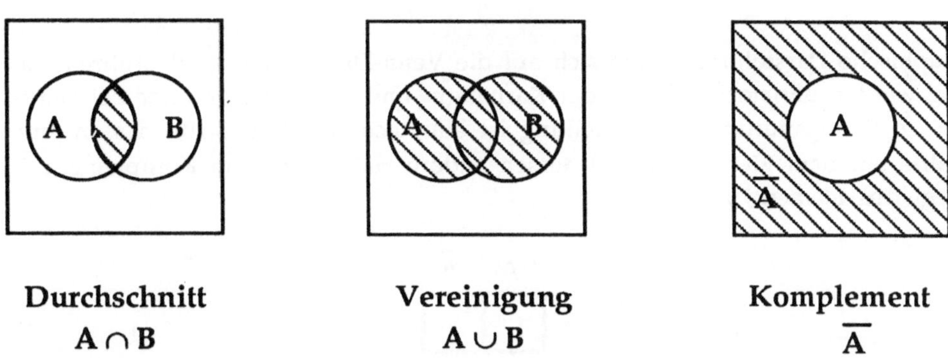

Durchschnitt	Vereinigung	Komplement
$A \cap B$	$A \cup B$	$\overline{A}$

Bild 8.8: Venn-Diagramme

In anschaulicher Weise lassen sich Durchschnitt, Vereinigung und Komplement zuordnen. Bei der Komplementbildung ist zu beachten, daß entsprechend Axiom (BA5) $A + \overline{A} = 1$ gefordert wird. Demgemäß entspricht die gesamte Fläche des Quadrates der 1; diese 1 ist im Klassenmodell als "Allmenge" I zu interpretieren, entsprechend ist die 0 als "leere Menge" $\emptyset$ zu interpretieren.

Die Venn-Diagramme finden eine sinnvolle Anwendung beim Beweis von Sätzen der Booleschen Algebra. Die Darstellung der de Morganschen Regel $\overline{A + B}$ $= \overline{A} \cdot \overline{B}$ in einem Venn-Diagramm (Bild 8.9) sei hier als Beispiel gewählt. Die Richtigkeit dieser Regel ist sofort erkennbar[3] ; das doppelt schraffierte Gebiet entspricht einerseits dem Komplement der Vereinigung der Gebiete A und B und andererseits dem Durchschnitt der Komplemente der Gebiete A und B.

---

[2] J.Venn (1834-1923), englischer Logiker

[3] Man beachte, daß hier nur die Richtigkeit der Regel $\overline{A + B} = \overline{A} \cdot \overline{B}$ für den Fall, daß sich A und B zum Teil überdecken, gezeigt wird. Der Vollständigkeit halber müßten auch noch die Fälle $A \cdot B = 0$ und $A \cdot B = A$ bzw. $A \cdot B = B$ unterschieden werden.

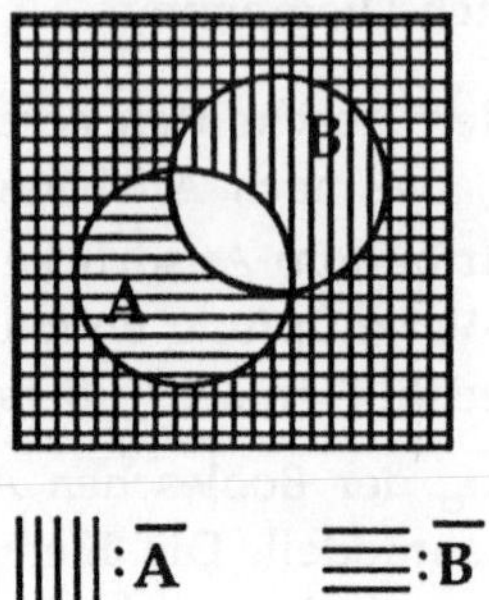

$\text{||||} : \overline{A} \qquad \equiv : \overline{B}$

Bild 8.9: Venn-Diagramm

Graphische Darstellungen, die sich auf die Venn-Diagramme zurückführen lassen, werden uns noch in Form der Karnaugh- und Veitch-Diagramme beschäftigen. Ausgangspunkt der Darstellung ist ein Rechteck (Bild 8.10), dessen eine
Hälfte wir dem Element A und dessen andere Hälfte wir dem Komplement $\overline{A}$
(negiertes Element) zuordnen.

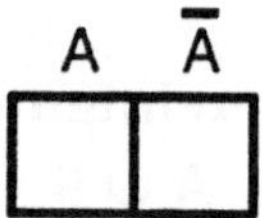

Bild 8.10: Darstellung eines Elementes und seines Komplementes
               durch zwei Felder

Aufgrund der definierten Verknüpfungen "+" und "·" wird ein Boolescher
Ausdruck sich aus mehreren Elementen zusammensetzen, so daß sich bei einer
entsprechenden Darstellung die Notwendigkeit zur Erweiterung des Diagramms
ergibt. Im wesentlichen gibt es zwei Möglichkeiten, die im folgenden unter a)
und b) aufgeführt werden:

a)   Erweiterung durch Spiegelung des Diagramms. Ausgehend von der Dar-
       stellung eines Elementes zusammen mit seinem Komplement in Bild 8.10
       wird dabei für jedes weitere Element zusammen mit seinem Komplement
       das ganze Diagramm durch Spiegelung an einer seiner Achsen (die in Bild
       8.11 strichpunktiert eingezeichnet sind), verdoppelt.

       Ursprünglicher bzw. gespiegelter Bereich sind dann dem neu hinzuge-
       kommenen Element bzw. seinem Komplement zuzuordnen. Diese Zu-
       ordnung ist willkürlich. Sie wurde in Bild 8.11 so vorgenommen, daß der
       gespiegelte Bereich des Diagramms dem neuen Element zugewiesen

wurde. Man kennzeichnet dabei meistens nur diejenigen Spalten bzw. Zeilen, die den "wahren" Elementen zugeordnet sind. Da sich die Bereiche der Elemente und ihrer Komplemente überlagern, entspricht jedes Feld des Diagramms einer bestimmten Kombination von Elementen und negierten Elementen. So ist z.B. in Bild 8.11 das Feld in der linken oberen Ecke der Diagramme derjenigen Kombination zugeordnet, in der alle Elemente negiert sind.

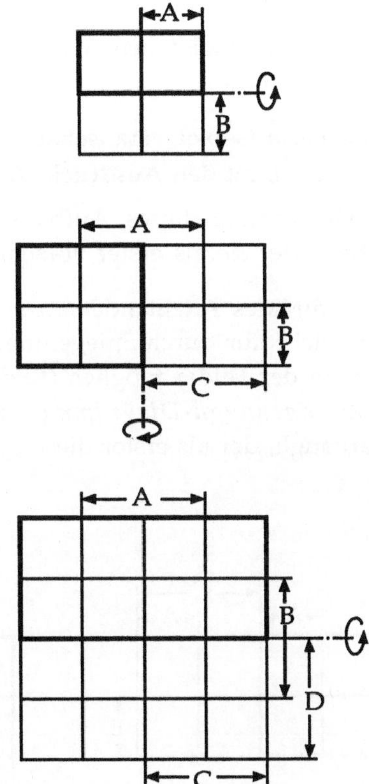

Bild 8.11: Veitch-Diagramme

Die Darstellung eines Booleschen Ausdrucks in einem solchen Diagramm erfolgt so, daß alle Felder des Diagramms schraffiert werden, für die der vorgegebene Boolesche Ausdruck (entsprechend der Wertetabelle) eine Kombination von Elementen und Komplementen enthält. Ein Beispiel möge das verdeutlichen. Gegeben sei der Boolesche Ausdruck $(A + B \cdot \overline{C})$. In Bild 8.12 sind dementsprechend die Felder schraffiert, die zum einen das Element A repräsentierende Gebiet ausmachen und zum anderen den Durchschnitt der Gebiete $(B \cdot \overline{C})$ darstellen.

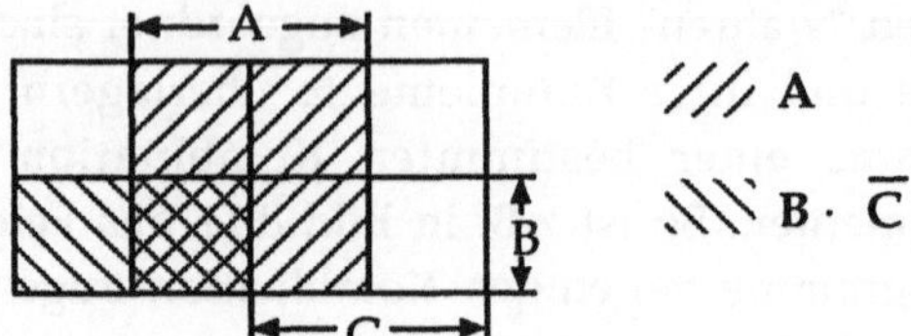

Bild 8.12: Darstellung des Booleschen Ausdrucks $(A + B \cdot \overline{C})$ in einem Veitch-Diagramm

Das gesamte schraffierte Gebiet veranschaulicht die Vereinigung der Gebiete A und $B \cdot \overline{C}$ und somit den Ausdruck $(A + B \cdot \overline{C})$.

Man bezeichnet Diagramme dieses Aufbaus nach dem amerikanischen Mathematiker Veitch, der sie als erster vorschlug, als *Veitch-Diagramme.*

b)   Erweiterung durch direktes Aneinandersetzen. Eine Erweiterung des Diagramms ist jedoch nicht nur durch Spiegelung, sondern auch durch direktes Aneinandersetzen der Felder möglich (Bild 8.13). Man erhält auf diese Weise sogenannte *Karnaugh-Diagramme* (nach dem amerikanischen Mathematiker Karnaugh, der als erster diesen Aufbau vorschlug).

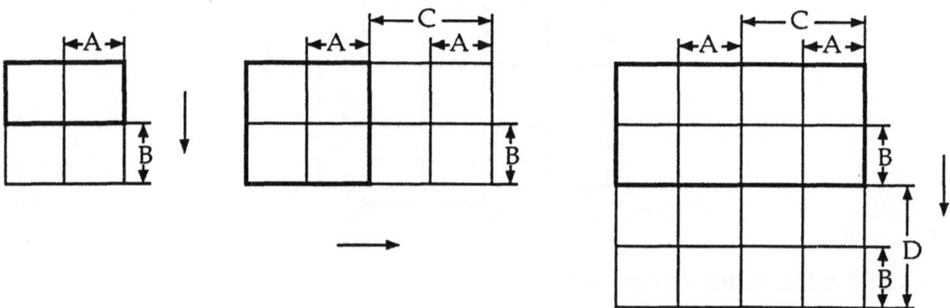

Bild 8.13: Karnaugh-Diagramme

Sie unterscheiden sich nur dadurch von den Veitch-Diagrammen, daß die Bereiche, die den Elementen und ihren Komplementen zugewiesen werden, anders verteilt sind. Das Beispiel der Darstellung des Booleschen Ausdrucks $(A + B \cdot \overline{C})$ in Bild 8.14 mag diesen Sachverhalt belegen.

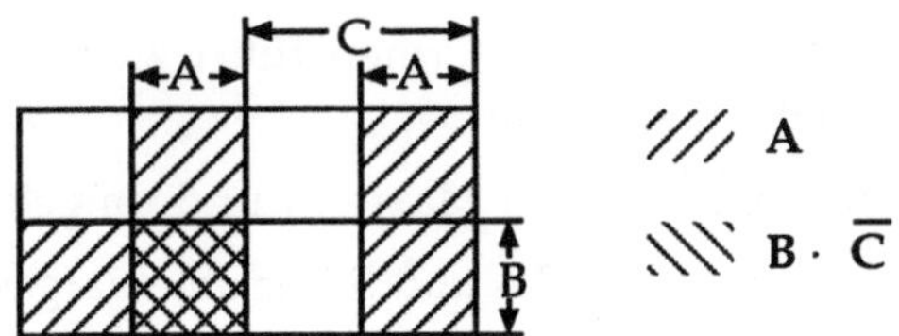

Bild 8.14: Darstellung des Booleschen Ausdrucks (A + B · C̄) in einem Karnaugh-Diagramm

Der Unterschied zwischen beiden Diagrammtypen spielt für die praktische Anwendung eine untergeordnete Rolle und man spricht deshalb allgemein vom "Karnaugh-Veitch-Diagramm" (KV-Diagramm). Die Karnaugh-Veitch-Diagramme verdanken ihre Bedeutung der Tatsache, daß sich mit ihrer Hilfe Boolesche Funktionen besonders leicht und anschaulich vereinfachen lassen.

Die gesamte Fläche, die ein KV-Diagramm ausmacht, entspricht der sogenannten Allmenge I. Das Komplement zu I, die leere Menge $\emptyset$, wird im Diagramm durch kein Gebiet dargestellt, was sich aus der korrekten Interpretation des Axioms $A + \bar{A} = 1$ mit $A = I$ und $\bar{A} = 0$ durch ein Diagramm ergibt. Innerhalb des Diagramms bezeichnen wir jetzt das die leere Menge $\emptyset$ repräsentierende Gebiet als *kleinstes Gebiet*, das die Allmenge I repräsentierende Gebiet als *größtes Gebiet*.

Definition: Minimales Gebiet

Ein Gebiet G heißt minimal , wenn es im Karnaugh-Veitch-Diagramm kein Gebiet außer dem kleinsten Gebiet gibt, das kleiner als G ist.

Definition: Maximales Gebiet

Ein Gebiet G heißt maximal, wenn es im Karnaugh-Veitch-Diagramm kein Gebiet außer dem größten Gebiet gibt, das größer als G ist.

Anschaulich ist ein minimales Gebiet ein einzelnes Quadrat, ein maximales Gebiet die ganze Fläche bis auf ein einzelnes Quadrat in einem KV-Diagramm.

Ein **Minterm** wird in einem KV-Diagramm durch ein **minimales** Gebiet repräsentiert. Entsprechend wird ein **Maxterm** durch ein **maximales** Gebiet dargestellt, wie es Bild 8.15 zeigt.

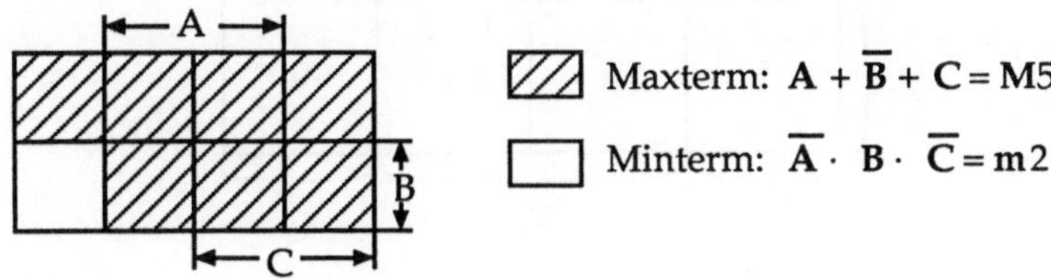

Bild 8.15: Zur graphischen Interpretation von Maxterm und Minterm

Diese Interpretation von Min- und Maxtermen führt zu einer elementaren Beziehung zwischen Min- und Maxtermen:

Das Komplement eines Minterms ist ein Maxterm und umgekehrt.

Abschließend sollen Diagramme für 2,3,4 und 5 Variable dargestellt werden.

Für *zwei Variable* hat das Karnaugh-Veitch-Diagramm folgendes Aussehen (Bild 8.16):

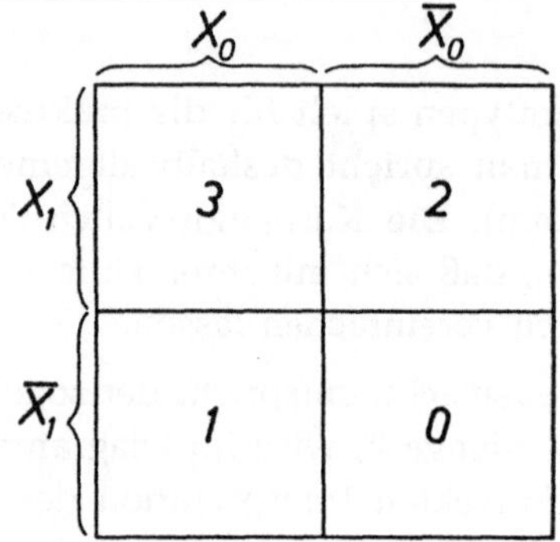

X_1	X_0	Dez. Zahl
0	0	0
0	1	1
1	0	2
1	1	3

Bild 8.16: KV-Diagramm für zwei Variable

Um Schreibarbeit zu sparen, sind in den einzelnen Feldern nicht die jeweiligen UND-Funktionen angegeben, sondern nur diejenige Dezimal-Äquivalente, die der UND-Kombination im Binärcode entspricht. Außerdem ist die Zuordnung der Felder zu den Variablen durch die Klammern am Rande des Diagramms noch einmal angegeben.

Für *drei Variable* sieht das KV-Diagramm folgendermaßen aus:

Bild 8.17: KV-Diagramm für drei Variable

Bei *vier Variablen* müssen 16 Felder vorhanden sein:

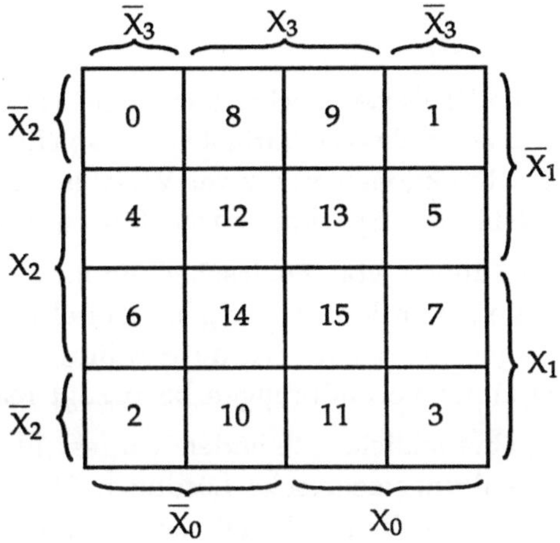

Bild 8.18: KV-Diagramm für vier Variable

Schließlich nimmt das Veitch-Diagramm bei *fünf Variablen* (Bild 8.19) die folgende Form an.

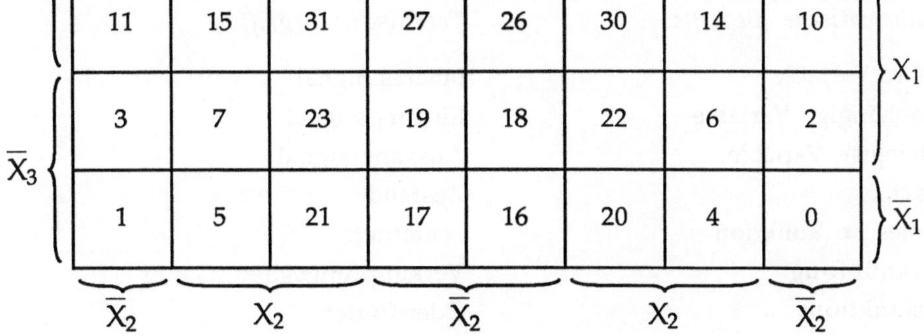

Bild 8.19: KV-Diagramm für fünf Variable

9 Schaltnetze

9.1 Definitionen

In Kapitel 8 haben wir die Boolsche Algebra kennengelernt. Insbesondere wurde gezeigt, daß sich Funktionen mehrerer Variablen auf solche mit nur zwei Variablen und alle möglichen Funktionen von zwei Variablen auf eine oder wenige solcher Funktionen (vollständige Systeme) zurückführen lassen.

Die technischen Realisierungen von Booleschen Funktionen von zwei Variablen (Grundverknüpfungen) wurden im vorigen Kapitel als Verknüpfungschaltungen oder Gatter vorgestellt. Dabei wurde erwähnt, daß in verschiedenen Schaltkreisfamilien bestimmte Verknüpfungen bevorzugt realisiert werden.

Im folgenden werden gebräuchliche Methoden vorgestellt , um mit möglichst minimalem Aufwand schaltungstechnische Lösungen für bestimmte Arten von Digitalschaltungen bei vorgegebenen Bauelementen zu finden. Die hier gemeinten Arten von Digitalschaltungen fallen unter den Begriff der *Schaltnetze*.

Definition:

Ein *Schaltnetz* ist eine Anordnung, die digitale Signale derart verarbeitet, daß die Zustände der Signale an den Ausgängen zu jedem beliebigen Zeitpunkt allein von den Zuständen der Signale an den Eingängen abhängen.

(Die bei jeder technischen Realisierung entstehenden Übergangs- und Verzögerungszeiten sollen hierbei zunächst außer Betracht bleiben).

In der Tabelle 9.1 sind zur Verdeutlichung der Bezüge zwischen den verschiedenen mathematischen Begriffen auf der einen und den schaltungstechnischen auf der anderen Seite die wichtigsten Begriffe gegenübergestellt:

Tabelle 9.1: Mathematische und technische Begriffe

Mathematische Begriffe:	*Technische Begriffe:*
binäre Variable	binäres Signal
unabhängige Variable	Eingangssignal
abhängige Variable	Ausgangssignal
Wert	Zustand
Boolesche Funktion	Schaltnetz
Verknüpfung	Verknüpfungsglied, Gatter
Disjunktion	Oder-Gatter
Konjunktion	Und-Gatter
Negation	Invertierung
Identität	Leitungsverbindung

Wir werden uns auf binäre Signale beschränken. So wie die binären Signale physikalische Darstellungen der Booleschen Variablen (binäre Schaltvariable) sind, sind die Schaltnetze allgemein die Realisierungen von Booleschen Funktionen.

Die Anordnung der Verknüpfungsglieder eines Schaltnetzes weist eine Baumstruktur auf, d. h. es können Verknüpfungsglieder hintereinander oder parallel angeordnet werden, aber es dürfen keine Rückführungen von Ausgängen einer Stufe auf Eingänge der gleichen oder einer vorherigen Stufe vorhanden sein. Ein Beispiel zeigt Bild 9.1.

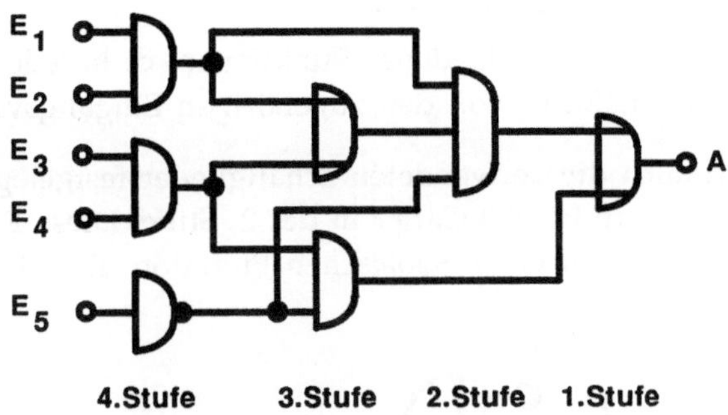

Bild 9.1: Beispiel eines 4-stufigen Schaltnetzes

Allgemein bewirkt ein Schaltnetz eine Zuordnung von n Eingangsvariablen $E_1,...,E_n$ zu m Ausgangsvariablen $A_1,...,A_m$ (Bild 9.2).

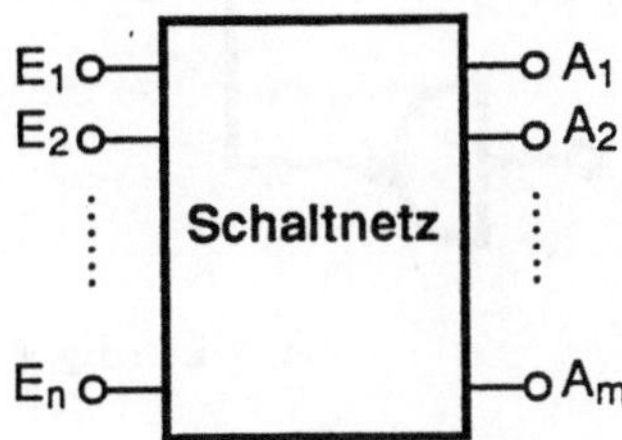

Bild 9.2: Schematische Darstellung eines Schaltnetzes

Faßt man die Eingangs- und Ausgangsvariablen zu Vektoren zusammen, so kann man auch abkürzend schreiben:

$$\underline{A} = \underline{f}\,(\underline{E}),$$

wenn mit $\underline{f}$ ein *Bündel Boolescher Funktionen*, die das Schaltnetz ausführt, bezeichnet wird.

9.2 Minimierung von Schaltnetzen

Unter Minimierung versteht man Verfahren, die es ermöglichen, ein Schaltnetz mit minimalem Aufwand an Schaltgliedern zu entwerfen.

Das Minimum, das von den Verfahren angestrebt wird, ist wie folgt definiert und eingeschränkt:

1. Minimale Anzahl von Eingängen der Schaltglieder.

2. Minimale Anzahl von Schaltgliedern.

3. Möglichst zweistufige Schaltnetze.

4. Keine Verkopplung verschiedener Funktionen, d. h. jede Ausgangsvariable ist definitionsgemäß nur von den zugehörigen Eingangsvariablen abhängig.

In der Regel sind auch die verwendeten Schaltglieder festgelegt, nämlich ODER-Gatter in der 1. Stufe und UND-Gatter in der 2. Stufe. Diese Realisierung basiert auf der disjunktiven Form einer Booleschen Funktion. Ein einfaches Beispiel ist in Bild 9.3 dargestellt.

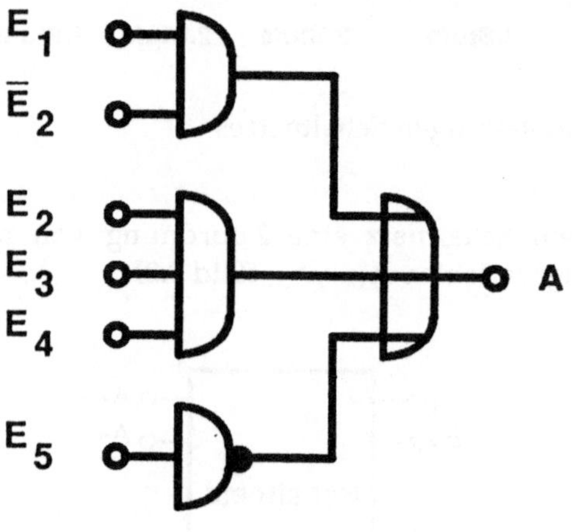

$$A = E_1 \cdot \overline{E}_2 + E_2 \cdot E_3 \cdot E_4 + \overline{E}_5$$

Bild 9.3: Zweistufiges Schaltnetz mit einem Ausgang als Realisierung der disjunktiven Form einer Booleschen Funktion.

Der logische Ausdruck in Bild 9.3 würde zweckmäßig in NAND-Gatter- oder NOR-Gatter-Schaltungen umgesetzt werden, wenn die zu verwendenden Schaltkreisfamilien dies vorteilhaft erscheinen lassen.

Aber man muß sich darüber im klaren sein, daß die minimale Lösung nicht unbedingt eine optimale sein muß, wenn man noch Gesichtspuntkte wie Preis, Geschwindigkeit, Leistungsdaten, Verdrahtungsaufwand und Typen von Gattern je integriertem Schaltkreisgehäuse heranzieht. Vor allem bei den neuesten technologischen Entwicklungen, die bereits sehr komplexe Schaltnetze integrieren, hat die Minimierung an Bedeutung verloren. Trotzdem scheint es sinnvoll, die Minimierungsverfahren ihrer Systematik wegen zu behandeln. Hierbei muß man zwei Arten unterscheiden:

1. Einfache, handliche Verfahren, die es ermöglichen, kleinere Schaltnetze (bis zu 6 Eingangsvariablen) zu vereinfachen. Sie basieren überwiegend auf den graphischen Darstellungen (Diagrammen).

2. Algorithmen, die es erlauben, auch umfangreiche Schaltnetze zu minimieren. Ihre Anwendung ist manuell meist unhandlich, sie lassen sich jedoch programmieren und mit Rechenanlagen ausführen.

9.2.1 Minimierung durch direkte Anwendung der Booleschen Algebra

Die Vereinfachung von Booleschen Funktionen durch direkte Anwendung der Gesetze der Booleschen Algebra (s. Kapitel 8) geht stets von den kanonischen Formen, der disjunktiven oder konjunktiven Normalform, aus. Diese können, wenn die Funktion durch eine Funktionstabelle beschrieben ist, direkt angegeben werden.

Ist die Funktion nicht durch eine Tabelle gegeben, sondern z.B. durch eine verbale Beschreibung oder eine Schaltung, die in eine andere Schaltkreistechnologie umzusetzen ist, so muß die Normalform erst gefunden werden. Bei einer verbalen Beschreibung geschieht dies über die Funktionstabelle oder über ein Diagramm, sonst über eine Funktionsgleichung, die ebenfalls mit den Gesetzen der Booleschen Algebra, wie z.B. die de Morganschen Gesetze, in eine "Disjunktive Normalform" (DN) oder "Konjunktive Normalform (KN) umgeformt werden kann.

Beispiel 9.1: Dualaddierer für eine Binärstelle

Gegeben ist das in Bild 9.4 dargestellte Blockschaltbild eines Dualaddierers. Es soll eine äquivalente Gatterschaltung gefunden werden.

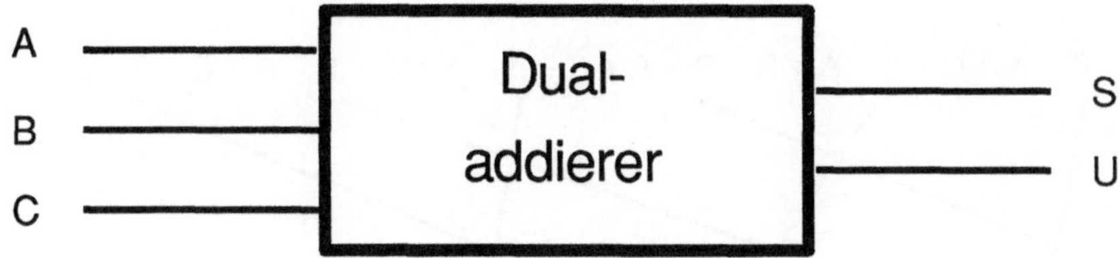

Bild 9.4: Blockschaltbild eines Dualaddierers für eine Binärstelle

Die logische Funktion des Dualaddierers ist in der folgenden Tabelle 9.2 angegeben.

Tabelle 9.2: Funktionstabelle für den Dualaddierer

A	B	C	S	U
0	0	0	0	0
0	0	1	1	0
0	1	0	1	0
0	1	1	0	1
1	0	0	1	0
1	0	1	0	1
1	1	0	0	1
1	1	1	1	1

Es gelten die folgenden Funktionsgleichungen für die Summe S und den abgehenden Übertrag U in Abhängigkeit der Summanden A und B sowie des ankommenden Übertrages C:

$$U = C \cdot (B \cdot \overline{A} + \overline{B} \cdot A) + B \cdot A \tag{9.1}$$

$$S = C \cdot (B \cdot A + \overline{B} \cdot \overline{A}) + \overline{C} \cdot (B \cdot \overline{A} + \overline{B} \cdot A) \tag{9.2}$$

Wir wollen nur diese beiden Gleichungen vereinfachen, da wir in der Gatterschaltung sehr leicht $\overline{U}$ durch Invertierung von U bilden können. Wir bringen die Gleichungen mit Hilfe der Distributiv-, Idempotenz- und Expansionsgesetze in die disjunktiven Normalformen:

$$U = C \cdot B \cdot \overline{A} + C \cdot \overline{B} \cdot A + B \cdot A \cdot (C + \overline{C})$$
$$U = C \cdot B \cdot \overline{A} + C \cdot \overline{B} \cdot A + C \cdot B \cdot A + \overline{C} \cdot B \cdot A \tag{9.3}$$

$$S = C \cdot B \cdot A + C \cdot \overline{B} \cdot \overline{A} + \overline{C} \cdot B \cdot \overline{A} + \overline{C} \cdot \overline{B} \cdot A \tag{9.4}$$

Dann versuchen wir, diese Gleichungen mit Hilfe der Distributiv-, Idempotenz-, Absorptions- und Reduktionsgesetze wieder zu vereinfachen:

$$U = C \cdot B \cdot \overline{A} + C \cdot \overline{B} \cdot A + C \cdot B \cdot A + \overline{C} \cdot B \cdot A + C \cdot B \cdot A + C \cdot B \cdot A$$

$$= C \cdot B \cdot (\overline{A} + A) + C \cdot A \cdot (B + \overline{B}) + B \cdot A \cdot (C + \overline{C})$$

$$U = C \cdot B + C \cdot A + B \cdot A \tag{9.5}$$

In der Gleichung (9.4) für S läßt sich nichts vereinfachen (oder Rückgang nach Gl. (9.2)) . Die zugehörige Gatterschaltung zeigt Bild 9.5.

Vergleicht man die Gleichung (9.2) für S mit der Gleichung für die Antivalenz (auch "Halbaddierer" genannt), so kann mit

$$H = A \cdot \overline{B} + \overline{A} \cdot B$$

und bei Berücksichtigung, daß die ÄQUIVALENZ und ANTIVALENZ zueinander invertierte Größen sind, also

$$\overline{A \leftrightarrow B} = A \nleftrightarrow B$$

gilt, die Summe S durch zwei Halbadditionen gebildet werden (Bild 9.7):

$$
\begin{aligned}
S \; &= C \cdot (B \leftrightarrow A) + \overline{C} \cdot (B \nleftrightarrow A) \\
&= C \cdot \overline{(B \nleftrightarrow A)} + \overline{C} \cdot (B \nleftrightarrow A) \\
&= C \nleftrightarrow (B \nleftrightarrow A) \\
&= C \nleftrightarrow B \nleftrightarrow A
\end{aligned}
$$

(Für die Antivalenz gilt das Assoziativgesetz)

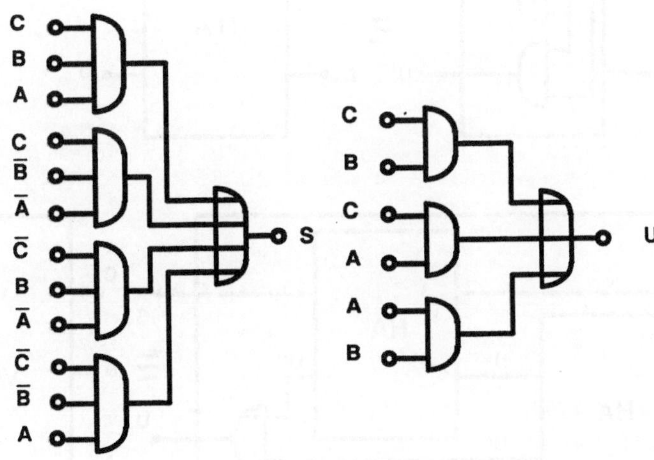

Bild 9.5: Gatterschaltung eines Dualaddierers
 a) Summe S nach Gl. (9.2); b) Übertrag nach Gl. (9.5)

Der Übertrag U setzt sich aus den zwei Anteilen der zwei Halbadditionen zusammen (Bild 9.6)

1. Halbaddierer: A, B zu H, U'
Summe $H = A \Leftrightarrow B$
Übertrag $U' = A \cdot B$

2. Halbaddierer: H, C zu S, U''
                  $S = H \Leftrightarrow C = A \Leftrightarrow B \Leftrightarrow C$
                  $U'' = H \cdot C = C \cdot (A \Leftrightarrow B)$

Volladdierer: A, B, C zu S, U
                  $S = A \Leftrightarrow B \Leftrightarrow C$
                  $U = U' + U'' = C \cdot (A \Leftrightarrow B) + A \cdot B$

Verändern sich die oben zur Minimierung angegebenen Voraussetzungen dahingehend, daß auch Halbaddierer oder Antivalenzgatter zur Realisierung zur Verfügung stehen, so vereinfachen sich die Schaltungen stark (Bild 9.6 und 9.7).

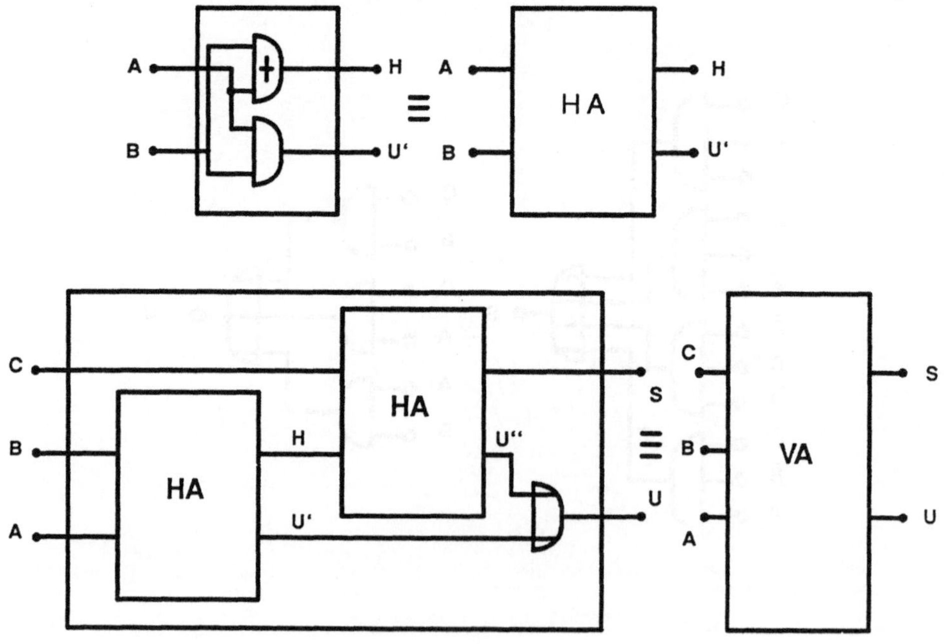

Bild 9.6: Aufbau eines Dualaddierers (Volladdierer) aus zwei Halbaddierern

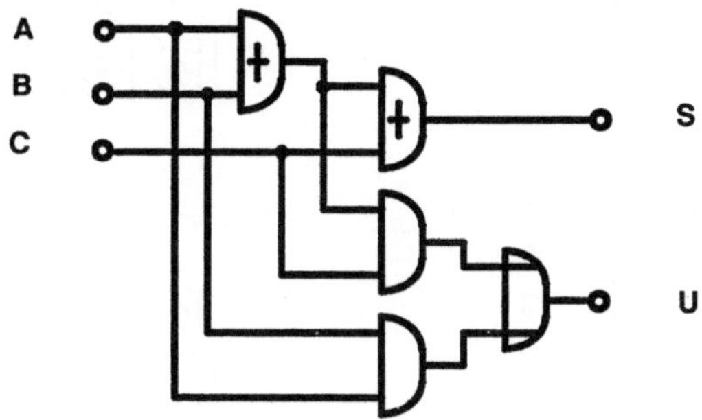

Bild 9.7: Dualaddiererschaltung mit Antivalenzgattern

9.2.2 Minimierung mit Hilfe von Diagrammen

In Kapitel 8 wurden das Venn-, Veitch- und Karnaugh-Diagramm zur graphischen Darstellung Boolescher Funktionen vorgestellt. Darüberhinaus gibt es noch zahlreiche andere Diagramme, die zur Veranschaulichung von Booleschen Funktionen oder auch von Codewörtern in einem Coderaum dienen.

Für eine schnelle, handliche Vereinfachung von Booleschen Funktionen von bis zu 6 unabhängigen Variablen eignet sich besonders das Veitch-Diagramm, das wir jedoch in Anlehnung an den allgemeinen Sprachgebrauch Karnaugh-Veitch-Diagramm (KV-Diagramm) nennen wollen. In ihm liegen nicht nur Terme, die sich nur in einer Variablen unterscheiden, als Felder leicht erkennbar nebeneinander, sondern auch größere zusammenfaßbare Felder lassen sich als geometrische Muster mit spezifischem Aussehen leicht ausmachen. Dadurch ist mit etwas Übung die Minimalfunktion in einem Schritt aus dem Diagramm abzulesen. Geht man von einer Funktionstabelle aus, in der die Eingangsvariable in Form von Dualzahlen angeordnet sind, so kann man auf die vorbereiteten Standard-Diagramme zurückgreifen, ohne erst die Normalform aufschreiben zu müssen. Wir wollen dies im folgenden an einigen Beispielen demonstrieren.

Beispiel 9.2: Minimierung mit einem KV-Diagramm

Wir nehmen die folgende Funktionstabelle (Bild 9.8), in der die Eingangsvariablen bereits in Form von Dualzahlen geordnet sind, und ein zugeordnetes KV-Diagramm für 3 Variable, in dem wir einmal für die *disjunktive Normalform* (DN) die Felder markieren, für die der Funktionswert 1 ist, und einmal für die *konjunktive Normalform* (KN) die Felder markieren, für die der Funktionswert 0 ist.

i	E_2	E_1	E_0	A
0	0	0	0	0
1	0	0	1	1
2	0	1	0	1
3	0	1	1	1
4	1	0	0	0
5	1	0	1	0
6	1	1	0	0
7	1	1	1	1

Bild 9.8. KV-Diagramme für eine vorgegebene Funktion

Bei dem oberen Diagramm sieht man gleich, daß sich die schraffierte Fläche durch drei 2er-Felder beschreiben läßt (Bild 9.9):

$$a \mathrel{\widehat{=}} E_0 \cdot \overline{E}_2 \quad b \mathrel{\widehat{=}} E_1 \cdot \overline{E}_2 \quad c \mathrel{\widehat{=}} E_0 \cdot E_1$$

$$A = E_0 \cdot \overline{E}_2 + E_1 \cdot \overline{E}_2 + E_0 \cdot E_1$$

Bild 9.9: Vereinfachung im KV-Diagramm

Die dreimalige Benutzung des Feldes $E_0 E_1 \overline{E}_2$ entspricht vollkommen der dreimaligen Benutzung des Minterms (Idempotenz) bei der algebraischen Vereinfachung.

Zweier-Felder entsprechen Termen der Ordnung 1, also der Zusammenfassung zweier Terme, die sich nur in einer Variablen unterscheiden. Die zugehörigen Felder gehen durch Spiegelung an der Symmetrieachse dieser Variablen ineinander über. Im einfachsten Fall, wie im vorigen Beispiel, liegen sie direkt nebeneinander.

Allgemein gilt:

Terme der Ordnung p entsprechen im KV-Diagramm Feldern der Größe 2^p.

Im KV-Diagramm für die konjunktive Normalform des vorigen Beispiels sieht man die 2er-Felder nicht sofort. Man kann sich dazu das KV-Diagramm nach den 4 Außenseiten angesetzt denken (Bild 9.10).

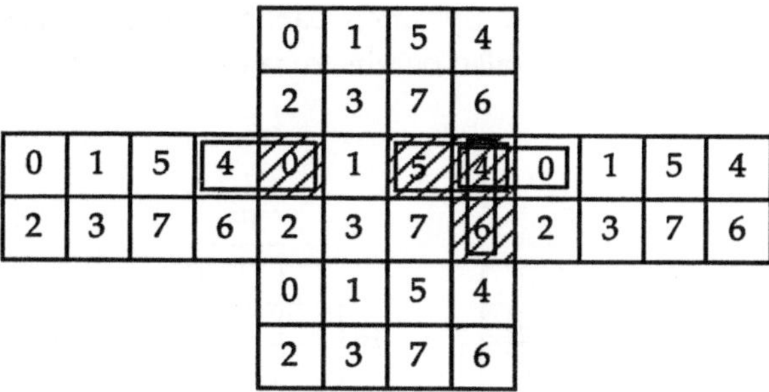

Bild 9.10: Vergrößerung des KV-Diagramms zur Veranschaulichung
der Vereinfachungsmöglichkeiten

Für die konjunktive Normalform sind die Felder mit den Funktionswerten 0
markiert worden. Das KV-Diagramm eignet sich aber nur zum Aufstellen einer
disjunktiven Form (jedes Feld entspricht einem Minterm; das Zusammenfassen
von Feldern entspricht der Disjunktion von Termen). Man stellt daher aus dem
KV-Diagramm die minimale disjunktive Form für $\overline{f(E)}$ auf; durch Umwandlung
nach den de Morgan-Gesetzen erhält man die minimale konjunktive Form.

Wir erhalten also in unserem Beispiel (Bild 9.11) für A die Lösung in der
konjunktiven Normalform:

$$d \,\hat{=}\, \overline{E}_0 \cdot E_2 \quad e \,\hat{=}\, \overline{E}_1 \cdot E_2 \quad f \,\hat{=}\, \overline{E}_0 \cdot \overline{E}_1$$

$$\overline{A} = \overline{E}_0 \cdot E_2 + \overline{E}_1 \cdot E_2 + \overline{E}_0 \cdot \overline{E}_1$$

$$A = \overline{\overline{E}_0 \cdot E_2 + \overline{E}_1 \cdot E_2 + \overline{E}_0 \cdot \overline{E}_1}$$

$$A = \overline{\overline{E}_0 \cdot E_2} \cdot \overline{\overline{E}_1 \cdot E_2} \cdot \overline{\overline{E}_0 \cdot \overline{E}_1}$$

$$A = (E_0 + \overline{E}_2) \cdot (E_1 + \overline{E}_2) \cdot (E_0 + E_1)$$

Bild 9.11: Vereinfachung im KV-Diagramm

Die Lage der zusammenfaßbaren Felder ist, wie in dem vorigen Beispiel gezeigt,
nicht immer direkt erkennbar. Es seien daher im KV-Diagramm für 4 Variable
einige 2er-, 4er- und 8er-Felder gezeigt (Bild 9.12). Man kann sich die mögliche
Lage der Felder auch an den Symmetrielinien des KV-Diagramms klarmachen.

Felder, die Termen entsprechen, die sich nur in einer Variablen unterscheiden, gehen durch Spiegelung an der Symmetrieachse dieser Variablen ineinander über. Das gleiche gilt für Blöcke, also bereits zusammengefaßte Felder (Bild 9.13).

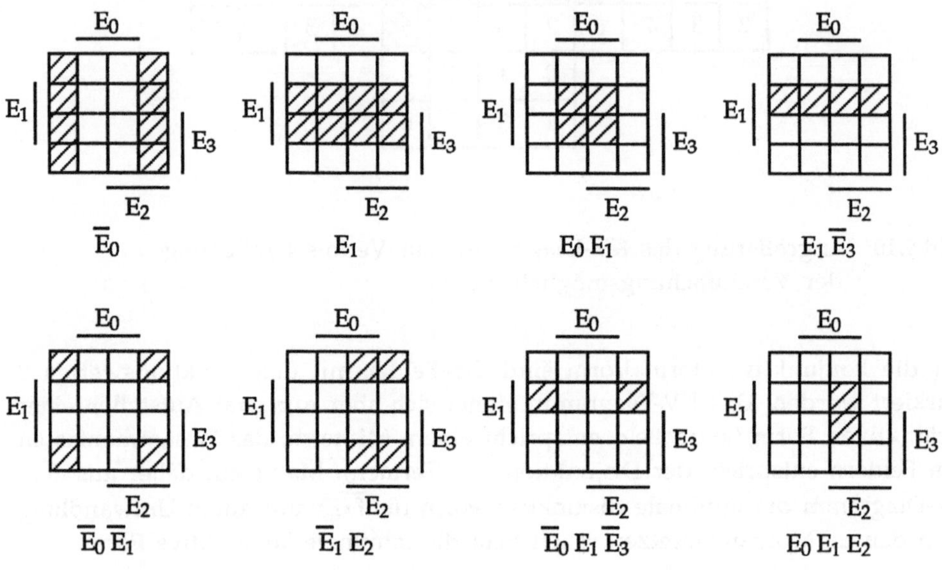

Bild 9.12: Lage einiger Felder von Termen 1., 2. und 3. Ordnung im KV-Diagramm für 4 Variable

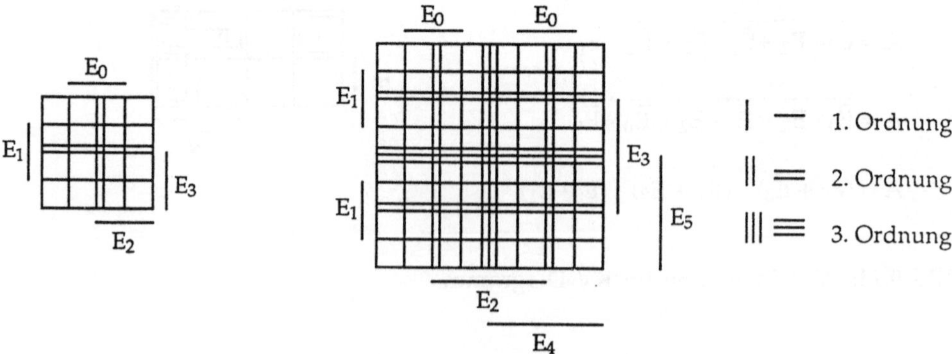

Bild 9.13: Symmetrielinien in KV-Diagrammen für 4 und 6 Variable

9.2.3 Unvollständig definierte Funktionen

Boolesche Funktionen, die vereinfacht werden sollen, sind häufig nicht vollständig definiert. Das bedeutet, es gibt Eingangskombinationen $\underline{E}$, denen kein Funktionswert f $(\underline{E})$ per definitionem zugeordnet ist. Unter der Annahme, daß diese nicht definierten Kombinationen für das zu minimierende Schaltnetz nie vorkommen, oder, daß es gleichgültig ist, welche Ausgangssignale das Schaltnetz bei diesen Eingangskombinationen erzeugt, kann man sie zur Vereinfachung mit heranziehen. Im englischen Sprachgebrauch bezeichnet man eine solche Eingangskombination daher treffend mit *"don't care*-Bedingungen", diese Bezeichnung wollen wir im weiteren auch für die don't-care-Felder im KV-Diagramm verwenden. Man kann die Funktionswerte für die don't-care-Kombinationen nach Belieben festlegen; wir wollen dies üblicherweise durch die Eintragung eines x kennzeichnen.

Wenn die nicht definierten Signalkombinationen am Eingang des Schaltnetzes wirklich nicht vorkommen, können natürlich auch nicht die von der Aufgabenstellung her undefinierten Ausgangszustände erzeugt werden. Werden jedoch trotzdem die nicht definierten Eingangssignalkombinationen an den Eingang des Netzwerks angelegt, obwohl sie in fehlerfreien Schaltungen nicht vorkommen dürften, so muß durch eine geeignete Prüflogik dieser fehlerhafte Zustand erkannt werden!

Beispiel 9.3: KV-Diagramm für die Disjunktive Normalform

Aus dem 4-stelligen Dualcode sollen die Codeworte, die den Dezimalzahlen 1, 2, 3, 4 und 5 entsprechen, decodiert werden. Ohne Funktionstabelle lösen wir dies direkt im KV-Diagramm. Es gibt hier zwei gleichwertige disjunktive Minimalformen:

$$A_1 = E_1 \cdot \overline{E}_2 \cdot \overline{E}_3 + E_0 \cdot \overline{E}_3 \cdot \overline{E}_2 + \overline{E}_1 \cdot E_2 \cdot \overline{E}_3$$
$$= A_2 = E_1 \cdot \overline{E}_2 \cdot \overline{E}_3 + E_0 \cdot \overline{E}_1 \cdot \overline{E}_3 + \overline{E}_1 \cdot E_2 \cdot \overline{E}_3$$

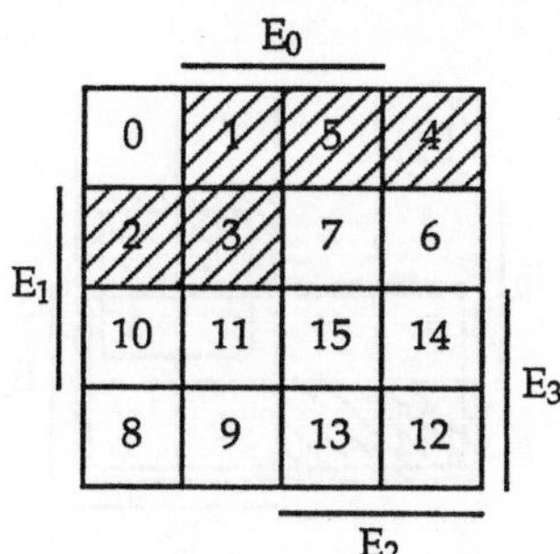

Bild 9.14: KV-Diagramm für die DN der Beispielfunktion

Gehören die Codeworte zum 8421-BCD-Code, so können die Kombinationen, die den Dezimalzahlen 10, 11, 12, 13, 14 und 15 entsprechen, nie vorkommen. In unserem Beispiel sind dann die Felder 10, 11, 12, 13, 14 und 15 im KV-Diagramm don't care-Felder, die zur Vereinfachung mit den anderen Feldern zusammengefaßt werden *können*, aber *nicht müssen*.

$$A_1 = E_1 \cdot \overline{E}_2 + \overline{E}_1 \cdot E_2 + E_0 \cdot \overline{E}_2 \cdot \overline{E}_3$$

$$=A_2 \quad \text{(nicht eingezeichnet)}$$

$$A_2 = E_1 \cdot \overline{E}_2 + \overline{E}_1 \cdot E_2 + E_0 \cdot \overline{E}_1 \cdot \overline{E}_3$$

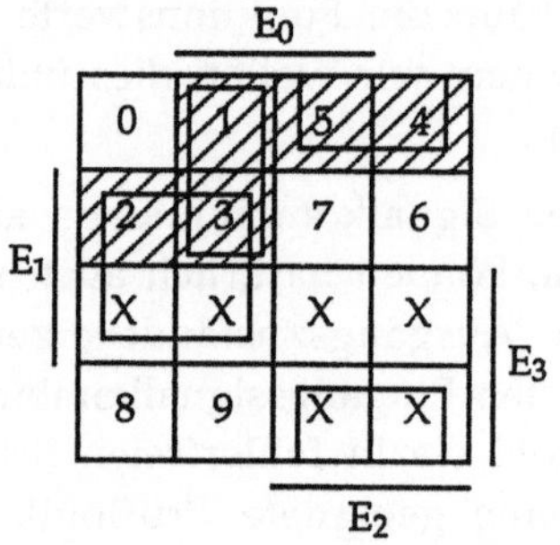

Bild 9.15: KV-Diagramm für die DN nach Beispiel 9.3 mit don't-care-Feldern

Würden entgegen der Voraussetzung die Eingangskombinationen 10, 11, 12, 13, 14 oder 15 doch auftreten, so liefert das Schaltnetz nach der mit "don't-care"-Kombinationen minimierten Gleichung für 10, 11, 12 und 13 eine 1, für 14 und 15 eine Null (s. Bild 9.15).

Die don't-care-Kombinationen können natürlich ebenso zur Vereinfachung der konjunktiven Normalform herangezogen werden (Bild 9.16):

$$\overline{A} = E_3 + E_1 \cdot E_2 + \overline{E}_0 \cdot \overline{E}_1 \cdot \overline{E}_2$$

$$A = \overline{E}_3 \cdot (\overline{E}_1 + \overline{E}_2) \cdot (E_0 + E_1 + E_2)$$

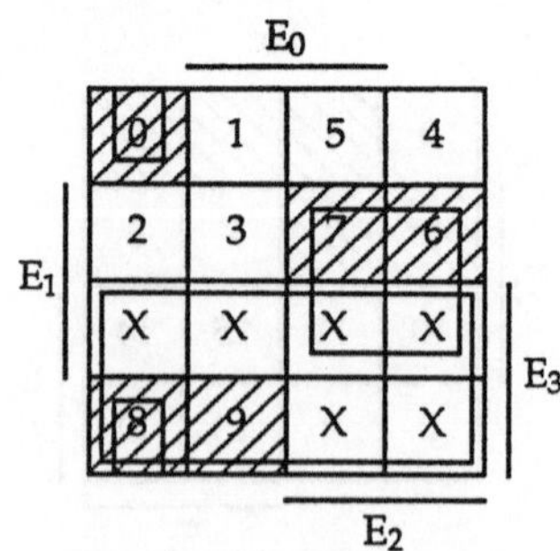

Bild 9.16: KV-Diagramm für die KN mit don't-care-Feldern

9.2.4 Schaltketten

Schaltketten sind spezielle mehrstufige Schaltnetze, in denen mehrere Teil-Schaltnetze gleicher Struktur kettenartig hintereinandergeschaltet sind. Die Ausgangssignale eines der Teil-Schaltnetze (Stufen) hängen nicht nur von den freien Eingangssignalen dieser Stufe, sondern auch von sogenannten *Übergangssignalen* der vorhergehenden Stufe ab. Bild 9.17 zeigt die Struktur einer Schaltkette.

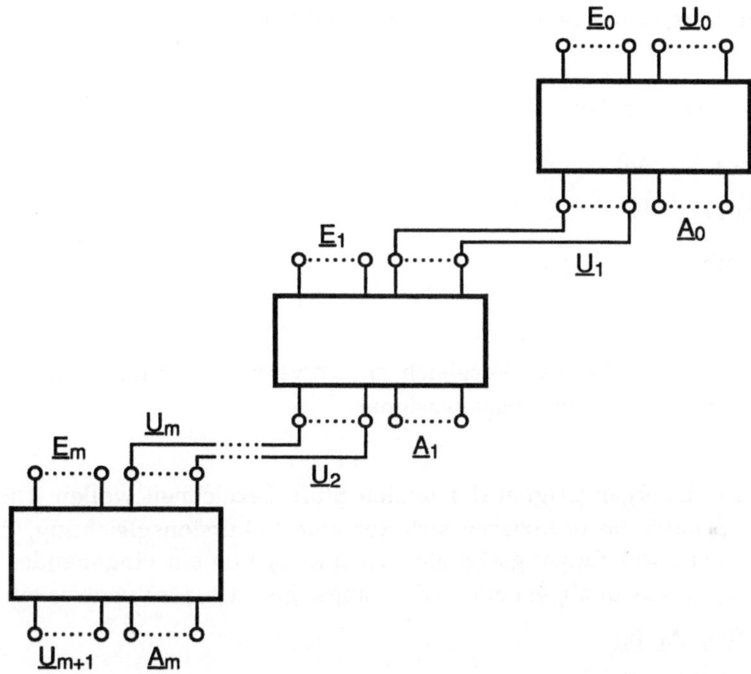

Bild 9.17: Struktur einer Schaltkette

Die Funktion eines Teil-Schaltnetzes der Schaltkette läßt sich durch zwei Funktionsgleichungen beschreiben:

1. *Rekursive Gleichungen*, welche die Abhängigkeit der abgehenden Übergangssignale einer Stufe von den Eingangssignalen der Stufe und den ankommenden Übergangssignalen beschreiben:

$$\underline{U}_{i+1} = \underline{f}\,(\underline{U}_i\,,\,\underline{E}_i)$$

$$\underline{E}_i = (E_n\,,\,E_{n-1}\,,\,\dots\,,\,E_0)_i$$

$$\underline{U}_i = (U_k\,,\,U_{k-1}\,,\,\dots\,,\,U_0)_i$$

2. *Gleichungen*, die die Abhängigkeit der Ausgangssignale einer Stufe von ihren Eingangssignalen und den ankommenden Übergangssignalen ausdrücken

$$\underline{A}_i = g(\underline{U}_i, \underline{E}_i)$$

$$\underline{A}_i = (A_1, A_{i-1}, \dots, A_0)_i.$$

Typische Anwendungsfälle für Schaltketten sind Schaltnetze, in denen Vergleichsoperationen oder arithmetische Operationen mit mehrstelligen Dualzahlen durchgeführt werden. Wir wollen dazu im folgenden einen Vergleicher und eine Additionsschaltung als Beispiele betrachten.

Beispiel 9.4: Vergleich zweier n-stelliger Dualzahlen

Zwei n-stellige Dualzahlen

$$\underline{A} = (A_{n-1}, \dots, A_0)$$

$$\underline{B} = (B_{n-1}, \dots, B_0)$$

sollen hinsichtlich ihrer Relation

$$\underline{A} > \underline{B}$$

untersucht werden, wobei der Vergleich ziffernweise ausgeführt wird. Das gesamte Schaltnetz hat nur ein Ausgangssignal

$$C = \underline{A} > \underline{B}$$

das wir als das Übergangssignal der letzten Stufe bezeichnen wollen. Die Gleichungen der Schaltkette reduzieren sich auf eine Rekursionsgleichung, da jede Stufe neben den zwei Eingangssignalen A_i und B_i nur ein eingehendes Übergangssignal U_i zu einem abgehenden Übergangssignal U_{i+1} zu verarbeiten hat:

$$U_{i+1} = f(U_i, A_i, B_i)$$

Die Funktion ist durch die Funktionstabelle 9.2 gegeben.

Tabelle 9.2: Tabelle für das Übergangssignal $\underline{A} > \underline{B}$ der Vergleicherschaltung

U_i	A_i	B_i	U_{i+1}
0	0	0	0
0	0	1	0
0	1	0	1
0	1	1	0
1	0	0	1
1	0	1	0
1	1	0	1
1	1	1	1

U_{i+1} stellt die Aussage $(A_i, A_{i-1},...A_0) > (B_i, B_{i-1},..., B_0)$ dar. In der 0-ten Stufe sind nur A_0 und B_0 zu vergleichen; U_0 ist also 0.

Es ergibt sich die Funktionsgleichung

$$U_{i+1} = A_i \cdot \overline{B_i} + A_i \cdot U_i + \overline{B_i} \cdot U_i.$$

Damit stellt die Schaltung in Bild 9.18 einen Vergleicher für n Binärstellen dar.

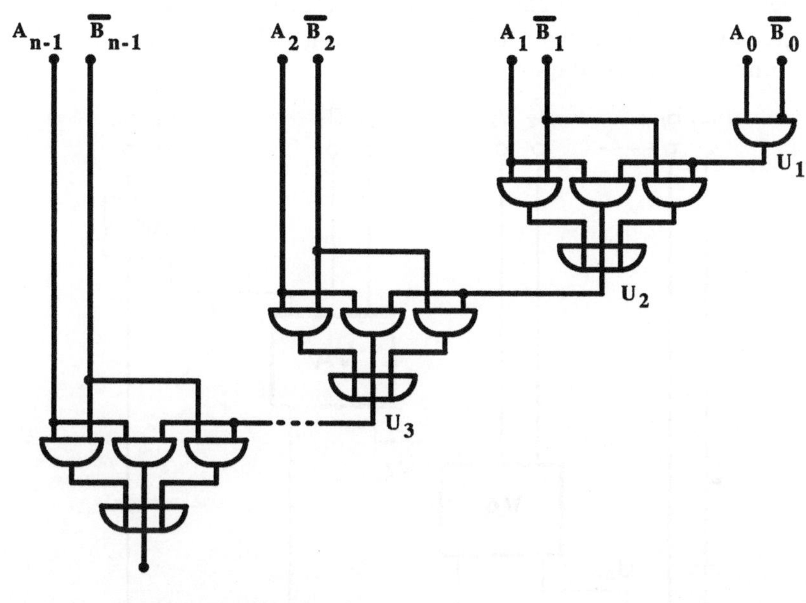

Bild 9.18: Vergleicher-Schaltkette $\underline{A} > \underline{B}$

Beispiel 9.5: Addition zweier n-stelliger Dualzahlen

Zwei n-stellige Dualzahlen

$$\underline{A} = (A_{n-1}, ..., A_0)$$

$$\underline{B} = (B_{n-1}, ..., B_0)$$

sollen in einem Schaltnetz addiert werden. Ausgang sei eine (n+1)-stellige Dualzahl

$$\underline{S} = (S_n, S_{n-1}, ..., S_0).$$

Wir kennen bereits den Volladdierer, der hier das Teil-Schaltnetz einer Stufe - die Addition für eine Stelle der Dualzahlen - darstellt (Bild 9.19).

$$S_i = A_i \leftrightarrow B_i \leftrightarrow U_i$$

$$U_{i+1} = A_i \cdot B_i + (A_i + B_i)\cdot U_i$$

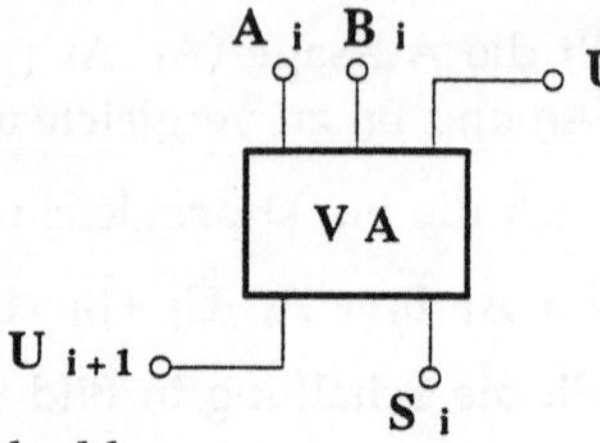

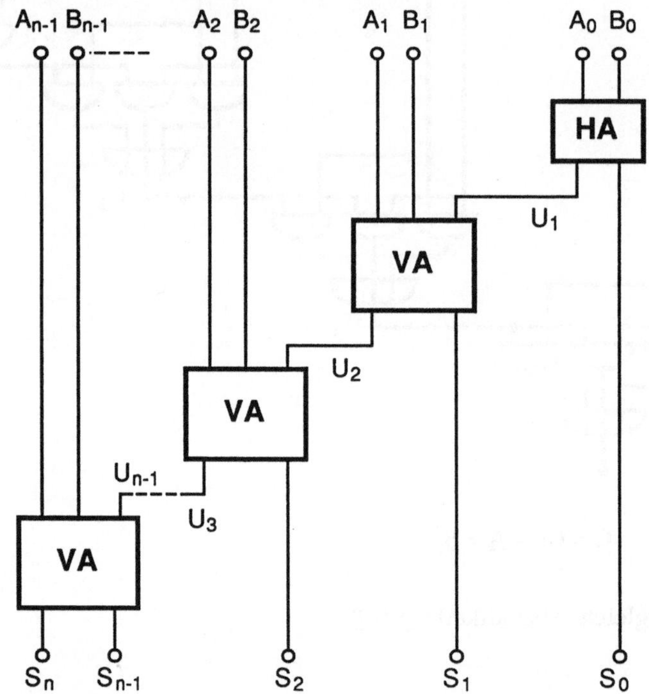

Bild 9.19: Volladdierer für eine Stelle einer Dualzahl

Die Kettenschaltung von Volladdierern ergibt dann die gesuchte Additionsschaltung, wobei der Übergangseingang (gleichzeitig Übertragseingang) der 0-ten Stelle zu Null gesetzt wird, und der Übergangsausgang (Übertragsausgang) der Stelle (n-1) die Summenzahl S_n, darstellt (Bild 9.20).

Bild 9.20: Schaltkette zur Addition zweier Dualzahlen $\underline{A}$ und $\underline{B}$

Der Vorteil der Schaltketten ist ihre einfache Struktur der Hintereinanderschaltung gleichartiger Teil-Schaltnetze. Ein Nachteil kann sich bei langen Schaltketten aus der Addition der Signallaufzeiten ergeben. Im Beispiel des Addierers steht das Ergebnis der Addition ungünstigstenfalls erst nach Ablauf der größtmöglichen Laufzeit, nämlich n·tp zur Verfügung, wenn tp die Signallaufzeit eines Volladdierers (VA) ist. Diese maximale Laufzeit tritt nur bei bestimmten Dualzahlen auf, wenn der Übertrag durch alle Stellen "durchläuft", z.B. bei der Addition von

$$\underline{A} = (1, 1, 1,...,1, 1)$$

$$\text{und } \underline{B} = (0, 0, 0,...,0, 1).$$

In der Regel kennt man leider nicht die tatsächliche Laufzeit und muß deshalb vom "ungünstigsten Fall" (engl.: worst case) ausgehen.

Die maximale Laufzeit einer Schaltkette ergibt sich allgemein aus dem Produkt von

- Anzahl der Kettenglieder (Stufen),

- Anzahl von hintereinandergeschalteten Verknüpfungsgliedern innerhalb eines Kettengliedes (Stufigkeit des Kettengliedes),

- Laufzeit eines Verknüpfungsgliedes.

Das Kettenglied (Teil-Schaltnetz) läßt sich, wie wir in den vorigen Abschnitten gesehen haben, stets durch eine zweistufige Schaltung realisieren. Die maximale Laufzeit ist also im wesentlichen durch die Anzahl der Kettenglieder bestimmt. Wenn es auf kurze Signallaufzeiten ankommt, ist man daher bestrebt, durch geeignete Maßnahmen diesem Nachteil der Schaltkette zu begegnen, ohne den Vorteil der einfachen Struktur zu verlieren.

Faßt man je k Kettenglieder zu einem neuen zweistufigen Schaltnetz zusammen, so verringert sich die maximale Laufzeit um den Faktor 1/k; die Kettenstruktur bleibt erhalten, die Verkürzung der Signallaufzeit muß jedoch mit einem erhöhten Aufwand für die Realisierung der Kettenglieder bezahlt werden. Besonders günstig wirkt sich die Verbesserung aus, wenn n, die Anzahl der ursprünglichen Kettenglieder, ein Vielfaches von k ist. Für diesen Fall ergibt sich die Struktur in Bild 9.21.

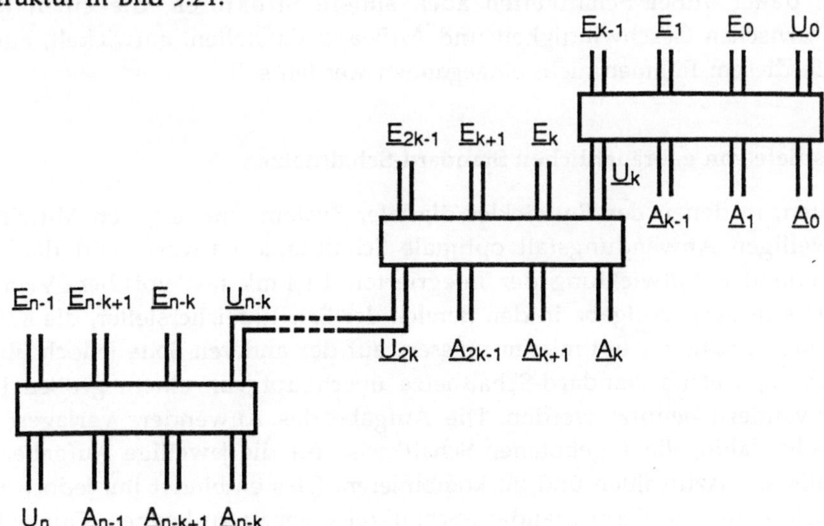

Bild 9.21: Schaltkette mit zusammengefaßten Kettengliedern

Die Funktionsgleichungen der neuen zweistufigen Kettenglieder ergeben sich daraus, daß man die Gleichungen der bisherigen, zusammengefaßten Kettenglieder ineinander einsetzt.

Faßt man je zwei (k=2) Kettenglieder des vorigen Beispiels (Addierer) zu einem neuen Kettenglied zusammen, so ergeben sich die folgenden Gleichungen:

$$U_{i+2} = A_{i+1} \cdot B_{i+1} + (A_{i+1} + B_{i+1}) \cdot U_{i+1}$$
$$\uparrow$$
$$U_{i+1} = A_i \cdot B_i + (A_i + B_i) \cdot U_i .$$

Damit ist

$$U_{i+2} = A_{i+1} \cdot B_{i+1} + (A_{i+1} + B_{i+1}) \cdot (A_i \cdot B_i + A_i \cdot U_i + B_i \cdot U_i) .$$

Für die Summenwerte S_{i+1} aus

$$S_i = A_i \leftrightarrow B_i \leftrightarrow U_i$$

ergibt sich

$$S_{i+1} = A_{i+1} \leftrightarrow B_{i+1} \leftrightarrow U_{i+1} \qquad \text{bzw.}$$

$$S_{i+1} = A_{i+1} \leftrightarrow B_{i+1} \leftrightarrow (A_i \cdot B_i + A_i \cdot U_i + B_i \cdot U_i) .$$

Für S_i, S_{i+1} und U_{i+2} sind dann minimale Gleichungen für eine zweistufige Realisierung zu finden.

Gerade mit Addierschaltungen haben sich die Entwickler von Digitalrechnern ausgiebig beschäftigt, da viele der in Rechnern durchgeführten arithmetischen Operationen auf die Addition zurückgeführt werden können und somit die Additionszeit sehr wesentlich die Geschwindigkeit eines Rechners beeinflußt. Es wurden daher außer Schaltketten auch andere Strukturen, die einen Kompromiß zwischen Geschwindigkeit und Aufwand darstellen, entwickelt, auf die jedoch in diesem Rahmen nicht eingegangen werden soll.

9.3 Beispiele von gebräuchlichen Standard-Schaltnetzen

Die Zeiten, in denen der Entwickler digitaler Systeme mit eigenen Mitteln für den jeweiligen Anwendungsfall optimale Schaltnetze entwarf, sind dank der fortschreitenden Entwicklung der integrierten Technik fast vorüber. Vielmehr verlagert sich diese Aufgabe in den Bereich der Schaltkreishersteller, die auf der einen Seite Schaltnetze optimieren müssen, auf der anderen Seite jedoch überlegen müssen, welche Standard-Schaltnetze überhaupt von einem großen Kreis von Anwendern benutzt werden. Die Aufgabe des Anwenders verlagert sich dann mehr dahin, die angebotenen Schaltkreise für die jeweilige Aufgabenstellung optimal auszuwählen und zu kombinieren. Dies entbindet ihn jedoch nicht davon, die Funktion dieser Standard-Schaltkreise genau zu kennen. Obwohl natürlich die Datenbücher der Schaltkreishersteller die aktuellsten Informationen diesbezüglich darbieten, wollen wir in diesem Abschnitt einige gebräuchliche

Standard-Schaltnetze vorstellen. Dies soll gleichzeitig als weitere Übung für die Anwendung der Booleschen Algebra und der Minimierungsverfahren dienen.

9.3.1 Codeumsetzer

Ein Code ist, wie wir in Kapitel 7 festgestellt haben, eine Zuordnung von Zeichen eines Zeichenvorrats zu denjenigen eines anderen Zeichenvorrats. Der am häufigsten in Datenverarbeitungsgeräten intern benutzte Code ist der Dualcode. Da aber der Dualcode bei der menschlichen Kommunikation ungebräuchlich ist, erst mit dem Aufkommen der Digitaltechnik bekannt wurde und außerdem gegenüber den gebräuchlichen Codes (Dezimalsystem, Alphabet, usw.) unhandlich ist, müssen an den Schnittstellen zwischen menschlicher Kommunikation und maschineninterner Verarbeitung Umcodierungen stattfinden.

Allgemein spricht man von Code-Umsetzern, von denen im folgenden einige Beispiele behandelt werden. Dabei ist jedoch eine nicht-redundante Codierung, d. h. eine Zuordnung von z Zeichen eines Codes zu einem Binärcode, wenn $z = 2^n$ ist, als Beispiel für einen Schaltungsentwurf oder eine Schaltungsvereinfachung technisch oft uninteressant, da jedes der z Zeichen als Boolesche Funktion durch genau einen Minterm beschrieben ist. Das Beispiel einer redundanten Decodierung der Dezimalziffern 0 bis 9 aus dem 8421-Code wurde bereits im Kapitel 7 behandelt.

Beispiel 9.6: Drei-Exzess-zu-Dezimal-Code-Umsetzer

Gesucht ist die Schaltung eines Drei-Exzeß-zu-Dezimal-Code-Umsetzers, bei dem auch mögliche Pseudotetraden durch ein Ausgangssignal angezeigt werden.
Tabelle 9.3 zeigt die Codetabelle des Drei-Exzeß-Codes. Zunächst sollen die Ziffern - unter Benutzung von Pseudotetraden als "don't-care-Bedingungen" - decodiert werden. Zusätzlich wird das Signal A_{10} für die Erkennung der Pseudotetraden gebildet.

Tabelle 9.3: Drei-Exzeß-Code

		E3	E2	E1	E0	
	0	0	0	1	1	
	1	0	1	0	0	
	2	0	1	0	1	
Dezimalzahlen	3	0	1	1	0	Drei-Exzeß-Darstellung
	4	0	1	1	1	
	5	1	0	0	0	
	6	1	0	0	1	
	7	1	0	1	0	
	8	1	0	1	1	
	9	1	1	0	0	

Wir schreiben zunächst die Funktionstabelle in der gewohnten Form nieder:

Tabelle 9.4: Vollständige Funktionstabelle für die Drei-Exzeß-zu-Dezimal-Code-Umsetzung

i	E_3	E_2	E_1	E_0	A_{10}	9 A_9	8 A_8	7 A_7	6 A_6	5 A_5	4 A_4	3 A_3	2 A_2	1 A_1	0 A_0
0	0	0	0	0	1	x	x	x	x	x	x	x	x	x	x
1	0	0	0	1	1	x	x	x	x	x	x	x	x	x	x
2	0	0	1	0	1	x	x	x	x	x	x	x	x	x	x
3	0	0	1	1	0	0	0	0	0	0	0	0	0	0	1
4	0	1	0	0	0	0	0	0	0	0	0	0	0	1	0
5	0	1	0	1	0	0	0	0	0	0	0	0	1	0	0
6	0	1	1	0	0	0	0	0	0	0	0	1	0	0	0
7	0	1	1	1	0	0	0	0	0	0	1	0	0	0	0
8	1	0	0	0	0	0	0	0	0	1	0	0	0	0	0
9	1	0	0	1	0	0	0	0	1	0	0	0	0	0	0
10	1	0	1	0	0	0	0	1	0	0	0	0	0	0	0
11	1	0	1	1	0	0	1	0	0	0	0	0	0	0	0
12	1	1	0	0	0	1	0	0	0	0	0	0	0	0	0
13	1	1	0	1	1	x	x	x	x	x	x	x	x	x	x
14	1	1	1	0	1	x	x	x	x	x	x	x	x	x	x
15	1	1	1	1	1	x	x	x	x	x	x	x	x	x	x

Unter Verwendung der don't-care-Felder finden wir dann mit Hilfe des KV-Diagramms (Bild 9.22) das Prinzipschaltbild entsprechend Bild 9.23:

$$A_0 = \overline{E}_2 \cdot \overline{E}_3$$
$$A_1 = \overline{E}_0 \cdot \overline{E}_1 \cdot \overline{E}_3$$
$$A_2 = E_0 \cdot \overline{E}_1 \cdot \overline{E}_3$$
$$A_3 = \overline{E}_0 \cdot E_1 \cdot E_2$$
$$A_4 = E_0 \cdot E_1 \cdot E_2$$
$$A_5 = \overline{E}_0 \cdot \overline{E}_1 \cdot \overline{E}_2$$
$$A_6 = E_0 \cdot \overline{E}_1 \cdot \overline{E}_2$$
$$A_7 = \overline{E}_0 \cdot E_1 \cdot \overline{E}_2$$
$$A_8 = E_0 \cdot E_1 \cdot E_3$$
$$A_9 = E_2 \cdot E_3$$
$$A_{10} = \overline{E}_0 \cdot \overline{E}_2 \cdot \overline{E}_3 + \overline{E}_1 \cdot \overline{E}_2 \cdot \overline{E}_3 + E_0 \cdot E_2 \cdot E_3 + E_1 \cdot E_2 \cdot E_3$$

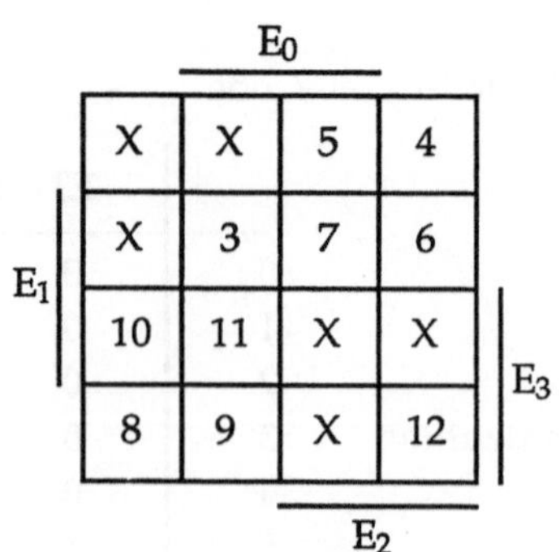

Bild 9.22: KV-Diagramm mit don't-care-Feldern für den Drei-Exzeß-zu-Dezimal-Code-Umsetzer

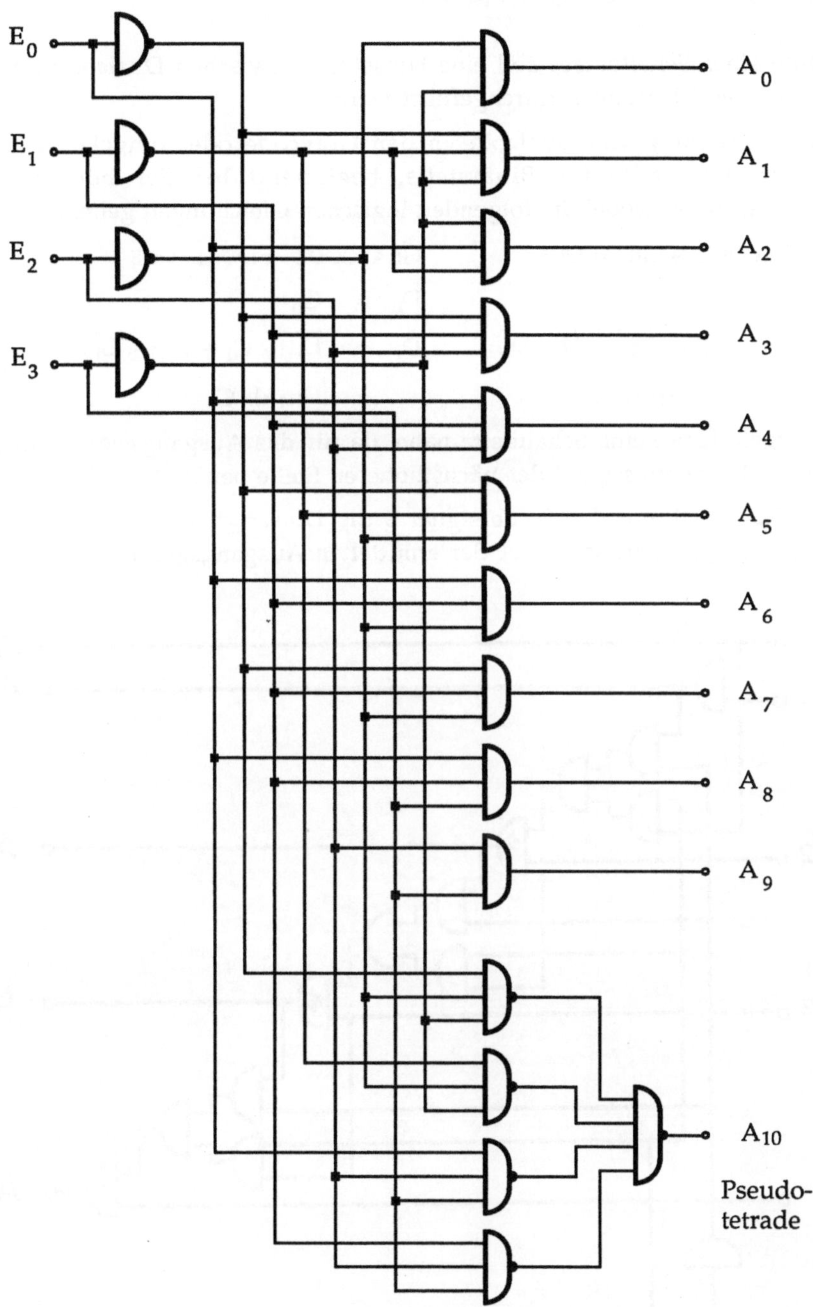

Bild 9.23: Prinzipschaltbild eines Drei-Exzeß-zu-Dezimal-Code-Umsetzers mit Pseudotetradenerkennung

Beispiel 9.7: Dual-Gray-Code-Umsetzer

Mit Hilfe eines Schaltnetzes soll eine Umsetzung zwischen Dualcode und Graycode in beiden Richtungen durchgeführt werden.

Bei der Umsetzung von Dualcode in den Graycode oder umgekehrt muß das Codewort Binärstelle für Binärstelle, beginnend bei der höchstwertigen, bearbeitet werden, wobei die folgenden logischen Gleichungen gelten:

DUALCODE → GRAYCODE

$$G_n = D_n$$
$$G_i = D_i \cdot \overline{D_{i+1}} + \overline{D_i} \cdot D_{i+1}$$
$$= D_i \leftrightarrow D_{i+1}$$

GRAYCODE → DUALCODE

$$D_n = G_n$$
$$D_i = \overline{D_{i+1}} \cdot G_i + D_{i+1} \cdot \overline{G_i}$$
$$= D_{i+1} \leftrightarrow G_i$$

Diese Regeln legen eine Schaltkette nahe, da für das Ausgangssignal einer Stelle jeweils ein Übergangssignal der nächsthöheren Stelle benötigt wird.

In Bild 9.24 bestimmt das Steuersignal S die Umsetzrichtung. E entspricht der jeweiligen Eingangsgröße und A der ermittelten Ausgangsgröße.

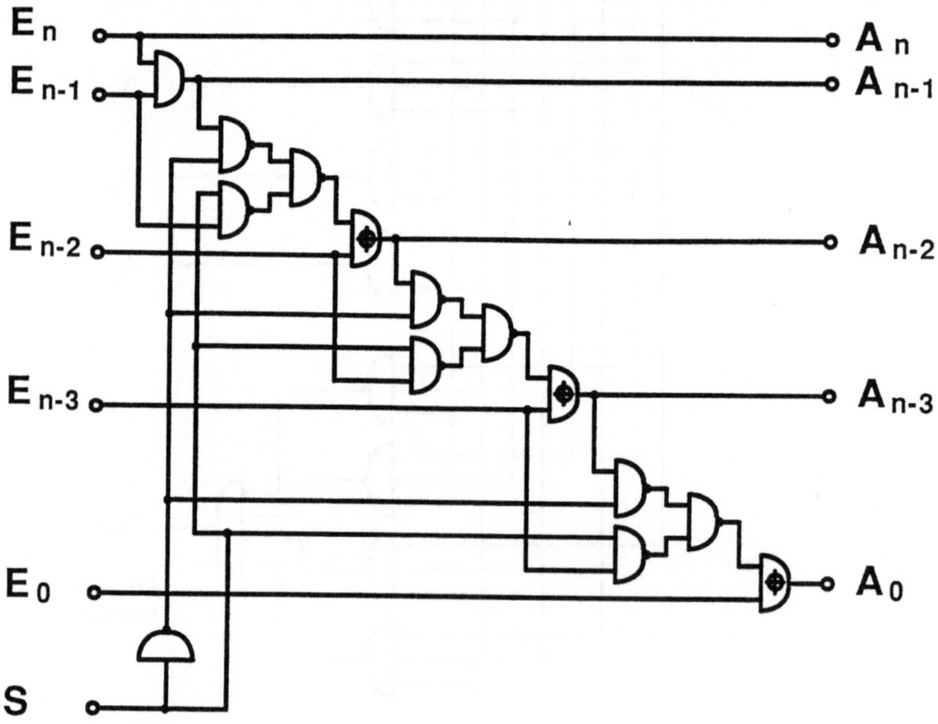

Bild 9.24: Schaltkette für die Umsetzung Dualcode - Graycode;

$$S = 0 \;\widehat{=}\; \text{Graycode} \rightarrow \text{Dualcode} \qquad S = 1 \;\widehat{=}\; \text{Dualcode} \rightarrow \text{Graycode}$$

So ergeben sich die Funktionsgleichungen für die Schaltung einer Binärstelle (außer der höchstwertigen):

$$A_i = E_i \leftrightarrow U_{i+1}$$

$$U_i = S \cdot E_i + \overline{S} \cdot A_i$$

Der Nachweis bleibt dem Leser überlassen.

Damit entwerfen wir die Schaltkette, etwa nach Bild 9.24.

9.3.2 Multiplexer, Datenwähler

In der Datentechnik spielen die Multiplexer/Demultiplexer eine wichtige Rolle. Ein Multiplexer schaltet ein Signal von 2^n Eingangssignalen auf einen Ausgang. Die "Schalterstellung" wird durch ein n-bit langes Datenwort $(D_0, ..., D_{n-1})$ vorgegeben. Mit dieser Bauelementekombination kann man mit Hilfe eines Multiplexers eine Datenkonzentration auf einer Leitung erreichen. Die Funktionsweise ist in Bild 9.25a veranschaulicht.

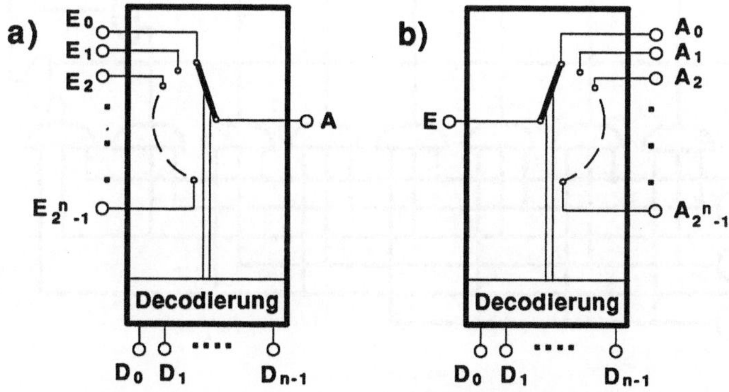

Bild 9.25: Prinzipschaltbilder eines Multiplexers (a)
und eines Demultiplexers (b)

Beim Demultiplexer wird ein Eingangssignal auf eine von 2^n Ausgangsleitungen geschaltet. Auch hier wird, wie in Bild 9.25b gezeigt, die Schalterstellung durch ein n-bit langes Datenwort vorgegeben.

Bei diesen Schaltnetzen liegt in der Regel keine Redundanz vor, d. h. mit n Adreßsignalen $D_0, D_1,...D_{n-1}$ wird eines von 2^n Eingangssignalen auf den Ausgang oder ein Eingangssignal auf einen von 2^n Ausgängen geschaltet. Bei der Decodierung der Adresse kann also nichts vereinfacht werden, alle 2^n Minterme müssen gebildet werden.

Die Durchschaltung der Signale geschieht über einfache UND-ODER-Schaltungen. Bild 9.26 zeigt einen Multiplexer für n = 3, d.h. von 8 Eingangssignalen E_i wird das adressierte Signal auf den Ausgang A durchgeschaltet.

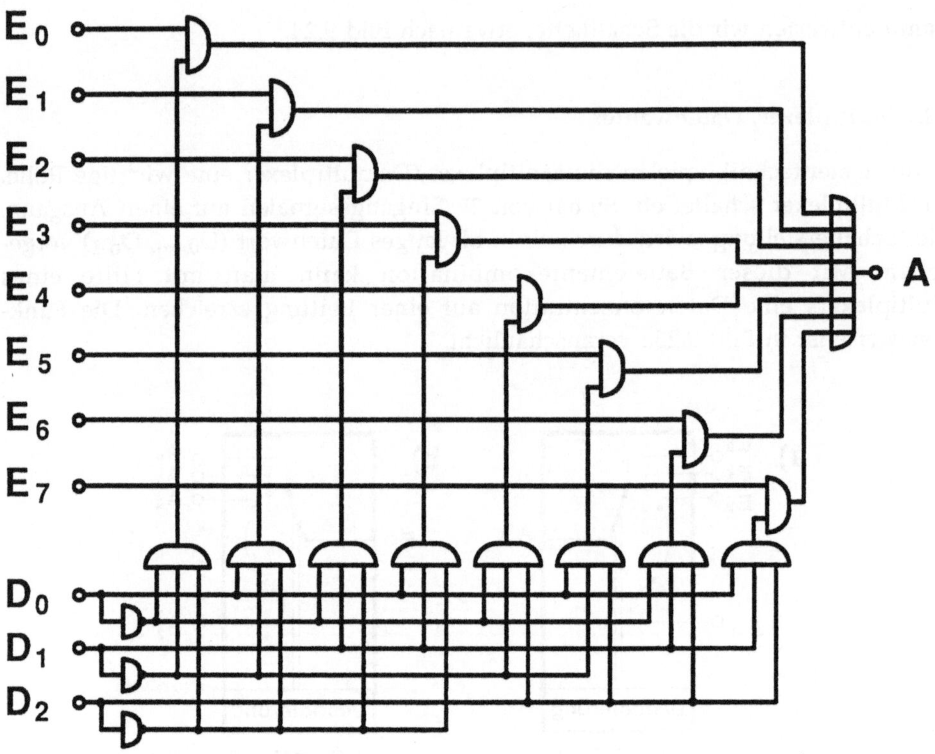

Bild 9.26: Multiplexer 8 zu 1 (n = 3)

9.4 Übergang vom Schaltnetz zum Schaltwerk

Nachdem wir in den bisherigen Unterpunkten dieses Kapitels Schaltnetze, deren Minimierung und auch wichtige Standardschaltnetze in Form von Schaltketten kennengelernt haben, wollen wir jetzt den Übergang zum Schaltwerk noch kurz erläutern.

Für Schaltnetze wurde gezeigt, daß die Ausgangsvariablen lediglich Funktionen der Eingangsvariablen sind (Bild 9.27):

$$\underline{Y} = \underline{f}(\underline{X}).$$

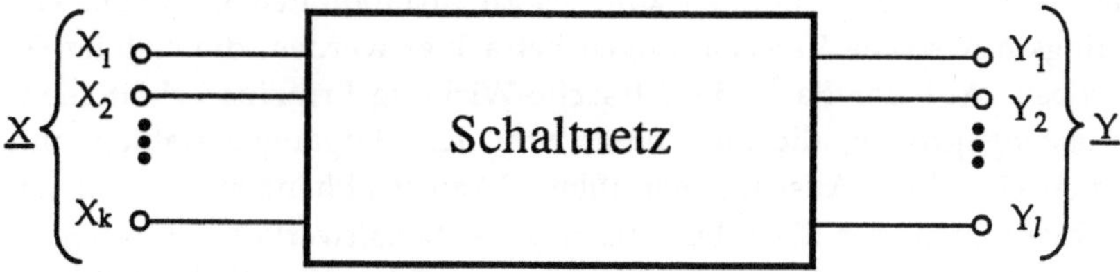

Bild 9.27: Schaltnetz

In der vereinfachenden Annahme, daß keine Gattterverzögerungszeiten auftreten, bilden die Ausgangssignale ohne Zeitverzug die Booleschen Funktionen der Eingangsvariablen. Für die Realisierung bedeutet das, daß diese rückwirkungsfrei sind, also keine Ausgänge einer Stufe auf Eingänge der gleichen Stufe oder einer vorausgegangenen geschaltet sind. Ein einfaches Beispiel eines Schaltnetzes stellt Bild 9.28 dar.

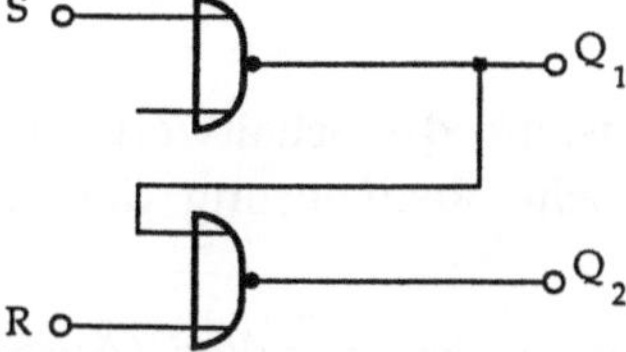

Bild 9.28: Beispiel für ein Schaltnetz

Bei einem Schaltwerk sind Rückkopplungen zwischen den Stufen zugelassen, wie es allgemein Bild 9.29 zeigt.

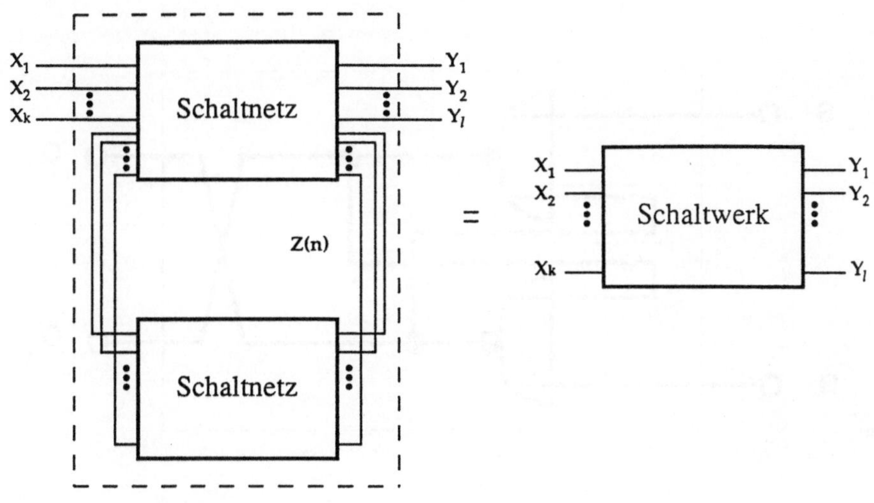

Bild 9.29: Schaltwerk

Aufgrund solcher Rückwirkungen kann es zu Instabilitäten kommen. Hier sollen allerdings nur solche Verschaltungen betrachtet werden, die stabilen Zuständen zustreben. Auf der Basis des Ursache-Wirkung-Prinzips erhält man dann stabile Ausgangsgrößen, die zum einen von den Eingangsvariablen und zum anderen von einzelnen Ausgangsvariablen Z selbst abhängen. Formal läßt sich dieser Sachverhalt besser über den Zustand des Schaltwerkes vor Anlegen einer Änderung (Index n) und den neuen Eingangsvariablen $X(n+1)$ darstellen!

$$Y(n+1) = f(X(n+1), Z(n));$$

$$Z(n+1) = g(X(n+1), Z(n)).$$

Diese Gleichungen müßten jeweils um die Variable t ergänzt werden, wenn zeitkontinuierliches Verhalten vorausgesetzt wird. In der Digitaltechnik arbeitet man jedoch normalerweise mit taktgesteuerten Automaten, die Änderungen nur zu diskreten Zeitpunkten zulassen. Diese Zeitpunkte werden mit dem Index n durchnumeriert.

Im einfachsten Fall wird der Zustand des Schaltwerks durch seine Ausgangsvariablen beschrieben. Die technische Realisierung der Zustände geschieht über Speicher.

An dieser Stelle soll die Theorie zu Schaltwerken (Automaten) nicht weiter vertieft werden. Als Beispiel soll nur ein sehr einfaches Schaltwerk, ein statisches RS-Flip-Flop, beschrieben werden. In das in Bild 9.28 gegebene Schaltnetz wird eine Rückkopplung eingefügt, so daß ein RS-Flip-Flop entsteht (Bild 9.30). Man sieht hieran, daß Rückkopplungen zu interner Zustandsspeicherung führen. In Bild 9.31 ist das zugehörige Symbol dieses Speichers angegeben.

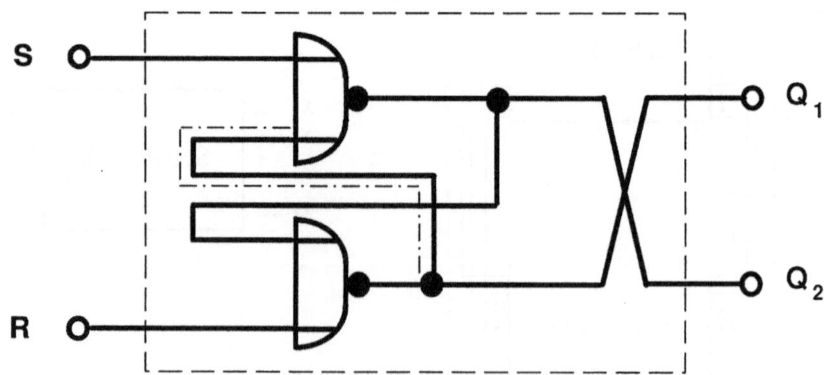

Bild 9.30: Beispiel eines einfachen Schaltwerks: Speicherelement (Flip-Flop)

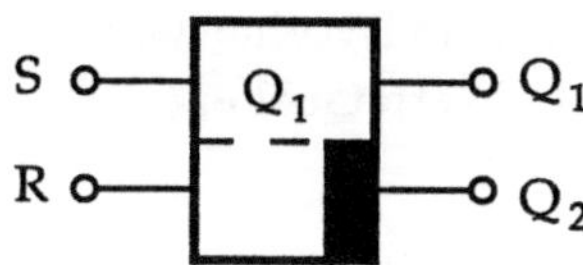

Bild 9.31: Symbol des RS-Flip-Flops

Das Flip-Flop besitzt zwei stabile Zustände, die einander ausschließen. Es behält einen der beiden Zustände solange bei, bis es durch ein von außen herangeführtes Steuersignal in den anderen Zustand überführt wird (bis es "umkippt"). Deshalb nennt man ein Flip-Flop auch "bistabile Kippstufe". Dieses Flip-Flop besitzt nun die ganz wesentliche Eigenschaft, eine Information von 1 Bit zu speichern. Wir müssen zu diesem Zweck lediglich das Flip-Flop mit Hilfe der Steuereingänge entsprechend der zu speichernden Information in den Zustand 1 oder 0 setzen.

Das Flip-Flop behält solange seinen einmal eingenommenen Zustand bei (Voraussetzung bei elektronischen Flip-Flop's ist, daß die Spannungsversorung nicht abgeschaltet wird), bis sich die Steuersignale am Eingang ändern.

Das in Bild 9.32 gegebene Impulsdiagramm illustriert die Wirkungsweise des RS-Flip-Flops.

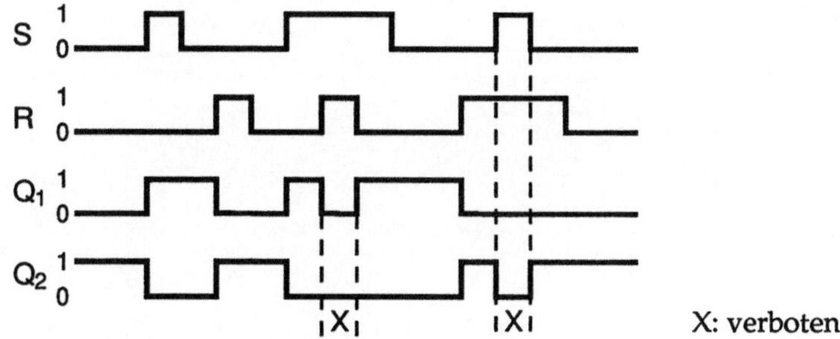

Bild 9.32: Impulsdiagramm zum RS-Flip-Flop

Mit der Nebenbedingung, daß der Ausgang Q_1 immer zu Q_2 invertiert sein soll, ergibt sich, daß die Eingangskombination R = S = 1 nicht zugelassen werden darf. Es muß also R·S = 0 gelten. Wird der Zustand $Q_1 = 1$ und $Q_2 = 0$ als "gesetztes Flip-Flop" aufgefaßt und entsprechend $Q_1 = 0$ und $Q_2 = 1$ als "rückgesetztes Flip-Flop", so ist S der Setz- und R der Rücksetzeingang für das Flip-Flop.

Durch $S = 1$ ($R = 1$) wird erreicht, daß das Flip-Flop gesetzt (zurückgesetzt) wird unabhängig davon, wie der Zustand vorher war. Bei $S = R = 0$ bleibt der Zustand erhalten. Man erhält folgende Wertetabelle:

Tabelle 9.5: Zustände des RS-Flip-Flops

S	R	Q_1 (n+1)	Q_2 (n+1)	
0	0	$Q_1(n)$	$Q_2(n)$	
0	1	0	1	
1	0	1	0	
1	1	1	1	verboten

Hiermit haben wir eine Grundform der heute wichtigsten Speicherelemente in der Halbleitertechnik, das Flip-Flop, kennengelernt. Diese vereinfachte Darstellung der Grundstruktur eines Schaltwerkes soll hier genügen.

10 Aufbau und Wirkungsweise eines Digitalrechners

In diesem Kapitel sollen Aufbau, Arbeits- und Wirkungsweise eines Digitalrechners anhand eines sehr einfach strukturierten Rechners beschrieben werden. Der hier behandelte Rechner ist ein Rechner des "von Neumann-Typs", d. h. Programme und Daten befinden sich im selben Speicher. In den vorhergehenden Abschnitten wurden die Grundvoraussetzungen: Informationsdarstellung, Codierung, Dualzahlenarithmetik, Boolesche Algebra, Schaltnetze und die Funktionsweise einzelner Komponenten vorgestellt.

Damit sind wir in der Lage, aus Schaltnetzen und Speicherelementen das Steuerwerk, das Rechenwerk und den Arbeits- oder Hauptspeicher aufzubauen. Jetzt wollen wir die einzelnen Komponenten zusammenschalten und die Aufgaben und Abläufe in den einzelnen Komponenten betrachten. Hierbei soll auch in kurzer Form auf den Befehlssatz und die Adressierungsarten des Rechners eingegangen werden. Die funktionale Struktur wird durch Blockdarstellungen zum Ausdruck gebracht, da für diese erste Betrachtung nur wichtige Kenngrößen der Module und Blöcke wichtig sind, nicht aber die detaillierte elektrotechnische Realisierung von Bedeutung ist. Auch die heute im Einsatz befindlichen Rechner weisen eine starke Strukturierung auf, die sich in funktional getrennten Hardware-Modulen niederschlägt. Vorteile dieser Blockdarstellung und Aufteilung der Funktionen auf Funktionseinheiten sind:

- übersichtlicher und verständlicher funktionsorientierter Aufbau,
- günstige Arbeitsteilung bei der Entwicklung des Gesamtsystems,
- Einsparung von Entwurfs- und Entwicklungszeit durch Übernahme bereits früher entworfener Teilsysteme,
- leichte Austauschbarket und große Wartungsfreundlichkeit der einzelnen Hardware-Module,
- Preisgünstigkeit durch Ausnutzung von großen Produktionszahlen hochintegrierter Grundkomponenten (z.B. Speicher, Wandler, Multiplexer usw.).

Die früher sehr stark betriebene Mehrfachausnutzung einzelner Komponenten (z.B. bei seriell arbeitenden Rechenwerken) war aus Preisgründen wünschenswert, spielt jedoch heute im Zeitalter hochintegrierter Techniken nicht mehr eine so große Rolle.

10.1 Wirkungsweise eines einfachen Digitalrechners

Der zu betrachtende Rechner ist in Bild 10.1 dargestellt. Der Rechner besteht aus den drei Funktionsblöcken Rechenwerk, Speicher, Steuerwerk und aus den Daten- und Signalwegesystemen: Datenbus, Adreßbus und Steuerleitungen. Von einem Steuerbus oder Control-Bus sprechen wir, wenn auch andere Einheiten die Steuersignale vorgeben können. Ein Bussystem hat die Aufgabe, die erforderlichen Datenwege zwischen den Einheiten aufzubauen. Auf die Behandlung von Fragen der Ein- und Ausgabegeräte mit deren verschiedenen Möglichkeiten wird hier verzichtet. Prinzipiell sind Ein- und Ausgabegeräte von der Ansteuerung und Datenübernahme oder Datenabgabe ähnlich zu behandeln wie die Speicher. Wir gehen im weiteren deshalb davon aus, daß sich ein lauffähiges Programm im Speicher befindet.

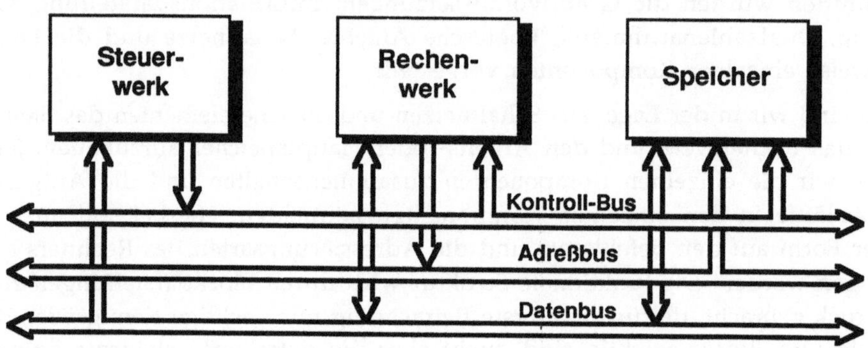

Bild 10.1: Beispiel eines einfachen Rechners mit Steuerwerk, Rechenwerk und Speicher

Das Rechenwerk nimmt hierbei eine zentrale Stellung ein, da hier in der ALU, der "Arithmetischen und Logischen Einheit", die eingentliche Datenverarbeitung stattfindet.

Im Bild 10.2 ist der zu behandelnde Rechner etwas detaillierter dargestellt, indem bereits Rechenwerk und Steuerwerk um zusätzliche Register erweitert wurden. Die Operanden werden der ALU aus den Registern und dem Speicher zur Ausführung zugeführt.

Ergebnis und Zusatzinformation (z.B. Überlauffehler) sind an vorbestimmte Plätze und Einrichtungen (Register oder Speicher) weiterzuleiten. Damit vermittelt das gesamte Wegesystem mit der Zuordnung der Funktionsblöcke des Rechners einen ersten Überblick über die Funktionen des Rechners. Zusammen mit den Steuerleitungen, dem Adreßbus zur Adressierung des Speichers und dem Datenbus als bidirektionalem Verbindungsweg zwischen Speicherein- und ausgang und den zugehörigen Empfängereinheiten (z.B. Befehlsregister und ALU) liegt die Struktur fest. Im vorgestellten Rechner enthält der Rechenwerkblock auch den Teil zur Adressierung, nämlich den Befehlszähler BZ zur Adressierung des nächsten auszuführenden Befehls und das Adreßregister AR, in welchem die Operandenadresse gespeichert wird.

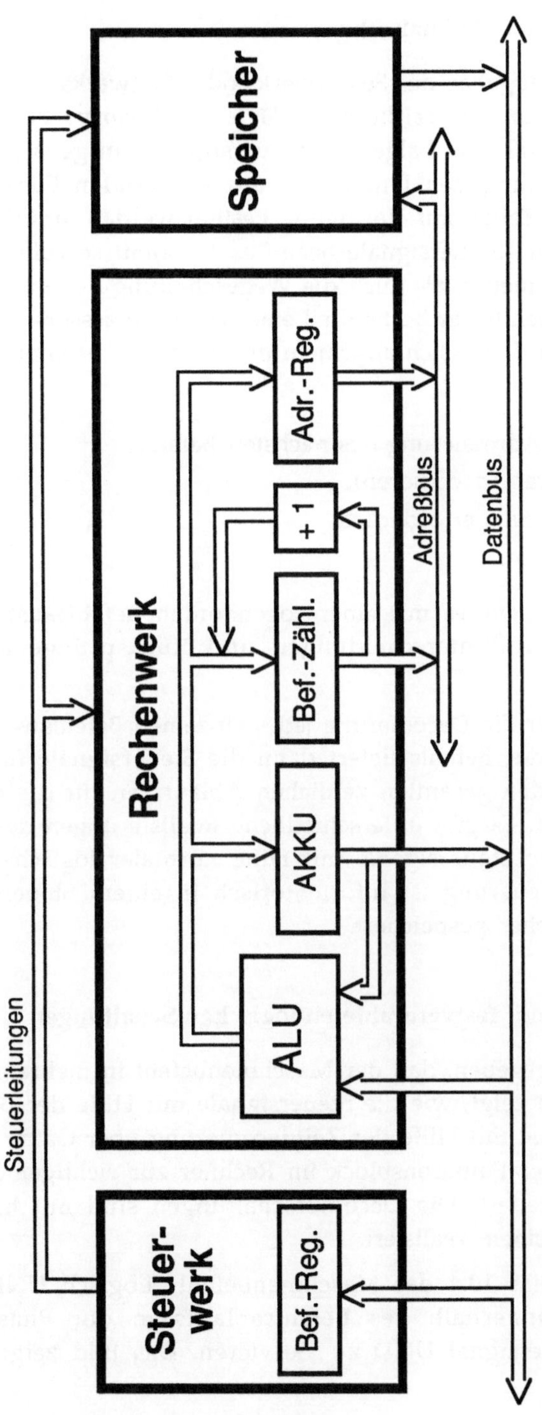

Bild 10.2: Rechnergrundstruktur mit Registern

10.1.1 Das Steuerwerk des Digitalrechners

Zu den wichtigsten Aufgaben des Steuerwerks oder Leitwerks (engl. control-unit) gehört die *Koordination der zeitlichen Abläufe im Rechner*. Für jede Ausführung eines Befehls muß eine Folge von Steuersignalen in genau vorgeschriebener zeitlicher Zuordnung den laut Befehl anzusteuernden Funktionseinheiten für fest vorgegebene Zeiten zur Verfügung gestellt werden, um das gewünschte Resultat zu generieren. Steuersignale beeinflussen somit sowohl die Funktions- oder Verarbeitungseinheiten als auch die Wegeschaltung der Busse. Das Steuerwerk ist ein ganz wesentlicher Bestandteil eines jeden Prozessors. Es sorgt für den korrekten Befehlsablauf, der sich allgemein in folgende Phasen einteilen läßt:

* Befehl holen,
* Vorbereitung der Adressierung des nächsten Befehls,
* Befehl interpretieren (decodieren),
* Operanden holen, falls erforderlich,
* Operation ausführen.

Im Normalfall haben wir es mit einer sogenannten Befehlsausführug zu tun. Ausnahmen bilden Fallunterscheidungen und Rücksprünge aus Unterprogrammen.

Das Steuerwerk ist für die Decodierung jedes einzelnen Befehlswortes zuständig. Die Interpretierung des Befehls liefert dann die Steuersignale für das Rechenwerk und generiert den gesamten zeitlichen Ablaufplan für die Busse und die betroffenen Einheiten. Es gibt unterschiedliche Realisierungen des Steuerwerks. Entweder werden die Steuersignale mit Hilfe normaler logischer Schaltungen erzeugt, oder die Steuerung ist informatorisch in einem Steuerspeicher bzw. Mikroprogrammspeicher gespeichert.

10.1.1.1 Steuerwerk mit festverdrahteten logischen Schaltungen

Es wurde bereits angegeben, daß der Maschinenbefehl in mehreren Befehlsphasen abläuft. Bild 10.3 zeigt, wie die Steuersignale mit Hilfe der Befehlsdecodierung erzeugt, aber erst mit Hilfe der Zeitdecodierung über Gatter aktiviert werden. Damit wird jeder Funktionsblock im Rechner zur richtigen Zeit innerhalb eines Befehls angesteuert. Die Decodierschaltungen sind mit handesüblichen Standard-Logikbausteinen realisiert.

Soll entsprechend Bild 10.4 der Maschinenbefehl "Logisch UND" ausgeführt werden, dann ist innerhalb des Befehlsablaufs in der Phase "Operation ausführen" das Steuersignal UND zu aktivieren. Das Bild zeigt eine Bitstelle innnerhalb der ALU.

Auf diese oder ähnliche Weise müssen sämtliche Befehle und entsprechend alle übrigen Informationen des Befehlswortes decodiert werden. Damit ist die

Durchschaltung und zeitliche Zuordnung der Steuersignale an die Funktionsblöcke des Rechners festgelegt. Teilweise werden Gruppen von Befehlen nach
besonderen Gesichtspunkten zusammengefaßt und decodiert.

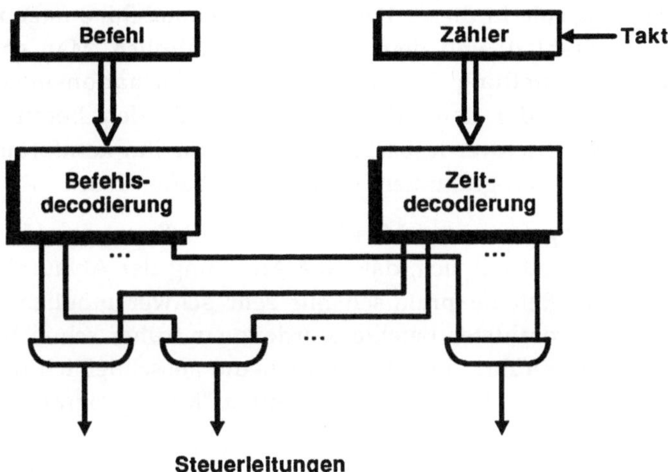

Bild 10.3: Befehlsdecodierung

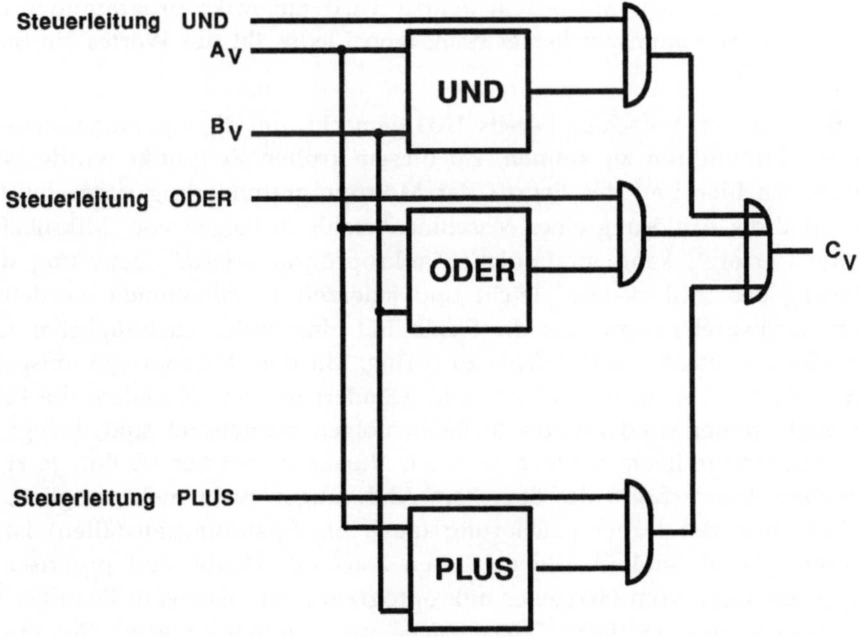

Bild 10.4: Operation "Logisch UND" innerhalb des Befehlsablaufs

Diese reine Hardware-Steuerung und Decodierung sorgt also für die korrekte schaltungstechnische Abfolge aller Schaltschritte, die einem Maschinenbefehl entsprechen. Da das vollständige Programm, die Vorschrift nach der die Daten verarbeitet werden sollen, aus einer Folge derartiger Befehle oder Bitmuster besteht, sind diese Befehle in dieser Form der Rechenmaschine angepaßt, fest vorgegeben (fest verdrahtet!) und dem Rechner verständlich. Man spricht deshalb von der Befehlsdarstellung in dem binären Informationsmuster von der "Maschinensprache" oder dem Maschinencode. Für den Benutzer sind Programme in Binärform schwer lesbar, so daß man für ihn komfortablere Befehlsdarstellungen (höhere Programmiersprachen) geschaffen hat.

Die starre Festlegung für einen Maschinencode in Form der Hardwarelösung bringt die Schwierigkeit mit sich, daß eine Änderung der Ablaufpläne oder eine Hinzunahme neuer Befehle praktisch nur sehr schwer möglich ist. Die Austauschbarkeit festverdrahteter Befehle wurde zwar früher schon bei den Hollerithmaschinen durchgeführt, geschieht aber heute ausschließlich durch die Speicherprogrammierung mit Hilfe des sogenannten "Mikroprogrammspeichers" im Steuerwerk.

10.1.1.2 Steuerwerk mit Mikroprogrammspeicher

Die Interpretation eines Maschinenbefehls wird in eine Folge von "Mikrobefehlsschritten" zerlegt. Mit jedem Schritt wird ein Mikroprogrammwort aus einem Mikroprogrammspeicher gelesen, wobei jedes Bit des Wortes ein Steuersignal darstellt.

Wilkes hat diesen Vorschlag bereits 1953 gemacht, um die Operationssteuerung flexibler durchführen zu können. Zu diesem frühen Zeitpunkt wurde bereits erstmals die Idee und der Begriff der Mikroprogrammierung vorgestellt! Dadurch, daß die Auflösung eines Maschinenbefehls in Folgen von "Mikrobefehlsschritten" erfolgt, kann eine solche "mikroprogrammierte" Steuerung durch Änderung des "Mikrocodes" leicht und jederzeit vorgenommen werden. Bei reinen Hardwarelösungen war die Flexibilität hinsichtlich nachträglicher Änderung oder Erweiterung des Befehls zu gering. Mit dem Mikroprogrammspeicher können die Befehle einzeln getestet und geändert werden. Nachdem die Befehle oder auch immer wiederkehrende Befehlsfolgen ausgetestet sind, bringt man diese Programme heute vielfach in einen Nur-Lese-Speicher (ROM). Jetzt sind zwar ohne Auswechseln des Speichers Änderungen nicht mehr möglich, aber die Sicherheit der Dauerspeicherung (auch bei Spannungsausfällen) ist von größerem Vorteil und überwiegt diesen Nachteil. Heute sind praktisch alle Mikroprozessoren vom Hersteller mikroprogrammiert, aber vom Benutzer nicht mehr "mikroprogrammierbar". Da solche programmgesteuerten Steuerwerke früher in der Regel 5 bis 10 mal langsamer waren als festverdrahtete Steuerwerke gleicher Technologie, fand diese Idee erst in den letzten Jahren den großen Einsatz, als es durch technologische Weiterentwicklung gelang, für den Mikroprogrammspeicher sehr schnelle Speicher einzusetzen.

Das Steuerwerk interpretiert zuerst den im Befehlsregister stehenden Befehl und steuert dann mit einer Vielzahl von Steuerleitungen alle Funktionen im Rechner. So wird mit jedem Rechnertakt die Funktion jeder Einheit vorgegeben. Der Arithmetischen und Logischen Einheit ALU muß angegeben werden, welche Operation sie auszuführen hat. Register müssen ausgewählt werden, um Daten von einem Bus zu übernehmen. Weitere Steuerleitungen bestimmen, welche Daten auf die Busse geschaltet werden.

Bild 10.5 zeigt, wie all die beschriebenen Steuerleitungen aus dem Steuerwerk herausführen. Diese Leitungen verteilen sich auf die unterschiedlichen Funktionsblöcke des Rechners. Je ein Teil der Leitungen führt auf die ALU, den AKKU, den Befehlszähler, das Adreßregister, den Speicher und zu den Bussen. Auch innerhalb des Steuerwerks werden noch weitere Steuerleitungen benötigt, die hier nicht dargestellt sind. Die Summe aller Steuersignale nennen wir "Steuerwort".

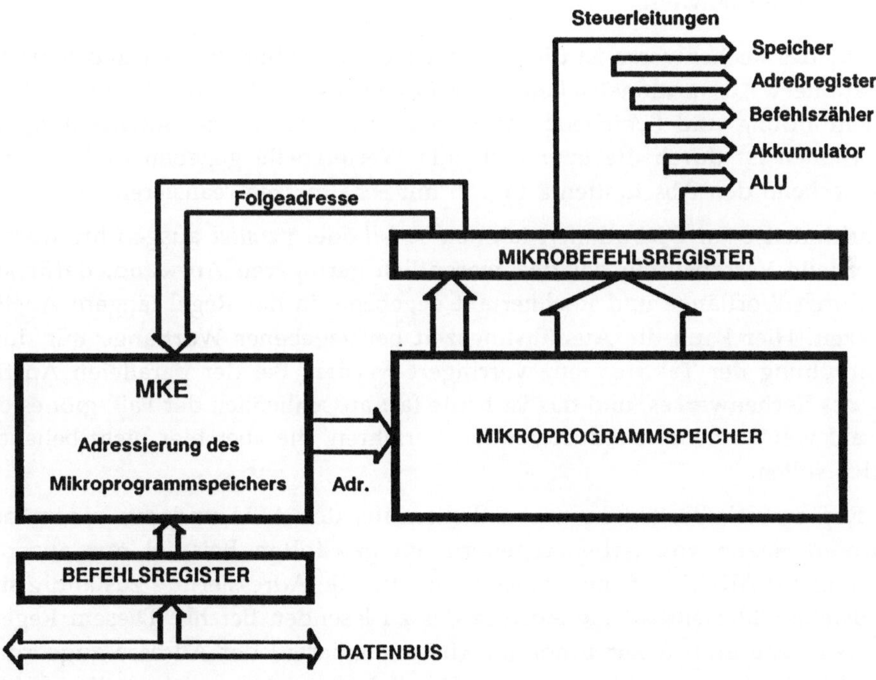

Bild 10.5: Mikroprogrammiertes Steuerwerk

Da mit jedem Rechnertakt die Signale auf den Steuerleitungen neu vorgegeben werden müssen, d. h. das Steuerwort neu zusammengestellt werden muß, wird das Steuerwort aus dem Mikroprogrammspeicher heraus gelesen. Für die Bearbeitung eines vollständigen Maschinenbefehls werden nacheinander mehrere Steuerworte gelesen. Ein Maschinenbefehl entspricht damit selbst einem Programm, das unterhalb der Maschinenbefehlsebene liegt und deshalb Mikroprogramm genannt wird. Das Mikroprogramm für jeden Maschinenbefehl wird im Mikroprogrammspeicher gespeichert. Mit jedem Rechnertakt wird aus dem Mikroprogrammspeicher ein Wort, d. h. ein Mikrobefehl, gelesen und im Mikrobefehlsregister zwischengespeichert. Die Ausgänge dieses Registers liefern zu einem Teil das Steuerwort und zum anderen Teil die nächst folgende Adresse im Mikroprogramm. Im Steuerwerk hat eine Einheit für die richtige Adressierung des Mikroprogrammspeichers zu sorgen, dies ist die Mikroprogramm-Kontrolleinheit MKE. Diese MKE ermittelt beim Start eines Maschinenbefehls mit Hilfe des Inhalts des Befehlsregisters die Startadresse im Mikroprogrammspeicher für diesen Maschinenbefehl. Während des Ablaufs des Mikroprogramms schaltet sie die Folgeadresse zur Mikroprogrammadresse durch oder gibt bei Programmverzweigungen andere Sprungadressen vor.

10.1.2 Das Rechenwerk

Aufgabe des Rechenwerks ist die Ausführung von arithmetischen und logischen Operationen. Alle arithmetischen Operationen lassen sich auf Addition, Komplementbildung und Schiebeoperationen zurückführen. Die Beschreibung der Operationen ist durch die entsprechende Wertetabelle gegeben und läßt sich (entsprechend den Abschnitten 8 und 9) mit Schaltnetzen realisieren.

Die arithmetischen Operationen können *seriell* oder *parallel* ausgeführt werden. Die serielle Verarbeitung hat den wesentlich geringeren Aufwand, dafür aber eine durch Wortlänge und Rechnertakt gegebene, in der Regel längere Ausführungszeit. Hier kann die Ausführungszeit bei gegebener Wortlänge nur durch die Erhöhung der Taktfrequenz verringert werden. Bei der parallelen Ausführung des Rechenwerkes, und das ist heute fast ausschließlich der Fall, gibt es eine Vielzahl von Rechenzeit reduzierenden Verfahren, die aber hier nicht behandelt werden sollen.

Das Rechenwerk besteht im wesentlichen aus der ALU und aus einem oder mehreren Sätzen von Arbeitsregistern, im gewählten Beispiel nur aus dem Akkumulator AKKU und aus Registern, die für die Adressierung zuständig sind. Der Befehlszähler enthält die Adresse des zu lesenden Befehls. Diesem Register ist eine eigene Einheit zur Erhöhung (Inkrementieren) der Adresse zugeordnet, in Bild 10.2 mit "+1" gekennzeichnet. Das Adreßregister speichert die effektive Operandenadresse.

Die Funktion der Steuerleitungen soll anhand der ALU näher erläutert werden. Gegeben sei die in Bild 10.6 dargestellte ALU mit den in Tabelle 10.1 angegebenen Standardfunktionen. Mit der Steuerleitung ALU0 wird entweder die logische oder die arithmetische Funktion ausgewählt. Die weiteren Steuerleitungen wählen eine der vorgegebenen Funktionen aus. Soll z.B. innerhalb eines Maschinenbefehls die Addition ausgeführt werden, so muß die Steuerleitung ALU0=0 gesetzt werden, d. h. die Auswahl der arithmetischen Funktion ist getroffen. Aus den arithmetischen Funktionen wird nun mit den Steuersignalen ALU1=1, ALU2=1, ALU3=0 die Funktion "Addiere" vorgegeben.

Tabelle 10.1:   Arithmetische und logische Funktionen der ALU

<u>Arithmetische Funktionen</u>

ALU 0 = 0

ALU 3	ALU 2	ALU 1	$C_{in} = 1$	$C_{in} = 0$
0	0	0	$C_0 = 0 , C_v = 1$	$C_v = 1$
0	0	1	C = B minus A	C = B minus A minus 1
0	1	0	C = A minus B	C = A minus B minus 1
0	1	1	C = A plus B plus 1	C = A plus B
1	0	0	C = B plus 1	$C_v = B_v$
1	0	1	$C = \overline{B}$ plus 1	$\overline{C_v} = \overline{B_v}$
1	1	0	C = A plus 1	$C_v = A_v$
1	1	1	$C = \overline{A}$ plus 1	$C_v = \overline{A_v}$

<u>Logische Funktionen</u>

ALU 0 = 1

ALU 3	ALU 2	ALU 1	
0	0	0	$C_v = 0$
0	X	1	$C_v = A_v$ Exklusiv ODER B_v
0	1	0	$C_v = \overline{A_v \text{ Exklusiv ODER } B_v}$
1	0	0	$C_v = A_v$ UND B_v
1	0	1	$C_v = \overline{A_v \text{ ODER } B_v}$
1	1	0	$C_v = \overline{A_v \text{ UND } B_v}$
1	1	1	$C_v = A_v$ ODER B_v

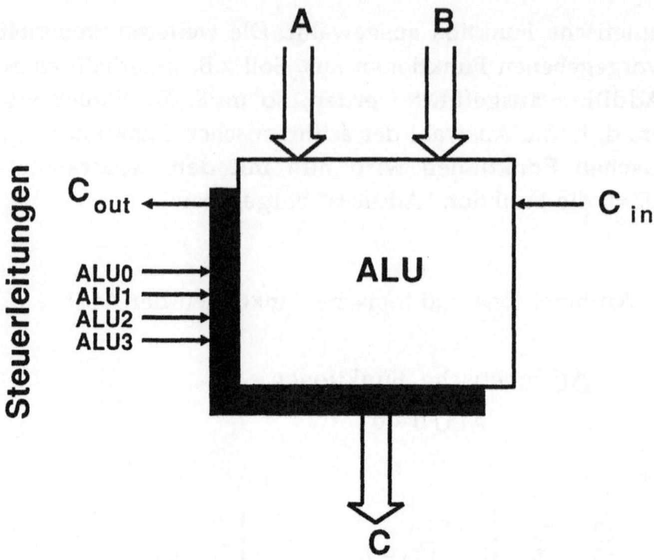

Bild 10.6: Arithmetische und logische Einheit (ALU)

10.1.3 Der Speicher des Rechners

Eine Ausnutzung der hohen Verarbeitungsgeschwindigkeit im Rechenwerk ist
nur dann möglich, wenn die Zulieferung der erforderlichen Daten dieser Verar-
beitungszeit angepaßt ist. Da alle Befehle und Daten aus dem Haupt- oder Arbeitsspeicher gelesen und Ergebnisse abgespeichert werden müssen, ist in erster
Näherung die Zugriffszeit zum Arbeitsspeicher bestimmend für die Ausführungszeit eines Befehls. Günstige Verhältnisse liegen dann vor, wenn die Zugriffszeit des Speichers etwa so groß ist wie die Ausführungszeit einfacher Befehle im Rechenwerk. Nur so ist es möglich, das schnelle Rechenwerk voll auszu-
lasten. Unterschiedliche Speicherarten werden im Abschnitt 10.2 behandelt.

Der Speicher des Rechnermodells ist an den Datenbus gekoppelt. Daten können
aus dem Speicher gelesen und über den Datenbus in verschiedene Register geladen werden. Der Inhalt des Akkus, d. h. die Rechenergebnisse oder Operanden
können wiederum auf den Datenbus geschaltet und in den Speicher geschrieben
werden. Das Steuerwerk gibt mit jedem Rechnertakt an den Speicher die Anweisung, ob gelesen, geschrieben oder keine Operation durchgeführt werden soll.

10.1.4 Die Busse des Rechners

Zwischen den verschiedenen Blöcken im Rechner sind Informationen zu übertragen. Diese Kommunikation der Einheiten untereinander, d. h. die Übertragung von Daten und Steuerinformation erfolgt über elektrische Leitungen, in
bisher nur seltenen Fällen über optische Übertragungsmedien.

Busse werden heute mit sehr hochfrequenten Signalen beaufschlagt, so daß eine störungsfreie Übertragung ein großes Problem ist. In diesem Abschnitt soll darauf nicht näher eingegangen werden, aber jeder sollte sich der Probleme der gegenseitigen Störung, der Störung durch elektromagnetische Erscheinungen von Fremdquellen, der Abschirmung, der Erdung, der Leitungsreflexion, der Leitungsanpassung an Sender und Empfänger zur reflexionsfreien Übertragung stets bewußt sein und dies nicht als ein geringes Problem ansehen.

Über die Busse (Datenwege) werden aus unterschiedlichen Quellen Daten übertragen. Auf den Adreßbus kann aus dem Befehlszähler die Adresse für den nächsten zu lesenden Befehl oder auch aus dem Adreßregister die Adresse eines Operanden geschaltet werden. Befehle werden aus dem Speicher gelesen und über den Datenbus in das Befehlsregister geladen. Daten können aus dem Speicher über den Datenbus durch die ALU in den AKKU geladen werden. Adressen können ebenfalls aus dem Speicher über den Datenbus und durch die ALU in den Befehlszähler oder in das Adreßregister geladen werden. Der Akkuinhalt wird über den Datenbus in den Speicher eingeschrieben.

10.1.5 Ausführung eines Maschinenbefehls

Als Beispiel soll die Bearbeitung des Maschinenbefehls "Addiere Operand zum Inhalt des Akkus" erläutert werden, dessen Befehlsformat in Bild 10.7 dargestellt ist. Der Operationscode sei unter der Adresse n und die Operandenadresse unter der Adresse n+1 gespeichert.

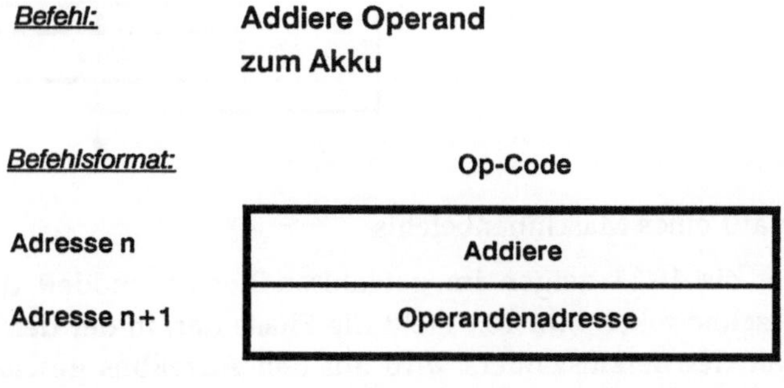

Befehl: **Addiere Operand
zum Akku**

Befehlsformat: **Op-Code**

Adresse n   Addiere

Adresse n+1   Operandenadresse

Bild 10.7: Maschinenbefehl: *Addiere Operand zum Akku*

Der Maschinenbefehl wird in mehreren Rechnertakten ausgeführt. Wie Bild 10.8 zeigt, wird zunächst der Befehl unter der Adresse n aus dem Speicher gelesen und ins Befehlsregister geladen. Gleichzeitig wird der Befehlszähler um eins erhöht. Im nächsten Takt wird unter der Adresse n+1 die Operandenadresse aus dem Speicher gelesen und ins Adreßregister geladen. Im dritten Takt gibt das Adreßregister die Adresse vor. Der Operand wird aus dem Speicher gelesen, in der ALU zum Inhalt des Akkus addiert und das Ergebnis in den Akku geladen.

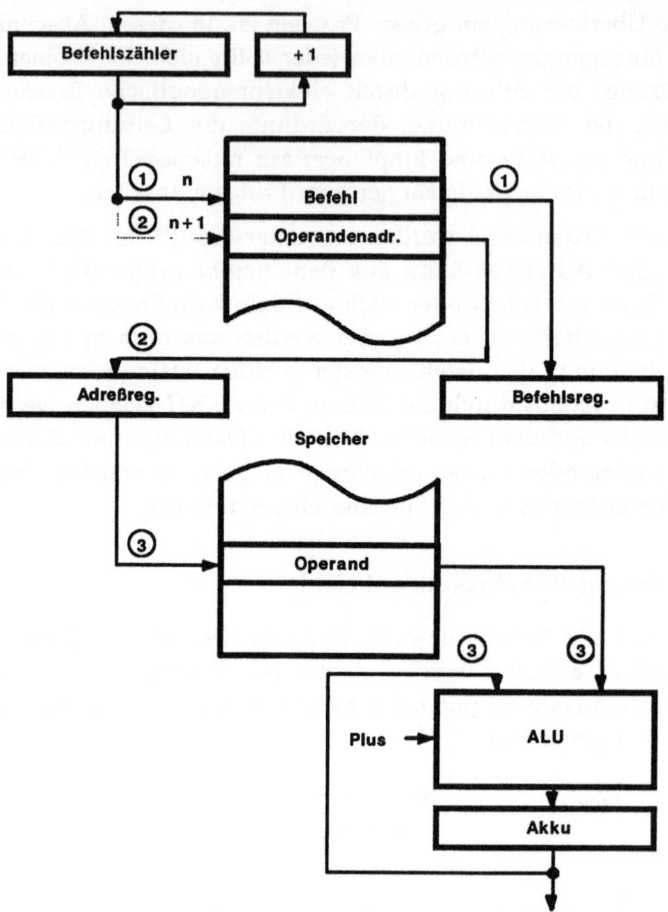

Bild 10.8:   Ablauf eines Maschinenbefehls

Die Bilder 10.9 bis 10.11 zeigen im gewählten Rechnermodell die Datenwege
während der Rechnertakte. Bild 10.9 stellt die Phase dar, in der der Befehl gelesen
wird. Der Inhalt des Befehlszählers wird auf den Adreßbus geschaltet, aus dem
Speicher wird unter dieser Adresse der Befehl gelesen. Der Befehl wird über den
Datenbus in das Befehlsregister geladen. Gleichzeitig wird der Inhalt des Befehlszählers um eins inkrementiert, damit die Adresse n+1 am Ende des Taktes in
den Befehlszähler BZ geladen werden kann.

Im nächsten Takt wird wieder der Inhalt des Befehlszählers, der nun die Adresse
n+1 enthält, auf den Adreßbus geschaltet. Aus dem Speicher wird die Operandenadresse gelesen, über den Datenbus und durch die ALU zum Adreßregister
durchgeschaltet und hierin gespeichert. Diese Phase ist in Bild 10.10 gezeigt.
Gleichzeitig wird der Inhalt des Befehlszählers um eins inkrementiert, damit die
Adresse für den nächsten Befehl vorbereitet ist.

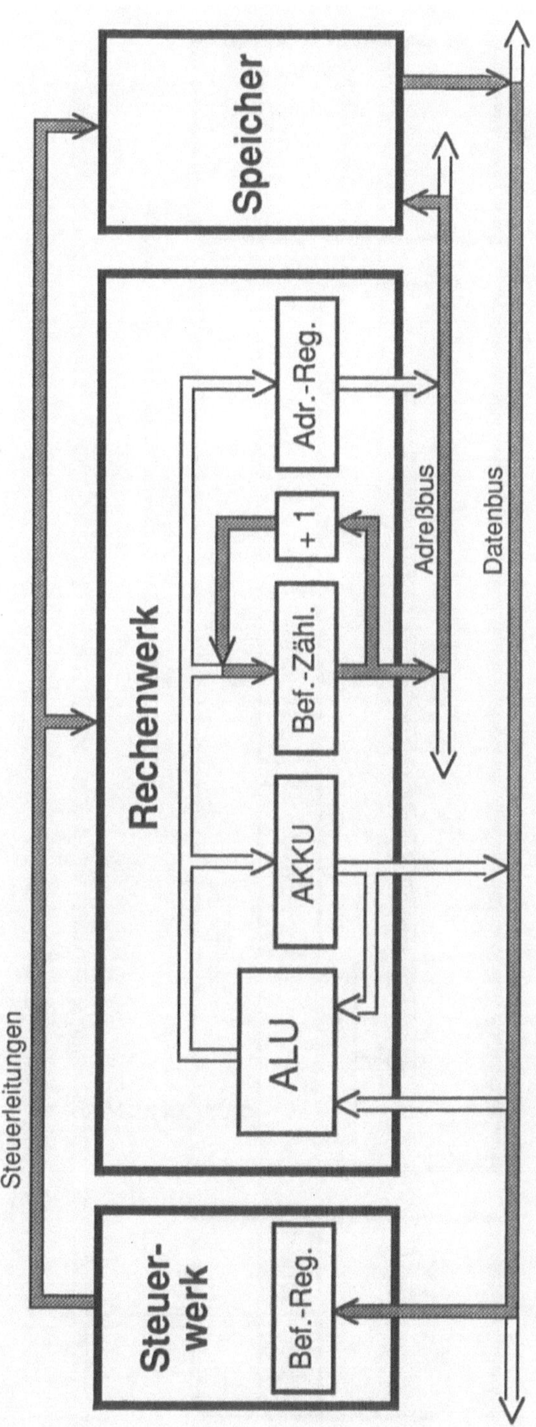

Bild 10.9:   Datenwege beim Lesen des Maschinenbefehls

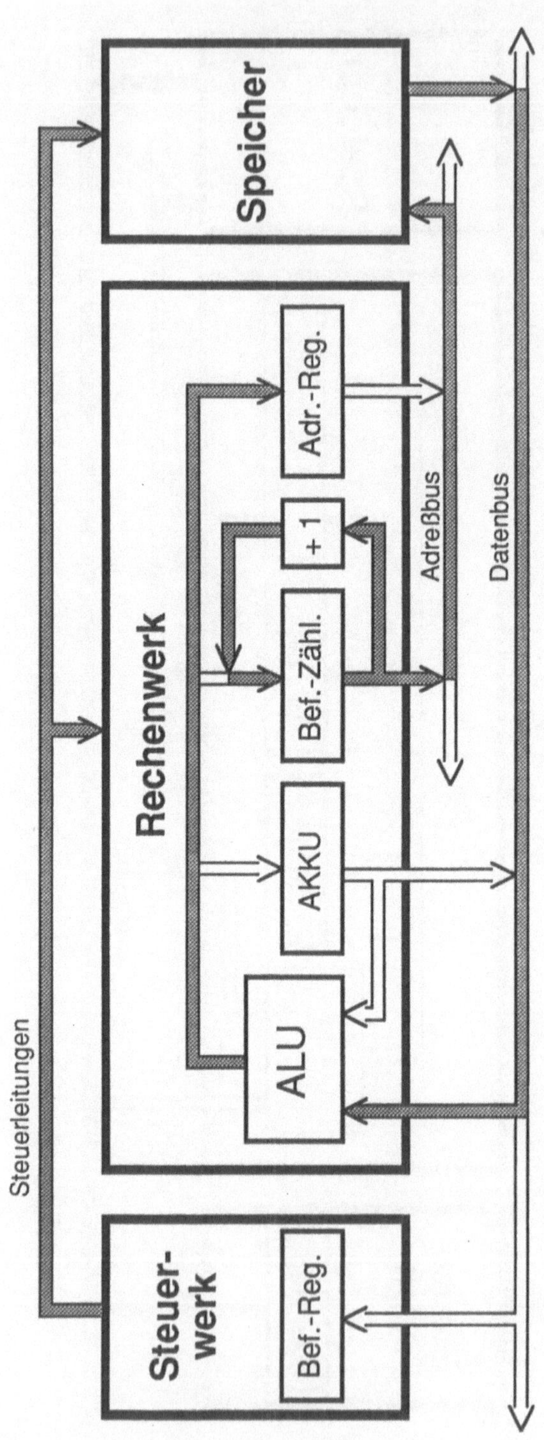

Bild 10.10: Lesen der Operandenadresse

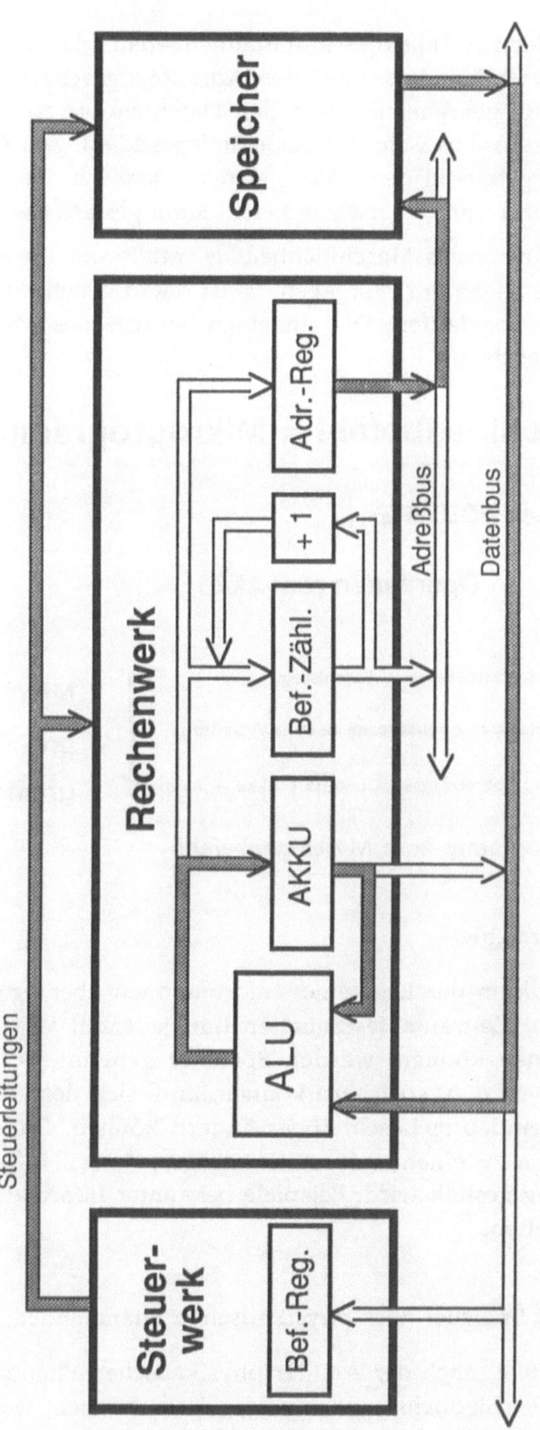

Bild 10.11: Lesen des Operanden und Addition zum Inhalt des Akku

Bild 10.11 stellt den letzten Takt dieses Maschinenbefehls dar. Aus dem Adreßregister wird die Operandenadresse auf den Adreßbus geschaltet, der Operand wird aus dem Speicher gelesen und über den Datenbus bis zur ALU durchgeschaltet. Der Inhalt des Akkus wird zum Operanden addiert. Am Ende des Rechnertaktes wird das Ergebnis in den Akku geladen. Damit ist insgesamt der Maschinenbefehl ausgeführt und der nächste Befehl kann gestartet werden.

Während der Ausführung des Maschinenbefehls mußte das Steuerwerk mit jedem Takt das richtige Steuerwort vorgeben. Es ist damit gleichzeitig das zugehörige Mikroprogramm abgelaufen. Die einzelnen Schritte des Mikroprogramms sind in Bild 10.12 angegeben.

Maschinenbefehl = Mikroprogramm

Beispiel: ADDIERE

Operanden zum Akku

1. Mikrobef.: Befehl lesen → Befehlsreg.

2. Mikrobef.: Operandenadresse lesen → Adreßreg.

3. Mikrobef.: Operand lesen, Operand + Akku → Akku

Mikroprogramm

Bild 10.12: · Mikroprogramm zum Maschinenbefehl

10.2 Die Speicherhierarchie

Alle Einrichtungen, die in der Lage sind, Informationen über einen bestimmten (u.U. beliebig langen) Zeitraum festzuhalten und jederzeit wieder abzugeben, d. h. verfügbar machen können, werden Speicher genannt. Soll ein Medium Information aufnehmen, d. h. speichern können, muß sich der Zustand des Mediums physikalisch eindeutig beschreibbar ändern können. Dadurch wird das physikalische Medium zu einem Informationsträger, dessen Information lesbar wieder zur Verfügung gestellt wird. Beispiele bekannter Informationsträger sind die Magnetbandkassetten.

10.2.1 Einteilung der Speicher nach physikalischen Phänomenen

Speicher lassen sich u. a. nach der Art der physikalischen Phänomene einteilen. Eine große Zahl unterschiedlichster Phänomene ist untersucht worden, aber nur wenige haben sich bisher durchgesetzt. Folgende Phänomene wurden u.a. bisher für Speicher in digitalen Rechenanlagen genutzt:

1. Feldspeicher

    * magnetisches Feld

        Magnetbänder, Magnetplatten

        (Mangettrommeln, Magnetringkerne)

        Mangnetblasen

        Supraleitung

    * elektrisches Feld

        Kondensatoren

        Halbleiterspeicher

2. Wellenspeicher

    * elektromagnetische Wellen

        Laufzeitspeicher

    * mechanische Wellen

        (magnetostriktive Drahtspeicher)

        Glas- bzw. Quarzspeicher.

Eine weitere wichtige Unterteilung ist eine Unterscheidung nach der Energiezufuhr im gespeicherten Zustand. Hier genügen die beiden Gruppen:

* Speicherung ohne Energiezufuhr,

* Speicherung mit dauernder Energiezufuhr (oder nach bestimmten Zeitintervallen zuzuführender Energie).

Heute überwiegend in Rechnersystemen eingesetzte Speicher sind:

* Halbleiterspeicher,

* Magnetische Speicher,

* Optische Speicher (erst in jüngster Zeit).

Eine ganz andere Einteilung ergibt sich nach dem Prinzip der Abfrage: Soll die Information nach einer bestimmten Adresse abgefragt werden oder soll der Speicher nach einem bestimmten (gesuchten) Inhalt abgefragt werden. Die beiden Klassen heißen deshalb:

* ortsadressierte Speicher

    (über die Adresse wird auf den Inhalt zugegriffen oder die betreffende Information abgelegt),

* inhaltsadressierte Speicher (assoziative Speicher)

    (der Inhalt des Speichers wird abgefragt, ohne die Adresse zu kennen).

Bis auf sehr kleine assoziative Speicher sind praktisch alle in Rechenanlagen eingesetzten Speicher vom Typus der ortsadressierten Speicher.

Als wesentliche Charakteristika für Speicher gelten neben dem Preis für 1 Bit, 1 Byte oder 1 Wort die folgenden Merkmale:

- *Zugriffszeit*, die im Mittel erforderliche Zeit zum Lesen einer Information,

- *Zykluszeit*, die kürzeste Zeit, nach der ein Lese- oder Schreibvorgang wiederholt werden kann,

- *Speicherkapazität*, die Anzahl der Speicherplätze

  in Bit, Megabit (10^6 Bit), Gigabit (10^9 Bit)

  in Byte, Megabyte, Gigabyte

  in Worten, Megaworten, Gigaworten.

Durch die verschiedenen Kennziffern, Preis, Bedürfnisse und Einsatz hat sich eine ganze Speicherhierarchie herausgebildet (Bild 10.13).

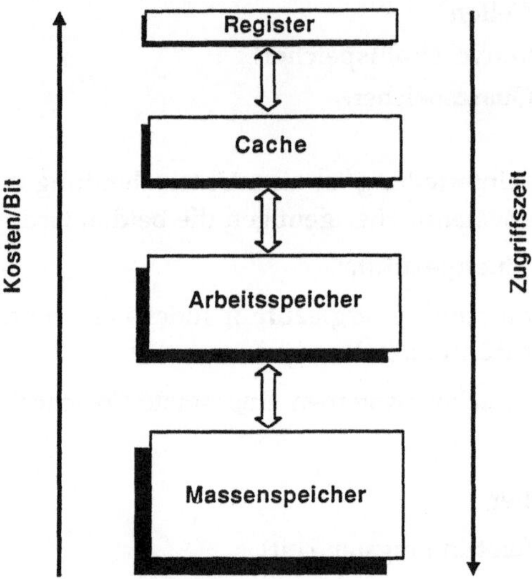

Bild 10.13: Speicherhierarchie

In dem bereits vorgestellten Rechner (Bild 10.2) werden Daten hauptsächlich zwischen Akkumulator und Arbeitsspeicher übertragen. Die Rechnergeschwindigkeit ist sehr stark von der Zugriffszeit zum Speicher abhängig. Viele Befehle könnten schneller ausgeführt werden, wenn der Rechner über einen Satz von Arbeitsregistern verfügt. Operanden könnten aus diesen Registern mit sehr kleiner Zugriffszeit gelesen und Zwischenergebnisse wieder in einem anderen Register abgelegt werden. Die meisten Prozessoren verfügen über 8 bis 16 Arbeitsregister. Auch wird eine Vielzahl von Registern zur Adressierung eingesetzt, um die in Abschnitt 10.4 beschriebenen Adressierungsarten ausführen zu können.

10.2.2 Cache-Speicher

Beim Arbeitsspeicher ist man einerseits an einem möglichst preiswerten Speicher interessiert, andererseits soll dieser Speicher aber möglichst kurze Zugriffszeiten haben. Diese Forderungen widersprechen sich, da schnelle Speicher entsprechend teuer sind. Zur Lösung dieses Konfliktes kann man einen Kompromiß eingehen. Normalerweise bewegt sich die Adressierung beim Programmablauf in einem begrenzten Adreßraum. Legt man die Daten dieses Bereiches in einem schnellen Speicher ab, so kann man über viele Rechenoperationen und Speicherzugriffe mit diesem schnellen Speicher arbeiten. Erst bei Verlassen dieses Adreßraums wird wieder auf den langsameren Arbeitsspeicher zugegriffen. Den schnellen Zwischenspeicher nennt man Cache-Speicher.

Der Hardwareaufwand bei Verwendung des Cache-Speichers wächst, da spezielle Strategien zur Ein-/Auslagerung der Daten in und aus diesem Speicher eingesetzt werden müssen. Die Effizienz hängt von der Trefferrate (cache-hitrate) bei den Zugriffen auf den Cache-Speicher ab. Die Trefferrate selbst hängt wieder von der Speichergröße des Cache-Speichers ab. Der Cache-Speicher wird normalerweise mit sehr schnellen statischen Speicherbausteinen realisiert.

10.2.3 Arbeitsspeicher

In dem bereits dargestellten Rechnermodell dienten Befehlszähler und Adreßregister zum Adressieren der Befehle und Daten im Arbeitsspeicher. Der adressierbare logische Adreßraum ist von der Wortlänge abhängig. Mit einer 16-bit Adresse lassen sich

$$2^{16} = 1024 \times 64 = 65536 = 64\text{k Worte}$$

adressieren. Mit einer 32-bit Adresse sind schon

$$2^{32} = 4\,\text{Gigaworte}$$

adressierbar. Dieser große Adreßraum wird normalerweise nicht für den Arbeitsspeicher benötigt. In diesem Fall ist der logische Adreßraum größer als der des physikalischen Arbeitsspeichers.

Der Arbeitsspeicher wird in den meisten Anwendungen mit dynamischen Speicherelementen realisiert. Bei dynamischen Speichern muß die gespeicherte Information innerhalb bestimmter Zeiten aufgefrischt werden, z.B. nach 2 bis 4 ms, da diese sonst ihre Information verlieren. Die Zugriffszeiten sind jedoch leider größer als bei statischen Speichern. Im dynamischen Speicherchip lassen sich aber durchschnittlich viermal so viel Bits integrieren wie im statischen, so daß die Kosten für den dynamischen Speicher deshalb entsprechend geringer sind.

10.2.4 Massenspeicher

Ist der logische Adreßraum des Prozessors größer als der des Arbeitsspeichers, so spricht man von einem virtuellen Speicher.

Der virtuelle Speicher läßt sich zusammen mit Hintergrundspeichern, z.B. mit Festplatten realisieren. Es werden immer Teile der benötigten Daten und Unterprogramme eines umfangreichen Programms auf einen Massenspeicher ausgelagert sein (z.B. die mathematischen Programmbibliotheken) und nur bei Bedarf in den Arbeitsspeicher eingelesen. Dazu ist aber ein entsprechender Verwaltungsaufwand notwendig, den das Betriebssystem leistet (s. Kapitel 14). Um insgesamt die Forderung nach möglichst schnellem Speicherzugriff zu erfüllen, macht man von der in Bild 10.13 dargestellten Speicherhierarchie Gebrauch. Je kürzer die Zugriffszeit, umso teurer wird der Speicher.

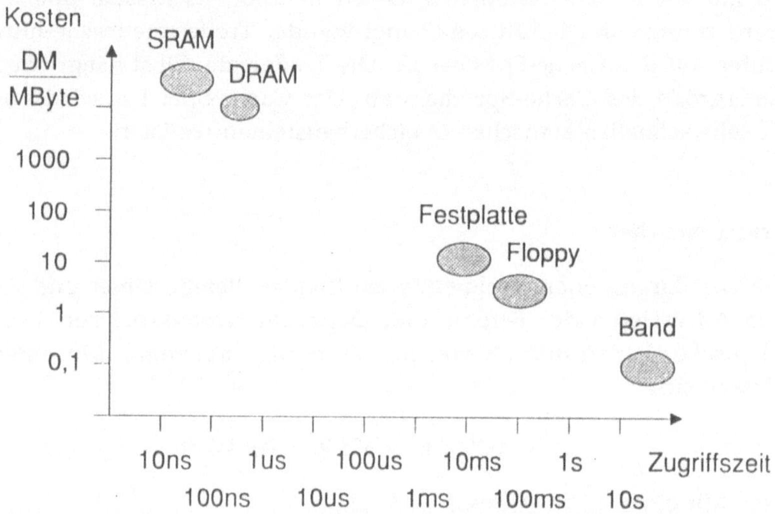

Bild 10.14: Abhängigkeit der Speicherkosten von der Zugriffszeit.

10.3 Der Befehlssatz

Der Befehlssatz eines Prozessors stellt die Schnittstelle zwischen der Hardware und dem Programmierer dar. Dabei spiegelt dieser Befehlssatz das zugrundeliegende architektonische Konzept des Prozessors wider. So kann man anhand des Befehlssatzes erkennen, ob der Rechner als CISC (Complex Instruction Set Computer) oder als RISC (Reduced Instruction Set Computer) ausgelegt ist. Während das CISC-Konzept eine große Anzahl zum Teil sehr mächtiger, komplexer Befehle zur Verfügung stellt, werden bei RISC-Maschinen meist nur relativ wenige, elementare Befehle angeboten. Diese können dann aber aufgrund ihrer geringen Komplexität fast immer in einem kurzen Taktzyklus ausgeführt werden.

Zusammen mit einem großen Registerspeicher ermöglicht das RISC-Konzept eine hohe Verarbeitungsgeschwindigkeit. Komplexe Funktionen müssen allerdings durch Software erfüllt oder durch Koprozessoren ausgeführt werden.

Eine aus der Sicht des Programmierers sehr wünschenswerte Anforderung an den Befehlssatz ist die Orthogonalität. Bei einem idealen orthogonalen Befehlssatz ist es möglich,

- alle Adressierungsarten bei allen Befehlen zu nutzen,

- alle Register als Operanden aller Befehle zu verwenden und

- alle Befehle auf alle Datentypen ungeachtet ihrer Länge (Byte, Wort, Langwort) anzuwenden.

Der Befehlssatz eines Prozessors enthält normalerweise Transfer-, Arithmetische- und Logische-, Schiebe-, Sprung-, Steuer- und unterschiedliche weitere Befehle. Diese Befehlsgruppen sollen im folgenden näher erläutert werden.

10.3.1 Transferbefehle

Diese Befehlsklasse sorgt für den Transfer von Daten zwischen den Registern, zwischen Registern und Speicher und für den Datentransfer zur Peripherie.

Ein Transferbefehl in dem unter 10.1 dargestellten Rechnermodell ist der Befehl "Lade Akkumulator", bei dem unter der Operandenadresse der Operand aus dem Speicher gelesen und in den Akkumulator geladen wird.

10.3.2 Arithmetische- und Logische Befehle

Arithmetische Befehle dienen zur Verarbeitung von Zahlen. Bei der Befehlsausführung werden der "Arithmetischen und Logischen Einheit" zwei Operanden zugeführt und mit ihnen die im Befehl geforderte arithmetische Operation ausgeführt. Typische arithmetische Operationen sind:

- Inkrementiere,
- Dekrementiere,
- Addiere,
- Addiere mit Übertrag,
- Subtrahiere,
- Subtrahiere mit Übertrag.

Logische Befehle verknüpfen die Operanden entsprechend der logischen Anweisung. Typische Logische Operationen sind:

- Bilde Komplement,
- Logisch UND,
- Logisch ODER,
- EXKLUSIV ODER.

10.3.3 Schiebebefehle

Mit Schiebebefehlen kann der Inhalt von Registern bzw. von Speicherstellen um eine bestimmte Anzahl von Stellen nach links oder nach rechts verschoben werden. Hierbei gibt es unterschiedliche Möglichkeiten:

- arithmetisches Verschieben, hierbei wird das Vorzeichen mit berücksichtigt,

- logisches Verschieben, wobei die nachrückenden Stellen mit Nullen gefüllt werden,

- Rotation, wobei die höchstwertige Stelle mit der niederwertigsten verbunden wird.

10.3.4 Steuerbefehle

Steuerbefehle ermöglichen es, den Programmablauf zu beeinflussen oder auch das gesamte System zu steuern. Typische Steuerbefehlsgruppen sind die

- Sprungbefehle,

- Schleifenbefehle und

- Befehle zur Veränderung der Statusworte.

Hier werden auch die sogenannten privilegierten Befehle eingesetzt, die nur auf der Betriebssystemebene ausgeführt werden können.

10.3.5 Unterschiedliche Befehle

Zusätzlich zu den genannten Befehlsgruppen gibt es bei vielen Prozessoren unter anderem noch die Bit-Befehle, mit denen man ein adressiertes Bit setzen, zurücksetzen oder auch testen kann. Weitere Befehle können Befehle zur Zeichenkettenverarbeitung sein.

10.3.6 Ein-/Ausgabebefehle

Werden die Ein-/Ausgabeeinheiten bei der Adressierung nicht mit Adressen innerhalb des Speicheradreßraums angesprochen, dann müssen spezielle Ein-/Ausgabebefehle realisiert sein.

10.4 Adressierungsarten

Die Hauptaufgabe eines Prozessors besteht darin, Daten aus dem Arbeitsspeicher zu lesen und in einer durch ein Programm vorgegebenen Weise zu verarbeiten. Wie in Kapitel 10.1 gezeigt wurde, werden die Operationen des Prozessors in der Arithmetischen und Logischen Einheit ALU durchgeführt. Die Operanden müssen aus vorgegebenen Adressen aus dem Speicher gelesen werden.

Moderne Prozessoren sind mit sehr komplexen Adressierungsarten zur Adressierung der Operanden ausgestattet. Diese Adressierungsarten unterstützen die einfache Umsetzung der aus höheren Programmiersprachen, wie z.B. PASCAL, bekannten Daten- und Kontrollstrukturen.

Die bekanntesten Adressierungsarten können in folgende Gruppen unterteilt werden:

- Implizite bzw. inhärente Adressierung,

- Registeradressierung,

- Unmittelbare Adressierung,

- Absolute Adressierung,

- Relative Adressierung,

- Indirekte Adressierung,

- Indizierte Adressierung,

- Kombinationen der genannten Adressierungsarten.

10.4.1 Die implizite Adressierung

Bei der impliziten Adressierung ist im Befehlswort die Adresse des Operanden implizit enthalten.

Beispiel:

Lade den Operanden aus der Adresse 10BF (hexadezimal) in den Akku. Bei nur einem Akku als Ziel, braucht keine eigene Adresse angegeben zu werden.

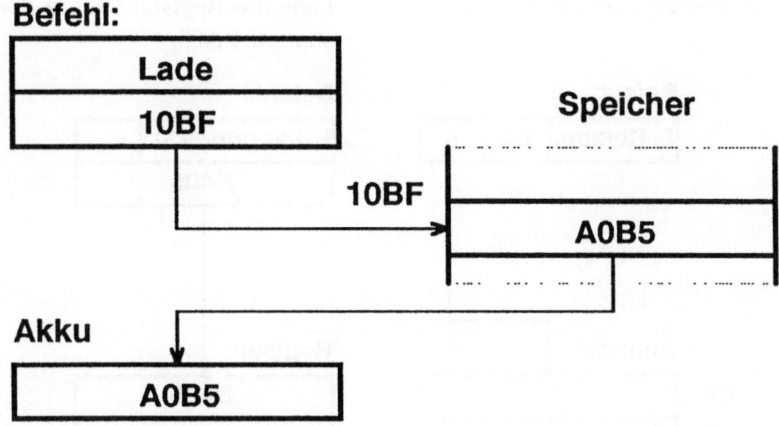

Bild 10.15: Implizite Adressierung

10.4.2 Registeradressierung

Bei Prozessoren mit mehreren Arbeitsregistern müssen die Register im Befehl durch ihre Registeradresse adressiert werden.

Beispiel:

Lade den Inhalt des Datenregisters D0 in das Datenregister D1.

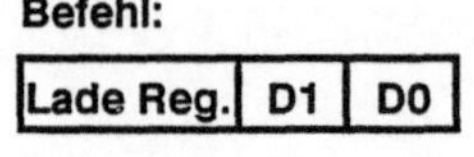

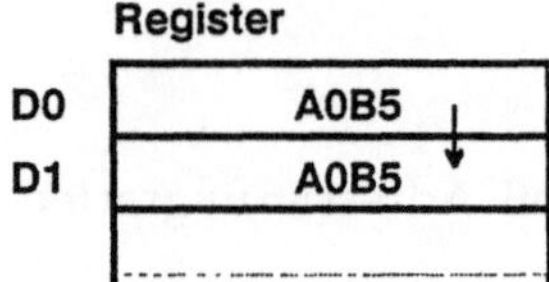

Bild 10.16: Registeradressierung

10.4.3 Unmittelbare Adressierung

Konstanten können unmittelbar im Befehl oder im unmittelbar darauffolgenden Wort gespeichert sein. Mit der unmittelbaren Adressierung können diese Konstanten ausgewählt werden.

Beispiel für einen Kurzoperanden:

Lade das Arbeitsregister D0 mit der Zahl 5.

Beispiel für eine große Konstante:

Lade das Register D0 mit der Konstanten BA05.

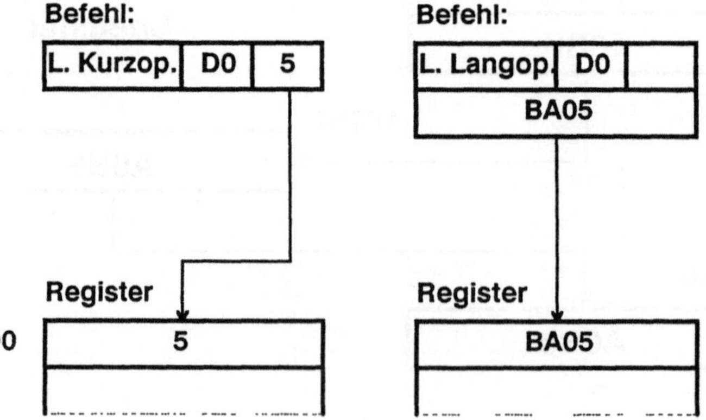

Bild 10.17: Unmittelbare Adressierung

10.4.4 Absolute Adressierung

Operanden, deren Adresse im Speicher bekannt und fest ist, können mit der absoluten Adressierung adressiert werden. Hierbei wird die Adresse direkt nach dem Befehlswort angegeben.

Beispiel:

Lade das Register D7 mit dem Inhalt der Speicherzelle, die durch die Adresse 476A angegeben wird.

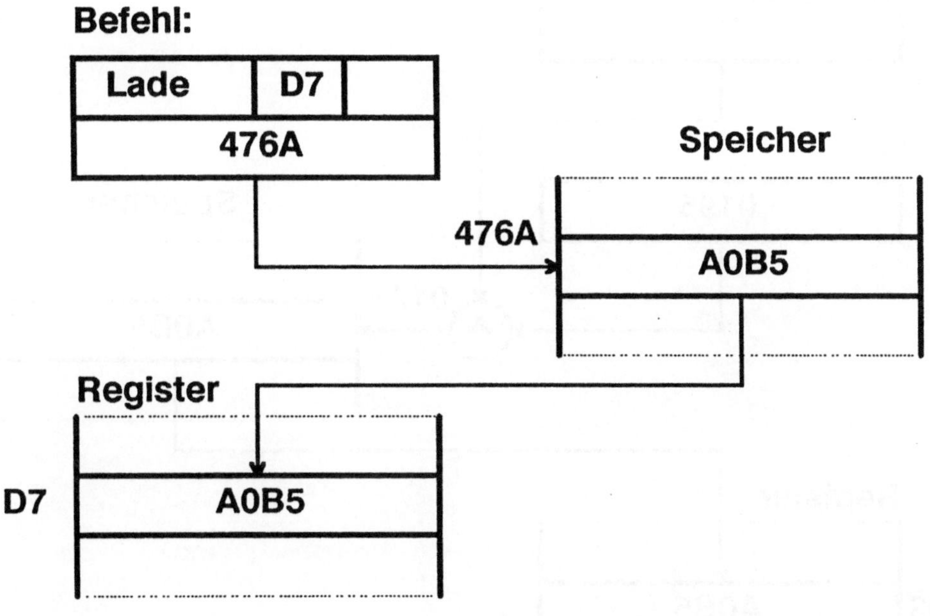

Bild 10.18: Absolute Adressierung

10.4.5 Relative Adressierung

Ist die absolute Adresse des Operanden nicht bekannt, sondern nur die "Entfernung" zu einer anderen Adresse, so kann dieser Operand relativ zu dieser anderen Adresse adressiert werden.

Beispiel:

Lade den Operanden, der 16 Adressen (10_H) weiter vom Programmzähler entfernt ist, ins Register D3.

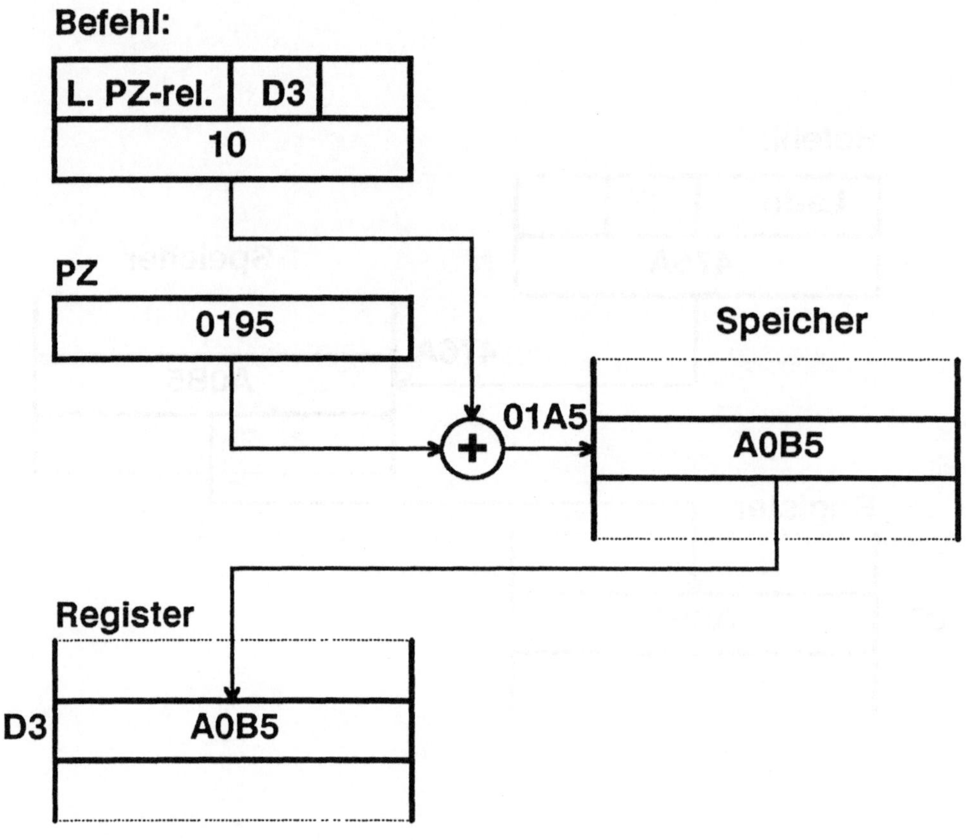

Bild 10.19: Relative Adressierung

Ebenso kann in einem Register eine Adresse gespeichert sein, die sogenannte Basisadresse, relativ zu der ein Operand adressiert werden soll. Man spricht hier von basisrelativer Adressierung.

10.4.6 Indirekte Adressierung

Bei der indirekten Adressierung wird im Befehl spezifiziert, wo die Adresse steht, unter der ein Operand adressiert wird. Hiermit ist es möglich, ein und dasselbe Programm zur Bearbeitung verschiedener gleichartiger Daten zu nutzen, indem jeweils die Anfangsadresse geändert wird.

Beispiel:

Lade den Inhalt der Speicherzelle 56F3 in das Register D2. Die Adresse 56F3 steht in der Speicherzelle, deren Adresse in dem dem Befehlscode folgenden Wort steht.

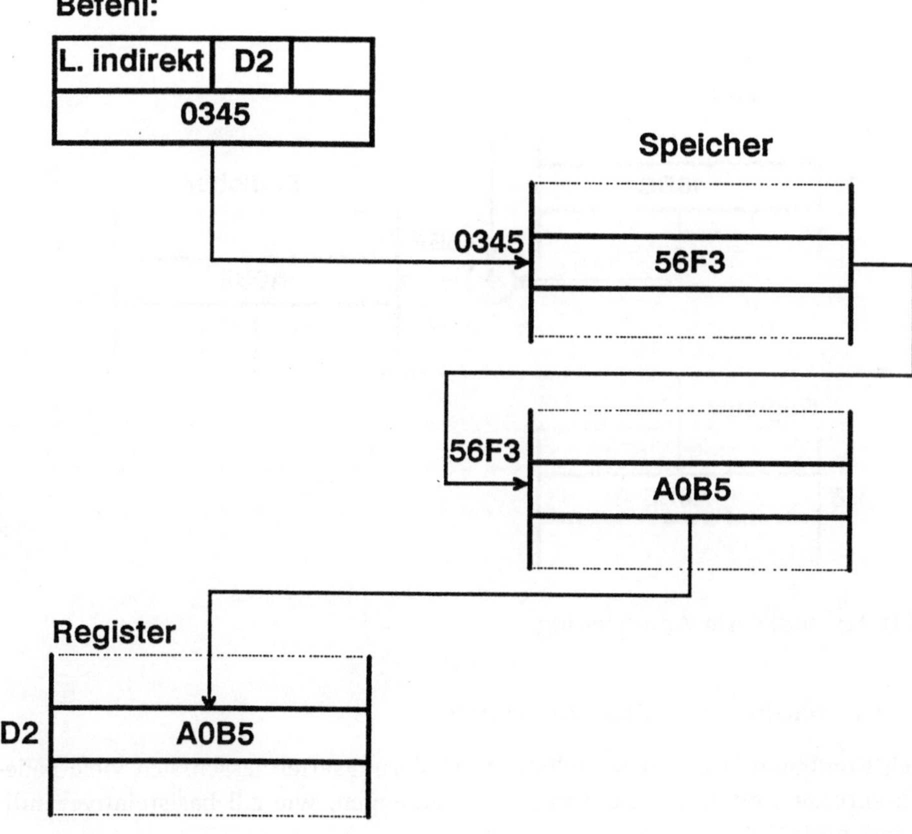

Bild 10.20: Indirekte Adressierung

10.4.7 Indizierte Adressierung

Bei der indizierten Adressierung wird die Adresse zu dem Inhalt eines Indexregisters addiert.

Beispiel:

Das Register D7 werde als Indexregister verwendet.

Der Operand soll in das Register D3 geladen werden. Die Adresse stehe unmittelbar in dem auf den Befehl folgenden Wort.

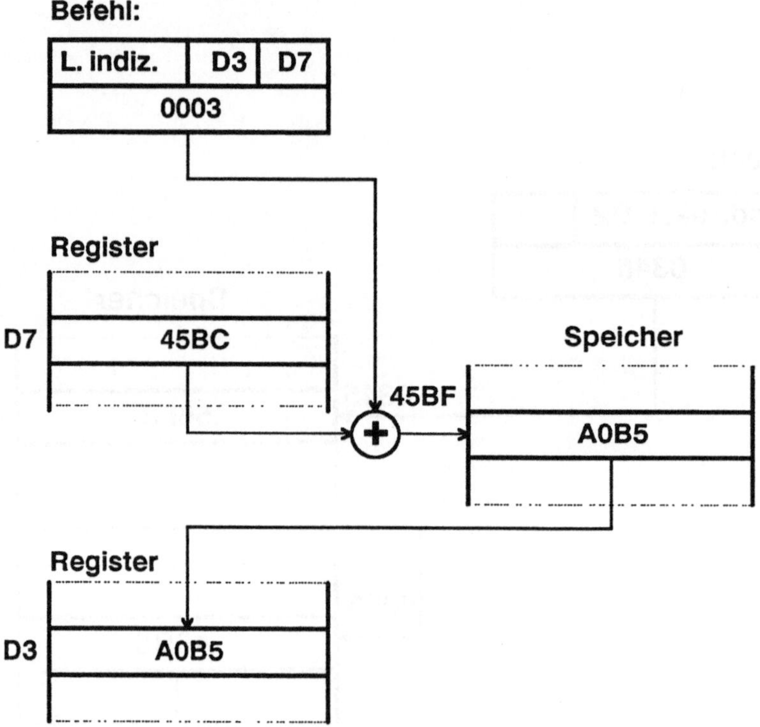

Bild 10.21: Indizierte Adressierung

10.4.8 Kombination der Adressierungsarten

Durch Kombination der vorgestellten Adressierungsarten lassen sich viele beliebig komplexe weitere Adressierungsarten erzeugen, wie z.B basisrelative, indirekt indizierte Adressierung.

11 Ein-/Ausgabeverarbeitung

Ein- und Ausgabegeräte (auch E/A- bzw. I/O- oder Input/Output-Geräte genannt), sind für die verschiedensten Aufgaben in sehr großer Vielfalt auf dem Markt und für den Anschluß an die Zentraleinheit in unterschiedlichem Maße vorbereitet. Oft sind eigene Steuereinheiten - inzwischen durch Mikrorechner relativ leicht realisierbar - oder auch komplette E/A-Rechner bzw. Kanalrechner über sogenannte Kanalschnittstellen an den zentralen Rechner direkt anschließbar. Der Grad der Zusammenarbeit der peripheren Geräte und der E/A-Kanäle mit dem Zentralrechner ist unterschiedlich und ist in der Regel entscheidend von der Übertragungsrate (Anzahl Bit/Sekunde) abhängig. Einige E/A-Geräte werden vollständig per Programm von der Zentraleinheit gesteuert, andere führen die E/A-Behandlung nach der Initialisierung durch die Zentraleinheit voll selbständig aus, wodurch dann der E/A-Kanal parallel zum Zentralrechner arbeitet. Die Übertragungsrate von Ein-/Ausgabegeräten variiert in einem sehr großen Bereich (von 10 Zeichen/Sekunde bis zu mehreren Millionen Zeichen je Sekunde). Ein heute üblicher Zentralrechner ist in der Lage, 1 bis 20 Millionen Zeichen je Sekunde zu verarbeiten. Zur Ausnutzung der Rechenleistung des Zentralrechners müssen deshalb gesonderte Einheiten (die E/A-Werke) für die Steuerung (bei gleichzeitiger Überwachung der Fehlerfreiheit) des Ein- und Ausgabevorgangs der Datenübertragungsrate angepaßt werden. Als Beispiel für einen langsamen Datentransfer sei die Eingabe der Zeichen über eine Tastatur betrachtet. Bei einer Schreibgeschwindigkeit von etwa 10 Zeichen je Sekunde ist ein Rechner mit etwa 10^6 Operationen je Sekunde in der Lage, zwischen zwei Zeicheneingaben einhunderttausend Operationen auszuführen! Würde er nur auf die Zeichen von der Tastatur warten, wäre der Rechner total unterbeschäftigt!

Aufgrund der unterschiedlichen Datentransferraten der E/A-Geräte sind auch verschiedene Arten der Ein- Ausgabeoperationen im Einsatz. Neben den gerätemäßig vorgegebenen unterschiedlichen Steuersignalen und der Geräteadressierung sind primär die vom Gerät bedingten Anforderungen bezüglich der Ein- und Ausgabegeschwindigkeit zu erfüllen. Kommt es jedoch nicht auf den Zeitpunkt und die Geschwindigkeit der Ein-/Ausgabe an, und spielt die Auslastung der Zentraleinheit keine oder nur eine untergeordnete Rolle, dann wird üblicherweise die Zentraleinheit die Peripherie stets in für den Rechner günstigen Zeitpunkten abfragen, ob eine Ein- oder Ausgabe benötigt und durchführbar ist.

Bei allen zeitkritischen Ein-/Ausgabeoperationen jedoch, und dies ist nicht nur bei schnellen E/A-Geräten, sondern grundsätzlich bei der Ein- und Ausgabe in der Prozeßrechentechnik (und das auch bei langsamen Geräten!) üblich, muß der Rechner so schnell wie möglich (oder innerhalb einer vorgegebenen Zeit) auf Anforderung eine Ein- oder Ausgabe durchführen. Ein gerade laufendes Programm muß für diese Ein-/Ausgabe unterbrochen werden.

Noch höhere Anforderungen, insbesondere hinsichtlich sehr hoher Datentransferraten, liegen immer dann vor, wenn unabhängig von der Zentraleinheit Daten direkt von der Peripherie in den Arbeitsspeicher oder auch in umgekehrter Richtung transferiert werden müssen.

Den Ein-/Ausgabeoperationen zuzuordnende gemeinsame Aufgabenbereiche werden durch folgende Problemstellungen charakterisiert:

- Auswahl des jeweils gewünschten Ein-/Ausgabegerätes (Adressierung),

- Datentransfer zwischen Rechner und Endgerät

  (Dateneingabe bzw. Datenausgabe),

- Koordination des zeitlichen Ablaufs der Datenübertragung

  (asynchron bzw. synchron).

Eine andere, grobe Unterteilung der Ein- und Ausgabeverfahren kann wie folgt vorgenommen werden:

- direkte Ein- und Ausgabeverfahren,

- zwischengespeicherte (gepufferte) Ein- und Ausgabeverfahren.

Bei den direkten Verfahren wird das periphere Gerät wie eine Speicherzelle angesehen, die bei Eingabegeräten nur gelesen und bei Ausgabegeräten nur beschrieben werden kann. Alle zusätzlichen Steuerfunktionen der peripheren Geräte (wie Einschalten und Ausschalten, Starten und Halten, Transport vor- und rückwärts) müssen durch entsprechende Programmteile der Zentraleinheit realisiert werden. Dieses direkte Ein- und Ausgabeverfahren ist deshalb nur für relativ geringe ein- und ausgabeintensive Prozessabläufe sinnvoll und geeignet.

Die gepufferten Ein- und Ausgabeverfahren werden insbesondere bei schnellen Ein-/Ausgabeprozeduren verwendet (Bild 11.1). Ein oft entscheidender Vorteil der Pufferung ist, daß beim Übernahmevorgang der Information vom E/A-Gerät, anschließender Pufferung und Herauslesen vom Rechner (bzw. in umgekehrter Richtung das Hineinschreiben der Information vom Rechner in den Puffer und Herauslesen oder Übernahme der Information vom Ein-/Ausgabegerät) die Lese- und Schreibgeschwindigkeiten um Größenordnungen unterschiedlich sein dürfen. Ebenso ist es möglich, daß beim Umschalten auf verschiedene Pufferbereiche kontinuierlich Daten gelesen, erfaßt und verarbeitet werden können. Für alle E/A-Operationen gilt als oberstes Gebot, daß weder Anforderungen noch Informationen verloren gehen dürfen!

Da unter Umständen quasi gleichzeitig mehrere Ein-/Ausgabegeräte Anforderungen zur Bearbeitung an den Rechner stellen können, muß vom Verfahren her eine eindeutige Prioritätenregelung für die Bearbeitung der E/A-Anforderungen vorgegeben sein. Da für die Erfüllung der E/A-Anforderungen der Rechner in seinem normalen Arbeitsablauf (Bearbeitung eines Programms) unterbrochen wird, müssen für diese unterbrechungsgesteuerte (interruptgesteuerte)

Ein-/Ausgabe mit Prioritätensteuerung zusätzliche Vorkehrungen zur Unterbrechungs- (Interrupt)- Behandlung getroffen werden.

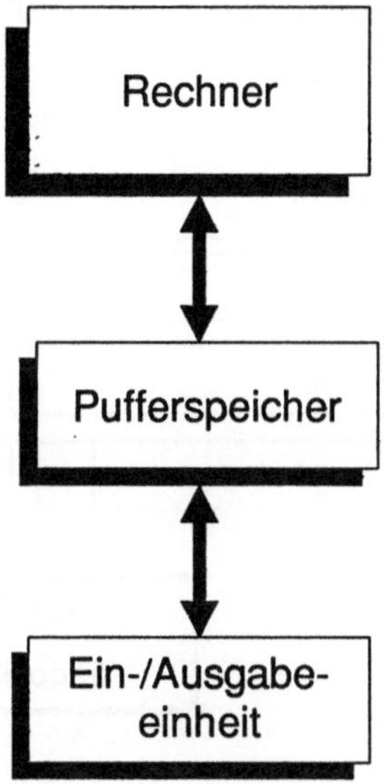

Bild 11.1: Gepufferte Ein-/Ausgabe

Beim Prozeßrechner mit seinen vielen, in der Regel asynchron auftretenden Unterbrechungssignalen, sind die Prioritätenregelung und die garantierte zeitliche Abarbeitung und Behandlung eines Interrupts das A und O des Prozeßrechnereinsatzes und für die Auswahl des Prozeßrechners entscheidend.

11.1 Programmgesteuerte Ein-/Ausgabe

Die einfachste Ein-/Ausgabeart ist die programmgesteuerte Ein-/Ausgabe. Hierbei testet der Rechner zunächst, ob er ein Datenwort ausgeben oder übernehmen kann. Die Peripherie ihrerseits testet, ob von ihr bei der Ausgabe ein Datenwort übernommen werden kann oder im Fall der Eingabe dem Rechner ein Datenwort bereitgestellt werden muß. Hier erkennt man, daß Rechner und Peripherie sich verständigen müssen. Diese Kommunikation geschieht normalerweise über spezielle Signalleitungen, den sogenannten "Handshake-Leitungen".

Im folgenden soll anhand eines Beispiels die *programmgesteuerte Ausgabe* mit Hilfe der Handshake-Technik erläutert werden. Ganz entsprechend läuft die programmgesteuerte Eingabe ab.

In Bild 11.2 ist eine Ausgabeeinheit dargestellt, die an den Adreßbus, an den Datenbus und an den Steuerbus des Rechners angeschlossen ist. Die Ausgabeeinheit besteht aus drei Blöcken, dem Ausgaberegister, dem Adreßdecodierer und einem Handshake-Flipflop HS. Die Peripherie ist mit der Ausgabeeinheit über die Datenleitungen und über die Handshake-Leitungen HSR und HS verbunden.

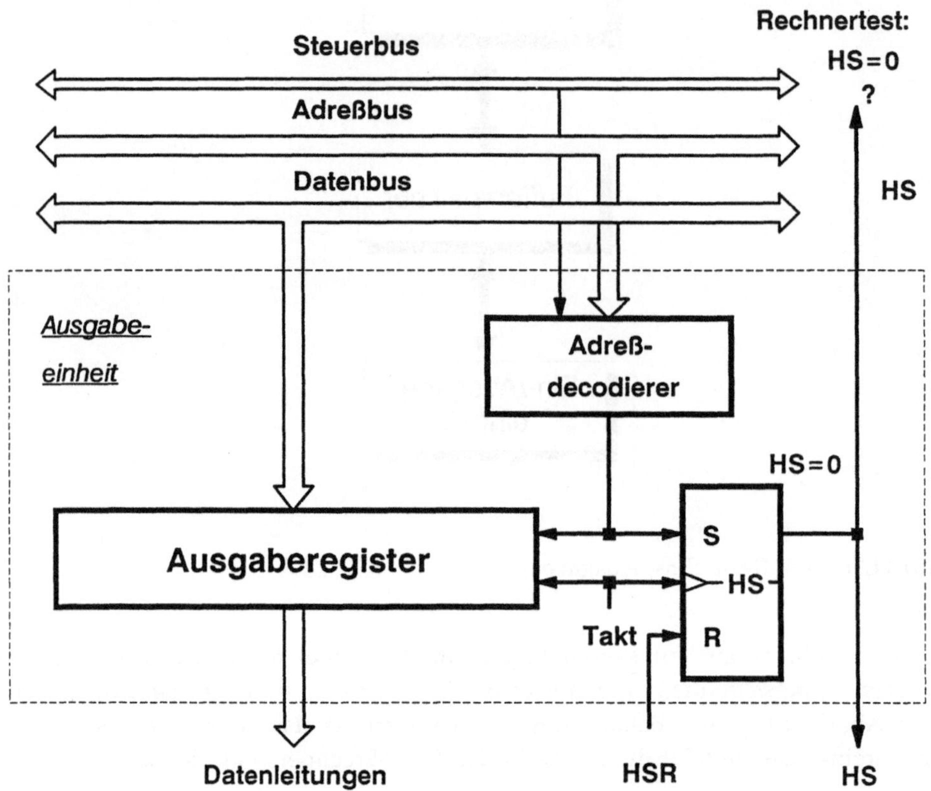

Bild 11.2: Ausgabeeinheit mit Handshake-Steuerung; Anfangszustand

Der Rechner darf nur dann mit einem Ausgabebefehl ein neues Wort in das Ausgaberegister laden, wenn das Handshake-Flipflop zurückgesetzt ist, d.h. wenn der Setzausgang HS=0 ist. Dies ist im Grundzustand (Rücksetzzustand) der Fall. Vor einer Ausgabe testet der Rechner also zunächst HS: HS=0?. Wenn HS=0, werden mit Hilfe eines Ausgabebefehls die Adresse der Ausgabeeinheit auf den Adreßbus und die Daten auf den Datenbus geschaltet. Die Ausgabeeinheit ist dann "selektiert", wenn während des Ausgabebefehls das Signal "Ausgabe" vom Steuerbus erscheint und gleichzeitig die Ausgabeeinheit von der Adreßdecodierung ausgewählt wird. In diesem Fall werden mit dem Takt die Daten vom Datenbus in das Ausgaberegister geladen und gleichzeitig das Handshake-Flipflop gesetzt, d.h. Setzausgang HS=1. Dies ist in Bild 11.3 dargestellt.

Die Peripherie erkennt an dieser Handshake-Leitung (HS=1), daß ein neues Datenwort im Ausgaberegister vorliegt. Die Peripherie übernimmt von den Datenleitungen das Wort und gibt auf die andere Handshake-Leitung das Signal HSR=1. Mit HSR=1 und dem folgenden Takt wird das Handshake-Flipflop HS wieder zurückgesetzt, d.h. es wird wieder HS=0. Ab diesem Zeitpunkt kann der Rechner mit einer neuen Ausgabe beginnen.

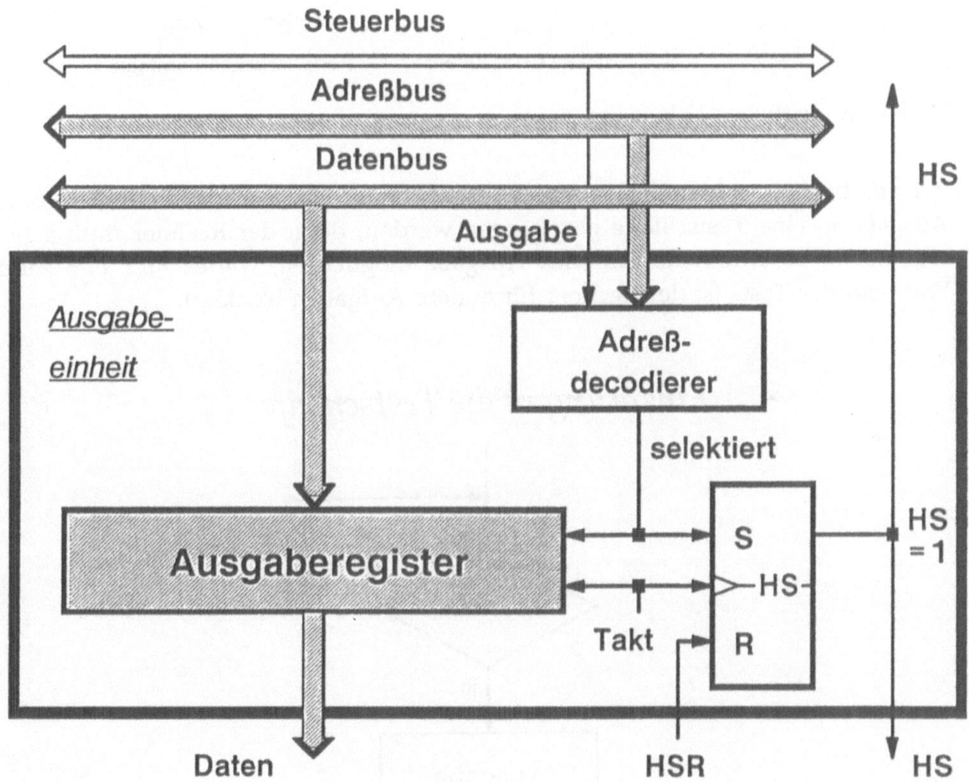

Bild 11.3: Ausgabe ins Ausgaberegister

Der zeitliche Ablauf der programmgesteuerten Ausgabe mit Hilfe der Handshake-Technik ist in Bild 11.4 dargestellt.

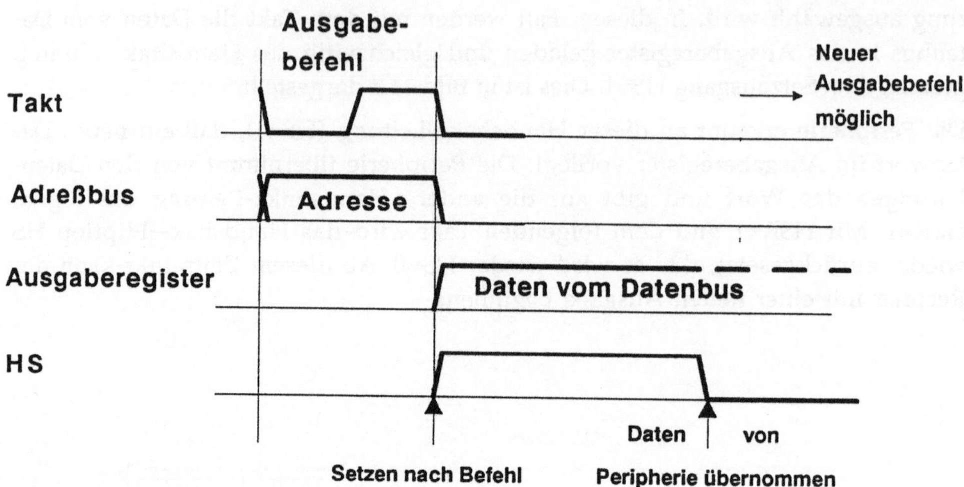

Bild 11.4: Zeitlicher Ablauf der Ausgabe

Bei der programmgesteuerten Ein-/Ausgabe muß für jede neue Eingabe bzw.
Ausgabe in eine Testschleife gesprungen werden, denn der Rechner muß jedes-
mal testen, ob eine neue Ein-bzw. Ausgabe möglich ist, wie es Bild 11.5 zeigt.
Während des Tests ist der Rechner für andere Aufgaben blockiert.

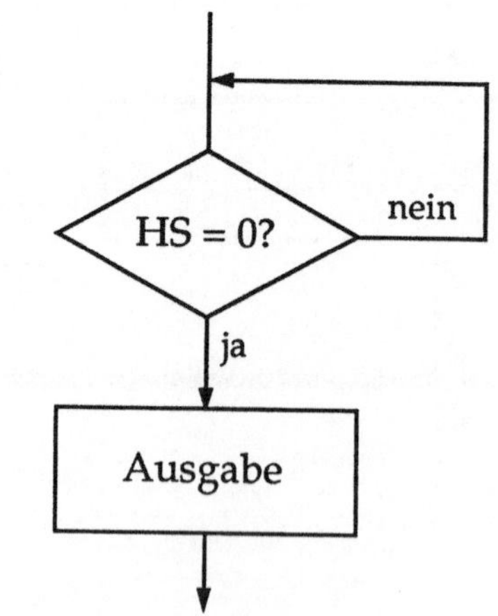

Bild 11.5: Testschleife der programmgesteuerten Ausgabe

11.2　Unterbrechungsgesteuerte Ein-/Ausgabe

Bei der programmgesteuerten Ein-/Ausgabe haben wir gesehen, daß der Rechner lange Zeit durch die Abfrage des Handshake-Flipflops blockiert sein kann. Viele Anwendungen erfordern aber eine schnelle Reaktion des Rechners auf eine Anforderung der Peripherie. Eine schnellere Reaktion des Rechners kann erfolgen, wenn bei einer Anforderung der Peripherie das gerade laufende Programm direkt unterbrochen wird und dazu das spezielle Unterbrechungsprogramm zur Ein-/Ausgabe ab der Startadresse (Sprungadresse für das Unterbrechungsprogramm) ausgeführt wird, die dieser Ein-/Ausgabeeinheit zugeordnet ist.

Das Verfahren soll wiederum am Beispiel der Ausgabe erläutert werden. Die Ausgabeeinheit nach Bild 11.2 wird um ein Register erweitert, in dem die Sprungadresse zu dem zugehörigen Programm gespeichert wird. In Bild 11.6 ist die erweiterte Ausgabeeinheit dargestellt. Die Ausgabeeinheit besteht nun aus vier Blöcken, dem Ausgaberegister, dem Unterbrechungsregister (Register für die Unterbrechungsadresse), dem Adreßdecodierer und dem Unterbrechungsflipflop UF. Dieses Unterbrechungsflipflop wirkt ganz ähnlich wie in Bild 11.2 das Handshake-Flipflop.

Am Anfang, z.B. beim Einschalten des Rechners, muß die Ausgabeeinheit initialisiert werden. Hierbei wird mit einem normalen Ausgabebefehl das Unterbrechungsregister mit der für diese Einheit festgelegten Unterbrechungsadresse geladen. Gleichzeitig sei durch Setzen des Unterbrechungsflipflops UF der Anfangszustand UF=1.

Während des normalen Programmablaufs kann es sein, daß die Peripherie ein neues Datenwort verlangt. Dazu wird das Signal UFR auf 1 geschaltet. Hiermit wird mit dem folgenden Takt das Unterbrechungsflipflop UF zurückgesetzt. UF=0 bedeutet für den Rechner eine Aufforderung zur Programmunterbrechung und zum Sprung in das dieser Ausgabeeinheit zugeordnete Unterbrechungsprogramm. Dieser Sprung wirkt ähnlich wie ein Sprung in ein Unterprogramm, nur wird die Sprungadresse nicht aus dem Adreßteil des Befehls genommen, sondern sie wird aus dem Unterbrechungsregister auf den Adreßbus geschaltet. Im Unterbrechungsprogramm wird nun der eigentliche Ausgabebefehl ausgeführt und das Datenwort in das Ausgaberegister geladen. Gleichzeitig wird hierbei das Unterbrechungsflipflop wieder auf UF=1 gesetzt.

In Bild 11.7 ist gezeigt, wie ein Programm von dem Unterbrechungssignal US1 unterbrochen wird. Es erfolgt ein Sprung zu der von der Peripherie vorgegebenen Unterbrechungsadresse UA1. Auch dieses Programm soll in dem hier gewählten Beispiel wieder von einem Unterbrechungssignal US2 mit höherer Priorität unterbrochen werden. Es erfolgt ein Sprung zur Unterbrechungsadresse UA2. Am Ende des Unterbrechungsprogramms 2 erfolgt mit dem Befehl RETU (Rücksprung aus dem Unterbrechungsprogramm) ein Rücksprung zu der Stelle, an der das erste Unterbrechungsprogramm unterbrochen wurde. Dieses Pro-

gramm läuft bis zum Erscheinen des Befehls RETU, worauf ein Rücksprung zu
dem ursprünglichen Programm geschieht.

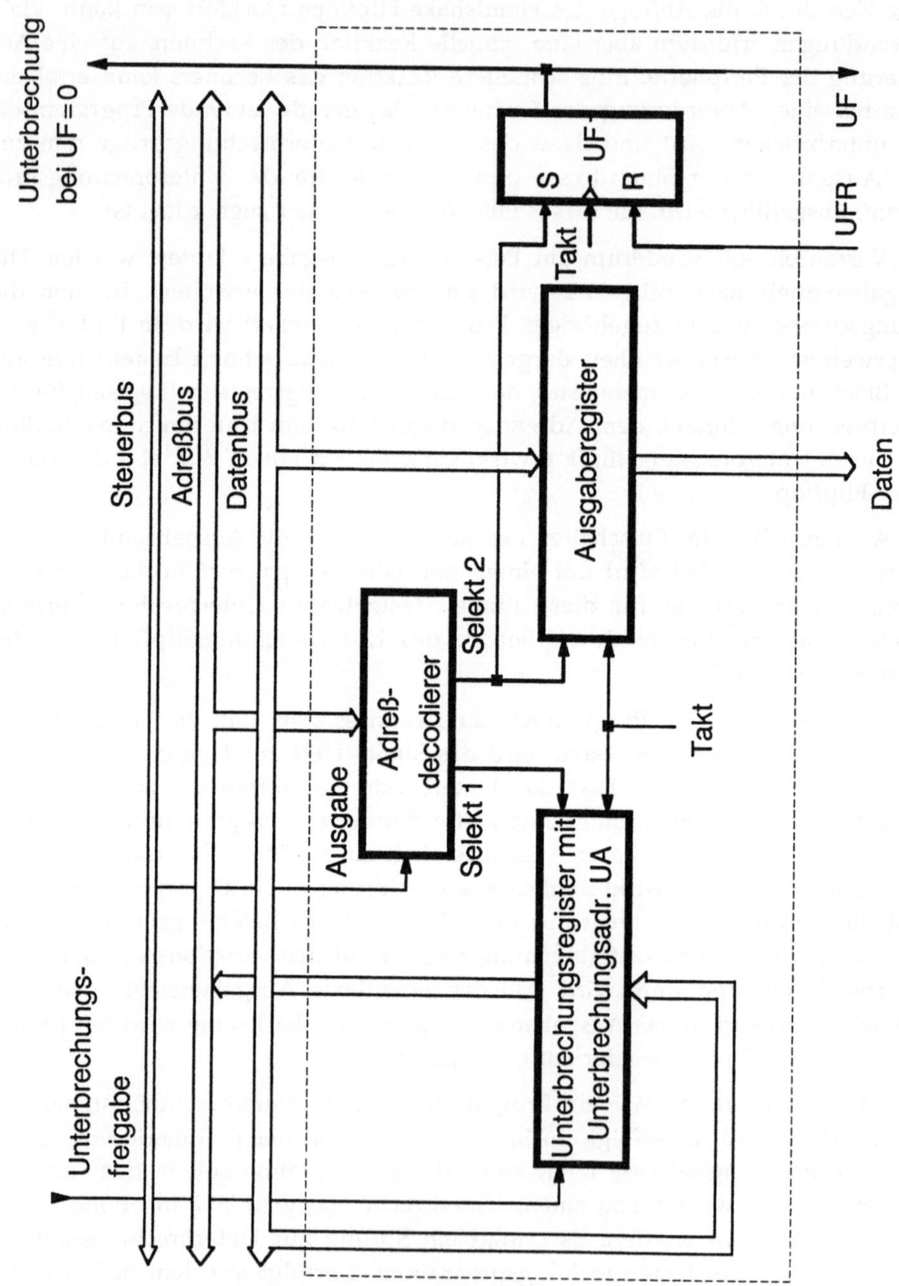

Bild 11.6: Einheit für die unterbrechungsgesteuerte Ausgabe

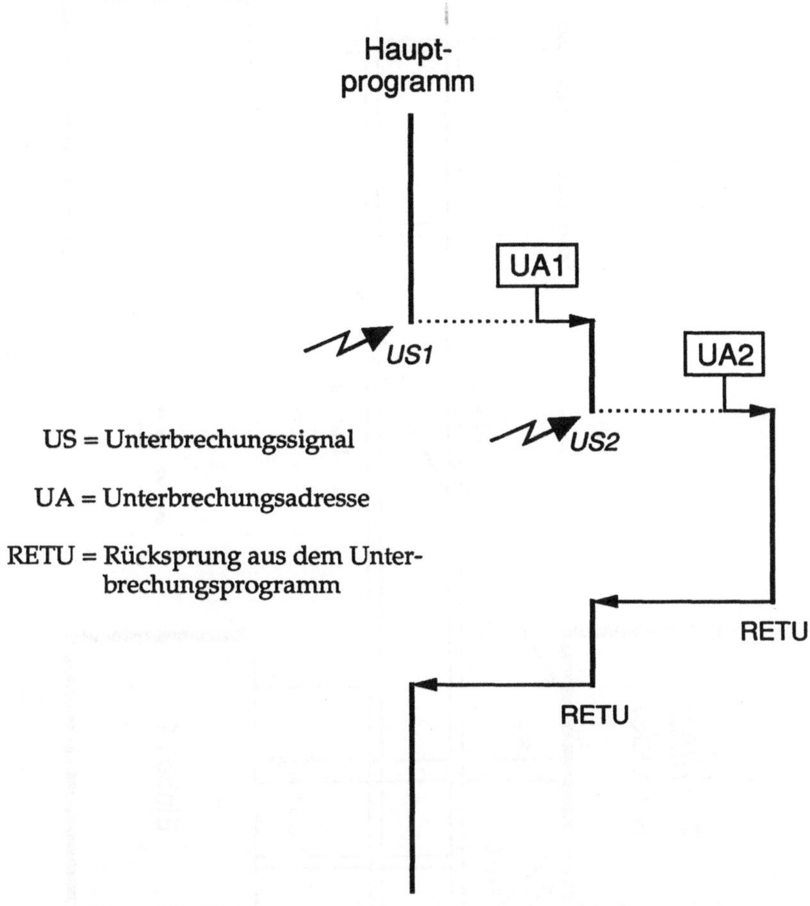

Bild 11.7: Programmunterbrechung

In Systemen mit mehreren Peripherieeinheiten können unterschiedliche Unterbrechungssignale auch gleichzeitig auftreten. In Bild 11.8 ist ein System mit den peripheren Einheiten 0 bis n dargestellt. Wird eine Programmunterbrechung durch irgendein Unterbrechungssignal US0 bis USn angemeldet, so gibt ein Prioritätsencoder das allgemeine Unterbrechungssignal "US" an die Zentraleinheit CPU. Diese gibt das Freigabesignal "Frei" zurück. Der Prioritätsencoder leitet nun das Freigabesignal "Frei" an die Einheit mit der höchsten Priorität weiter, die nun ihre Unterbrechungsadresse auf den Adreßbus schalten kann. Erst nach Beendigung dieses Unterbrechungsprogramms wird ein Freigabesignal an die Einheit mit der nächstniedrigeren Priorität gegeben.

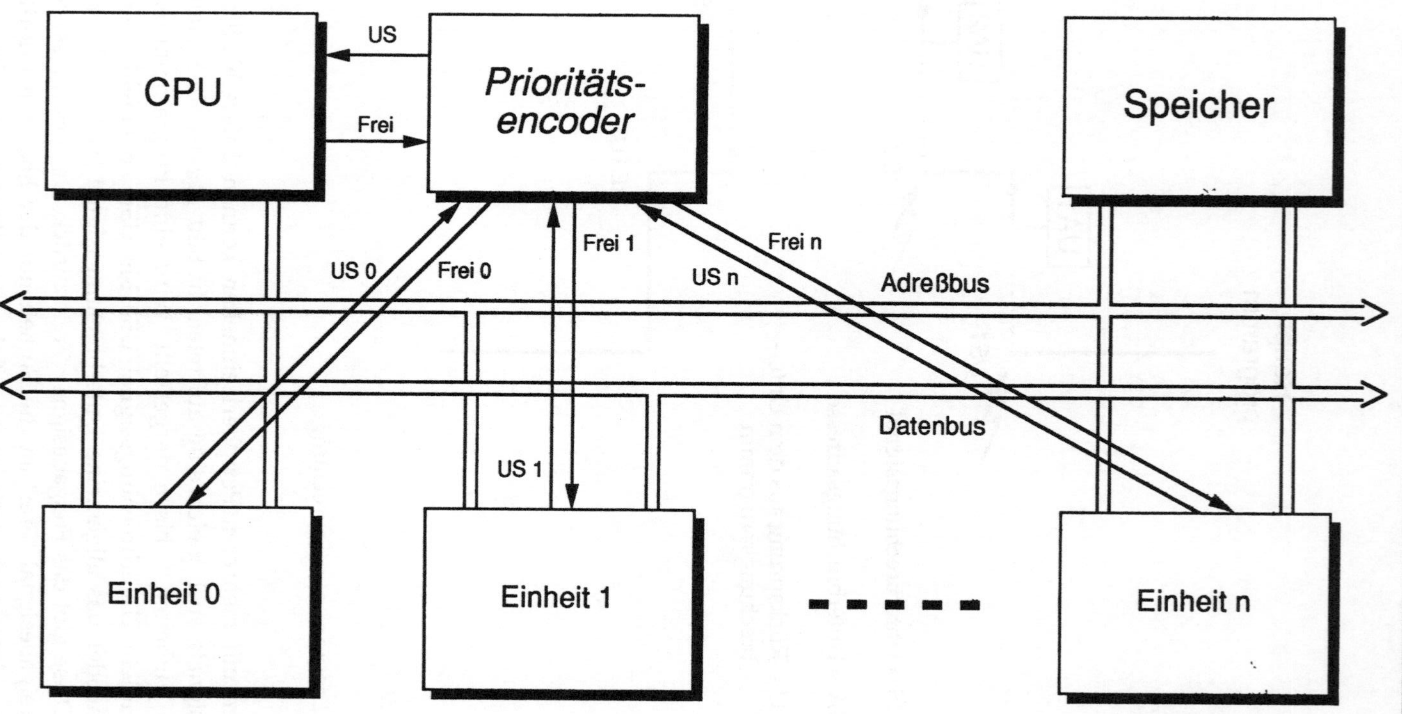

Bild 11.8: Prioritätsencoder für die Verwaltung mehrerer Unterbrechungssignale

11.3 Direkter Datenkanal

Die vorher beschriebenen Möglichkeiten der Ein-/Ausgabe reichen in ihrer Geschwindigkeit bei schnellen Peripheriegeräten nicht aus. So müssen z.B. Datenblöcke (Bild 11.9) von Plattenspeichern direkt in den Arbeitsspeicher geladen oder vom Arbeitsspeicher zur Platte transferiert werden können. Eine Einheit, die diesen schnellen Datentransfer durchführt, ist der "Direkte Datenkanal" oder "DMA-Kanal" (DMA= Direct Memory Access).

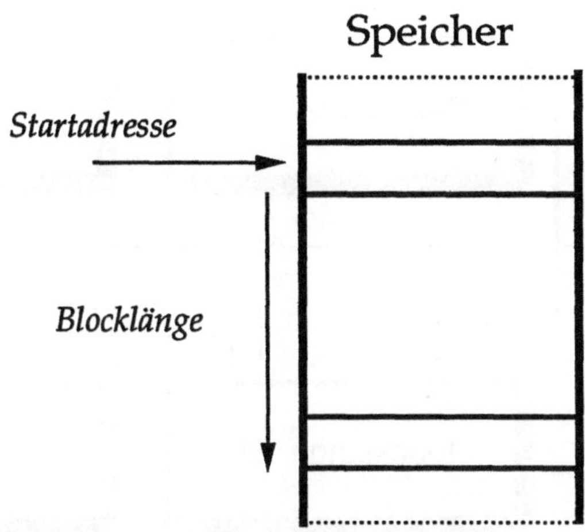

Bild 11.9: Datenblock mit Startadresse und Blocklänge

In Bild 11.10 ist der DMA-Kanal mit den zwei wesentlichen Registern dargestellt. Das Startadreßregister speichert die Startadresse SA und im Blocklängenregister wird die Blocklänge BL gespeichert, d.h. die Anzahl der zu übertragenden Worte. Mit jedem transferierten Wort wird die Startadresse um 1 inkrementiert und die Blocklänge um 1 dekrementiert. Bei BL=0 ist das Ende des Transfers erreicht.

Die unterschiedlichen Phasen beim Blocktransfer mit Hilfe des DMA-Kanals sollen anhand eines Beispiels erläutert werden. In Bild 11.11 ist ein System mit DMA-Kanal und Platte mit Controller gezeigt. Datenblöcke sollen mit Hilfe des DMA-Kanals direkt von der Platte in den Speicher oder umgekehrt übertragen werden.

In der ersten Phase eines Transfers vom Speicher zur Platteneinheit muß der DMA-Kanal für den Blocktransfer vorbereitet werden. Dabei wird das Startadreßregister mit der Startadresse SA und das Blocklängenregister mit der Blocklänge BL geladen. Dieses Laden geschieht mit normalen Ausgabebefehlen, der DMA-Kanal wird hierbei wie ein normales Peripheriegerät behandelt.

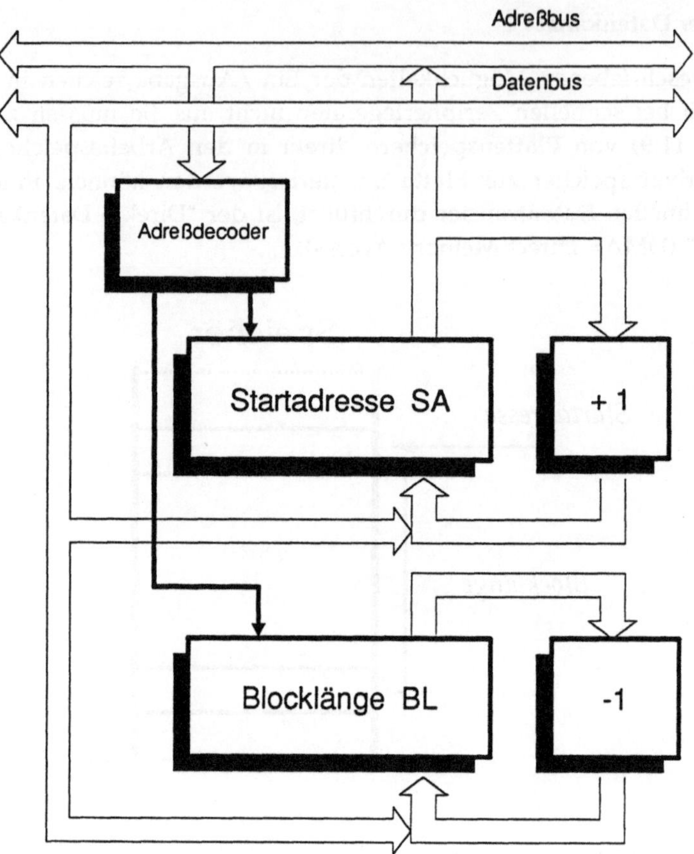

Bild 11.10: Direkter Datenkanal mit Startadresse und Blocklänge

Von nun an kann der Platten-Controller dem DMA-Kanal mit dem Signal "DMA-Anforderung" melden, daß ein Block übertragen werden muß, z.B. wenn die Schreib-/Leseköpfe die richtige Spur und den richtigen Sektor auf der Platte erreicht haben. In Bild 11.12 wird diese "DMA-Anforderung" ausgeführt, unmittelbar darauf fordert der DMA-Kanal mit dem Signal "Busanforderung" die CPU auf, die Busse freizugeben.

Die CPU muß nun so schnell wie möglich die Busse freigeben, dies am Ende eines Befehls oder sogar innerhalb einer Befehlsausführung. Die CPU wird sozusagen "eingefroren". Mit dem Signal "Busfrei" erkennt der DMA-Kanal, daß ihm für den Datentransfer die Busse zur Verfügung stehen. Der DMA-Kanal legt die Startadresse auf den Adreßbus, über den Kontrollbus steuert er den Speicher, ob gelesen oder geschrieben wird. Der Datenbus wird direkt mit dem Controller verbunden, die Daten können also direkt von der Platte in den Speicher oder umgekehrt übertragen werden. Mit jedem übertragenen Wort wird im DMA-

Kanal das Startadreßregister inkrementiert und das Blocklängenregister dekrementiert. Bei BL=0 ist der Block übertragen und der DMA-Kanal nimmt das Signal "Busanforderung" wieder zurück. Die CPU fährt nun wieder mit ihrem vor dem DMA-Transfer bearbeiteten Programm an der Stelle fort, an der sie gestoppt (eingefroren) wurde.

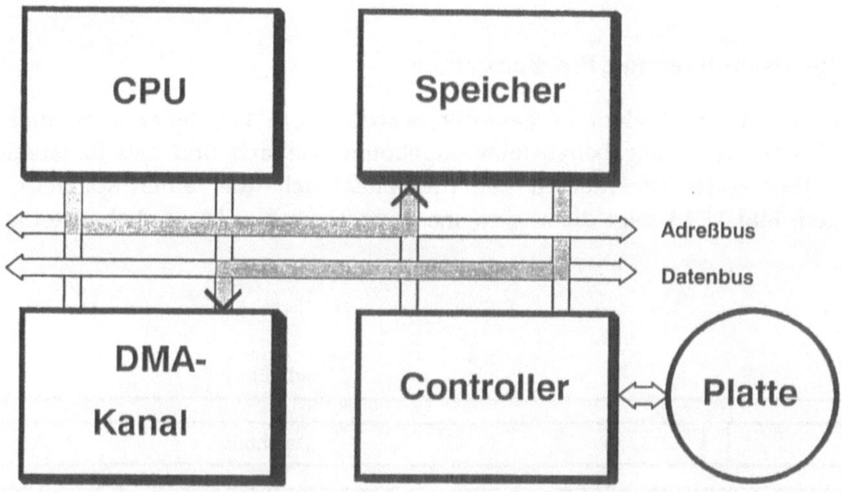

Bild 11.11: System mit DMA-Kanal und Platteneinheit: Initialisierung

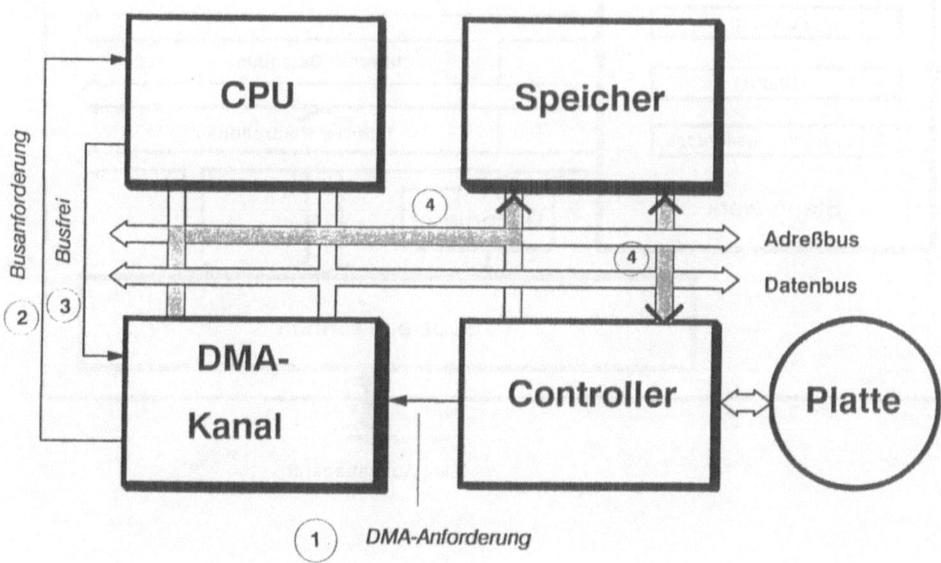

Bild 11.12: DMA- und Busanforderung

Soll ein weiterer DMA-Transfer durchgeführt werden, so muß nun der DMA-Kanal wieder initialisiert werden. Dies kann mit der vorher beschriebenen Unterbrechungstechnik geschehen. Der DMA-Kanal gibt dabei ein Unterbrechungssignal an die CPU, innerhalb des zugehörigen Unterbrechungsprogramms werden die neuen Werte für die Startadresse und die Blocklänge ausgegeben und der Blocktransfer kann von neuem beginnen.

11.4 Realisierungen mit E/A-Bausteinen

Zu den unterschiedlichen Prozessoren werden vom Hersteller auch meist die zugehörigen Ein-/Ausgabebausteine angeboten. Vielfach sind dies Bausteine, die intern über einen allgemeinen Teil und zusätzlich über einen speziellen Teil verfügen. Bild 11.13 zeigt die allgemeine Form eines Ein-/Ausgabebausteins.

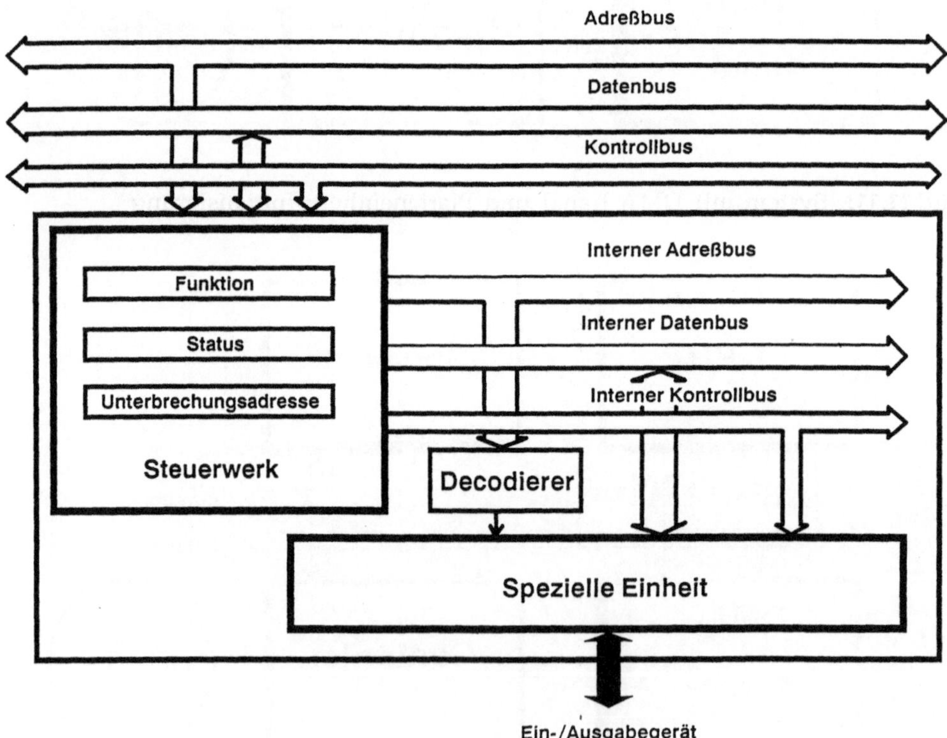

Bild 11.13: Allgemeine Form eines Ein-/Ausgabebausteins

Eine interne Steuereinheit speichert die Funktion, den Status und die Unterbrechungsadresse des Bausteins. Mit der Funktion können unterschiedliche Betriebsarten vorgegeben werden, z.B ob der Baustein als Ausgabeeinheit oder als Eingabeeinheit funktionieren soll. Über den internen Datenbus werden die Daten in das zuständige Register geladen. Die spezielle Einheit innerhalb des Bausteins ist der Aufgabe des Bausteins angepaßt. Hier kann es sich z.B. um einen Serien-/Parallelwandler oder Parallel-/Serienwandler handeln, wenn der Baustein als serielle Ein-/Ausgabeeinheit ausgelegt ist.

Heute werden gerade für Mikroprozessoranwendungen sehr komplexe Schaltungen für die Ein-/Ausgabe als integrierte Bausteine geliefert und lösen damit sehr flexibel und preisgünstig das Schnittstellen (Interface) -Problem zwischen Rechner und Ein-/Ausgabegerät.

Solche Schnittstellen heißen I/O-Ports (port = Hafen, Umschlagstelle für Daten) zwischen Rechner und E/A-Geräten.

Sonderbezeichnungen für Bausteine wie

PIO für paralleles I/O und

SIO für serielles I/O

werden dort für die parallele und serielle Ein-/Ausgabe u. a. zur Verfügung gestellt.

12 Schnittstellen und Busse

Im vorhergehenden Abschnitt wurde schon kurz der Begriff der Schnittstelle (Interface) und insbesondere der I/O-Ports (Umschlagstelle für Datenströme zwischen Rechner und E/A-Gerät) in der Bedeutung für die Ein-/Ausgabe erwähnt.

Bei der näheren Betrachtung eines realen Gesamtsystems wird man feststellen, daß neben den internen Bussen im Rechner (Adreßbus, Datenbus, Kontrollbus) noch weitere Daten- und Signalwegeleitungen (Busse) hinzukommen. Das könnten sein: Der eigentliche Systembus zwischen mehreren Prozessoren und gemeinsamen Speichern und auch Transfer-Busse und E/A- Busse auf verschiedenen Ebenen.

Alle Busse müssen konfliktfrei arbeiten, d.h. zu jedem Zeitpunkt darf immer nur eine Einheit Information auf den Bus geben (Sprecher), während beliebig viele Einheiten (Hörer) gleichzeitig dieselbe Information vom Bus abnehmen dürfen.

Die im weiteren skizzierten Standardschnittstellen sind genormte Schnittstellen und vereinfachen dem Entwickler die Arbeit sehr und machen es dem "Nur"-Anwender erheblich leichter, beliebige Geräte mit gleichem Standard an sein System anzuschließen.

12.1 Schnittstellen

12.1.1 Bedeutung der Schnittstellen

Schnittstellen haben große Bedeutung für die Datenübertragung zwischen zwei oder mehr Einheiten. Die Schnittstelle steuert den Verbindungsaufbau, den Datentransfer und den Verbindungsabbau. In der Datentransferphase wird die Datenübertragung je nach Konfiguration gesteuert, wie Bild 12.1 zeigt:

- Im *Simplexbetrieb* wird entweder gesendet oder empfangen,

- im *Halbduplexbetrieb* wird umgeschaltet zwischen "Senden" und "Empfangen",

- beim *Vollduplexbetrieb* kann gleichzeitig gesendet und empfangen werden.

Für diese unterschiedlichen Funktionen unterscheidet man an der Schnittstelle Datenleitungen, Steuerleitungen, Meldeleitungen und Taktleitungen. Der Normung einer Schnittstelle kommt große Bedeutung zu, damit Einheiten mit der gleichen Schnittstelle ohne Schwierigkeiten miteinander kommunizieren können. Dabei müssen sowohl elektrische als auch mechanische Eigenschaften berücksichtigt werden.

Die *elektrischen Eigenschaften* der Schnittstelle bestimmen die Konfiguration von Sender- und Empfängerbauteilen, wie z.B. Spannungs- und Strompegel, Anstiegs- und Abfallzeiten, Impedanz und zulässige Kapazität des Übertragungsmediums, Übertragungsrate und maximale Entfernung.

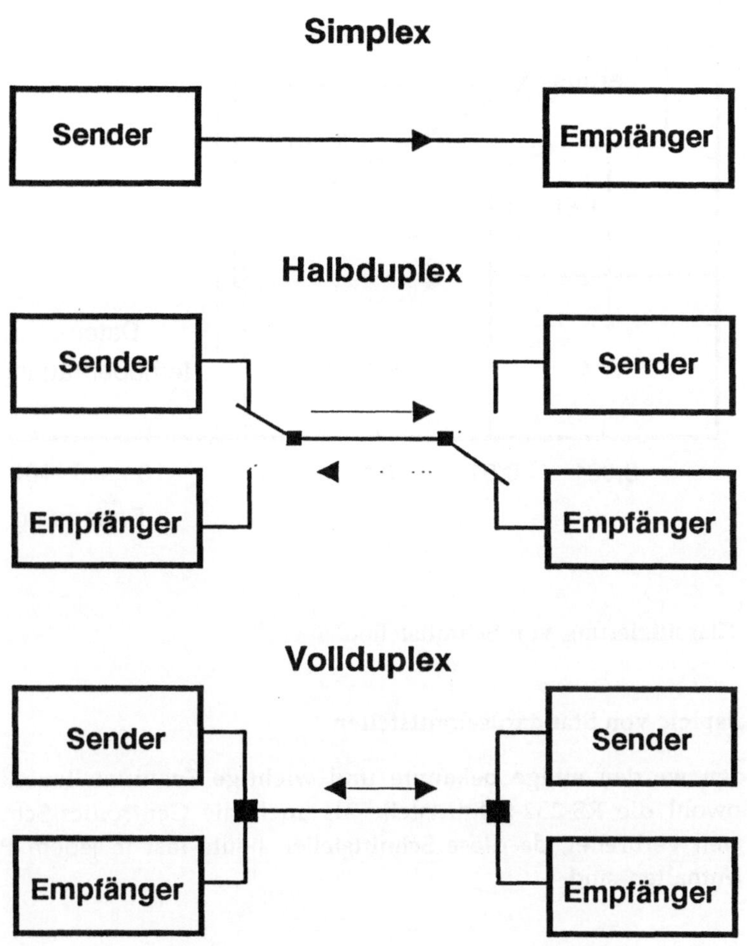

Bild 12.1: Simplex, Halbduplex- und Vollduplexbetrieb

Die *mechanischen Eigenschaften* der Schnittstelle bestimmen z.B. Form und Anzahl der Anschlüsse der Steckverbinder oder Eigenschaften des Verbindungskabels.

Man unterscheidet Schnittstellen für den öffentlichen und den lokalen Bereich. In Bild 12.2 sind einige Schnittstellen mit ihrer Übertragungsrate, ihren Entfernungsbereichen und ihrer Klassifizierung dargestellt.

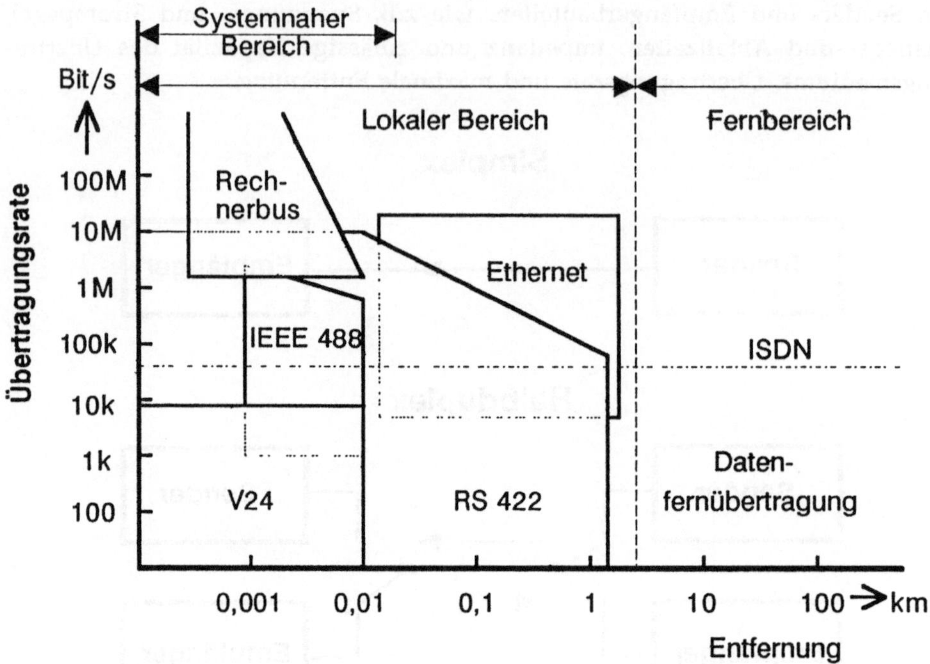

Bild 12.2: Klassifizierung von Schnittstellen

12.1.2   Beispiele von Standardschnittstellen

Im folgenden werden einige bekannte und wichtige Schnittstellen näher betrachtet. Sowohl die RS-232-Schnittstelle als auch die Centronics-Schnittstelle sind sehr weit verbreitet, da diese Schnittstellen heute fast in jedem Personal-Computer enthalten sind.

12.1.2.1 Die RS-232-Schnittstelle

Die RS-232- oder auch V24-Schnittstelle ist eine genormte Serienschnittstelle. Auf Grund der vielfältigen Beschaltung ist sie universell für sehr viele Übertragungsprozeduren, sowohl synchron als auch asynchron, zu verwenden.

Für die Funktion sind Daten-, Steuer-, Melde- und Taktleitungen definiert. In Bild 12.3 ist die RS-232-Schnittstelle mit ihren Signalen, Anschlüssen und dem zugehörigen Stecker dargestellt.

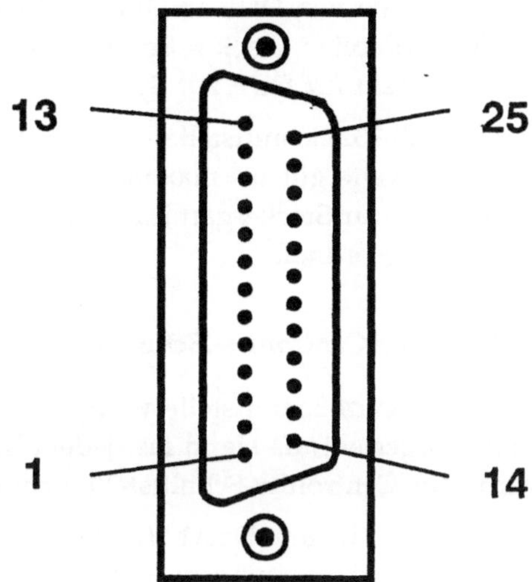

Bild 12.3: Die RS-232-Schnittstelle mit Anschlüssen, Signalen und Stecker

Es lassen sich Übertragungsprozeduren zwischen Datenendeinrichtung (DEE, Terminal oder Rechner) und Datenübertragungseinrichtung (DÜE, Modem (Modulator/Demodulator)) steuern. Es bedeuten:

- TD (Transmit Data = Sendedaten):

  Diese Leitung übergibt Daten von der DEE an die DÜE.

- RD (Receive Data = Empfangsdaten):

  Die DEE empfängt Daten von der DÜE.

- DTR (Data Terminal Ready = DEE betriebsbereit):

  Aktiviert, wenn die DEE eingeschaltet ist.

- RTS (Request To Send = Sendeteil einschalten):

  DEE meldet an DÜE, daß Daten vorliegen.

- DSR (Data Set Ready = Betriebsbereit):

  DÜE meldet an DEE, daß sie betriebsbereit ist.

- CTS (Clear To Send = Sendebereitschaft):

  Senden auf TD wird freigegeben.

- DCD (Data Carrier Detect = Empfangssignalpegel):

  Signale auf RD sind eindeutig zu interpretieren.

- TC   (Transmit Clock = Sendeschrittakt):
       Takt von DÜE an DEE zur Synchronisation der Daten auf RD.
- RC   (Receive Clock = Empfangsschrittakt):
       Takt für DÜE zur Synchronisation der Daten auf TD.

Mit der RS-232-Schnittstelle können Daten bis etwa 20kbit/s übertragen werden.
Die Reichweite gilt bis maximal 15 m. Als Steckverbindung dient eine 25-polige
D-Subminiatur-Steckergarnitur, dabei ist der DÜE die Buchse und der DEE der
Stecker zugeordnet.

12.1.2.2 Die Centronics-.Schnittstelle

Die Centronics-Schnittstelle wird hier als eine weit verbreitete parallele Schnittstelle vorgestellt, da sie in fast jedem Rechner als Druckerschnittstelle verwendet
wird. Zur Centronics-Schnittstelle gehören folgende Signalgruppen:

- Datenleitungen: Data1...Data8
- Handshake-Leitungen: Strobe (Übernahmeimpuls), Busy (beschäftigt),
  Acknowledge (Anforderung anerkannt)
- Signale für die Fehlerbehandlung: Paper Empty, Fault (Fehler), Reset.

Daten können vom Computer nur gesendet werden, wenn vom Drucker folgende Signale vorliegen:

- Paper Empty=O (Papier ist vorhanden)
- Select=1 (Drucker On Line)
- Error=1 (Kein Fehler)
- Busy=O (Drucker kann Daten empfangen).

Bild 12.4 zeigt das Zeitdiagramm für die Centronics-Schnittstelle mit den drei
Handshakeleitungen.

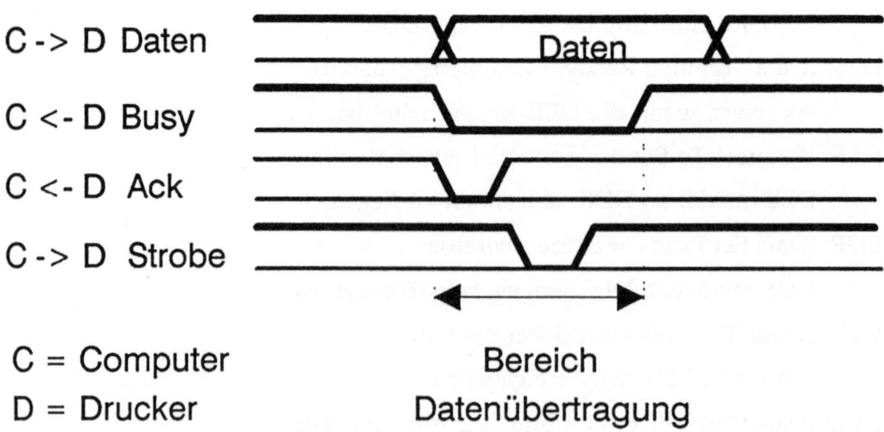

Bild 12.4: Zeitdiagramm der Centronics-Schnittstelle

In Bild 12.5 ist die 36-polige Druckerschnittstelle mit der Pin- und Signalzuordnung dargestellt und die zugehörige Steckerbelegung, wie sie meist im Rechner verwendet wird.

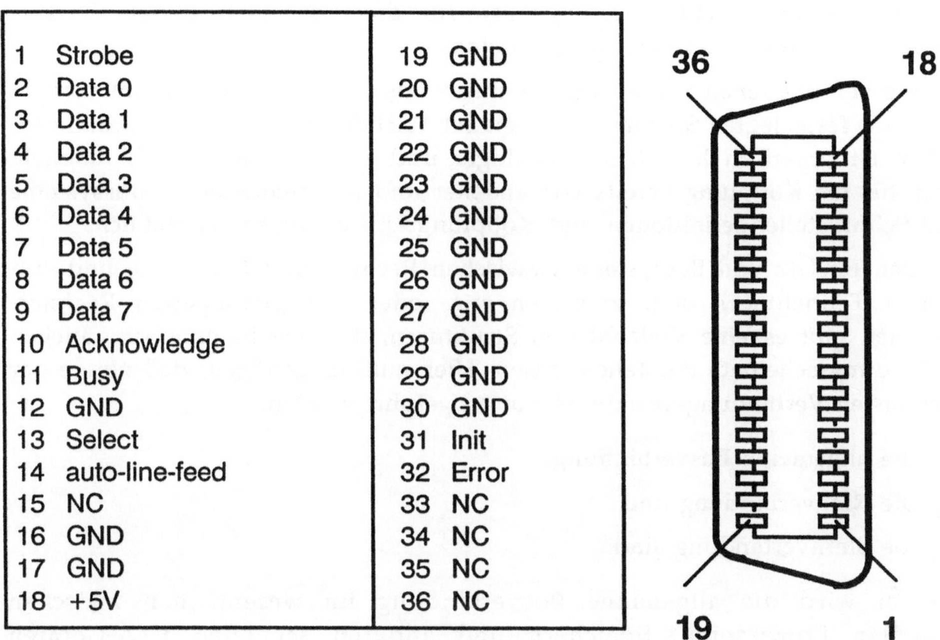

Bild 12.5: Signale und Pinbelegung der Centronics-Schnittstelle

12.2 Busse

12.2.1 Bedeutung der Busse

Leistungen in Rechnern und von Rechnersystemen werden ganz erheblich von den Leistungskenngrößen der Datentransportwege bestimmt. Dadurch wird der "Bus" in den Gebieten des Rechnerentwurfs, der Prozeßrechnersysteme und auch zunehmend in der Bürokommunikation mit vielen Teilnehmern ein wichtiges Element, das hinsichtlich seiner Störsicherheit bei hohen

Geschwindigkeiten in gestörter Umgebung und großer räumlicher Ausdehnung
entscheidend zur Betriebssicherheit eines Systems beiträgt.

Von den vielfältigen Ausführungen sollen hier zur Einführung nur wenige erläutert werden. Grundsätzlich gilt für die Busse, daß der

>   Datentransfer parallel oder der
>   Datentransfer seriell

ausgeführt wird, wobei die Übertragungsrate (in bit/s) und auch die überbrück-
bare Entfernung wichtige Kenngrößen für die Abschätzung der Einsatzmöglichkeit und der Leistungsfähigkeit sind.

Für die verschiedenen Teilnehmer an einem Bus sind auch hier die im vorigen
Abschnitt festgelegten Standards von großer Wichtigkeit. Ohne Standardschnittstellen ist praktisch kein leistungsfähiger und sicherer Bus-Betrieb möglich.
Auch für die Kopplung bereits vorhandener und unterschiedlicher Bussysteme
sind Schnittstellendefinitionen und Kopplungseinrichtungen unerläßlich.

Für den Einsatz von Bussystemen zwischen Rechner und Peripherie und entfernten Teilnehmern oder zwischen eng- oder lose gekoppelten Rechnersystemen gibt es eine Vielzahl von Strukturen, die sich in unterschiedlichen
Verbindungsschemata darstellen lassen. Hier muß es genügen, daß einige der
wichtigsten Verbindungsstrukturen nur aufgeführt werden:

- die allgemeine Busverbindung,

- die Ringverbindung und

- die Sternverbindung sind.

Hierbei wird die allgemeine Busverbindung im wesentlichen zwischen
schnellen Prozessoren, Speichern und anderen schnellen E/A-Geräten
eingesetzt. Alle Übertragungen werden nacheinander abgewickelt, wobei auch
hier Vorrangbedingungen (Prioritätensteuerungen) berücksichtigt werden
müssen.

12.2.2 Beispiele von Standardbussen

Im folgenden sollen einige Beispiele von Bussen näher erläutert werden, da sich
diese Busse in der Industrie als Standard durchgesetzt haben. Der IEC-Bus ist ein
Mittelding zwischen nach außen führender Schnittstelle und systeminternem
Bus. Er verbindet meist Meßgeräte mit einem Steuerrechner zu einem Gesamt-
system. Der VME-Bus hat sich in weiten Anwendungen in der Industrie als
asynchroner Bus durchgesetzt, er wird hauptsächlich bei Systemen mit dem
Prozessor Motorola 680xx verwendet. Der Multibus II wird als Beispiel für einen
modernen synchronen Bus vorgestellt, der wesentlich das Konzept der Multi-
prozessorfähigkeit unterstützt. Systeme mit diesem Bus sind meist mit
Prozessoren der Intel-80x86-Serie realisiert.

12.2.2.1 Der IEC- Bus

In der Meßtechnik wird hauptsächlich der IEC-Bus eingesetzt. Dieser Bus ist von
der Firma Hewlett- Packard entwickelt worden und setzte sich als IEEE-488 (Standard-Schnittstellensystem für programmierbare Meßgeräte) durch. Mit diesem
Bus ist es möglich, an einen Steuerrechner (Controller) bis zu 14 Anschlußgeräte
anzuschließen. Diese Anschlußgeräte können Hörer (Listener, z.B ein Drucker),
Sprecher (Talker, z.B. ein einfaches Meßgerät) oder auch Sprecher-Hörer (Talker-
Listener, z.B ein programmierbares Meßgerät) sein.
Für den Datentransfer stehen acht Datenleitungen zur Verfügung, DIO1 bis DIO8.
Normalerweise werden ASCII-Zeichen übertragen, dem höchstwertigen Bit
kommt dabei keine Bedeutung zu. In Bild 12.6 ist der Standard-IEC-Stecker mit
den zugeordneten Signalen abgebildet.

Pin	Signal	Pin	Signal
1	Data 0	13	Data 4
2	Data 1	14	Data 5
3	Data 2	15	Data 6
4	Data 3	16	Data 7
5	EOI	17	REN
6	DAV	18	GND
7	NRFD	19	GND
8	NDAC	20	GND
9	IFC	21	GND
10	SRQ	22	GND
11	ATN	23	GND
12	GND	24	GND

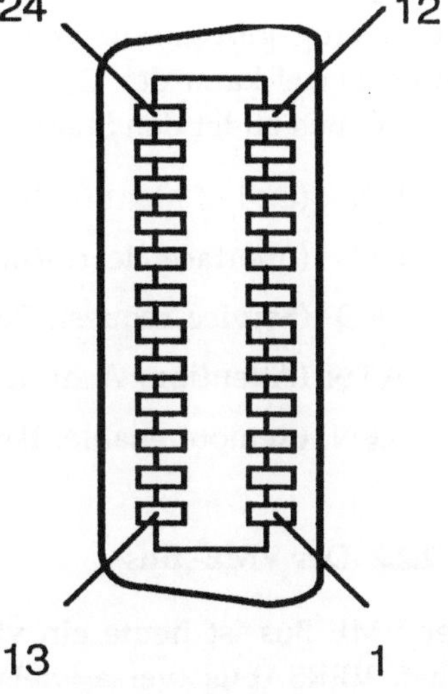

Bild 12.6: IEEE-488-Stecker mit Signalzuordnung

Der IEC-Bus verwendet auf drei Signalleitungen Handshake-Signale:

- DAV   (Data Valid),

- NDAC (Not data accepted),

- NRFD (Not ready for data).

Jedes übertragene Zeichen muß quittiert werden. Die Empfangsbestätigung wird
erst gültig, wenn alle adressierten Empfänger die Empfangsbestätigung abgegeben
haben. In Bild 12.7 ist das Zeitdiagramm der Handshake-Leitungen dargestellt.

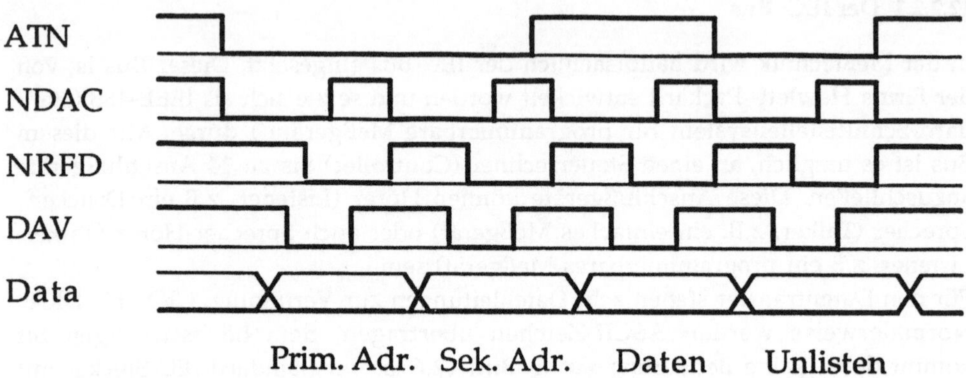

Bild 12.7: Die Handshake-Leitungen beim IEC-Bus

Gleichzeitig gibt es auf dem Bus nur einen Sprecher und einen oder mehrere Hörer. Dabei kann der Controller sowohl Hörer als auch Sprecher sein. Ein Teil des IEC-Bus bildet den Steuerbus, der aus fünf Leitungen besteht:

- EOI   (End of identify, Ende der Identifizierung),

- IFC   (Interface clear, Rücksetzen der Schnittstellenbaugruppe),

- SRQ (Service request, Bedienungsanforderung),

- ATN (Attention, Achtung: Daten- oder Schnittstellennachrichten),

- REN (Remote enable, Fernsteuerungsbetrieb).

12.2.2.2 Der VME- Bus

Der VME-Bus ist heute ein vielseitig eingesetzter Bus, der aus dem amerikanischen VERSAbus (versa=vielseitig) der Firma Motorola hervorgegangen ist. Es handelt sich um einen flexiblen 8-, 16- und 32-Bit-Bus. In Europa wurde daraus der VME-Bus (Versa-Module-Europe-Bus), der die weit verbreiteten 64- und 96-poligen DIN-Stecker nach IEC Nr.603-2-IEC-CO96-x verwendet. Dieser Bus wurde von den Firmen Mostek, Philips, Signetics, Valvo und Thomson CSF übernommen und 1985 vom IEEE (Institute of Electrical and Electronic Engineering) unter IEC821 genormt. Der VME-Bus gehört zum VME-System, das wiederum aus VME-Bus, VSB-Bus (Erweiterungsbus) und dem VMS-Bus (serieller Bus) besteht. Das VME-System ist multiprozessorfähig.

Im VME-System wird das Einfach (100mm∗160mm)- und Doppeleuropaformat (233,35mm∗160mm) verwendet. Nicht nur Platinen und Stecker sind genormt, sondern auch Gehäuse, Baugruppenträger usw. Jede VME-Karte paßt in jedes VME-System.

In Bild 12.8 ist ein System mit zwei Rechnern dargestellt.

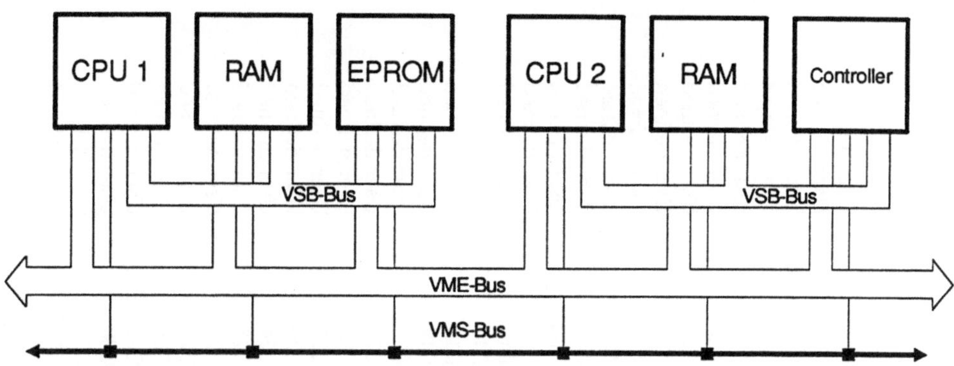

Bild 12.8: VME-System mit VME-, VMS-, und VSB-Bus

Neben der mechanischen Normung gilt die elektrische Normung. Man unterscheidet Master, Slave und Controller. Ein Master, z.B. eine CPU, kann den Bus anfordern. Ein Slave ist eine vom Master adressierte Baugruppe, z.B. Speicher oder Peripherie. Sind mehrere Master an den Bus angeschlossen, so muß auf Anforderung eine spezielle Einheit (Arbiter) den Bus zuteilen. Dieser Arbiter befindet sich auf dem System-Controller-Board.

Der VME-Bus wird in vier Funktionsbereiche eingeteilt:

- Im *Datentransferbereich* (Data Transfer) werden Daten mit einer Datenbreite von 8-,16- oder 32 Bits übertragen, abgekürzt mit D8, D16 und D32. Eine Datentransferrate bis zu 57 Megabyte/ Sekunde ist möglich. Adressen können mit 16-, 24- und 32 Bits vorgegeben werden,abgekürzt mit A16, A24 und A32.

- Im *Unterbrechungssystem* sind alle Signale zusammengefaßt, die dem Priority- Interrupt-System des VME-Bus unterliegen.

- Im *Buszuteilungssystem* kann auf mehrere Arten der Bus zugeteilt werden:
  - Busabgabe nach Beendigung mit Neuarbitrierung
    (Release when done, RWD).
  - Keine Busabgabe bis zur Neuanforderung
    (Release on Request, ROR).

- Dem sogenannten *"Utility-Bus"* werden Rücksetz-, Überwachungs-, Diagnosesignale und die Stromversorgung zugeordnet.

In Bild 12.9 ist die Pinbelegung des VME-Bus mit den zugeordneten Signalen wiedergegeben, von denen einige im Text erläutert sind. In Bild 12.10 sind einige VME-Bus-Module dargestellt.

Über 200 große Hersteller fertigen über 2500 Produkte mit VME-Bus-Modulen.

Pinnbelegung des Steckers P1

Nummer	Reihe a	Reihe b	Reihe c
1	D00	BBSY*	DO8
2	D01	BCLR*	D09
3	D02	ACFAIL*	D10
4	D03	BGOIN	D11
5	D04	BG0OUT*	D12
6	D05	BG1IN*	D13
7	D06	BG1OUT*	D14
8	D07	BG2IN*	D15
9	GND	BG2OUT*	GND
10	SYSCLK	BG3IN*	SYSFAIL*
11	GND	BG3OUT*	BERR*
12	DS1+	BR0*	SYSRESET*
13	DS0*	BR1*	LWORD*
14	WRITE*	BR2*	AM5
15	GND	BR3*	A23
16	DTACK*	AM0	A22
17	GND	AM1	A21
18	AS*	AM2	A20
19	GND	AM3	A19
20	IACK*	GND	A18
21	IACKIN*	SERCLK	A17
22	IACKOUT*	SERDAT*	A16
23	AM4	GND	A15
24	A07	IRQ7*	A14
25	A06	IRQ6*	A13
26	A05	IRQ5*	A12
27	A04	IRQ4*	A11
28	A03	IRQ3*	A10
29	A02	IRQ2*	A09
30	A01	IRQ1*	A08
31	-12V	+5V STDBY	+12V
32	+5V	+5V	+5V

Pinnbelegung des Steckers P2

Nummer	Reihe a	Reihe b	Reihe c
1	User defined	+5V	User defined
2	User defined	GND	User defined
3	User defined	RESERVED	User defined
4	User defined	A24	User defined
5	User defined	A25	User defined
6	User defined	A26	User defined
7	User defined	A27	User defined
8	User defined	A28	User defined
9	User defined	A29	User defined
10	User defined	A30	User defined
11	User defined	A31	User defined
12	User defined	GND	User defined
13	User defined	+5V	User defined
14	User defined	D16	User defined
15	User defined	D17	User defined
16	User defined	D18	User defined
17	User defined	D19	User defined
18	User defined	D20	User defined
19	User defined	D21	User defined
20	User defined	D22	User defined
21	User defined	D23	User defined
22	User defined	GND	User defined
23	User defined	D24	User defined
24	User defined	D25	User defined
25	User defined	D26	User defined
26	User defined	D27	User defined
27	User defined	D28	User defined
28	User defined	D29	User defined
29	User defined	D30	User defined
30	User defined	D31	User defined
31	User defined	GND	User defined
32	User defined	+5V	User defined

Bild 12.9: Pinbelegung und Signalzuordnung beim VME-Bus

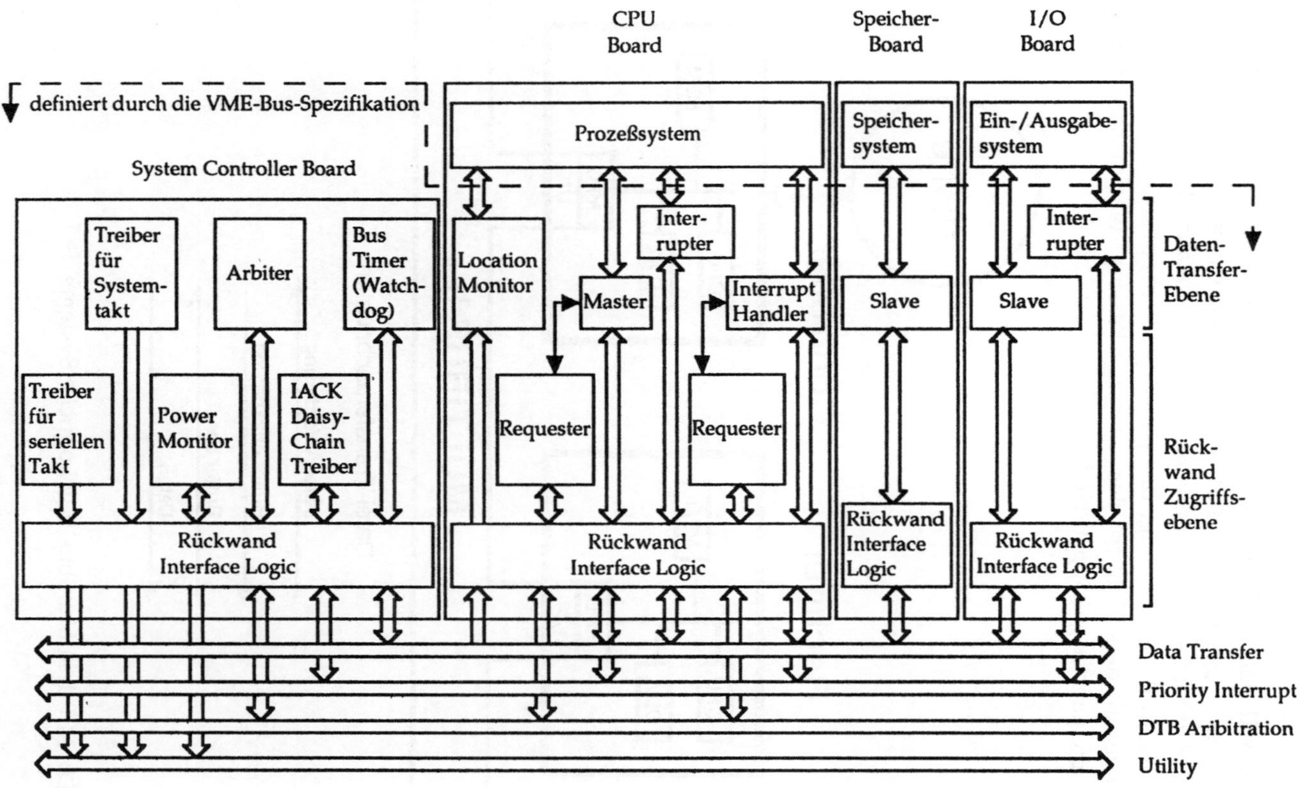

Bild 12.10: VME-Bus-Module mit Unterbussen

12.2.2.3 Der Multibus II

Der Multibus II geht nicht mehr von dem Konzept aus, daß an den Bus Teile eines Rechners angeschlossen sind wie z.B. Speicher oder Peripheriebausteine, sondern daß intelligente Systeme mit eigenem lokalen Speicher miteinander kommunizieren. Bild 12.11 zeigt das generelle Konzept des Multibus II, in dem die Einheiten mit dem Konzept des "Message Passing" Nachrichten austauschen und lose miteinander gekoppelt sind.

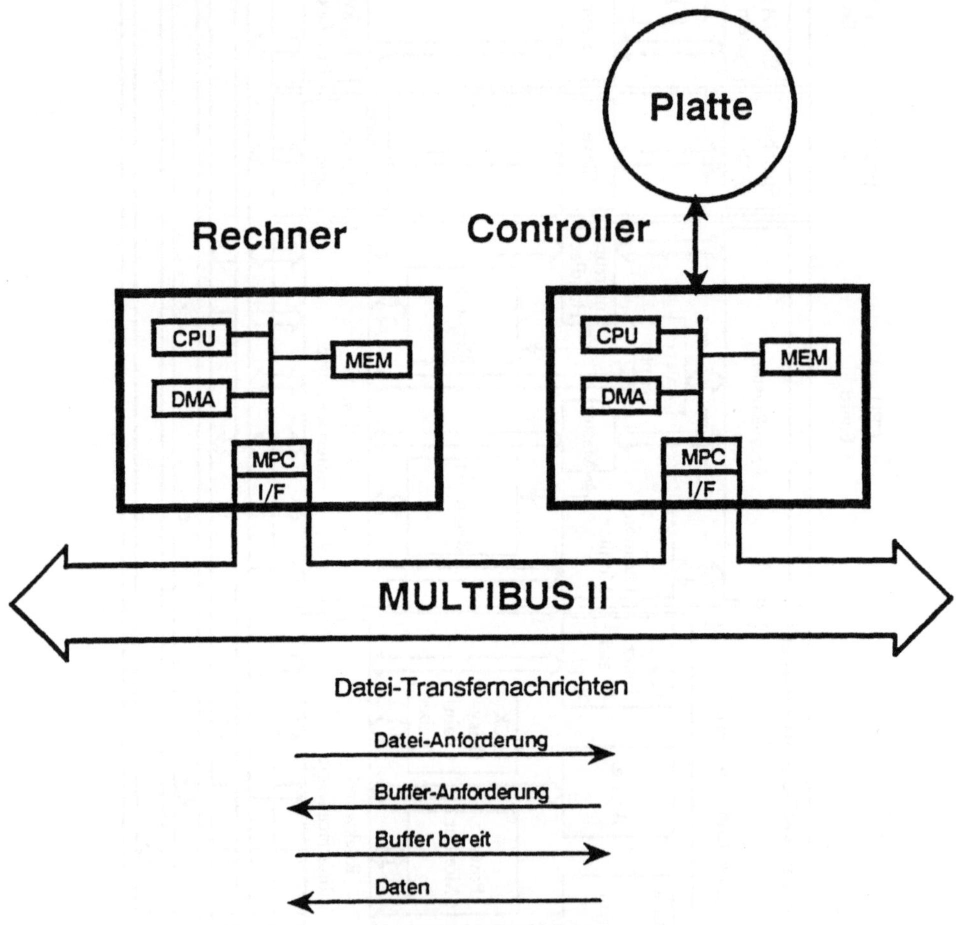

Bild 12.11: Mit dem Multibus II gekoppelte Systeme

Dieses Konzept hat den Vorteil, daß ein Koprozessor pro Board für die gesamte Kommunikation eingesetzt werden kann (Message Passing Coprocessor MPC). Damit ist auch das Problem des Nachrichtenaustauschs zwischen den Tasks bei einem Multitasking- Betriebssystem einfacher zu lösen. Bild 12.12 zeigt den typischen Aufbau eines MPCs, in dem in einem Sende- und Empfangs-FIFO-Puffer (First-In-First-Out) die Daten gesammelt und darauf mit Busgeschwindigkeit von z.B. 40 MByte/Sekunde über den Bus übertragen werden. Dabei wird vom MPC ein einheitliches Übertragungsprotokoll eingehalten. Zu einem Datenblock von 32 Byte fügt der MPC die Ziel- und Quelladresse hinzu.

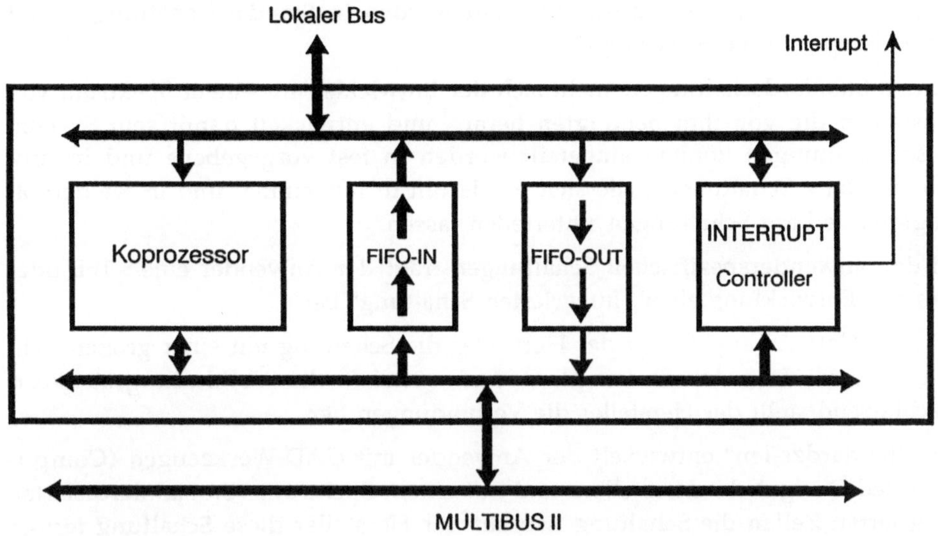

Bild 12.12: Typischer Aufbau des MPC (Message Passing Coprocessor)

Der Multibus II ist im Gegensatz zum VME-Bus ein synchroner Bus, auf dem die Signale von einem zentralen Taktgeber (Clock) abgetastet werden. Der Multibus II ist nicht nur als globaler Bus ausgelegt, sondern eine lokale Bus-erweiterung definiert auch die Bussignale innerhalb der intelligenten Module.

13 Bauelemente und Trends in der Hardwareentwicklung

13.1 Integrierte Schaltungen für die Entwicklung digitaler Systeme

Integrierte Schaltungen können eingeteilt werden in Standardschaltungen und anwenderspezifische Schaltungen.

Bei den Standardschaltungen sucht sich der Entwickler aus einem Spektrum von Bausteinen die von ihm benötigten heraus und entwickelt damit sein System. Diese Schaltungen können eingeteilt werden in fest vorgegebene und in programmierbare Schaltungen, die sich wiederum in nur einmal und in wiederholt programmierbare Schaltungen unterteilen lassen.

Bei den anwenderspezifischen Schaltungen trägt der Anwender einen Teil oder alles zur Entwicklung einer "Integrierten Schaltung" bei.

Bei den "Gate-Arrays" fertigt der Hersteller die Schaltung mit einer großen Zahl von Gattern. Der Anwender plant und entwirft die Verbindungsstruktur, anschließend stellt der Hersteller die Verbindungen her.

Bei "Standardzellen" entwickelt der Anwender mit CAD-Werkzeugen (Computer Aided Design) des Herstellers und mit einem Spektrum von standardisierten integrierten Zellen die Schaltung, worauf der Hersteller diese Schaltung fertigt. Bei voll anwenderspezifischen Schaltungen entwickelt der Anwender in allen Schritten die Integrierte Schaltung bis zur Fertigung bei einem IC-Hersteller selbst. In Bild 13.1 ist eine Einteilung der Integrierten Schaltungen gezeigt.

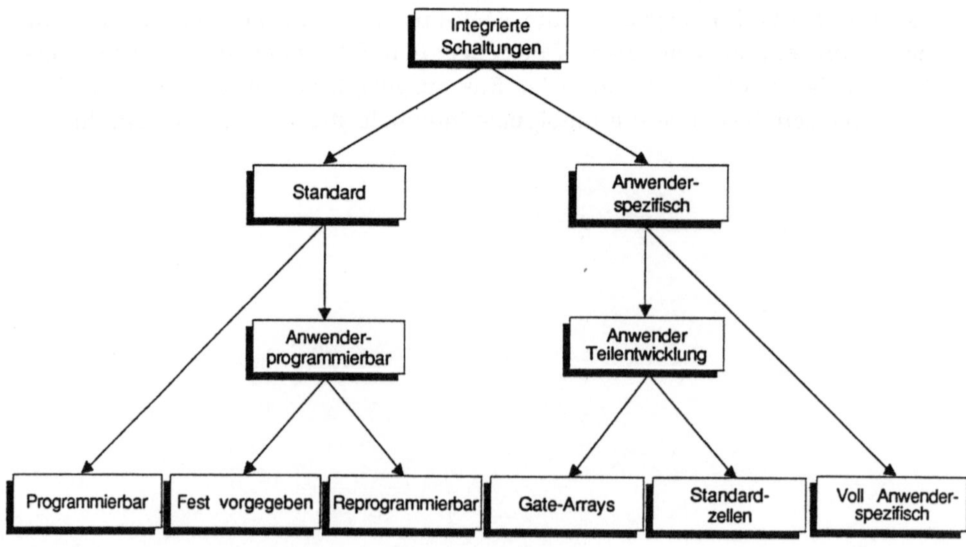

Bild 13.1: Einteilung der Integrierten Schaltungen

Bei der Entwicklung logischer Schaltungen müssen die Entwicklungskosten und die Entwicklungszeit berücksichtigt werden. Allgemein zeigt sich, daß Kosten und Zeit um so höher liegen je höher der Integrationsgrad gewählt wird. In Bild 13.2 ist dieser Zusammenhang dargestellt.

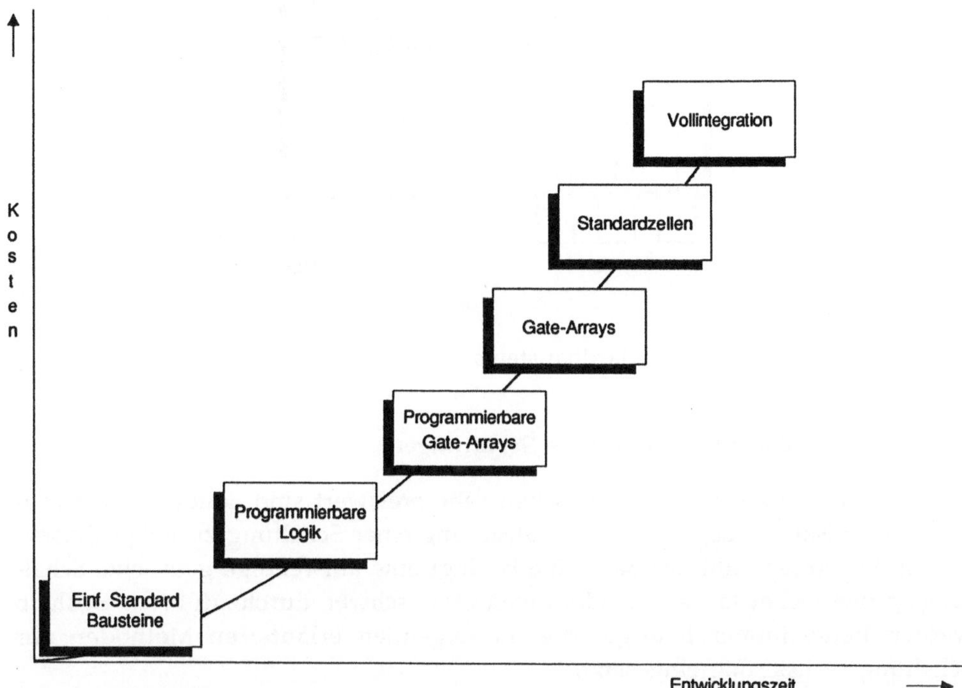

Bild 13.2: Kosten und Zeitaufwand bei der Entwicklung von logischen Schaltungen beim Einsatz der unterschiedlichen Techniken

13.1.1 Standardschaltungen

13.1.1.1 Fest vorgegebene Schaltungen

Bei dem Aufbau einer logischen Schaltung unter Verwendung von diskreter Logik werden Standardbausteine aus Bausteinfamilien eingesetzt. Die weitaus bekanntesten Bausteinfamilien sind die TTL-(Transistor-Transistor-Logik) und die CMOS-(Complementary-Metal-Oxyd-Semiconductor) Bausteinfamilien.

Bei den Standard-Logikbausteinen sind meist mehrere logische Grundfunktionen, wie z.B. mehrere UND-Gatter, ODER-Gatter oder Flipflops in einem Baustein integriert. Bild 13.3 zeigt einen Standard-Baustein aus der TTL-Familie mit vier NAND-Gattern.

Die logische Schaltung wird realisiert durch Verbindungen der erforderlichen logischen Standardbausteine.

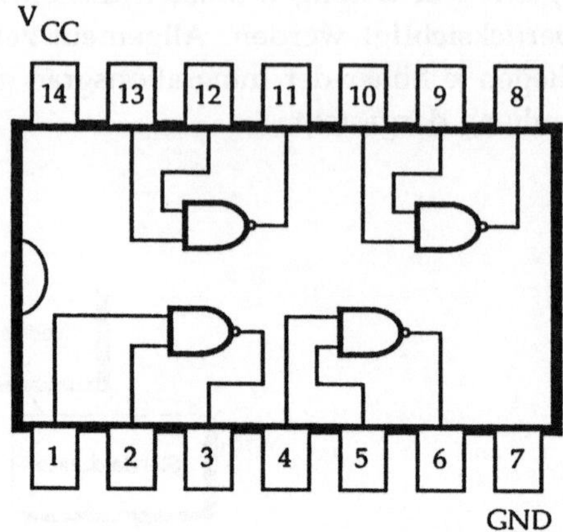

Bild 13.3: Beispiel eines Standardbausteins

13.1.1.2 Anwenderprogrammierbare Schaltungen

Obwohl die Logikbausteine inzwischen sehr preiswert sind, kann die Verwendung von diskreter Logik bei der Realisierung einer Schaltung zu hohen Kosten führen. Die große Zahl der Bausteine bedingt eine aufwendige gedruckte Schaltung, große Gehäuse usw. Änderungen sind schwer durchzuführen. Deshalb werden heute immer häufiger die im folgenden erläuterten Methoden zur Schaltungsrealisierung eingesetzt.

Die hohe Zahl der Bauteile bei Verwendung der Standard-Gatterschaltungen, die Technologie der neuen PROM-Speicher und die Möglichkeit hoher Integrationsdichte führte zur Entwicklung von neuen logischen Schaltkreisen, den sogenannten PLDs (PLD = Programmable Logic Device). Ein PLD kann vom Anwender so programmiert werden, daß eine logische Funktion realisiert wird.

13.1.1.2.1 Fest programmierbare Schaltungen

PROM (Programmable Read Only Memory)

Ein PROM besteht aus einem AND-Array mit festen Verknüpfungen, um die Adresse zu decodieren, und einem OR-Array. In diesem OR-Array sind die Kreuzungspunkte über Sicherungen miteinander verbunden. Bei der Programmierung können beliebig wählbare Sicherungen durchgebrannt werden, damit wird die Verbindung zwischen horizontaler und vertikaler Leitung unterbrochen.

Mit Hilfe der 2 Adreßleitungen I0 und I1 (Bild 13.4)läßt sich in diesem Beispiel über eine fest vorgegebene UND-Struktur eine von 4 Zeilen ansprechen, die

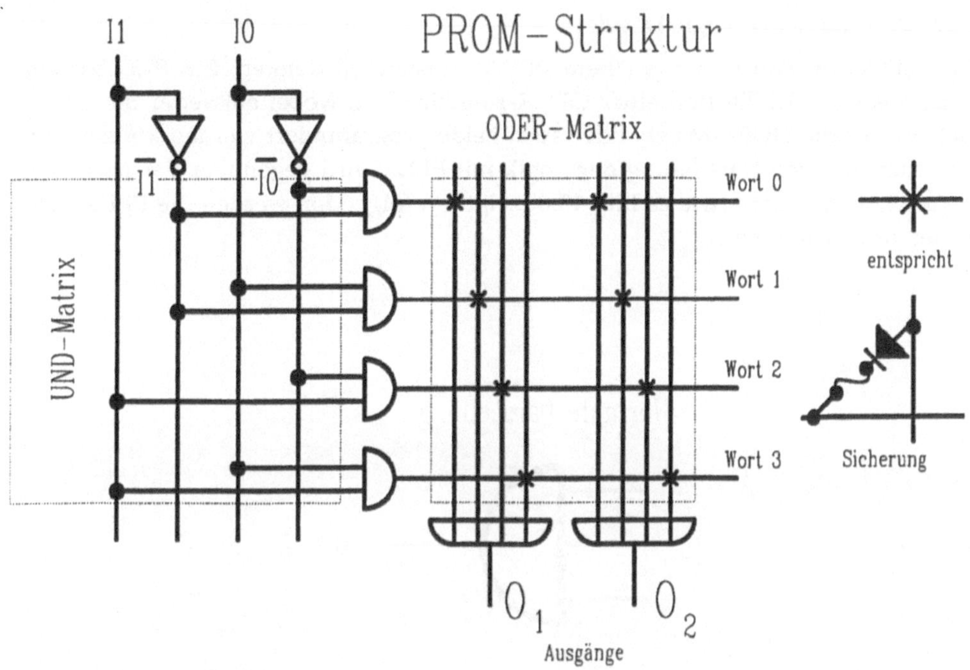

Bild 13.4: PROM-Struktur

innerhalb einer programmierten ODER-Matrix so programmiert ist, daß das gewünschte Wort gelesen werden kann.

Bild 13.5 zeigt das Photo einer Sicherung vor und nach der Programmierung.

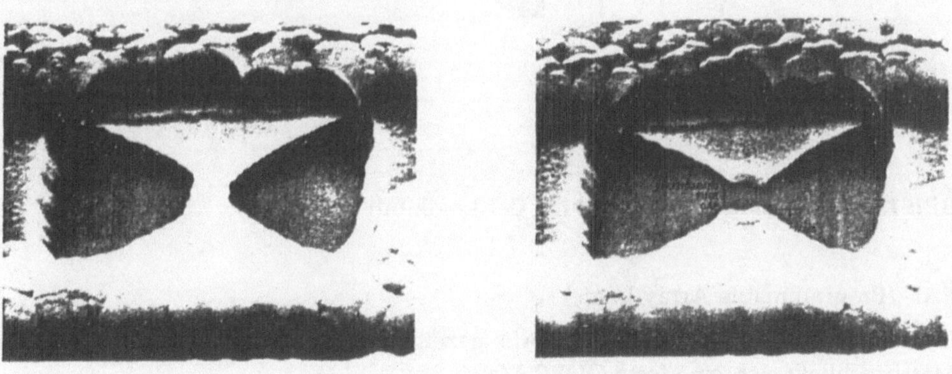

Bild 13.5: Sicherung vor und nach der Programmierung bei einem PROM

PLD (Programmable Logic Device)

Ein PLD kann man sich aus einem PROM entstanden denken. Ein PLD besteht
meist aus einer UND- und einer ODER-Kombination, wobei entweder die UND-
Matrix oder die ODER-Matrix oder auch beide programmiert werden können. Bei
der schematischen Darstellung der Logik mit PLDs wird gegenüber der normalen
Logik oft abgewichen, wie es Bild 13.6 zeigt. Im folgenden werden die PLDs noch
weiter unterschieden.

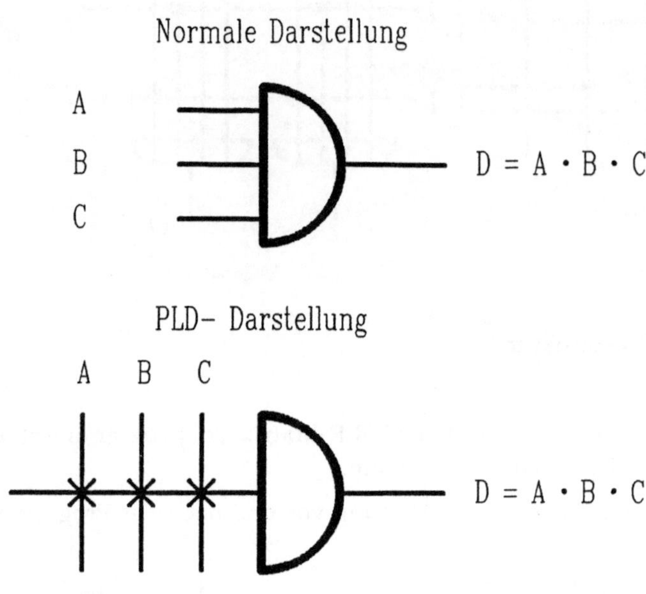

Bild 13.6:   Schematische Darstellung der Logik mit PLDs

PAL (Programmable Array Logic)

In Bild 13.7 ist die Struktur eines PALs gezeigt. An eine programmierbare UND-
Matrix schließt sich eine feste ODER-Matrix an.

Durch die große Zahl der Eingänge der UND-Gatter (jeweils normal und inver-
tiert) läßt sich eine Vielzahl von Eingangskombinationen berücksichtigen. Das
Bild 13.8 zeigt ein einfaches Beispiel der Programmierung eines PALs, um die
Gleichung $Y = A \cdot \overline{B} + \overline{A} \cdot B$ zu realisieren.

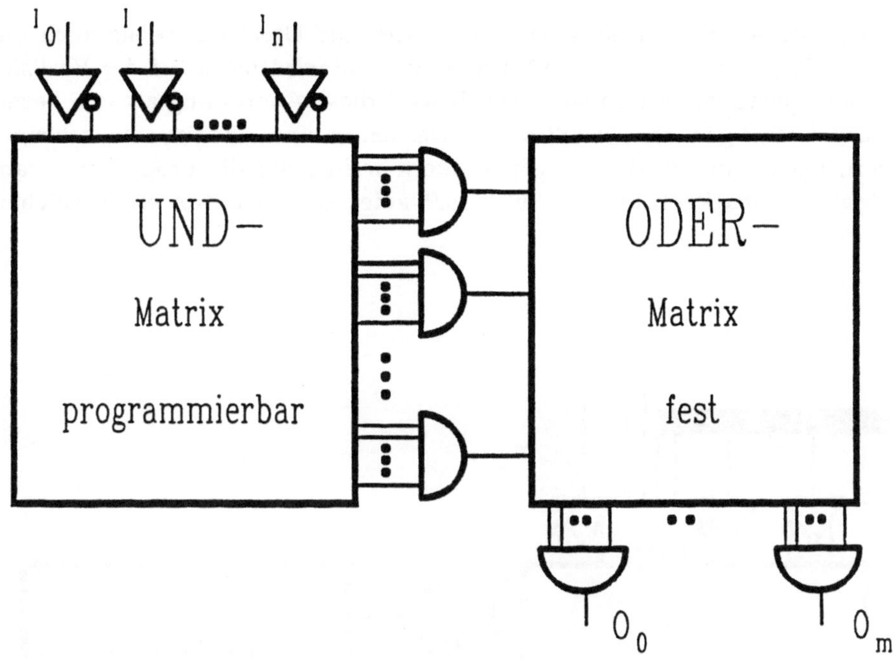

Bild 13.7: PAL-Struktur

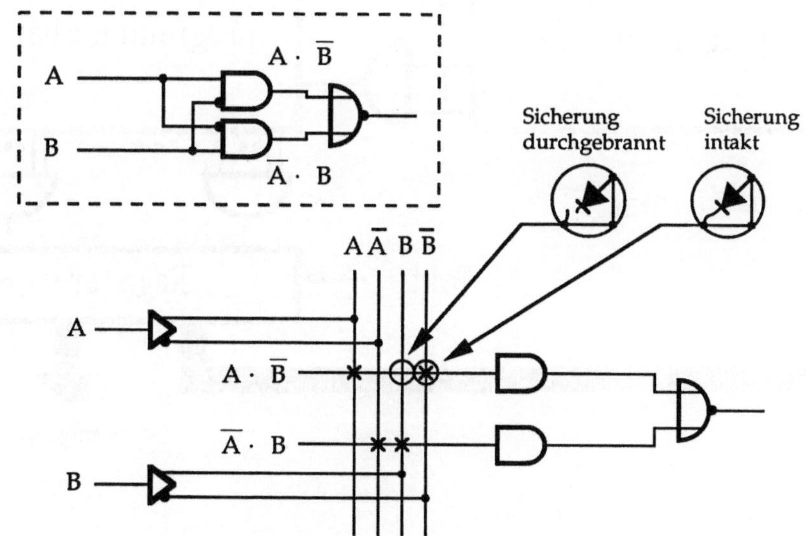

Bild 13.8: Realisierung einer einfachen logischen Funktion mit einem PAL

PLS (Programmable Logic-based Sequencer)

Völlig flexibel ist eine Struktur, bei der sowohl die UND-Matrix als auch die ODER-Matrix programmierbar sind. Diese Struktur wird meist bei der Realisierung von Sequenzern verwendet. Deshalb wird diese Anordnung als PLS bezeichnet. Die Ausgangswerte der OR-Matrix werden in einem Register zwischengespeichert, wobei ein Teil der Ausgänge intern wieder auf die programmierbare UND-Matrix zurückgeführt ist. Bild 13.9 zeigt die Struktur einer solchen Anordnung.

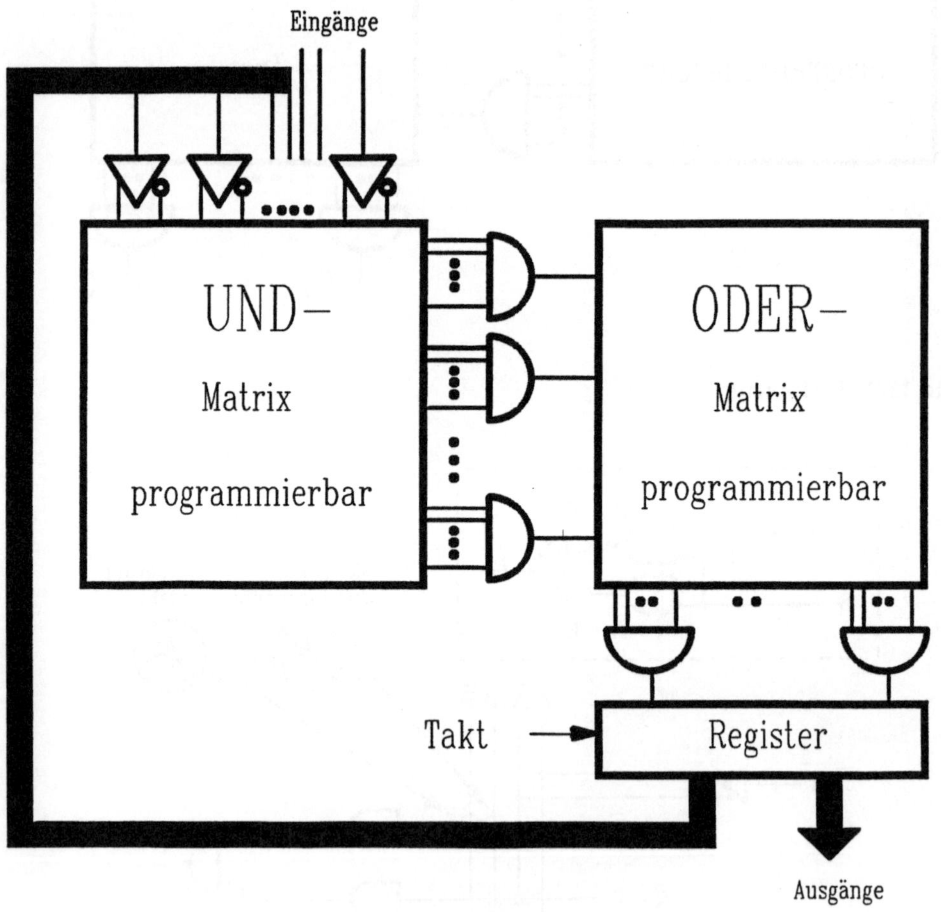

Bild 13.9: PLS- Struktur

13.1.1.2.2 Reprogrammierbare Schaltungen

Für den Entwicklungsprozess sind reprogrammierbare Schaltungen sehr gut geeignet. Bei einer Änderung kann das Bauteil neu programmiert werden. Im Laufe der Zeit sind zu den reprogrammierbaren Speichern auch reprogrammierbare logische Schaltungen hinzugekommen.

EPROM (Erasable Programmable Read Only Memory)

In EPROMs können mit FAMOS-Transistoren (Floating Gate Avalanche Injection **MOS**) Daten gespeichert werden. Das Gate eines FAMOS-Transistors ist nicht kontaktiert. Durch Anlegen einer hohen Spannung während der Programmierung kann ein Avalanche-Durchbruch erzeugt werden, durch den Elektronen zum Gate gelangen. Das umgebende Dielektrikum verhindert den Abfluß der Ladung. Ist Ladung auf dem Gate, so leitet der Transistor, andernfalls sperrt er. Das Löschen der Information bzw. das Entladen des Gate erfolgt durch Bestrahlen mit UV-Licht. Es können nur alle Speicherzellen gleichzeitig gelöscht werden. In Bild 13.10 ist der Querschnitt durch einen FAMOS-Transistor gezeigt.

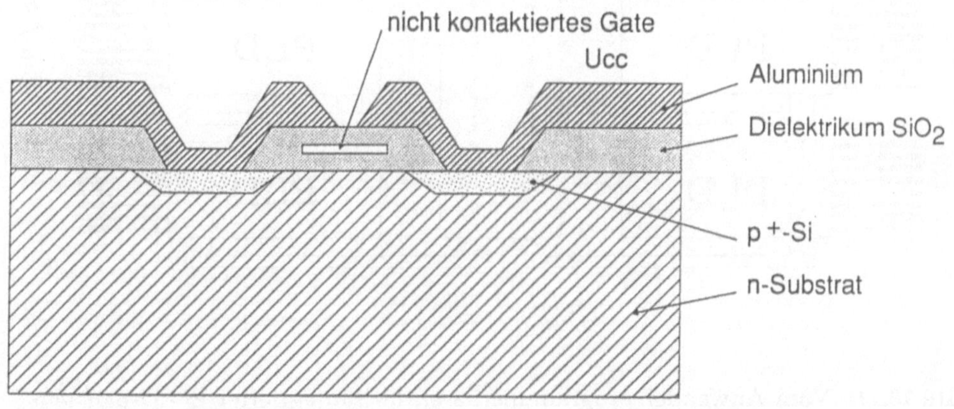

Bild 13.10: Querschnitt durch einen FAMOS-Transistor eines EPROM

EPLD (Erasable Programmable Logic Device)

EPLDs sind reprogrammierbare Logikbausteine. Wie bei der Programmierung der PLDs die Technik der PROM-Programmierung verwendet werden konnte, so wurde die Technik der EPROM-Programmierung bei der EPLD-Programmierung eingesetzt. Durch diese Technik können Änderungen im Logikentwurf durch einfaches Neuprogrammieren des Bauteils erreicht werden.

Neuere Entwicklungen bei den EPLDs zeigen beträchtliche Erweiterungen gegenüber einem einfachen PLD (Bild 13.11).

So können z.B. die Ausgänge frei konfiguriert werden, z.B. Ausgangssignal normal oder invertiert oder mit Speicherung. Auch ist die Integrationsdichte erheblich gesteigert worden, so können eine ganze Anzahl von PLDs in einem Chip integriert sein, die über lokale und globale Busse miteinander verknüpft werden.

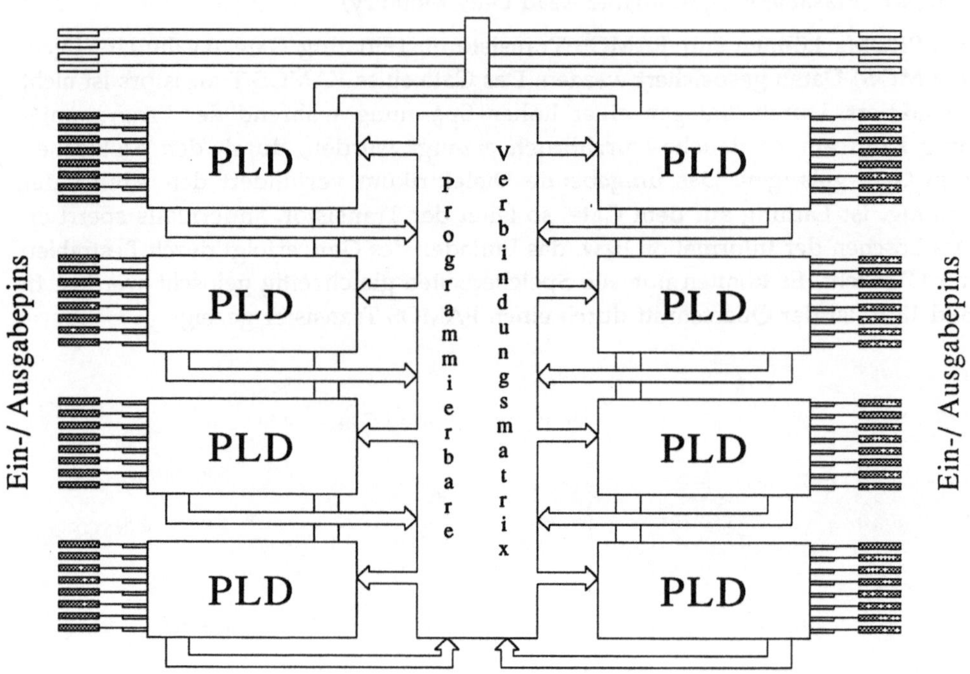

Bild 13.11: Vom Anwender programmierbarer, hochintegrierter EPLD-Baustein

LCA (Logic Cell Array)

Logische Zell-Strukturen sind eine Zwischenform zwischen Gate-Arrays und logischen Schaltungen, die beim Anwender programmiert werden können. Ein LCA verfügt intern über Logikblöcke LBs und Ein-/Ausgabe-Logikblöcke IOBs. Bild 13.12 zeigt die typische Struktur eines LCA. Die Logikblöcke können über feste Leitungen mit programmierbarer Verknüpfung miteinander verschaltet werden.

In einem Logikblock (LB) kann eine beliebige logische Funktion der Eingangsvariablen des LBs programmiert werden. Das Ergebnis kann in unterschiedlicher Form, z.B. invertiert oder zwischengespeichert, auf den Ausgang des LBs durchgeschaltet werden. Bild 13.13 zeigt die typische Anordnung eines LBs.

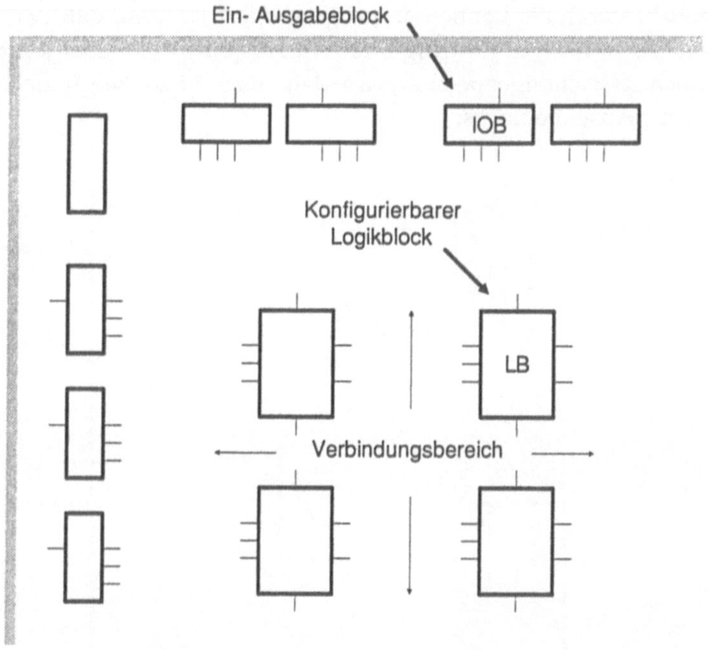

Bild 13.12: Struktur eines LCA

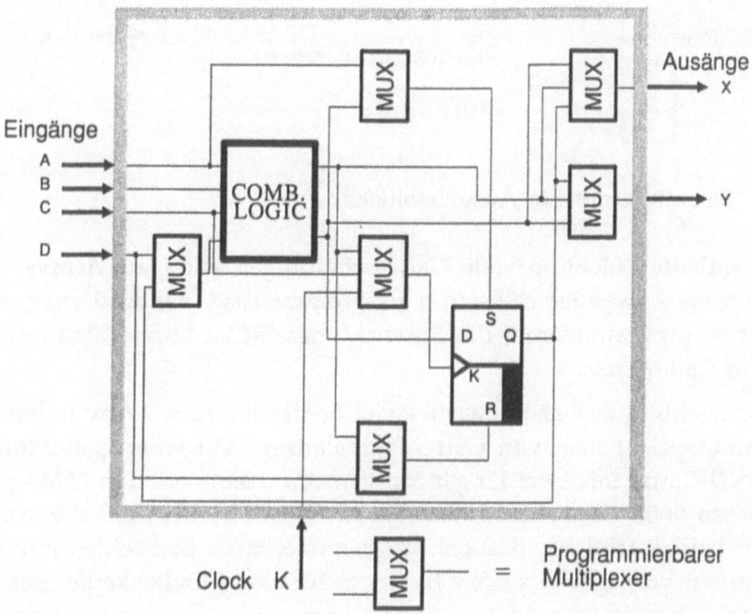

Bild 13.13: Typische Struktur der programmierbaren Logik eines Logikblocks

Die Ein-/Ausgabeblöcke IOBs können so programmiert werden, daß der zugehörige Anschlußpin entweder ein Eingang oder ein Ausgang ist. Dabei können Eingangssignale noch zwischengespeichert werden. Bild 13.14 zeigt die typische Struktur eines Ein-/Ausgabeblocks.

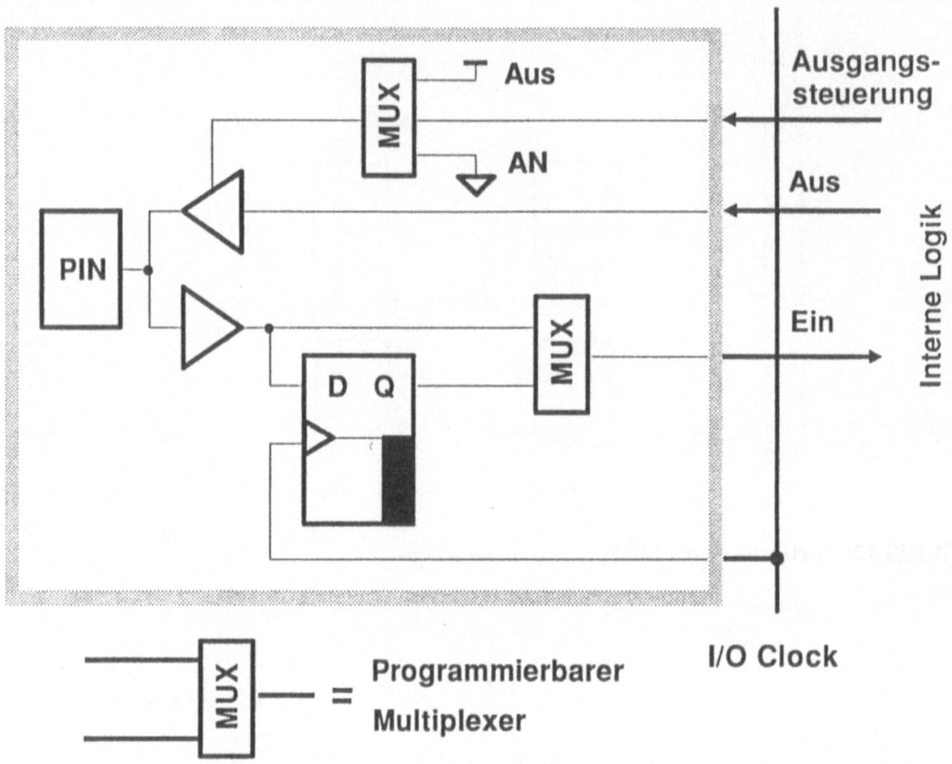

Bild 13.14: Struktur eines Ein-Ausgabeblocks

Die LCAs enthalten nicht so viele Gatterschaltungen wie Gate-Arrays, sie sind dafür aber vom Anwender selbst frei programmierbar. Bei Änderungen lassen diese sich neu programmieren; die Entwicklungszeit ist kürzer als die Entwicklungszeit für Gate-Arrays.

Um eine Vorstellung zu bekommen wieviel Logik in einem Array untergebracht werden kann, spricht man von Gatteräquivalenzen. Mit einer Gatteräquivalenz ist ein NAND-Gatter mit zwei Eingängen gemeint. Heute werden LCAs gefertigt, die z.B. bis zu 9000 Gatteräquivalenzen enthalten. Hierbei muß der Anwender aber immer berücksichtigen, daß bei programmierbaren Bausteinen intern schon feste Strukturen vorgegeben sind, z.B. eingeschränkte Möglichkeiten der Verbindungen. Somit verfügt der Anwender fast immer über wesentlich weniger einsetzbare Gatter als die angegebene Gatteräquivalenz. Demgegenüber können bei Gate-Arrays fast alle Gatter eingesetzt werden.

13.1.2   Anwenderspezifische Schaltungen

13.1.2.1   Teilentwicklung durch Anwender

13.1.2.1.1 Gate Arrays

Bei Gate-Arrays liegt eine bestimmte Zahl von logischen Grundfunktionen vor, z.B. Gatter wie in Bild 13.15 oder Flipflops, die vom Logikentwickler entsprechend seiner Schaltung verbunden werden müssen. In einem letzten Integrationsschritt wird eine Maske für diese Verbindungen beim Hersteller gelegt. Bild 13.16 zeigt die Struktur eines Gate-Arrays mit den Bereichen für die logischen Funktionen und den Bereichen für die Verbindungen. Heute werden Gate-Arrays in den verschiedensten Größen, z.B. 3.000, 150.000 und in Sonderformen bis zu 250.000 Gatteräquivalenzen hergestellt.

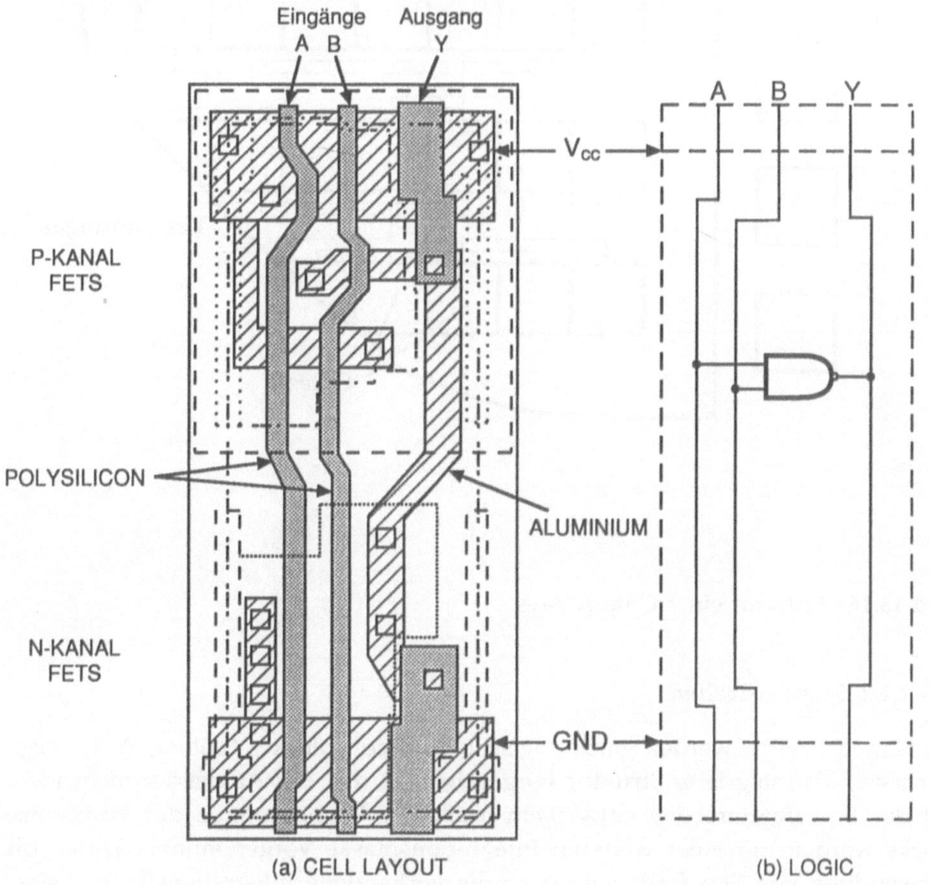

Bild 13.15: Beispiel eines integrierten NAND-Gatters

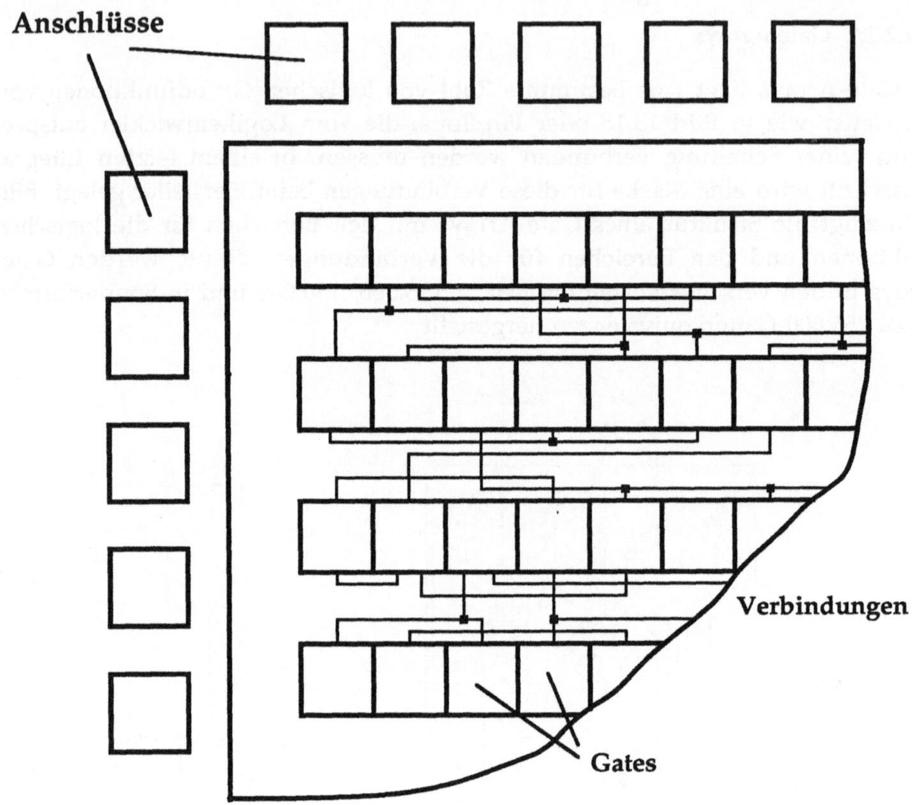

Bild 13.16: Struktur eines Gate-Arrays

13.1.2.1.2 Standardzellen

Bei Standardzellen werden ganze logische Funktionsblöcke (Zähler, ALU, Register usw.) als integrierte Struktur vorgegeben, so daß der Anwender nicht mehr auf der Einzelgatterebene entwickeln muß. Die Verbindungen der Funktionsblöcke werden mit einer weiteren Integrationsmaske vorgenommen. Durch die Verwendung von Standardzellen wird die vorhandene Integrationsfläche besser genutzt als bei Gate-Arrays. Der Entwurf einer logischen Schaltung mit Standardzellen entspricht der Entwicklung einer Integrierten Schaltung unter Verwendung von Makros. Bild 13.17 zeigt die Struktur einer Standardzelle.

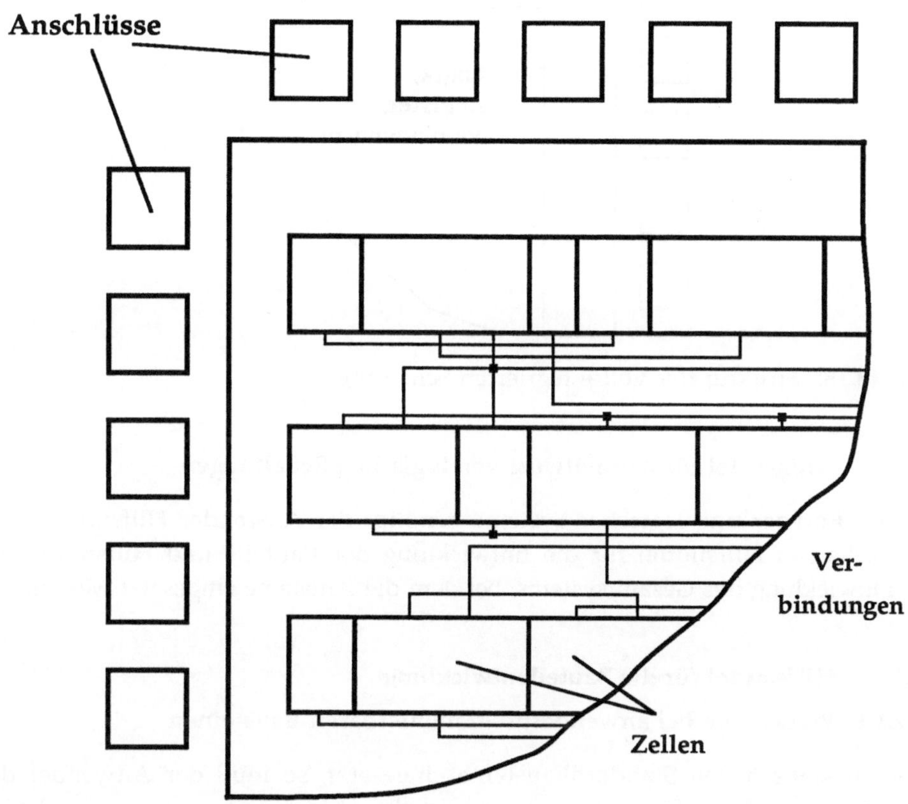

Bild 13.17: Struktur einer Standardzelle

13.1.2.2 Voll anwenderspezifische integrierte Schaltungen

Ein Chip, das von Grund auf in allen Funktionen integriert wird, nennt man voll integrierte Anwenderschaltung. Hierbei wird die für die Integration verfügbare Fläche am besten genutzt. Diese Entwicklungsform rechtfertigt sich nur bei sehr hohen Stückzahlen in der späteren Produktion, wie z.B. bei Mikroprozessoren, Speichern und häufig verwendeten Peripheriebausteinen usw. Bild 13.18 zeigt die Struktur der voll integrierten Schaltung.

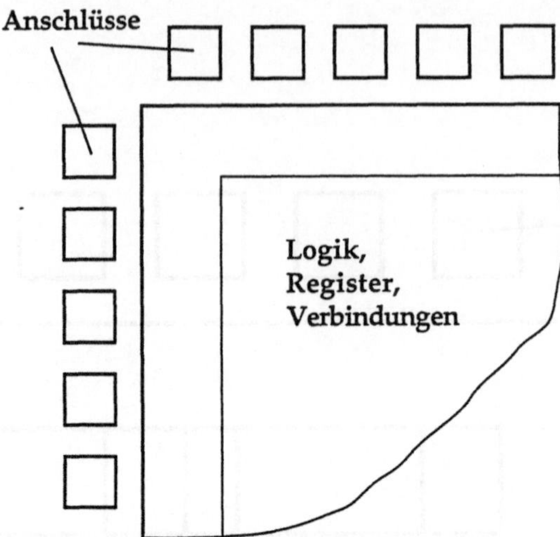

Bild 13.18: Struktur der voll integrierten Schaltung

13.2 Hilfsmittel für den Entwurf von logischen Schaltungen

Bei der Entwicklung logischer Systeme benötigt der Anwender Hilfsmittel. Wir unterscheiden Hilfsmittel für die Entwicklung der Bauteile und Hilfsmittel für die Entwicklung des Gesamtsystems, bei dem die Bausteine eingesetzt werden.

13.2.1 Hilfsmittel für die Bauteilentwicklung

13.2.1.1 Werkzeuge bei anwenderprogrammierbaren Bausteinen

Werden keine festen Standardbausteine eingesetzt, so muß der Anwender die Bausteine zum Teil oder ganz selbst entwickeln.

Für die Programmierung von PROMs und EPROMs wird ein PROM-Programmiergerät benötigt. Meist wird der Datensatz in einem Rechner aufbereitet und von hier über eine Schnittstelle zum Programmiergerät übertragen. Der einprogrammierte Inhalt kann zur Kontrolle wieder gelesen und vom Rechner verglichen werden.

Bei der Programmierung von PLDs ist ein höherer Aufwand an Entwicklungssoftware erforderlich. Der Anwender möchte seine Logik auf einer möglichst hohen Ebene beschreiben.

Diese hohe Ebene kann z.B. darin bestehen, daß der Logikentwurf schematisch mit Hilfe eines CAD-Systems erstellt wird (CAD = Computer Aided Design). Das Bild 13.19 zeigt einen Graphikbildschirm mit einem Schaltungsentwurf.

Eine zugehörige Entwicklungssoftware (Spezieller Compiler) setzt den Schaltungsentwurf direkt in den für die Programmierung des PLDs benötigten Datensatz um.

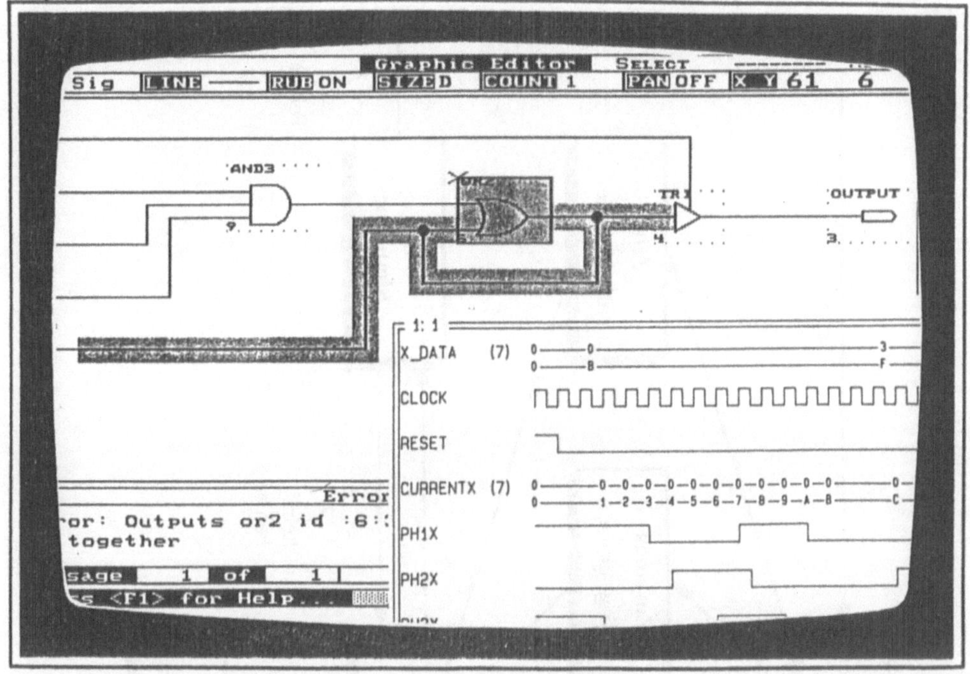

Bild 13.19: CAD-Schaltungsentwurf auf einem Bildschirm

Eine andere Beschreibungsform der Logik kann in der Vorgabe von Wahrheitstabellen liegen. In diesem Fall muß die Entwicklungssoftware diese Tabellen umsetzen.

Bei der Programmierung von Sequenzern möchte der Anwender die Logik möglichst in Form von Zustandsdiagrammen vorgeben. Hier muß der Compiler diese Diagramme in einen Datensatz übersetzen, mit dem die PLDs programmiert werden können.

Eine weitere Beschreibungsform der Logik kann durch direkte Vorgabe der logischen Gleichungen gegeben sein.

Vor der Programmierung sollte der Logikentwurf mit Hilfe eines Simulators überprüft werden. Für die Simulation erzeugt der Simulator Kombinationen von Testvektoren oder sie werden ihm vorgegeben. Zu einem Eingangsvektor (Kombination von logischen Zuständen am Eingang der Schaltung) gehört ein erwarteter Ausgangsvektor (Kombination von logischen Zuständen am Ausgang der Schaltung). Der Simulator überprüft die Logik, ob mit dieser Logik die vorgegebenen Ein- und Ausgangszustände erreicht werden können. Ebenfalls berechnet der Simulator die Signaldurchlaufzeiten. Bild 13.20 zeigt die Entwurfswerkzeuge beim Entwickeln von PLDs.

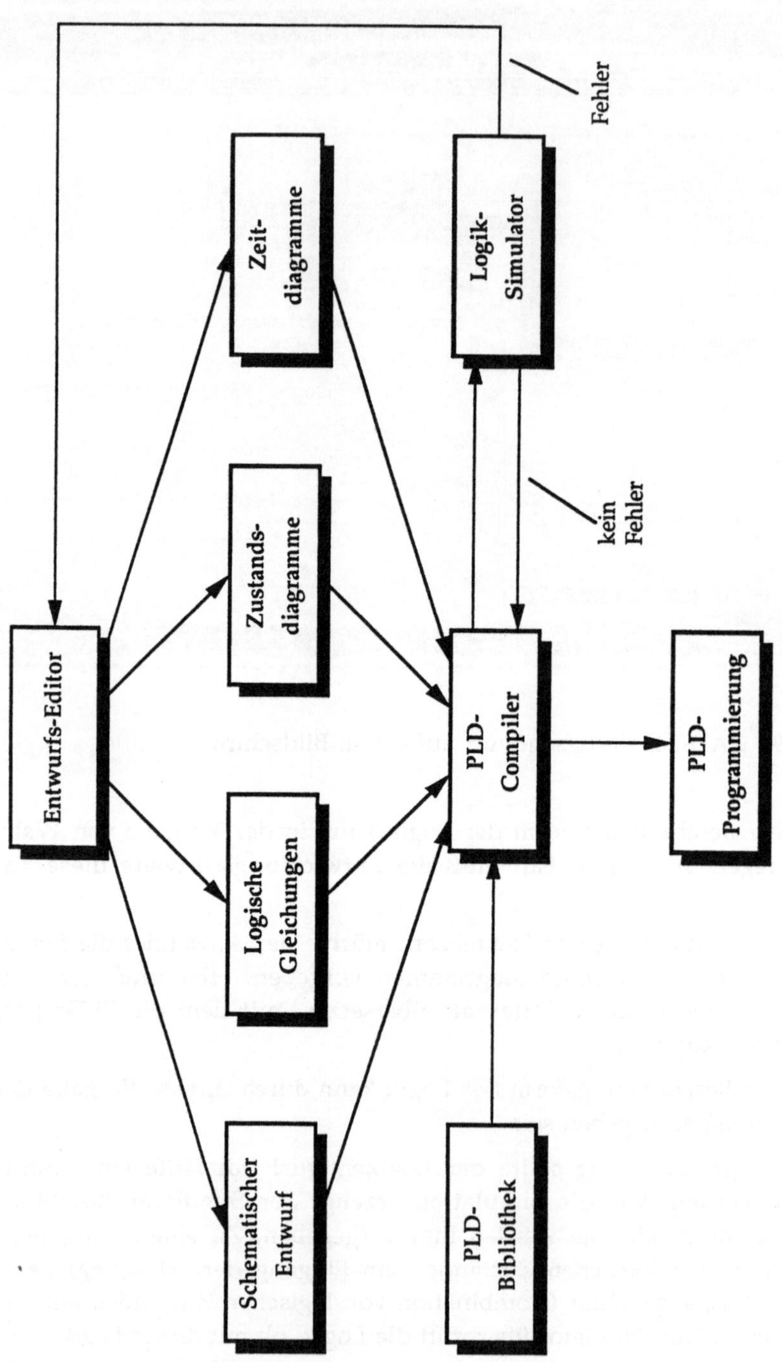

Bild 13.20: Entwurfshilfsmittel für die Programmierung von PLDs

Bei der LCA-Entwicklung müssen die Softwarehilfsmittel noch weiter ausgelegt sein, da die interne Logik vom Anwender freier verschaltet werden kann. Hier müssen gegenüber der PLD-Programmierung noch die internen Belegungen (Zuordnung der einzelnen Logikfunktionen zu den Logikblöcken) und die interne Verschaltung ausgeführt werden. Hilfsmittel gestatten es, diese Zuordnungen graphisch auf einem Bildschirm durchzuführen.

Auf noch höherer Ebene werden diese Zuordnungen automatisch durchgeführt (Auto-Place) und ebenso wird die Verbindungsstruktur automatisch ermittelt (Auto-Route).

Hilfsprogramme zur Entwicklung von LCAs sind:

- Schematische Eingabe,
- Makro-Bibliothek (Programmierte Logikblöcke mit vorgegebenen Verbindungen),
- Zeit-Analysator (Berechnet die Durchlaufzeiten durch die Logikebenen),
- Auto-Place (Automatische Zuordnung zwischen Logikblock und Logik),
- Auto-Route (Automatisches Verbinden der Logikblöcke).

13.2.1.2 Werkzeuge für die Entwicklung anwenderspezifischer Bausteine

Bei der Entwicklung anwenderspezifischer Bausteine muß im Fall der Entwicklung von Gate-Arrays und Standardzellenbausteinen der Anwender mit dem Hersteller der hoch integrierten Bausteine zusammenarbeiten. Der Hersteller liefert die Bauteile, der Anwender entwickelt meist mit den Hilfsmitteln des Herstellers den logischen Entwurf. Danach vervollständigt der Hersteller durch letzte Integrationsschritte (z.B. Verbindungsmaske) den Baustein. Bei der Entwicklung kommen wieder Hilfsprogramme und Daten, wie schematische Eingabe, Auto-Place, Auto-Route und Makro-Bibliothek, zum Einsatz. Dabei werden vom Anwender sogenannte "Engineering Workstations" eingesetzt. Dies sind größere Rechner mit hochauflösenden Farbbildschirmen. Der Hersteller muß darüber hinaus über umfangreiche Programme und Datenbanken verfügen, mit deren Hilfe die Daten aus dem logischen Entwurf des Anwenders übernommen und in den Integrationsprozeß eingefügt werden können.

Bei der Entwicklung von "Vollanwenderspezifischen Integrierten Schaltungen" ist der Entwickler gleichzeitig Hersteller und Anwender. Hier wird von Grund auf der integrierte Entwurf vorgenommen. Die zugehörigen Entwicklungswerkzeuge sind noch aufwendiger als bei den anderen Methoden. Bis hin zur integrierten Struktur wird der Entwurf mit CAD-Workstations durchgeführt. Dabei müssen die Entwurfsparameter der unterschiedlichen Technologien, z.B. CMOS- oder TTL-Technologie, berücksichtigt werden. Auch hier werden Makros (z.B. Layout einer Transistorzelle) verwendet. Neuere sogenannte "Silicon-Compiler" übersetzen einen Entwurf und liefern das Layout der integrierten Schaltung.

13.2.2 Hilfsmittel für die Systementwicklung: CAE, CAD, CAM

Beim Entwurf eines Gesamtsystems werden immer häufiger rechnerunterstützte Hilfsmittel eingesetzt. Diese Werkzeuge werden nicht nur bei der Entwicklung der einzelnen Bauteile, sondern auch bei der Gesamtsystementwicklung herangezogen, z.B. wenn es darum geht, gedruckte Schaltungen mit einer Vielzahl von integrierten Schaltungen zu entwickeln. Den Einsatz dieser Werkzeuge nennt man CAE (Computer Aided Engineering). Die zugehörigen Rechnersysteme mit dem geeigneten Soft- und Hardwareausbau nennt man "Workstations". Der rechnerunterstützte Entwurf wird auch mit CAD (Computer Aided Design) bezeichnet. Werden die dabei entstehenden Daten direkt zur Produktion verwendet, so spricht man von CAM (Computer Aided Manufacturing).

Bei der Entwicklung eines Gesamtsystems mit "Integrierten Schaltungen" geht der Entwickler von einem Spektrum von Bausteinen aus, die er einsetzen will. Die Bausteine müssen bei einem CAD-Entwurf in einer Bausteinbibliothek gespeichert sein. Die Bausteine liegen dort in ihrer symbolischen Form vor. Bei der Schaltplanerstellung werden die Bauteilsymbole mit Hilfe der schematischen Eingabe aufgerufen, ihre Ein- und Ausgänge werden entsprechend der Logik miteinander verbunden. In der Bausteinbibliothek liegen die Bausteine zusätzlich mit ihren physikalischen Parametern vor, wie z.B. Gehäuseart (DIL=Dual-In-Line, PLCC=Plastic-Leaded-Chip-Carrier), Pin-Abstände, Pinbelegung für die Spannungsversorgung usw.

Soll ein neuer Baustein in die Bausteinbibliothek übernommen werden, dann muß dieser mit Hilfe eines Baustein-Editors sowohl symbolisch als auch physikalisch neu erstellt werden. Liegt der schematische Entwurf vor, so wird zunächst mit Hilfe eines Simulators die Schaltung auf ihre Funktion hin untersucht. Ist die Schaltung logisch fehlerfrei, so kann die zugehörige gedruckte Schaltung entwickelt werden. Ein Plazierungsprogramm (Auto-Place) nimmt die Bauteile aus dem Schaltplan, sucht sich aus der Bausteinbibliothek die zugehörigen physikalischen Bauteile und plaziert sie auf einer vorgegebenen Platine. Die Plazierung muß dabei minimale Leitungslängen zwischen den Bausteinen berücksichtigen. Die Platine selbst kann mit ihren Abmessungen und Bereichen für die Stromversorgung mit Hilfe eines Layout-Programms am Bildschirm vorgeben werden. Nach der Plazierung der Bauteile werden die Leiterbahnen mit Hilfe eines "Auto-Routers" gefunden. Die Daten aus der Platinenentwicklung werden direkt für die Produktion der Platine weiterverwendet. Es können die Negative mit Hilfe eines Photoplotters gezeichnet, der Bohrplan kann an die Bohrmaschine übertragen und die Zeichnungen für den Siebdruck ausgeführt werden. Bild 13.21 zeigt ein CAD-System zum Entwickeln von elektronischen Schaltungen.

Solch ein CAD-System reduziert die Entwicklungszeit elektronischer Systeme ganz erheblich .

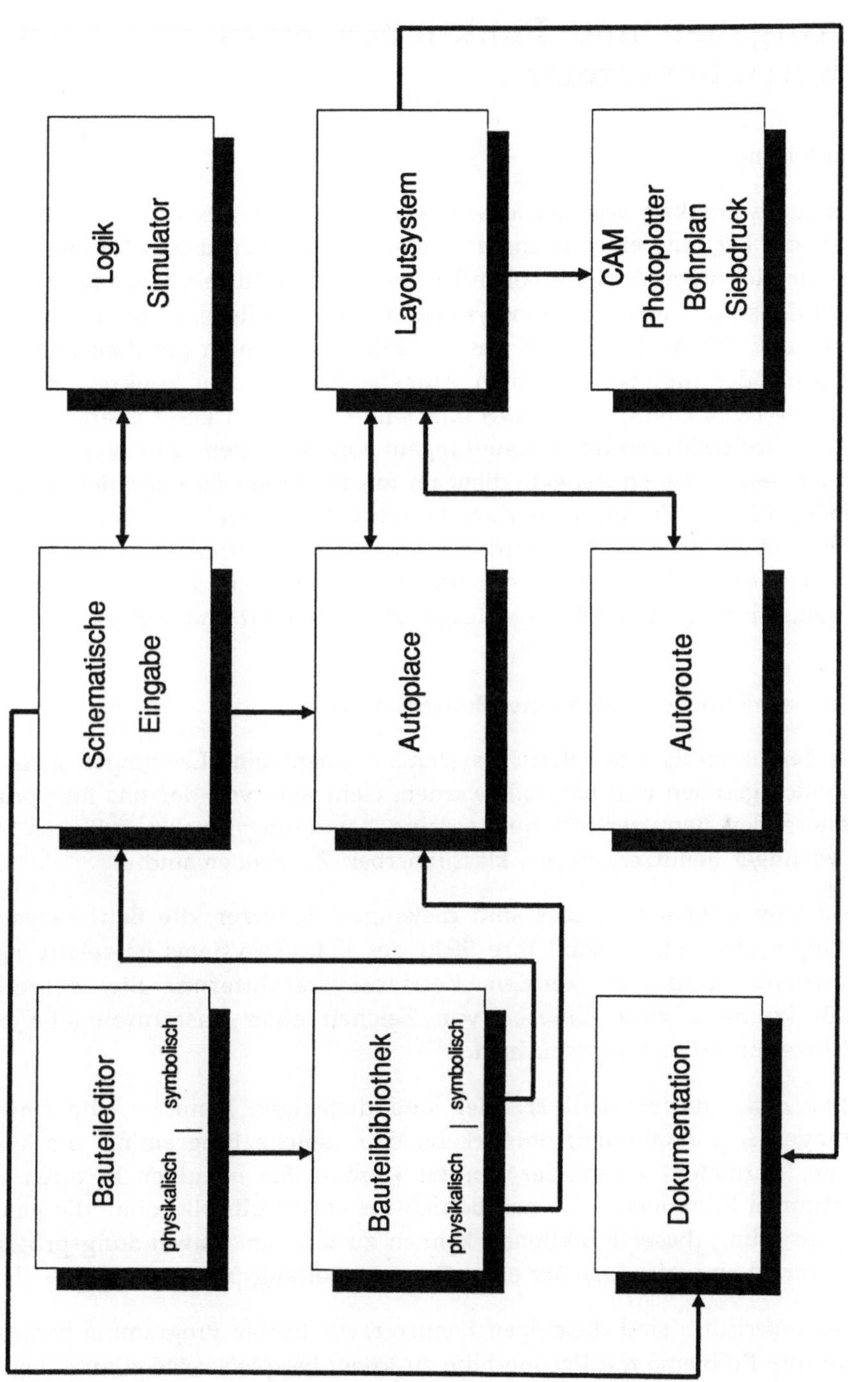

Bild 13.21: CAD-System für die Entwicklung von Schaltungen

14 Aufgaben und Funktionen eines einfachen Betriebssystems

14.1 Einleitung

Die Leistungsfähigkeit von Betriebssystemen ist ganz wesentlich mitentscheidend für die Leistung eines Rechnersystems. Im Rahmen dieses Kapitels sollen jedoch nur diejenigen Aspekte behandelt werden, die für ein Grundverständnis der Funktionsweise eines Betriebssystems als notwendig erachtet werden. Die Folge ist, daß die Ausführungen deshalb relativ allgemein gehalten sind. Eine Übertragung der hier besprochenen Aufgabenbereiche auf konkrete Betriebssysteme wie DOS, UNIX, NOS, MVS u. a. sind daher dem Leser überlassen oder werden in weiterführenden Darstellungen vorgenommen. Zur Veranschaulichung der beschriebenen Aspekte dient im folgenden ein Bürobeispiel als analoges Modell für das Zusammenwirken zwischen Hardware bzw. Betriebsmitteln und dem Betriebssystem. Als Hardware dienen z.B. Schreibmaschine, Schreibtisch, Datenblock, Aktenordner, Aktenschrank, Telefon und als Betriebssystem die Organisationsstruktur mit zugehöriger Funktionalität und Autorität.

14.2 Unterschiedliche Sichten eines Betriebssystems

Für die Beschreibung eines Betriebssystems können seine Leistungen ganz unterschiedlich gesehen und beurteilt werden. Geht man von der uns hier primär interessierenden Benutzersicht aus, so sind Benutzungsaspekte, z.B. aus Sicht dreier wichtiger Benutzergruppen klassifizierbar. Zu nennen sind:

- *Systemprogrammierer:* dies sind diejenigen Benutzer, die Betriebssystemkomponenten entwickeln. Ihre Sicht des Betriebssystems ist relativ hardwarenah, und sie kennen Betriebssysteminterna. Sie schreiben z.B. Routinen zum Einlesen von Zeichen einer Tastatureingabe oder Echtzeitunterbrechungsroutinen.

- *Anwendungsprogrammierer:* dies sind diejenigen Benutzer, die Anwendungen (Applikationen) entwickeln, d. h. solche Programme, die später vom "normalen" Anwender benutzt werden. Sie benutzen in ihren Programmen Funktionen, die das Betriebssystem bereitstellt, ohne die genaue Realisierung dieser Funktionen kennen zu müssen. Anwendungsprogrammierer ist etwa der Ersteller eines Textverarbeitungsprogramms.

- *Anwender:* dies sind diejenigen Benutzer, die fertige Programme benutzen, um ihre Probleme mit Rechnerhilfe zu lösen; beispielsweise könnte dies der Benutzer einer Textverarbeitung sein, aber auch jemand, der lediglich Funktionen des Kommandointerpreters benutzt (z.B. erase, cd, copy).

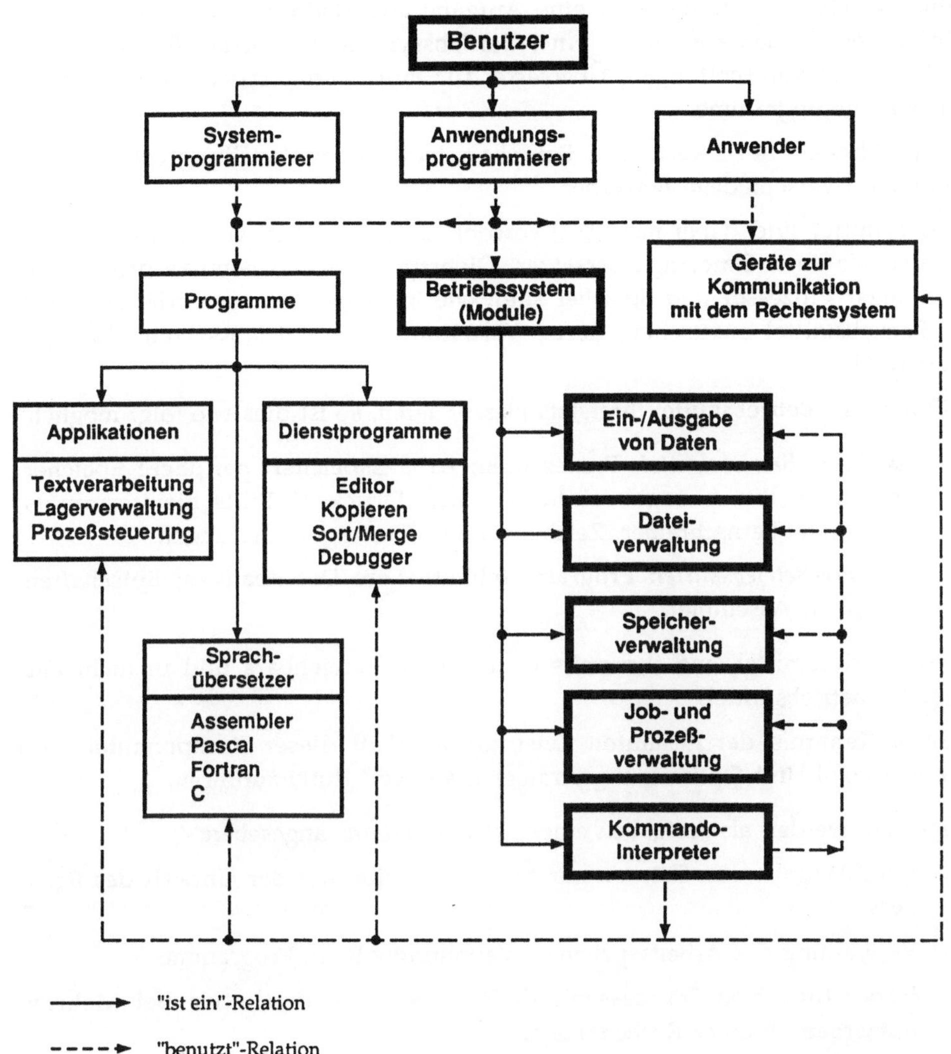

Bild 14.1: Betriebssystem aus Benutzersicht

Nach [15] und [36] ist ein Betriebssystem eine Menge von Basismodulen, die die Ausführung von Applikationen und die Benutzung von Betriebsmitteln steuern (Bild 14.1). Der Entwurf einer Applikation ist als problemgerichtete Erweiterung des Funktionsumfangs der Basismodule anzusehen. Programmieren bedeutet immer das Erweitern eines gegebenen Systems.

Unter einer Applikation soll hier ein Programm oder allgemeiner eine Funktionalität verstanden werden, die eine Aufgabe außerhalb der im folgenden beschriebenen Elementaraufgaben eines Betriebssystems bearbeitet. Beispielsweise sind dies Textverarbeitungen, Übersetzer für Programmiersprachen und Datenbankabfrageprogramme.

Nach [6] besteht der Zweck eines Betriebssystems in der Verteilung von Betriebsmitteln auf verschiedene Bewerber.

Betriebsmittel sind dabei nach [32] sowohl die Funktionen von Ein-/Ausgabe-Geräten als auch Dateien, Übersetzer, Dienstprogramme, Benutzerprogramme usw. Sogar Prozessor und Speicher sind, wie im folgenden noch erläutert wird, als Betriebsmittel anzusehen, deren Verteilung vom Betriebssystem durchgeführt wird.

Will man die Betriebsmittel ihrerseits klassifizieren, so ist dies wie folgt möglich:

1. *Hardware-Betriebsmittel:* Prozessoren; Arbeitsspeicher, periphere Speicher; periphere Ein-/Ausgabeeinheiten wie Drucker, Bildschirmterminals, Lesegeräte, Fernschreiber, Zeichengeräte; Übertragungsleitungen.

2. *Software-Betriebsmittel:* Programmbibliotheken; Datenbanken; Botschaften; Compiler, Assembler.

Diese Betriebsmittel sind ihrerseits einteilbar in entziehbare und in nicht entziehbare Betriebsmittel.

Nur in Kenntnis der gesamten Leistungsfähigkeit dieser Komponenten und deren Anzahl sind Optimierungsstrategien sinnvoll durchzuführen.

Allgemein werden als Aufgaben eines Betriebssystems angesehen:

*   Ein-/Ausgabe von Zeichen zur Kommunikation mit der Umwelt des Rechners,

*   Verwaltung des Arbeitsspeichers, Verteilung z.B. an Programme,

*   Verwaltung von "Prozessen", d. h. Arbeitsabläufen, etwa bei Mehrbenutzerbetrieb einer Rechenanlage,

*   Kommunikation mit dem Benutzer, Auftragsannahme, Ergebnisausgabe,

*   Verfügbarmachen "virtueller Betriebsmittel", so daß etwa alle Benutzer quasi "gleichzeitig" drucken können, obwohl nur ein Drucker vorhanden ist.

Ein illustratives Beispiel diene zur Veranschaulichung:

Als Beispiel, das jeder kennt und das genügend Möglichkeiten bietet, Aufgaben von Betriebssystemen zu veranschaulichen, kann ein Bürobetrieb einer Firma gewählt werden. An diesem Beispiel können einige der oben aufgeführten Betriebssystemaufgaben erläutert werden:

- Ein-/Ausgabe von Zeichen entspricht dem Betätigen von Schreibmaschinentasten oder dem Lesen von Buchstaben eines Briefes.

- Arbeitsspeicherverwaltung ist das Ablegen der eingegangenen Briefe auf dem Schreibtisch, um sie zu lesen. Dabei entspricht der Schreibtisch dem Arbeitsspeicher mit kurzer Zugriffszeit, der Brief einem Datenblock, der bearbeitet werden soll.

- Massenspeicherverwaltung ist das Ablegen aller Vorgänge in einem Aktenschrank. Dabei werden Organisationsformen benutzt, die das Wiederfinden bestimmter Daten erleichtern.

- Prozeßverwaltung ist die Fähigkeit der Sekretärin, das Schreiben eines Briefs für eine wichtigere Arbeit (z.B. Diktat beim Chef oder Telefonbedienung) zu unterbrechen und danach wieder fortzufahren.

- Kommunikation findet bei der Annahme von Arbeitsaufträgen des Vorgesetzten, beim Eingang von Bestellungen, beim Vorlegen eines gesuchten Vorgangs oder auch beim Abschicken einer Rechnung statt.

- Virtuelle Betriebsmittel kann man sich etwa so vorstellen, daß alle Abteilungsleiter der Firma ein Diktiergerät haben, so daß sie jederzeit auf die Funktion einer Schreibkraft zugreifen können, obwohl es nur eine Sekretärin gibt, die die besprochenen Bänder erst später und zwar eins nach dem anderen mit Hilfe der Schreibmaschine in zum Versand fertige Briefe umsetzt.

Die Implementierung der Aufgaben wird ganz wesentlich geprägt von dem beabsichtigten Leistungsverhalten des Rechensystems. Hier fließen Beurteilungen aus den jeweils relevanten Sichten ein. Auf diese Weise können gute Interaktionsfähigkeit, schnelles Reaktionsverhalten auf externe Unterbrechungen, hohe Ausfallsicherheit, komfortable Bedienung, hoher Programmdurchsatz und vieles mehr zu dominierenden Leistungsspezifikationen werden.

Im weiteren werden die wichtigsten Funktionen eines Betriebssystems erläutert. Dies sind:

1. Ein-/Ausgabe von Daten

2. Dateiverwaltung

3. Speicherverwaltung

4. Jobabwicklung und Prozeßverwaltung

5. Verfügbarmachen von Standardleistungen.

Die Behandlung dieser Punkte beantwortet die Frage:

"Was ist ein Betriebssystem?"

aus Benutzersicht. Aus anderen Sichten wird diese Frage sicherlich ganz unterschiedlich beantwortet.

Als Betriebssystem bezeichnet man nach:

- DIN 44300:

  Die Programme eines digitalen Rechensystems, die zusammen mit den Eigenschaften der Rechenanlage die Basis der möglichen Betriebsarten des digitalen Rechensystems bilden und insbesondere die Abwicklung von Programmen steuern und überwachen.

- Habermann, Wirth [15; 36]

  Eine Menge von Basismodulen, die die Ausführung von Applikationen und die Benutzung von Betriebsmitteln steuern.

  (Betriebsmittel: Prozessor, Speicher, E/A-Geräte, Dateien, Übersetzer, Dienstprogrammen, u.a.)

14.3 Ein-/Ausgabe von Daten

Die elementarste Funktion eines Betriebssystems ist die Durchführung der *Kommunikation des Rechners mit seiner Peripherie* und somit mit seiner Umwelt. Typische Peripherie-Einheiten sind etwa *Tastatur, Bildschirm, Drucker, Speichermedien* wie z.B. Magnetplatten. Dabei verbirgt das Betriebssystem die Details dieser Geräte vor dem Benutzer (in diesem Fall vor dem Anwendungsprogrammierer und somit erst recht vor dem Anwender) und stellt die reine Funktionalität zur Verfügung.

Der Benutzer muß sich also nicht um Einzelheiten wie z.B. die Tatsache, daß es deutsche und englische Tastaturen gibt, kümmern, sondern er kann auf die Funktion "hole ein Zeichen von der Tastatur" zurückgreifen. Im Gegensatz zum physikalischen Gerät stellt also das vom Betriebssystem zur Verfügung gestellte "logische Gerät" lediglich einen Gerätetyp mit den für alle Geräte dieser Art charakteristischen Eigenschaften dar (nach [32]). Ein-/Ausgabefunktionen sind auf einer sehr niedrigen Stufe im Betriebssystem einer Rechenanlage implementiert, daher werden sie lediglich von System-Programmierern und ggf. von Anwendungsprogrammierern benutzt. Als Anwender benötigt man nur die mit Hilfe dieser Funktionen implementierten komplexeren Ein-/Ausgabemöglichkeiten.

Bürobeispiel: Wie bereits oben angesprochen, ist etwa das Betätigen von Tasten einer Schreibmaschine eine Ausgabe. Dabei führt dann die Sekretärin, die die Taste betätigt, eine Ausgaberoutine eines Betriebssystems durch. Der Auftraggeber, der einen Brief diktiert, muß dabei nicht wissen, wie auf der jeweiligen Schreibmaschine, auf der sein Brief geschrieben wird, ein bestimmter Buchstabe geschrieben wird, er muß nicht einmal Schreibmaschine schreiben können; er bekommt die typische Fähigkeit aller Schreibkräfte angeboten, nämlich die: Texte in übersichtlicher Form und fehlerfrei zu schreiben. So braucht er also nicht zu wissen, ob sein Brief mit einer einfachen mechanischen, einer elektrischen Schreibmaschine oder mit einem Textverarbeitungssystem hergestellt wird.

14.4 Dateiverwaltung

14.4.1 Dateisystem

14.4.1.1 Datei, Verzeichnis, Datenträger

Hauptzweck einer Rechenanlage ist der Umgang mit *Daten* aller Art. Diese müssen *verarbeitet* und dauerhaft *gespeichert* werden können. Eine wichtige Komponente des Betriebssystems einer Rechenanlage befaßt sich daher mit der Verwaltung gespeicherter Daten.

Bürobeispiel: Die in einem Büro anfallenden Daten (beispielsweise Rechnungen) werden in Mappen gesammelt, in Ordner geheftet und diese dann in Aktenschränken abgestellt.

Dies entspricht dem üblicherweise verwendeten hierarchischen Organisationsaufbau von Daten auf Rechenanlagen. Beispielsweise wird die Rechnung vom 12.5.1989 an die Firma Schulz & Co. (ein "Datensatz" oder "Record") in die Mappe "Rechnungen an die Firma Schulz & Co." gelegt (eine"Datei", ein "File"), diese kommt in den Ordner "Rechnungen Ausgänge 1989" (ein "Unter-) Verzeichnis" oder auch "((Sub-) Directory") und schließlich wird dieser in den Schrank "Rechnungen" (ein übergeordnetes Verzeichnis) gestellt, welcher in der Registratur (einem "Datenträger") steht. Ein Zugriff auf diese Rechnung erfolgt nun nicht über die Rechnungsnummer, sondern wird über den Namen geführt.

Eine *Datei* stellt unter bestimmten Gesichtspunkten zusammengestellte Daten dar. Dies können auch die Maschinenbefehle eines Programms sein. Die Daten in einer Datei sind meistens in Form von Datensätzen organisiert, wobei ein *Datensatz* die Zusammenfassung von zusammengehörigen "Elementardaten" in *Feldern* darstellt (in unserem Beispiel eine Rechnung als Zusammenfassung von Buchstaben und Ziffern).

Beispiel:	Addressdatei
Datensatz:	NAME, VORNAME, PLZ, WOHNORT, ...
Felder:	NAME, VORNAME, ...
Elementardaten:	NAME, VORNAME, WOHNORT: alphabetische Zeichen (a, b, c,...,A, B, ...)
	PLZ: numerische Zeichen (1, 2, 3, ...)

Einer Datei ist ein *Name* zugeordnet, unter dem sie angesprochen werden kann, und ein Satz von *Attributen*, die etwa beschreiben, ob der Inhalt ein ausführbares Programm ist oder ob diese Datei nur gelesen, aber nicht beschrieben werden darf.

Ein *Verzeichnis* besteht aus Dateien, die unter einem bestimmten Gesichtspunkt zusammengestellt sind. Auch ein Verzeichnis wird unter einem Namen angesprochen und kann Attribute besitzen.

Die *Dateiverwaltung* ist nun diejenige Komponente des Betriebssystems, die Funktionen zur Erstellung und Änderung von Dateien und für Zugriffe auf Dateiinhalte zur Verfügung stellt.

Für *Zugriffe* auf eine Datei ist ihr Name in ihrem Verzeichnis eindeutig; ebenso ist der Name eines Verzeichnisses in seinem übergeordneten Verzeichnis (oder auf dem Datenträger) eindeutig.

Eine Datei ist also deshalb eindeutig durch einen Datenträger(namen), eine Kette von Verzeichnisnamen und schließlich den Dateinamen gekennzeichnet.

Wichtig ist dabei die Tatsache, daß die Dateiverwaltung die Daten ohne Interpretation bearbeitet. Das heißt, daß die Bedeutung der Daten (etwa die Tatsache, daß die bedruckten Blätter Rechnungen sind, die ausstehende oder eingegangene Zahlungen bedeuten etc.) dem Dateiverwaltungssystem nicht bekannt ist.

Funktionen der Dateiverwaltung werden übrigens von allen Benutzern einer Rechenanlage verwendet; sowohl System- und Anwendungsprogrammierer als auch Anwender benötigen Operationen wie das Kopieren, Löschen oder Ändern von Dateiinhalten.

14.4.1.2 Zugriffsrechte

Aufgabe der Datenverwaltung auf einer Rechenanlage ist nicht nur das Ermöglichen von Zugriffen, sondern auch die Kontrolle und ggf. auch das Nichtzulassen von Zugriffen auf Daten.

Bürobeispiel: Nicht jeder in der Firma darf jede Akte einsehen, neue Blätter hinzufügen oder Einträge ändern. So stehen die Personalakten unter Verschluß, lediglich die Gehaltsabteilung darf die Einträge "Name", "Kontonummer" und "Gehalt" lesen, um die Gehälter auszahlen zu können. Die Personalabteilung kann Datensätze hinzufügen oder herausnehmen, wenn Mitarbeiter in die Firma eintreten oder diese verlassen. Mit Erlaubnis von Direktion und Buchhaltung dürfen die Gehaltseinträge geändert werden, wenn Lohnerhöhungen beschlossen wurden.

Es gibt also verschiedene Berechtigungen (Lesen, Ändern, Löschen, Hinzufügen von Datensätzen), die verschiedenen Personen oder Personengruppen zugestanden werden.

Einer Datei werden Attribute zugeordnet, die die Zugriffsrechte verschiedener Benutzer der Datenverarbeitungsanlage beschreiben. Die Identität eines Benutzers ergibt sich dabei aus den Angaben, die er beim Beginn des Dialogs mit dem Rechner gemacht hat (Paßwort). Besonders vertrauliche Datenbestände können noch durch Verschlüsseln gesichert werden, damit auch bei Systemfehlern o. ä. ("Hacker") keine geschützten Daten öffentlich werden können.

14.4.2 Datenbanksystem

Die vom Dateisystem angebotenen Funktionen sind in ihrem Leistungsumfang dadurch eingeschränkt, daß das Dateisystem die Daten verwaltet, ohne ihre Bedeutung zu kennen. Oft besteht ein Interesse, Operationen auf Daten auszuführen, die nur mit Kenntnis der Bedeutung der einzelnen Datensätze möglich sind:

Bürobeispiel: Erhält die Sekretärin den Auftrag, alle Empfänger einer bestimmten Ware herauszusuchen, so sucht sie aus allen Ordnern im Schrank Rechnungen (das Jahr der Lieferung war ja nicht angegeben) in allen Mappen (der Empfänger ist auch nicht spezifiziert) diejenigen Rechnungen, bei denen im Feld "gelieferte Ware" die bestimmte Ware eingetragen ist, heraus und schreibt den Namen des Empfängers auf einen Zettel. Diese recht mühselige Aufgabe wäre einfacher, wenn bei jedem Einheften einer Rechnung auch ein Vermerk in einer Warenkartei (einer weiteren Datei) gemacht würde, daß diese Ware an jenen Kunden geliefert worden ist. Dies kann jedoch nur dann von der Sekretärin getan werden, wenn sie a) weiß, daß eine solche Aufzählung der Empfänger eventuell einmal gewünscht wird, und b) weiß, welche Bedeutung die einzelnen Felder einer Rechnung haben.

Ein System, das aufgrund von Wissen über die Bedeutung der gespeicherten Daten entsprechende Möglichkeiten bietet, auf diese auch unter anderen Gesichtspunkten zuzugreifen, heißt *Datenbanksystem*. Logische Interpretation der Dateiinhalte erlaubt neue Zusammenstellungen der Daten für bestimmte Aufgaben.

Eine Zusammenstellung von Daten für einen bestimmten Verwendungszweck heißt eine *"Sicht dieser Datenbank"*. Durch solche Sichten kann erreicht werden, daß jeder Benutzer einer Datenbank nur solche Daten daraus abrufen kann, zu deren Erhalt er berechtigt ist. Hierbei wird ein ähnliches Ziel wie mit den Zugriffsrechten für Dateien verfolgt. Das Datenbanksystem enthält die Daten nur einmal, stellt aber dennoch jedem Benutzer nur Dateien mit für ihn zugänglichen Daten zur Verfügung.

Bürobeispiel: Eine solche Sicht kann dadurch illustriert werden, daß z.B. die PR-Abteilung des Betriebs aus der Kundendatei lediglich die Adressen der Kunden abrufen kann, um Werbematerial zu versenden. Sie hat aber keinen Zugriff auf Daten von Bestellungen oder auf die Zahlungsmoral der einzelnen Kunden.

Funktionen eines Datenbanksystems werden vor allem vom Anwender benutzt, da ein Datenbanksystem bereits eine komplexe Aufbereitung der gespeicherten Daten ermöglicht.

14.5 Speicherverwaltung

Beim Betrieb einer Rechenanlage tritt immer wieder das Problem auf, daß Programme mehr Speicherplatz benötigen als im Arbeitsspeicher real vorhanden ist. Vor allem im Mehrbenutzerbetrieb summieren sich die Speicherbedürfnisse aller laufenden Programme zu kaum realisierbaren (oder finanzierbaren) Speichergrößen. Da jedoch von einem Programm fast nie der gesamte Platz gleichzeitig benötigt wird, sondern jeweils nur ein kleines Stück (oft < 10 %), kann der Durchsatz einer Rechenanlage gesteigert werden, wenn man Mechanismen vorsieht, die es erlauben, ein Programm, das noch nicht genügend Speicherplatz zugewiesen bekommen hat, dennoch laufen zu lassen und weiteren Speicherplatz nur bei Bedarf zur Verfügung zu stellen.

Bürobeispiel: Bei der Arbeit im Büro kommt es häufig vor, daß der Schreibtisch vollständig mit Akten bedeckt ist. Dennoch kann ein eiliger Vorgang bearbeitet werden, indem man einige Akten, die weniger dringend sind, beiseite legt, um Platz für die neuen zu schaffen. Ist der dringende Vorgang beendet, werden die anderen Akten wieder hervorgeholt und können weiter bearbeitet werden. Auch wenn ein Vorgang aus mehr Akten besteht, als auf den Tisch passen, kann er bearbeitet werden: Es werden dann nur die jeweils aktuell benötigten Akten hervorgeholt, die anderen bleiben im Aktenschrank stehen.

Die Speicherverwaltung weist Programmen Speicherbereiche zu. Dabei besteht die Möglichkeit, scheinbar mehr Speicher zuzuweisen als physikalisch vorhanden ist, indem, wie im Bürobeispiel bei Bedarf Speicherbereiche, die schon länger nicht mehr benutzt wurden, neu belegt werden. Hierbei wird der alte Speicherinhalt auf einem Hintergrundspeicher (meist eine schnelle Magnetplatte) gesichert, da er später noch einmal benötigt werden könnte. Um auf den n-ten Speicherbereich eines Programms zuzugreifen, ist es nun nötig, herauszufinden, welcher Platz des tatsächlichen Speichers durch diesen logischen Speicherbereich belegt ist; diese Aufgabe wird von einer Speicherverwaltungseinheit (MMU: Memory Management Unit) durchgeführt. Diese MMU erlaubt es zusätzlich, Speicherbereiche mit ähnlichen Attributen wie Dateien zu versehen, um z.B. Speicherbereiche vor unberechtigten Zugriffen zu schützen.

Für die Speicheraufteilung gibt es mehrere Möglichkeiten:

- Man kann die Unterteilung des Speichers von der Größe des jeweils benötigten Speicherplatzes abhängig machen, d. h. eine große Akte bekommt einen großen Platz auf dem Tisch, eine kleine Akte einen kleinen. Ein solches Verfahren heißt *Segmentierung*. Nachteil dabei: beim Hin- und Herwechseln der Speicherinhalte bleiben immer mehr Reste übrig, die den verfügbaren Speicher unnötig einschränken.

- Eine weitere Möglichkeit ist die, den physikalischen Speicher sowie auch den von Programmen benötigten logischen Speicher in Blöcke gleicher Größe, *Seiten* genannt, aufzuteilen. Im Beispiel bedeutet dies, daß die Schreibtischfläche in gleichgroße Felder (z.B. DIN A4) aufgeteilt wird, und daß alles Aktenmaterial auf die gleiche Größe gebracht wird. Kleine Zettel lassen dabei Platz auf ihrem Tischfeld frei, während große auch dann noch untergebracht werden können, wenn kein gleich großes Stück frei ist, da sie vorher auf die Normgröße zerschnitten werden.

- Schließlich kann man beide Verfahren kombinieren, um die Vorteile der Segmentierung (Äquivalenz zur logischen Struktur des benötigten Speichers) und der Seitenorganisation (einfachere Verwaltung, weniger Fragmentierung, d. h. Zerstückelung) gleichzeitig auszunutzen.

14.6 Jobabwicklung und Prozeßverwaltung

14.6.1 Formen der Jobabwicklung

Für eine Rechenanlage liegen meistens mehrere zu bearbeitende Aufgaben gleichzeitig vor (z.B. wenn mehrere Benutzer daran arbeiten). Zur Bearbeitung dieser Aufgaben gibt es verschiedene Möglichkeiten.

Bürobeispiel: Wenn eine Sekretärin mehrere Anweisungen bekommt, was sie zu tun hat, so kann sie diese Aufträge auf verschiedene Arten bearbeiten. Die einfachste Möglichkeit ist die, die Anweisungen aufeinanderfolgend zu befolgen, d. h. eine nach der anderen vollständig zu bearbeiten und sich dabei durch nichts unterbrechen zu lassen. Dieses Verfahren kann aber zur Folge haben, daß die Erteiler dieser Anweisungen unzufrieden damit sind, daß ihre Aufträge so lange unberücksichtigt liegen bleiben, bevor sie bearbeitet werden.

Die Form der Jobabwicklung, bei der Folgen von Anweisungen seriell abgewikkelt werden, wobei keine Interaktion mit dem Auftraggeber erfolgt, nennt man *"Stapelverarbeitung"* (Batch-Betrieb). Der Ablauf einer solchen Anweisungsfolge geschieht dabei automatisch und meistens im "Hintergrund", d. h. während der Ausführung der Anweisungsfolge können weitere Aufträge erteilt werden, die dann unabhängig von der ursprünglichen Anweisungsfolge bearbeitet werden.

Bürobeispiel: Eine andere Möglichkeit ist die, reihum jede Anweisung ein Stück weit zu bearbeiten, damit jeder Auftraggeber den Eindruck hat, es sei sofort mit der Bearbeitung seines Auftrags begonnen worden. Außerdem können jederzeit neue Aufträge erteilt werden, die dann von der Sekretärin in die Reihe der zu erledigenden Arbeiten aufgenommen werden. Anfallende Zwischen- oder Endergebnisse und Rückfragen werden durch sofortige Mitteilung oder Rückfrage beim Auftraggeber weitergeleitet. Die Ergebnisse kurzer Arbeiten können auf diese Weise früher an den Auftraggeber zurückgegeben werden, als wenn rein seriell gearbeitet worden wäre.

Die Form der Jobabwicklung, bei der eine ständige Interaktion zwischen Benutzer und laufender Auftragsbearbeitung möglich ist, nennt man *"Dialogbetrieb"*. Der Benutzer hat ständige Eingriffsmöglichkeiten in die laufende Bearbeitung, daher läuft die Auftragsbearbeitung auch meist im "Vordergrund", d. h. das Terminal, von dem der Auftrag erteilt wurde, ist für die Dauer der Bearbeitung für andere Aufträge blockiert. Reaktionen auf Eingaben erfolgen quasi sofort, die Bearbeitungszeit für einen Auftrag ist jedoch stark von der Rechnerauslastung abhängig und kann bei hoher Belastung der Rechenanlage beliebig anwachsen.

Bürobeispiel: Bei besonders wichtigen Aufträgen, bei denen Termine und Fristen eingehalten werden müssen, wird die Sekretärin dazu übergehen, diese bevorzugt zu bearbeiten. Kommen wichtigere Aufgaben hinzu (etwa das Abheben des Hörers, wenn das Telefon klingelt), so wird die laufende Tätigkeit unterbrochen, der Anruf beantwortet und danach die unterbrochene Arbeit fortgeführt.

Die Form der Jobabwicklung, bei der Fertigstellungszeitpunkte für Aufgabenbearbeitungen garantiert werden, heißt *"Realzeitbetrieb"*. Diese Betriebsart ist vor allem in der Prozeßleittechnik anzuwenden, wo die Reaktionen auf bestimmte Änderungen im Betriebszustand einer technischen Anlage garantiert unterhalb vorgegebener kritischer Zeiten erfolgen müssen, da es sonst zu Schäden in der Anlage kommen könnte. Nötig ist eine solche Betriebsart z.B. auch bei Rechnern, die etwa das Navigations- oder Steuerungssystem eines Flugzeugs kontrollieren.

Die Betriebsform einer Rechenanlage ist vor allem für den Anwender von Bedeutung, da sie die Zeit bestimmt, die vergeht, bis er auf eine Anweisung an den Rechner eine Reaktion erhält. Für den Systemprogrammierer ist sie insofern von Interesse, als er dafür sorgen muß, daß das unterschiedliche Antwortzeitverhalten erreicht wird. Vor allem bei der Implementierung von Echtzeitbetriebssystemen ist sehr darauf zu achten, daß die vorgegebenen Reaktionszeiten unter allen Umständen garantiert werden können (also auch dann noch, wenn Unterbrechungen durch andere Anforderungen auftreten!).

14.6.2 Prozeßverwaltung

Bei kleinen Rechenanlagen wie Personal-Computern oder Workstations ist es noch möglich, diese einem Benutzer exklusiv zur Verfügung zu stellen, bei größeren und teureren Anlagen ist dies zu kostspielig. Deshalb ist es notwendig, eine solche Rechenanlage vielen Benutzern gleichzeitig zur Verfügung zu stellen (ein Höchstleistungsrechner kann in der Zeit zwischen zwei Tastendrücken bis zu 100 Millionen. Gleitkommarechenoperationen durchführen, bei Einbenutzerbetrieb würde er statt dessen warten!). Im allgemeinen wird deshalb eine solche Rechenanlage im *"time-sharing-mode"* betrieben. Dazu wird jeweils für einen kurzen Zeitabschnitt ein Benutzer bedient, dann werden alle anderen einmal kurz bedient, dann wieder der erste. Diese Zeitabschnitte können von unterschiedlicher Länge sein, um die verschiedenen Bedürfnisse der Benutzer zu erfüllen. Sind sie kurz genug, hat jeder Benutzer den Eindruck, die Anlage stünde ihm vollständig zur Verfügung, nur eben mit verringerter Rechenleistung.

Die für ein Programm ablaufenden Anweisungen werden als *"Prozeß"* bezeichnet. Prozesse können sich in verschiedenen Zuständen befinden: sie können *"aktiv"* sein (wenn gerade der Prozessor dieses Programm bearbeitet), *"bereit"* (wenn das Programm laufen könnte, der Prozessor aber gerade ein anderes ausführt) oder *"wartend"* sein (wenn das Programm auf ein äußeres Ereignis wie etwa einen Tastendruck wartet). Die Übergänge zwischen diesen Zuständen lassen sich vereinfacht wie folgt charakterisieren:

- Ein neu gestarteter Prozeß befindet sich im Zustand "bereit".

- Der Übergang von "bereit" nach "aktiv" erfolgt, wenn dem Prozeß der Prozessor zugeteilt wird. Diese Zuteilung erfolgt nach einer bestimmten Zuteilungsstrategie.

- Der Übergang von "aktiv" nach "bereit" erfolgt nach einer gewissen Zeitspanne, damit auch andere Prozesse aktiviert werden können.

- Wenn der Prozeß eine Operation durchführt, auf deren Abschluß er warten muß, wird er in den Zustand "wartend" versetzt. Er nimmt dann nicht mehr an der Prozessorzuteilung teil.

- Erst wenn die Operation abgeschlossen ist, wird der Prozeß wieder aus dem Zustand "wartend" in den Zustand "bereit" versetzt.

Die Übergänge zwischen den Zuständen, vor allem zwischen "bereit" und "aktiv", erfolgen nach bestimmten Kriterien, die unter dem Begriff *"Prozessorzuteilungsstrategie"* zusammengefaßt werden. Dies sind Fairness (jeder Prozeß sollte von Zeit zu Zeit den Prozessor erhalten), Auslastungsmaximierung (die Zuteilung sollte so geschehen, daß alle Komponenten der Rechenanlage möglichst gut ausgelastet werden), vielfach auch Wartezeitminimierung u. ä.

Eine besondere Schwierigkeit bei der Prozeßverwaltung besteht darin, daß die Ereignisse, auf die ein Prozeß wartet, auch von einem anderen Prozeß erzeugt werden können. Wartet dieser andere Prozeß aber seinerseits wieder auf ein Ereignis, das der erste liefern soll, so kann keiner der beiden weiterarbeiten, sie bleiben für immer im Zustand "wartend". Eine solche Situation wird als *"Systemverklemmung"* (auch: Deadlock) bezeichnet.

Für das Auftreten einer Verklemmung gibt es vier notwendige Bedingungen.

- Gegenseitiger Ausschluß:
  Mehrere Prozesse fordern und erhalten Betriebsmittel zur alleinigen Verwendung.

- Nichtunterbrechbarkeit:
  Die Betriebsmittel können nicht vorübergehend abgegeben werden (wie z.B. eine Magnetplatte), sondern bleiben den Prozessen auf Dauer zugewiesen (etwa ein Drucker: es darf nicht passieren, daß die Buchstaben verschiedener Prozesse gemischt auf dem Papier erscheinen).

- Wartebedingung:
  Die Prozesse haben bereits Betriebsmittel, während sie noch auf weitere Betriebsmittel warten.

- Geschlossene Kette
  Es besteht eine geschlossene Folge von Prozessen derart, daß jeder Prozeß auf ein Betriebsmittel wartet, das dem nächsten bereits zugeteilt ist.

Ein Beispiel für einen solchen Deadlock ist ein Autokreisverkehr, an dem eine "Rechts vor Links"-Regel gilt. Betriebsmittel ist dabei der Platz auf der Straße. Ein solcher Platz kann nur von einem Auto zu einer Zeit befahren werden (gegenseitiger Ausschluß), er kann auch nicht vorübergehend für ein anderes Auto verwendet werden (Nichtunterbrechbarkeit), jedes Auto hat bereits einen Platz und wartet auf einen Platz vor sich, um weiterzufahren (Wartebedingung), und es gibt eine geschlossene Kette von Autos im Kreisverkehr.

Das Problem der Deadlocks kann auf drei grundlegende Arten angegangen werden: man kann sie *verhindern, erkennen* oder *vermeiden*. Verhinderung bedeutet das Unmöglichmachen von Verklemmungen durch Beschränkungen, denen die Prozesse beim Zugriff auf Betriebsmittel unterworfen werden. Dabei muß bei jeder Anforderung eines Betriebsmittels untersucht werden, ob durch sie nicht die Voraussetzungen eines Deadlocks erfüllt werden.

Eine Strategie zur Erkennung von Verklemmungen untersucht periodisch die Betriebsmittelbelegung von Prozessen, um gegebenenfalls Maßnahmen zu deren Beseitigung einleiten zu können. Dies bedeutet dann im Regelfall den gewaltsamen Abbruch eines der beteiligten Prozesse und einen darauffolgenden Neustart. Schließlich spricht man von einer Strategie der Vermeidung, wenn Prozesse ihren maximalen Betriebsmittelbedarf im voraus spezifizieren müssen, und die Ablaufsteuerung diese Information dazu benutzt, die Zuteilung von Betriebsmitteln an Prozesse so zu regeln, daß Verklemmungen ausgeschlossen werden. [38]

Ein maßgeblicher Beitrag zur Lösung des Deadlock-Problems beruht auf virtuellen Betriebsmitteln. Wenn jedem Benutzer ein Drucker, Lochkartenleser und -stanzer, Magnetbandgerät etc. zur Verfügung steht, kann nie die Situation eines Deadlocks durch Anforderungen an Hardware-Betriebsmittel entstehen. Dabei ist es unerheblich, ob die Betriebsmittel physikalisch für jeden Benutzer getrennt vorhanden sind, oder ob sie nur virtuell zur Verfügung gestellt werden.

Die Prozeßverwaltung und das Deadlock-Problem sind praktisch nur für den Systemprogrammierer von Belang, da alle anderen Benutzer einer Rechenanlage davon ausgehen, daß der Rechner sich so verhält, als stünde er nur ihnen zur Verfügung. Vor allem die Strategien für den Zustandswechsel von Prozessen bestimmen maßgeblich die Leistung und die Antwortzeiten eines Multiuser-Systems (Mehrbenutzersystem).

14.7   Verfügbarmachen von Standarddienstleistungen

14.7.1 Kommandointerpreter

Die für den Anwender wichtigste Komponente, mit der er unmittelbar zu tun hat, ist ein Kommandointerpreter. Dieser nimmt die Eingaben des Benutzers entgegen, prüft sie auf Vollständigkeit und Korrektheit und führt entsprechende

Aktionen aus, wie etwa das Starten von Programmen, Ausgeben von Informationen oder das Abwickeln komplexerer Anweisungsfolgen. Im herkömmlichen Fall geschieht die Kommunikation auf Textbasis, in neueren, meist kleineren Systemen, aber auch immer öfter auf einer graphischen Grundlage, wobei als Eingabemedium neben die Tastatur auch sogenannte "pointing devices" wie Maus, Lichtgriffel und Digitizer (Graphik-Tablett) treten. Mit diesen Geräten kann ein Punkt auf dem Bildschirm ausgewählt werden, der z.B. ein graphisches Symbol für eine Dienstleistung ("icon") trägt. Mit der Auswahl dieses Symbols wird die entsprechende Dienstleitung gestartet.

Bürobeispiel: Der Kommandointerpreter entspricht der Fähigkeit einer Sekretärin, gesprochene oder geschriebene Anweisungen zu verstehen und die gewünschten Tätigkeiten zu veranlassen. Unter Umständen werden solche Anweisungen auch ohne Wörter gegeben, etwa wenn das Telefon klingelt, die Sekretärin dem Anrufer mitteilt, sie werde nachsehen, ob der Herr Direktor anwesend sei; wenn dieser direkt neben ihr steht und mit dem Kopf nickt, so ist dies eine wortlose Anweisung, daß er zu sprechen ist.

14.7.2 Systemprogramme

- Ein "Editor" ist ein Programm, das die Eingabe und Änderung von Texten und ggf. anderen Dateiinhalten erlaubt.

- Ein "Übersetzer" (Compiler) ist ein Programm, das Programme, die in höheren Programmiersprachen wie FORTRAN, PASCAL, COBOL, MODULA geschrieben sind, in Maschinencode übersetzt.

- Ein "Assembler" ist ein Programm, das "symbolische" Maschinenprogramme (das sind solche, die als Text und nicht als Binärmuster dargestellt sind) in den tatsächlichen (binären) Maschinencode übersetzt.

- Ein "Binder" (Linker) ist ein Programm, das ein oder mehrere Programmstücke zu einer lauffähigen Einheit zusammenfügt. Somit können große Programme in mehreren kleinen Stücken ggf. von verschiedenen Programmierern, entwickelt werden.

- Ein "Debugger" ist ein Programm, das bei der Suche nach Fehlern in Programmen Unterstützung bietet.

Diese Systemprogramme werden vor allem vom Anwendungsprogrammierer benutzt.

Bürobeispiel: Die Systemprogramme entsprechen den üblichen Fähigkeiten einer Sekretärin: Schreiben und Korrigieren von Briefen, Ausführen von Anweisungen in "höheren Sprachen" ("Schicken Sie der Firma Schulz eine Mahnung"), durch Übersetzen in Folgen einfacherer Anweisungen an eine neue Kollegin, Suchen nach "verschollenen" Briefen etc.

14.7.3 Netzwerkleistungen

Unter Netzwerkleistungen versteht man solche Leistungen eines Betriebssystems, die der Rechner-Rechner-Kommunikation dienen. So ist es z.B. möglich, auf Dateien zuzugreifen, die auf einem anderen Rechner als dem eigenen gespeichert sind, als wären sie auf dem eigenen abgelegt.

Bürobeispiel: Wenn der Vorgesetzte einem Mitarbeiter den Auftrag erteilt, eine Zusammenfassung eines bestimmten Vorgangs bei ihm vorzulegen, so ist es für den Mitarbeiter völlig unerheblich, ob dieser die Akte aus seinem Schrank holen kann oder diese nur mittels Fernkopierer einsehen kann: Das Ergebnis für den Auftrag ist immer das gleiche.

Netzwerkleistungen werden nur vom Systemprogammierer direkt gesehen (Transparenz), alle anderen Benutzer der Rechenanlage benutzen sie ohne zu sehen, welche tatsächlichen Aktionen im Einzelnen angestoßen werden.

14.7.4 Datenschutz und Datensicherung

Die in einer Rechenanlage gespeicherten Daten müssen gegen mutwilligen Mißbrauch und gegen versehentliche unberechtigte Zugriffe abgesichert werden.

Bürobeispiel: In einer Firma werden vertrauliche Daten, etwa der Personal- oder der Entwicklungsabteilung, unter Verschluß gehalten und gegen Zugriffe Unbefugter geschützt.

Die wichtigen oder vertraulichen Daten einer Rechenanlage werden durch Betriebssystemfunktionen vor unberechtigtem Zugriff gesichert. Nicht-öffentliche Daten sind beispielsweise die Paßwortdatei, die Abrechnungsdatei für die Nutzungsgebühren und alle privaten Daten einzelner Benutzer.

Während der System- und eventuell auch der Anwendungsprogrammierer Schutzfunktionen implementieren oder verwenden, bekommt der Anwender meistens nur die Auswirkungen solcher Mechanismen zu sehen: er muß Paßwörter eingeben oder bekommt auch Meldungen, daß er nicht berechtigt ist, bestimmte Dateien zu eröffnen.

14.7.5 Standard-Dialogschnittstellen

Eine weitere wichtige Standarddienstleistung sind Funktionen zur einfachen Gestaltung komfortabler Dialogschnittstellen. Diese können sowohl auf Textbasis als auch mit graphischen Elementen realisiert werden. Werden Standard-Dialogschnittstellen zur Verfügung gestellt, so vereinfacht dies den Umgang mit Programmen erheblich, da nicht jedesmal neue Kommunikationsformen erlernt werden müssen. Am meisten profitiert von solchen Standard-Schnittstellen der Anwender, der dadurch weniger Schwierigkeiten hat, sich in unbekannte Programme einzuarbeiten. Aber auch der Anwendungsprogrammierer erspart sich dadurch viel Arbeit mit der Implementierung eigener Schnittstellenmodule.

Bürobeispiel: Die Standard-Dialogschnittstelle der Angestellten in einem Büro ist die natürliche Sprache, dadurch ist der Umgang mit neuen Angestellten sehr einfach.

14.8 Betriebssystementwicklung im historischen Überblick

Die zuvor beschriebenen Funktionen sind, wie bereits erläutert, in der einen oder anderen Form in gegenwärtig verfügbaren Rechnersystemen implementiert. Die Implementierung selbst macht natürlich Gebrauch von den Leistungen der Hardware und anderer Betriebsmittel, um ihrerseits keinen Engpaß im Leistungsverhalten darzustellen. Man kann sagen, die Entwicklung von Betriebssystemen befindet sich in einer starken Wechselbeziehung zu der Entwicklung auf dem Gebiet der Hardware.

In den Anfängen des Rechnereinsatzes, grob eingeordnet bis etwa Mitte 1950, gab es keine Betriebssysteme im oben beschriebenen Sinne. Zumindest wurden die Leistungsmerkmale eines "Sonderprogramms" für die Steuerung der Ein- und Ausgabe nicht so genannt. Mit vielen manuellen Eingriffen wurde seitens eines Operateurs (häufig der Benutzer selbst), dafür gesorgt, daß ein vorliegendes Programm eingelesen und bearbeitet werden konnte.

Ein leistungsbegrenzendes Merkmal bei dieser Benutzungsart stellen die manuellen Tätigkeiten des Bedieners dar. Nur ein Benutzer kann jeweils den Rechner für seine Zwecke in Anspruch nehmen. Weitere Benutzer müssen warten, bis *alle* Arbeiten abgewickelt sind. Dies trifft heutzutage zum Beispiel auf die Benutzung von Personal-Computern zu.

Die Zunahme der Leistungsfähigkeit neu entwickelter Hardware, insbesondere der Zentraleinheiten, verlangte einen weitgehenden Verzicht auf manuelle Eingriffe durch den Menschen, wollte man nicht den hardware-bedingten Leistungsgewinn wieder aufzehren. Betriebssysteme wurden unter anderem mit dem sogenannten "Spooling" ausgestattet.

Der im Vergleich zur Arbeitsgeschwindigkeit des Rechenwerks und des Speichers sehr langsame Ein-/ Ausgabevorgang wurde dadurch beschleunigt, daß Eingabe (meist Quellprogramme) und Ausgabe (meist Ergebnisse) parallel zu anderen Arbeitsabläufen im Rechner auf Magnetband, später auf die schnelleren Plattenspeicher, zwischengespeichert wurden. Dieser Gewinn wäre dennoch sehr bescheiden ausgefallen, wenn man nicht gleichzeitig dafür Sorge getragen hätte, daß ein Rechensystem gleichzeitig mehrere Programmabläufe verwalten kann.

Diese als "*Multiprogramming*" bezeichnete Eigenschaft ermöglicht es, daß auf ein rechenbereites Programm umgeschaltet wird, wenn ein gerade rechenintensiv gewesenes Programm auf das Ende eines Ein-/Ausgabevorganges wartet. Um bei der unter Umständen sehr häufig auftretenden Umschaltung keine Zeitverluste durch Lade- und Auslagerungsvorgänge von Programmen in den Hauptspeicher bzw. auf die Platte zu erleiden, war es nötig geworden, einen entsprechend großen Hauptspeicher für das gleichzeitige Laden mehrerer Programme verfügbar zu haben. Dies wurde auf dem Weg vom ursprünglich sehr teuren Kernspeicher zu dem zwischenzeitlich sehr preiswerten Halbleiterspeicher ermöglicht. Bei der 1970 auf den Markt gelangten Großrechneranlage TR440 (AEG-Telefunken) kosteten 16K Worte Kernspeicher (1 Wort $\widehat{=}$ 52 bit) ca. 300.000,-DM. Heute kostet ein Megabit-Chip ca. 30,-DM.

Die gängige Bezeichnung Rechner für eine Elektronische Datenverarbeitungsanlage ist historisch durch seine Benutzung als Rechenhilfsmittel zu begründen. Diese ursprüngliche Benutzungsart hat jedoch im Verlauf der Zeit eine starke Wandlung erfahren. Datenverarbeitung (Datenbank-Retrieval, Textverarbeitung, CAD-Entwurf u.v.a.) bezeichnet die Verwendung eines Computers wohl zutreffender. Gerade bei den teureren Rechensystemen, wollte man auch sie entsprechend ihres Leistungsvermögens universell verwenden, mußten neue Leistungen des Betriebssystems für einen verbesserten Zugang des Benutzers zu den Verarbeitungsleistungen bereitgestellt werden.

Aus den ursprünglich stapelorientierten Betriebssystemen (Stapel = Benutzerauftrag) entstanden (ca. Mitte 1960) Betriebssysteme, die zusätzlich zur Stapelverarbeitung ($\widehat{=}$ *Batchbetrieb*) auch interaktive Komponenten erhielten. Dies stellt an eine Systemsteuerung erhöhte Anforderungen. Einerseits soll die teure Hardware möglichst gut ausgenutzt werden und andererseits wird dem interaktiven Benutzer der Eindruck vermittelt, als stünde ihm die gesamte Verarbeitungsleistung des Rechensystems zur Verfügung. Hierfür ist es nötig, daß ein Satz von Steuerungsparametern vorliegt, mit dem eine den verschiedensten Anforderungen (Anforderungsprofil) entsprechende Systemeinstellung ermöglicht wird.

Hilfreich sind hierbei Klassifikationen von Benutzeraufträgen z.B. nach Prioritäten, Speicherbedarf, Rechenzeitbedarf, interaktiver Kurzläufer/Langläufer, Ein-/Ausgabeintensität, Datenschutzbedürfnisse u.s.w. Rechensysteme mit derartigen Leistungen werden von Timesharing-Betriebssystemen verwaltet.

Viele Hardewareentwicklungen haben die Leistungsfähigkeit von Timesharing-Betriebssystemen beträchtlich erhöht. Der parallele Aufbau von Systemkomponenten ermöglichte die parallele Verarbeitung von Teilaufträgen (Tasks). Spezialprozessoren, z.B. Vektoreinheiten, brachten eine besonders effiziente Art der Bearbeitung bei bestimmten numerischen Berechnungen.

Die Speicherhierarchie: Register, Zwischenspeicher (Cache), Hauptspeicher, Hintergrundspeicher (Platte) und Massenspeicher wurde hinsichtlich der benötigten Gesamtverarbeitungsleistung des Rechensystems bezüglich Größe, Geschwindigkeit und Einbindung in das Betriebssystem optimiert.

Zur Erhöhung des Benutzerkomforts wurden die Sichtstationen im Verlauf der Zeit auch graphikfähig. Dies erforderte neben hohen Übertragungsraten bei der Datenübertragung auch eine entsprechende Ausstattung des Systems mit Front-End-Rechnern, die in die Verwaltung durch das Betriebssystem zu integrieren waren.

Ein qualitativ neuer Weg wurde mit der Einführung von Netzen erreicht. Neben den ursprünglichen Fernverarbeitungsnetzen (WAN = Wide Area Network), bei denen vornehmlich größere Entfernungen überbrückt werden, erlangen gerade in jüngster Zeit lokale Netze (LAN = Local Area Network) an Bedeutung. Verbunden werden über diese Netze Rechner unterschiedlichster Kategorien (Groß-systeme, Abteilungsrechner, Workstations, Personal-Computer u. a.), die in der Lage sind, bestimmte Übertragungsverfahren (Protokolle) abzuwickeln. Über sogenannte "Gateways" (Zugangsstationen) ist ein Austausch von Daten zwischen WANs und LANs möglich.

Eine Besonderheit stellen solche Rechensysteme und damit deren Betriebssysteme dar, die zur Prozeß- und Fertigungssteuerung eingesetzt werden. Diese Systeme haben sich aufgrund des Leistungszuwachses der Hardware entsprechend dem Anforderungsprofil entwickelt. Für ihre Verbindung untereinander haben sich aber andere Protokolle (z.B. MAP) entwickelt.

Gegenstand aktueller Forschungsgebiete sind Betriebssysteme für verteilte Systeme. Fragen der dezentralen Systemkontrolle stellen hierbei ein großes Problem dar.

15 Tabellen

15.1 Potenzen von 2

2^n	n	2^{-n}
1	0	1.0
2	1	0.5
4	2	0.25
8	3	0.125
16	4	0.062 5
32	5	0.031 25
64	6	0.015 625
128	7	0.007 812 5
256	8	0.003 906 25
512	9	0.001 953 125
1 024	10	0.000 976 562 5
2 048	11	0.000 488 281 25
4 096	12	0.000 244 140 625
8 192	13	0.000 122 070 312 5
16 384	14	0.000 061 035 156 25
32 768	15	0.000 030 517 578 125
65 536	16	0.000 015 258 789 062 5
131 072	17	0.000 007 629 394 531 25
262 144	18	0.000 003 814 697 265 625
524 288	19	0.000 001 907 348 632 812 5
1 048 576	20	0.000 000 953 674 316 406 25
2 097 152	21	0.000 000 476 837 158 203 125
4 194 304	22	0.000 000 238 418 579 101 562 5
8 388 608	23	0.000 000 119 209 289 550 781 25
16 777 216	24	0.000 000 059 604 644 775 390 625
33 554 432	25	0.000 000 029 802 322 387 695 312 5
67 108 864	26	0.000 000 014 901 161 193 847 656 25
134 217 728	27	0.000 000 007 450 580 596 923 828 125
268 435 456	28	0.000 000 003 725 290 298 461 914 062 5
536 870 912	29	0.000 000 001 862 645 149 230 957 031 25
1 073 741 824	30	0.000 000 000 931 322 574 615 478 515 625
2 147 483 648	31	0.000 000 000 465 661 287 307 739 257 812 5
4 294 967 296	32	0.000 000 000 232 830 643 653 869 628 906 25
8 589 934 592	33	0.000 000 000 116 415 321 826 934 814 453 125
17 179 869 184	34	0.000 000 000 058 207 660 913 467 407 226 562 5
34 359 738 368	35	0.000 000 000 029 103 830 456 733 703 613 281 25
68 719 476 736	36	0.000 000 000 014 551 915 228 366 851 806 640 625
137 438 953 472	37	0.000 000 000 007 275 957 614 183 425 903 320 312 5
274 877 906 944	38	0.000 000 000 003 637 978 807 091 712 951 660 156 25
549 755 813 888	39	0.000 000 000 001 818 989 403 545 856 475 830 078 125

15.2 ASCII - 7bit - Code

Code-Tabelle

b_7 b_6 b_5 →					Spalte	0	1	2	3	4	5	6	7
						0	0	0	0	1	1	1	1
						0	0	1	1	0	0	1	1
						0	1	0	1	0	1	0	1
Bits b_4	b_3	b_2	b_1	Zeile									
0	0	0	0	0	NUL	(TC 7) DLE	SP	0	@ (§) *	P	` *	p
0	0	0	1	1	(TC 1) SOH	DC 1	!	1	A	Q	a	q
0	0	1	0	2	(TC 2) STX	DC 2	"	2	B	R	b	r
0	0	1	1	3	(TC 3) ETX	DC 3	# (£) *	3	C	S	c	s
0	1	0	0	4	(TC 4) EOT	DC 4	$	4	D	T	d	t
0	1	0	1	5	(TC 5) ENQ	(TC 8) NAK	%	5	E	U	e	u
0	1	1	0	6	(TC 6) ACK	(TC 9) SYN	&	6	F	V	f	v
0	1	1	1	7	BEL	(TC 10) ETB	'	7	G	W	g	w
1	0	0	0	8	FE 0 (BS)	CAN	(	8	H	X	h	x
1	0	0	1	9	FE 1 (HT)	EM	)	9	I	Y	i	y
1	0	1	0	10	FE 2 (LF)	SUB	*	:	J	Z	j	z
1	0	1	1	11	FE 3 (VT)	ESC	+	;	K	[(Ä) *	k	{ (ä) *
1	1	0	0	12	FE 4 (FF)	IS 4 (FS)	,	<	L	\ (Ö) *	l	| (ö) *
1	1	0	1	13	FE 5 (CR)	IS 3 (GS)	—	=	M	] (Ü) *	m	} (ü) *
1	1	1	0	14	SO	IS 2 (RS)	.	>	N	^ *	n	‾ (ß) *
1	1	1	1	15	SI	IS 1 (US)	/	?	O	_	o	DEL

15.3 ASCII - 8bit - Code

STANDARD US ASCII CHARACTER TABLE

decimal	hex	character
0	00	NUL
1	01	SOH
2	02	STX
3	03	ETX
4	04	EOT
5	05	ENQ
6	06	ACK
7	07	BEL
8	08	BS
9	09	HT
10	0A	LF
11	0B	VT
12	0C	FF
13	0D	CR
14	0E	SO
15	0F	SI
16	10	DLE
17	11	DC1
18	12	DC2
19	13	DC3
20	14	DC4
21	15	NAK
22	16	SYN
23	17	ETB
24	18	CAN
25	19	EM
26	1A	SUB
27	1B	ESC

decimal	hex	character	decimal	hex	character
28	1C	**FS**	68	44	D
29	1D	**GS**	69	45	E
30	1E	**RS**	70	46	F
31	1F	**US**	71	47	G
32	20	**SP**	72	48	H
33	21	!	73	49	I
34	22	"	74	4A	J
35	23	#	75	4B	K
36	24	$	76	4C	L
37	25	%	77	4D	M
38	26	&	78	4E	N
39	27	'	79	4F	O
40	28	(	80	50	P
41	29	)	81	51	Q
42	2A	*	82	52	R
43	2B	+	83	53	S
44	2C	,	84	54	T
45	2D	−	85	55	U
46	2E	.	86	56	V
47	2F	/	87	57	W
48	30	0	88	58	X
49	31	1	89	59	Y
50	32	2	90	5A	Z
51	33	3	91	5B	[
52	34	4	92	5C	\
53	35	5	93	5D	]
54	36	6	94	5E	^
55	37	7	95	5F	_
56	38	8	96	60	`
57	39	9	97	61	a
58	3A	:	98	62	b
59	3B	;	99	63	c
60	3C	<	100	64	d
61	3D	=	101	65	e
62	3E	>	102	66	f
63	3F	?	103	67	g
64	40	@	104	68	h
65	41	A	105	69	i
66	42	B	106	6A	j
67	43	C	107	6B	k

decimal	hex	character	decimal	hex	character
108	6C	l	147	93	DC3
109	6D	m	148	94	DC4
110	6E	n	149	95	NAK
111	6F	o	150	96	SYN
112	70	p	151	97	ETB
113	71	q	152	98	CAN
114	72	r	153	99	EM
115	73	s	154	9A	SUB
116	74	t	155	9B	ESC
117	75	u	156	9C	FS
118	76	v	157	9D	GS
119	77	w	158	9E	RS
120	78	x	159	9F	US
121	79	y	160	A0	SP
122	7A	z	161	A1	!
123	7B	{	162	A2	"
124	7C	|	163	A3	#
125	7D	}	164	A4	$
126	7E	~	165	A5	%
127	7F	DEL	166	A6	&
128	80	NUL	167	A7	'
129	81	SOH	168	A8	(
130	82	STX	169	A9	)
131	83	ETX	170	AA	*
132	84	EOT	171	AB	+
133	85	ENQ	172	AC	,
134	86	ACK	173	AD	−
135	87	BEL	174	AE	.
136	88	BS	175	AF	/
137	89	HT	176	B0	0
138	8A	LF	177	B1	1
139	8B	VT	178	B2	2
140	8C	FF	179	B3	3
141	8D	CR	180	B4	4
142	8E	SO	181	B5	5
143	8F	SI	182	B6	6
144	90	DLE	183	B7	7
145	91	DC1	184	B8	8
146	92	DC2	185	B9	9
			186	BA	:

decimal	hex	character	decimal	hex	character
187	BB	;	227	E3	c
188	BC	<	228	E4	d
189	BD	=	229	E5	e
190	BE	>	230	E6	f
191	BF	?	231	E7	g
192	C0	@	232	E8	h
193	C1	A	233	E9	i
194	C2	B	234	EA	j
195	C3	C	235	EB	k
196	C4	D	236	EC	l
197	C5	E	237	ED	m
198	C6	F	238	EE	n
199	C7	G	239	EF	o
200	C8	H	240	F0	p
201	C9	I	241	F1	q
202	CA	J	242	F2	r
203	CB	K	243	F3	s
204	CC	L	244	F4	t
205	CD	M	245	F5	u
206	CE	N	246	F6	v
207	CF	O	247	F7	w
208	D0	P	248	F8	x
209	D1	Q	249	F9	y
210	D2	R	250	FA	z
211	D3	S	251	FB	{
212	D4	T	252	FC	;
213	D5	U	253	FD	}
214	D6	V	254	FE	~
215	D7	W	255	FF	DEL
216	D8	X			
217	D9	Y			
218	DA	Z			
219	DB	[			
220	DC	\			
221	DD	]			
222	DE	^			
223	DF	_			
224	E0	`			
225	E1	a			
226	E2	b			

15.4 EBCDIC-Code

Each cell shows the decimal value (small, upper-left) and the character; the high nibble labels the columns (binary + hex), the low nibble labels the rows (binary + hex). Hatched cells (65, 255) are undefined (*undefiniert*).

Low↓ \ High→	0 0000	1 000L	2 00L0	3 00LL	4 0L00	5 0L0L	6 0LL0	7 0LLL	8 L000	9 L00L	A L0L0	B L0LL	C LL00	D LL0L	E LLL0	F LLLL
0 0000	0 NUL	16 DLE	32	48	64 SP	80 &	96 -	112	128	144	160	176	192 {	208 }	224 \\	240 0
1 000L	1 SOH	17 DC1	33	49	65 ▨	81	97 /	113	129 a	145 j	161 ~	177	193 A	209 J	225	241 1
2 00L0	2 STX	18 DC2	34	50 SYN	66	82	98	114	130 b	146 k	162 s	178	194 B	210 K	226 S	242 2
3 00LL	3 ETX	19 DC3	35	51	67	83	99	115	131 c	147 l	163 t	179	195 C	211 L	227 T	243 3
4 0L00	4	20	36	52	68	84	100	116	132 d	148 m	164 u	180	196 D	212 M	228 U	244 4
5 0L0L	5 HT	21 .	37 LF	53	69	85	101	117	133 e	149 n	165 v	181	197 E	213 N	229 V	245 5
6 0LL0	6	22 BS	38 ETB	54	70	86	102	118	134 f	150 o	166 w	182	198 F	214 O	230 W	246 6
7 0LLL	7 DEL	23	39 ESC	55 EOT	71	87	103	119	135 g	151 p	167 x	183	199 G	215 P	231 X	247 7
8 L000	8	24 CAN	40	56	72	88	104	120	136 h	152 q	168 y	184	200 H	216 Q	232 Y	248 8
9 L00L	9	25 EM	41	57	73	89	105	121 `	137 i	153 r	169 z	185	201 I	217 R	233 Z	249 9
A L0L0	10	26	42	58	74 [	90]	106 |	122 :	138	154	170	186	202	218	234	250
B L0LL	11 VT	27	43	59	75 .	91 ¤	107 ,	123 \#	139	155	171	187	203	219	235	251
C LL00	12 FF	28 FS	44	60 DC4	76 <	92 *	108 %	124 @	140	156	172	188	204	220	236	252
D LL0L	13 CR	29 GS	45 ENQ	61 NAK	77 (	93)	109 _	125 '	141	157	173	189	205	221	237	253
E LLL0	14 SO	30 RS	46 ACK	62	78 +	94 ;	110 >	126 =	142	158	174	190	206	222	238	254
F LLLL	15 SI	31 US	47 BEL	63 SUB	79 !	95 ^	111 ?	127 "	143	159	175	191	207	223	239	255 ▨

▨ undefiniert

15.5 Fernschreibcode

Nr CCIT	1	2	3	4	5	6	7	8	9	10	11	12	13	14	15	16
Buchstabenreihe	A	B	C	D	E	F	G	H	I	J	K	L	M	N	O	P
Ziffernreihe	-	?		◇	3	(frei)	(frei)	(frei)	8	KL	(	)	.	,	9	0
Anlaufschritt																
Schrittgruppe 1	•	•		•	•	•				•	•					
Schrittgruppe 2	•		•				•		•	•	•	•				•
Schrittgruppe 3			•			•		•	•		•		•	•		•
Schrittgruppe 4		•	•	•		•	•			•	•		•	•	•	
Schrittgruppe 5		•					•	•				•	•		•	•
Stopschr 1½ fach																

Nr CCIT	17	18	19	20	21	22	23	24	25	26	27	28	29	30	31	32
Buchstabenreihe	Q	R	S	T	U	V	W	X	Y	Z						(frei)
Ziffernreihe	1	4	'	5	7	=	2	/	6	÷	WR	ZL	Bu	Zi	Zwr	(frei)
Anlaufschritt																
Schrittgruppe 1	•		•		•		•	•	•	•			•	•		
Schrittgruppe 2	•	•			•	•	•					•	•	•		
Schrittgruppe 3	•		•		•	•		•	•				•		•	
Schrittgruppe 4		•				•		•			•		•	•		
Schrittgruppe 5				•		•	•	•	•	•			•	•		
Stopschr 1½ fach																

Bu Buchstaben-Umschaltung
Zi Ziffern- u Zeichen-Umschaltung
Zwr Zwischenraum

KL Klingel
WR Wagenrücklauf
ZL Zeilenvorschub
◇ Wer da?
◆ frei für den internen Betrieb eines jeden Landes, im zwischenstaatl Verkehr nicht zugelassen

Zeichen	Bei Betrieb mit	
	Einfachstrom	Doppelstrom
□	Pause	–
▣	Strom	+

• Bei Lochstreifen ein Loch
□ Bei Lochstreifen kein Loch

Literaturverzeichnis

[1]   Bauer, Goos: Informatik. Springer Verlag, Heidelberg, 1971.

[2]   de Beauclair, W.: Rechnen mit Maschinen. Verlag Friedr. Vieweg & Sohn, Braunschweig, 1968

[3]   Bochenski, J.M.: Formale Logik. Verlag Karl Alber, Freiburg - München, 1956.

[4]   Boole, G.: An Inve stigation of the Laws of Thougt . Dover Publications, Inc., New York, 1958

[5]   Bowden, B.V. (Herausgeber): Faster Than Thought. Pitman Publishing, Bath, 1953

[6]   Brinch Hansen, P.: Operating Principles. Prentice Hall, Englewood Cliffs, 1973.

[7]   Coffman, Jr., E.G., Denning, P.J.: Operating Systems Theory. Prentice Hall, Englewood Cliffs, 1973.

[8]   Dennis, J.B., van Horn, E.C.: Programming Semantics for Multiprogrammed Computations. CACM Vol. 9, 1966.

[9]   Eames, Charles & Ray: A Computer Perspective. Harvard University Press, Cambridge, Mass., 1973.

[10] Entreß, G. & L.: Einführung in die Informationsverarbeitung. Hüthig Verlag, Heidelberg, 1980.

[11] Fassmann, K. (Herausgeber): Die Großen der Weltgeschichte. Kindler Verlag, Zürich, 1974.

[12] Ganzhorn, K., Walter, W.: Die geschichtliche Entwicklung der Datenverarbeitung. Jahrbuch des elektrischen Fernmeldewesens, 1966.

[13] Goldscheider, P., Zemanek, H.: Computer, Werkzeug der Information. Springer Verlag, Berlin - Heidelberg - New York, 1971.

[14] Graef, M. (Herausgeber): 350 Jahre Rechenmaschinen. Carl Hanser Verlag, München 1973.

[15] Haberman, A.N.: Introduction to Operating System Design. Science Research Associates, Chicago, 1976.

[16] Hamming, R.: Information und Codierung. VCH-Verlag, Weinheim, 1986.

[17] Hartmuth, M.: Vom Abakus zum Rechenschieber. Verlag Boysen & Maasch, Hamburg, 1942.

[18] Hilbert, D., Ackermann, W.: Grundzüge der theoretischen Logik. Springer Verlag, Berlin - Göttingen - Heidelberg, 1959.

[19] Kästner, H.: Architektur und Organisation digitaler Rechenanlagen. Teubner Verlag, Stuttgart, 1978.

[20] Kaufmann, H.: Die Ahnen des Computers. Econ Verlag. Düsseldorf - Wien, 1974.

[21] Klar, R.: Digitale Rechenautomaten. de Gruyter-Verlag, Berlin, 1975.

[22] Koch, G., Rembold, U.: Einführung in die Informatik. Hanser Verlag, München 1977.

[23] Kobitzsch, W.: Mikroprozessoren. Oldenbourg Verlag, München, 1981.

[24] Krayl, Neuhold, Unger: Betriebssysteme. de Gruyter-Verlag, Berlin, 1975.

[25] Leibniz, G.W.: Gott, Geist, Güte (Ausgewählte Werke). C. Bertelsmann Verlag, Güterloh, 1947.

[26] Li, Chu-T'en: Origin and Development of the Chinese Abacus. J. of the ACM, Vol. 6 (1959), 102 -110.

[27] Menninger, K.: Zahlwort und Ziffer. Vandenhoek & Ruprecht, Göttingen, 1958.

[28] Napier, J.: The construction of the wonderful canon of logarithms (Mirifici logarithmorum canonis constructio). Dawsons of Pall Mall, London, 1966.

[29] Otte, M. (Herausgeber): Mathematiker über die Mathematik. Springer Verlag, Berlin - Heidelberg - New York, 1973.

[30] Randell, B. (Herausgeber): The Origins of Digital Computers. Springer Verlag, Berlin - Heidelberg - New York, 1973.

[31] Rembold, U.: Einführung in die Informatik. Hanser Verlag, München, 1987

[32] Richter, L.: Betriebssysteme. B.G. Teubner, Stuttgart, 1985.

[33] Schecher, H.: Funktioneller Aufbau digitaler Rechenanlagen. Springer Verlag, Heidelberg, 1973.

[34] Scholz, H.: Abriß der Geschichte der Logik. Verlag Karl Alber, Freiburg - München, 1959.

[35] Sprague de Camp, L.: Die Ingenieure der Antike. Econ Verlag, Düsseldorf - Wien, 1964.

[36] Wirth, N.: From Modula to Oberon. Software-Practice and Experience Vol. 18 (7)22, 1988.

[37] Zima, H.: Betriebssysteme. Bibliographisches Institut, Zürich, 1976.

[38] Zuse, K.: Der Computer, mein Lebenswerk. Verlag Moderne Industrie, München, 1970.

Namen- und Sachregister